LE CORDON BLEU

大廚聖經

THE COOK'S BIBLE

法國藍帶廚藝學院

系列名稱 / 法國藍帶

書　名 / 大廚聖經

作　者 / 法國藍帶廚藝學院

出版者 / 大境文化事業有限公司

發行人 / 趙天德

總編輯 / 車東蔚

文　編 / 編輯部

美　編 / R.C. Work Shop

翻　譯 / 呂怡佳

地址 / 台北市雨聲街77號1樓

TEL / (02)2838-7996

FAX / (02)2836-0028

初版日期 / 2007年12月

定　價 / 新台幣1200元

ISBN / 978-957-0410-64-8

書　號 / 10

讀者專線 / (02)2836-0069

www.ecook.com.tw

E-mail / editor@ecook.com.tw

劃撥帳號 / 19260956大境文化事業有限公司

原著作名 THE COOK'S BIBLE

作者 法國藍帶廚藝學院

原出版者 Carroll & Brown Publishers Limited

國家圖書館出版品預行編目資料

大廚聖經

法國藍帶廚藝學院　著；--初版.--臺北市

大境文化，2007[民96] 面：　公分.

（法國藍帶系列：LCB 10）

ISBN 978-957-0410-64-8（精裝）

1.食譜 - 法國

427.12　　　　　96019475

前言

超過一世紀以來，法國藍帶已成爲法國料理的精髓象徵，不僅致力於
探索新的料理趨勢，更是經典法國料理與法式糕點傳統訓練的代表。
現今，法國藍帶廚藝學院遍佈許多國家，傳授學生製作所有各式菜餚的
必備技能，全世界分佈範圍廣闊，無與比擬。

法國藍帶《大廚聖經》，可以說是個蘊藏了超過100年烹飪專門技術精髓的寶庫，內容涵蓋了許多人在一生中都無法學到的料理技能與技術。本書由手藝精湛的廚師們通力合作而成，內容兼具家庭料理，是一本獨特而不可或缺的參考書籍，想必可以成爲世界上最經典的料理書之一。透過書中清晰明瞭的特寫式彩色照片，各位讀者就可以清楚地知道如何選擇最佳的食材，以最有效率的方式來完成前置作業，以多種調理方式來成功地完成料理製作，以及最後如何在餐桌上呈現出令人垂涎欲滴盤飾的技巧。

所有您想知道的食材相關知識→現今市面上可以見到在販售的各式各樣食材，種類與數量之多，簡直是令人感到眼花撩亂！然而，每一位優秀的廚師都深知，小心地挑選新鮮食材，是調理出成功菜餚的第一步。

從法國藍帶《大廚聖經》中，各位可以看到最新鮮的食材具有什麼樣的特徵，如何分辨出品質不佳的食材，及如何從衆多的烹飪用製品中做出正確的選擇，增進您判斷的自信，並從中得到樂趣。此外，各位也將對許多原本感到陌生而稀有，現在卻似乎經常會出現在超市陳列架上的蔬菜、水果、調味料，變得越來越熟悉了。這許多相關資訊，尤其是在現今各種異國料理如此地受到歡迎的情況下，更有助於讓您能夠充分享受準備與享用這類菜餚時的樂趣！

前置作業的基礎知識→即使是經過精心挑選，滿意度極高的食材，要如何在完整地保存營養分、增進其風味，進而將最佳狀態呈現出來的前提之下，完成前置作業與烹調，是一個重要的課題。法國藍帶的廚師，就是能夠提供這些訣竅的優秀人選。

在本書共**15章**，及數百個個別的步驟介紹中，藉由特別拍攝的照片，爲各位解說各種可以讓您儘速上手的基礎技術，及多種烹飪用食材。

各位可以從所有的食譜描述中得知如何以最佳的方式來保存食材，及清理甲殼類海鮮；如何進行魚類的去鱗、切除取出多餘的部位及分解；如何進行家禽類的去骨與綁縛；如何製作包括酵母麵包與義大利麵在內之各種麵糰。還有，各種詳細的肉類前置作業方式，依照步驟指示，就可以精通蔬菜的切碎、切絲、切片；水果的去皮、去核、去殼；巧克力的融化與調溫；奶油的攪拌；湯與醬汁的調製與麵糊等的混合等，不勝枚舉。

如何使用平底鍋來烹調→食材一旦完成前置作業，就可以進行各種調理，最後呈現出亮眼的成果來。

然而，所有需使用平底鍋來烹調的食材，能否展現出最佳的一面來，最重要的當然就是得仰賴良好的平底鍋使用方式，不僅如此，更要追求最佳的絕技！從法國藍帶《大廚聖經》中，各位將可了解如何正確地爐烤、燜煮、油煎、水波煮、蒸煮、快炒、烘烤、燒烤、炙烤食物，及哪一種方式最適合用來烹調哪一種特定的食材。

一個風味迷人的世界→透過法國藍帶《大廚聖經》，各位可以來趟世界料理的發現之旅，了解壽司(Sushi)、沙嗲(Saté)、中式餃子(Chinese Dumplings)、天婦羅(Tempura)、東方烤鴨(Oriental Duck)、出汁(Dashi，日式高湯)是如何製作的。此外，還可以學到如何組合法國泡芙塔(英Croquembouche/法Pièce Montée)、鑲餡肉捲(Ballotine)、凱真風味(Cajun-style)炸魚、蒸煮墨西哥玉米粽(Tamale)、與燉煮北非燉菜塔吉(Tagine/Tajine)。法國藍帶《大廚聖經》，更引領您揭開諸如：如何冷藏閃電泡芙(Éclair)、製作巧克力捲片、製作花式裝飾、製作庫利(Coulis)、製作擠花冰沙(sorbet)，所有上述技巧的神秘面紗。

食譜、烹飪器具及其它更多的相關資訊→法國藍帶《大廚聖經》，為了協助各位能夠成功地完成任何一道食譜中的菜餚，對來源範疇不加以設限地收錄了超過200種的經典與當代食譜。在本書中，學院中手藝精湛的廚師們，在每一個主要章節中，提供了他們最偏愛的食譜，連同其令人為之讚嘆的裝飾概念，從世界知名的菜餚，例如：法式洋蔥湯(French Onion Soup)、勃根第紅酒燴雞(Coq au vin)、燉羊肉、奧地利起司蛋糕(Austrian Cheesecake)，到廣受大眾喜愛的佳餚，例如：四川魚(Sichuan Fish)、蝸牛餡枕形義大利餃(Snail-stuffed Ravioli)、鑲餡鵪鶉(Stuffed Quail)、巧克力雙層蛋糕(Gâteau des Deux Pierre)。

本書的内容豐富性，還不僅於此。您還可以發現貫穿全書的大量料理相關資訊圖表，詳細描述了食材的份量比例、烹調所需時間、相同或可替代的食材，以及詳盡的專業術語表，其中既涵蓋了眾所周知的術語，還有更多的是晦澀難解的術語，以期讓本書的編排更臻完善。烹調器具(Batterie de cuisine)列表上所介紹的每一件器具，都是一個裝備完全的廚房所應備齊的。除此之外，全書中還有不少專用器具穿插各食譜作法中，另以圖示介紹說明。無論是東方或西方的香草植物(herbs)、辛香料(spices)、調香料(flavourings)，在整本書中都有介紹，舉凡使用的訣竅、類型的詳細資訊、可供選擇的食物種類，及名菜與食材的迷人歷史典故。

新的廚房聖典→基於上述及尚未提示的其它所有理由，足以證明法國藍帶《大廚聖經》是一本所有滿懷熱忱的廚師都會想要蒐藏在自家廚房的烹飪書。無論各位是料理新手，正蓄勢待發，迎接各種挑戰，還是料理老手，期待琢磨本身已學得的各種技巧，這本書都將使各位能夠製作出夢想中的菜式，及成功地完成日常生活中的餐點。以流行的變遷、廚師的靈感激發、食材導向或需求目的為核心內容的食譜書籍，或許會隨著時代而消長。然而，法國藍帶《大廚聖經》，則絕對不會失去它的風格。它的文字內容簡潔易懂，加上大量的圖片，及視覺刺激的效果，想必可以引導並激勵所有的讀者。

法國藍帶的歷史→在16世紀時，法國國王亨利三世(King Henry III of France)設立了聖靈騎士團(法L'ordre du Saint-Esprit/英the Order of the Holy Spirit)，它的成員以經常留連於豪華的盛宴與筵席而聞名，而他們所佩帶的勳章上的藍色絲緞也因此而著稱。從此，藍帶(法Cordon Bleu /英Blue Ribbon)這個名稱，就成了卓越烹調的同義詞了。

300多年後，馬爾它狄斯塔(法Marthe Distel)於1895年開始發行名為《La Cuisinière Cordon Bleu》的烹飪雜誌，同時揭開了巴黎學會(the Paris Academy)的序幕，並在翌年舉辦了第一次的烹調實地示範。自此以來的一世紀，法國藍帶在超過30位全職的大師級廚師，不斷地傳遞他們的嚴格認定標準與出類拔萃的烹調才能之下，已建立起完整的烹調訓練制度。

現今的法國藍帶→法國藍帶經由其位於倫敦、巴黎、東京、雪梨、北美的廚藝學院，融合了來自世界各地的影響，仍然走在烹調藝術的尖端，地位屹立不搖。學院中的大師級廚師所採用的獨特步驟式(step-by-step)引導教學法，獲得了世界各地學生的極高評價，並具體呈現在法國藍帶《大廚聖經》中。

優良技藝的傳承→法國藍帶《大廚聖經》在獲得了總裁André Cointreau全力而熱切地支持之下，收錄了法國藍帶的廚師們所提供之至高無價的建議與專業技術，終於集結成冊。

杰妮萊特與艾瑞克多勒(Jeni Wright & Eric Treuille)兩位作者，已在《Le Cordon Bleu Classic French Cookbook》這本食譜與法國藍帶有過合作的經驗，他們在食譜的內容描述與技巧示範的掌握上，已展現出精湛的能力。卡羅&布朗出版有限公司(CARROLL & BROWN PUBLISHERS LIMITED)發展出原始的概念，而它的最佳團隊在設計、編輯、攝影等創意執行上，更提供了極為寶貴的協助。法國藍帶非常榮幸能與艾美卡羅(Amy Carroll)與丹妮絲布朗(Denise Brown)這兩位世界上頂尖的食譜出版人合作，完成此書。

本書用法 HOW TO USE THIS BOOK

法國藍帶《大廚聖經》為法國藍帶開啟了與家庭料理接軌的大門。

本書以非常簡明易懂的形式，引領您進入它的15個章回，每一章各自把焦點集中在從高湯(Stock)與湯(Soup)，到蛋糕(Cake)與餅乾(Biscuit)，即不同的食物或不同的食物範疇上。

每一章的內容，都是從如何選擇最佳食材的重要資訊開始，接下來的數頁就是前置作業方法的示範，與相關的烹調技巧。在這些頁面中，編排了大量的訊息欄框，為讀者提示從烹調器具，到上菜的概念等所有相關資訊，而且大部分的章回中，都設有專區，以步驟式引導的方式來介紹極為精巧的最後加工，也就是最後修飾。

每一章裡，您也可以學習到一位法國藍帶廚師的拿手好菜，每一道招牌菜都是出自於法國藍帶的名廚之手！同時，這也足以證明家庭料理在完美的事前準備之下，能夠獲得多麼令人滿意的成果。

本書的章回，以烹調器具的介紹展開序幕，列出一個廚師所需要的所有重要而基本的器具。最後，則以探索分別源自於東方與西方的調味料(flavours)、香草植物(herbs)、辛香料(spices)的奧秘，以及單位換算表、烹飪專用術語解說與綜合索引，為本書的結尾。

總之，無論您有任何烹飪相關問題，都可以在本書中找到答案。

目錄
CONTENTS

前言 INTRODUCTION 5

烹調器具 BATTERIE DE CUISINE 10

高湯&湯 STOCKS & SOUPS 15

•

蛋、起司&奶油 EGGS, CHEESE & CREAMS 29

•

魚類&甲殼類海鮮 FISH & SHELLFISH 47

•

家禽類&野味 POULTRY & GAME 87

•

肉類 MEAT 117

•

蔬菜&沙拉 VEGETABLES & SALADS 157

豆類、穀物&堅果類 PULSES, GRAINS & NUTS 193

•

義大利麵 PASTA 205

•

醬汁/調味汁 SAUCES & DRESSINGS 221

•

麵包&酵母的烹飪 BREAD & YEAST COOKERY 231

•

水果 FRUITS 247

•

甜點 DESSERTS 271

•

糕點 PASTRY 293

•

蛋糕&餅乾 CAKES & BISCUITS 307

•

一般相關資訊 GENERAL INFORMATION 327

專業用語 GLOSSARY 336

索引 INDEX 340

食譜索引 RECIPE INDEX 351

烹調器具 BATTERIE DE CUISINE

最佳的食材，需要使用正確的器具來進行前置作業與烹調，才能得到滿意的烹調成果。雖然有些廚師可以僅靠少數的多功能器具來烹調，然而，專用的器具可以讓您對許多技巧更容易變得上手，在烹調異國料理時，也可能需要用到，以完成縝密的前置作業。

計量器具 MEASURING EQUIPMENT

成功料理的首要條件，就是要確保烹調時所使用的食材份量是正確的。計量乾燥食材時，一定要將表面刮平，除非食譜中要求的是滿小匙/茶匙(heaped)或滿大匙/湯匙。計量液態食材時，要用眼睛平視來確認已裝滿所需的高度。一般市面上所販售的量匙與其它計量器具，皆有公制與英制兩種可供選擇。

● **量匙 Measuring Spoons** —少量的乾燥食材就用小匙/茶匙(Teaspoonfuls)或大匙/湯匙(Tablespoonfuls)，或進一步計量分量。有些量匙的兩端都可以計量，一端為公制，另一端為英制。

● **量杯 Measuring Jugs** —用來計量食材的容積，尤其是液態食材。最佳的選擇，為上面同時有公制與英制兩種刻度，另外還加附了美式量杯(請參考下面內容)的量杯。

● **秤 Scales** —當食譜中要求的份量標示為重量時，就需要用到。秤的種類很多，從天平秤，到數位式電子秤都有。最好選擇可以用來計量公制與英制兩種重量者。

● **美式量杯 American Measuring Cups** —可以用來計量乾燥與液態兩種食材的容量，以「杯」為單位，也可以計量1/4、1/3與1/2「杯」的分量。通常市面上販售的為成組的一套式。

一般器具 GENERAL

這個綜合類區要為您介紹的，是用來進行前置作業與處理生或熟食時，所必須用到的基本烹調器具。大部分的器具，主要功能為撈取(lift)、瀝乾(drain)、塑型(shape)、去核(stone)、磨碎(grate)、搗碎(mash)。

● **計時器 Timers** —種類很多，從簡單的沙漏，到靠電池來運作的鬧鈴計時器，在重要的前置作業與烹調階段時，都有助於追蹤記錄確切的時間。

● **溫度計 Thermometers** —有3種不同的類型：炸油溫度計(Deep-fat Thermometer)、肉類溫度計(Meet Thermometer)、煮糖用溫度計(Sugar Thermometer)。用來確認肉與家禽類的內部已確定達到所需的溫度，或油脂與糖已達到要求的溫度。

● **料理剪 Kitchen Scissors** —選擇堅固耐用，握柄舒適的萬用料理剪。材質應為不鏽鋼，以方便清洗。家禽剪(Poultry Shears，參照第93頁)是專為方便切剪禽骨而設計的。

● **蔬菜削皮器 Vegetable Peelers** —市面上販售的種類很多，活動旋轉刀頭設計者尤佳。有些削皮器在握柄處附有豆莢刨絲器(BeanSlicer)，前端附有可以去核的尖頭。

● **砧板 Cutting Boards** —使用木製或塑膠製砧板，鋒利的刀子才不會容易變鈍。砧板應針對不同的用途，區分使用。用切生肉，或大蒜等味道濃烈食材的砧板，不要與作為一般用途的砧板混合使用。砧板在使用後，應徹底清洗乾淨。

● **夾子 Tongs** —呈V字型的形狀，不鏽鋼製，用手緊壓時才會碰在一起的器具。用來夾起或移動質地較脆弱的食物。

● **長柄杓 Ladles** —由各種不同容量大小的圓缽與長柄組合而成的器具。用來舀液體，有些長柄杓在前端有突出的尖嘴，可以更準確無誤地將液體舀入容器內。

● **溝槽鍋匙 Slotted Spoons** —寬而平坦的湯匙表面上，有穿透的孔洞，前端稍尖。用來撈取食物時，可以同時瀝除熱的液體或油。此外，也可以用來撈除湯汁表面的浮渣。

● **去核器或去籽器 Stoner or Pitter** —用來去除櫻桃或橄欖的籽或核。不鏽鋼或鋁製，由雙臂組合而成，兩者間有細圓管連接，其中一臂可以夾住水果，另一邊則是用來刺穿水果，去核或籽。

● **刨絲器 Canelle Knife** —前端有個不鏽鋼的短圓頭，還有一個小V字型的刀片呈垂直方向附在上面。用來削下薄薄一層柑橘類水果外果皮，作為增添風味用，或削去像小黃瓜等蔬菜的皮。水果或蔬菜用刨絲器削過後，就會出現醒目的隆起稜紋。

● **果皮削刮刀 Zester** —不鏽鋼製的方形頭上有5個孔洞沿著前端邊緣排列一直線，設計成可以削刮下薄薄一層柑橘類帶著香氣的外果皮，而不會刮到帶苦澀味的白色中果皮。

● **磨碎器 Graters** —最普遍的類型就是一個中空的箱子，四面各有許多不同大小的切割孔洞。也有可旋轉式刀片設計的迴轉磨碎器(Rotary graters)，及專門用來削刮下柑橘類水果帶香氣的薄皮，及磨碎帕瑪森起司(Parmesan Cheese)的專用單面磨碎器。磨碎荳蔻時，可以用一種呈圓凸形，中間為盛裝空間的荳蔻磨碎器(Nutmeg Grater)，這也適用於所有的辛香料。

● **食物磨碎器 Mouli-légumes/Food Mill** —有個不鏽鋼或塑膠材質的推板，可以在碗狀的槽內旋轉，用來將柔軟的水果或蔬菜磨碎成泥狀。可以選擇更換細或粗孔徑的圓盤，將食物磨碎成不同粗細的質地。手握曲柄旋轉，就可以將食物推過孔洞，磨碎後掉入下面的槽內。

● **撈杓 Skimming Spoon** —大而平的圓頭狀，中間有很多成列的細孔或篩孔。用來撈除高湯等熱的液體表面上的浮渣與油脂。

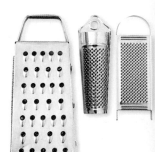

- **魚鏟 Fish Slice**一前端為方形或長方形的薄片，可以輕易地滑進魚肉片等質地脆弱而平坦的食物下方。薄片上有孔洞，讓油脂或液體可以流出，有金屬或塑膠材質。有的表面經過不沾黏的加工處理。

- **抹刀 Palette Knife**一市面上有販售各種不同尺寸的抹刀。它的刀片薄而平，柔軟而有彈性，末端呈圓形。用來翻面或移動魚肉片等平坦的食物或餅乾，還有塗抹裝飾用霜飾。

- **L型抹刀 Angled Spatula**一有時又被稱之為餅乾鏟(Cookie Spatula)，前端長而柔軟有彈性的長方形薄片，被彎曲成有角度，以便容易從鍋子或盤子的邊緣鏟起食物。

- **吸油管 Bulb Baster**一外觀看起來像個大型注射器，用來吸取肉汁或調味肉汁(Gravy)上的油脂。

- **鑷子 Tweezers**一就是小型的夾子，一般為8cm長，用來剔除魚刺與把小巧的配菜或裝飾放在適當的位置上。

- **鬃毛刷 Scrubbing Brush**一附有硬質鬃毛的長方形刷子，用來刷洗清理海鮮外殼與蔬菜。

- **木質雞尾酒籤 Wooden Cocktail Sticks**一約為10cm長，用來插取小型食物，或固定食物切口用。

- **削核器 Apple Corer**一呈圓柱形的刀片，直徑剛好與蘋果核差不多大小，到握柄之間的長度，足以穿透整個水果，以便將果核整個取出。

- **挖球器 Melon Baller**一兩端都有碗狀的刀片，其中一端比另一端尺寸大一點，固定在握柄的兩端。使用時，要轉動刀片來挖球。

- **冰淇淋杓 Ice-cream Scoop**一握柄呈中空，以便使用者的體熱可以傳導，其中一端為大的碗狀杓，通常為不鏽鋼或鋁製材質。當體熱傳導過去，碗狀杓被加溫後，杓中的冰淇淋就可以輕易地脫落了。還有觸壓式冰淇淋杓(Trigger Scoops)，藉由施力在操控桿上，俐落地將冰淇淋推出，讓它從杓內脫落。

- **檸檬壓汁器 Lemon Squeezers**一最普遍的類型就是玻璃或塑膠材質的製品。它的中央有個突出的圓錐形，用來將切成兩半的柑橘類搾出汁來。另外，還有一種是木製的，稱之為果汁壓搾器(Reamer)，有個類似的突出圓錐形在握柄的一端。使用時，一手拿著切開的水果，下面放個碗，再把果汁壓搾器鑲插入水果內搾汁。

- **馬鈴薯搗碎器 Potato Masher**一一個上面有孔洞的圓盤，附在2條支架上，再連接到一個握柄上。用來將煮過的馬鈴薯，與紅蘿蔔、防風草根(Parsnips，又名歐洲蘿蔔)等根菜類蔬菜搗碎。

- **馬鈴薯壓泥器 Potato Ricer**一上下雙臂連接在一起，下臂附著一個底部有細孔的籃子，用來裝食物，上臂附著一個平坦的圓盤，可以用來將食物壓過細孔。使用這個器具，可以將食物壓得非常細碎，幾乎成為泥狀。

- **蛋糕鏟 Cake Slice**一有一個平坦的長方形金屬板，前端呈圓弧狀，以便輕易地插入蛋糕或派的底部。

刀具 KNIVES

對大部分的烹調作業而言，都是非常重要的烹調器具。完美的料理，至少需要一般用途，與特殊作業用兩種刀具，才能達成。刀具必須保持鋒利，存放在木製刀架上，防止變鈍。

- **砍刀／剁刀 Cleaver Western**一具有大而平坦的長方形刀刃，由於夠重，適合用來切骨頭或帶骨肉。

- **主廚刀 Chef's Knife or Cook's knife**一刀片呈長三角形，長約15～30cm。刀緣稍微呈弧形，使用起來更順手，容易切割。

- **魚片刀 Filleting Knife**一約20cm，長而有彈性的刀子。適合用來切生魚、水果、蔬菜。

- **去骨刀 Boning Knife**一刀片長而堅硬(9～15cm)，前端呈尖銳而細長的弧形，以利一般肉類或家禽類去骨。

- **鋸齒刀 Serrated Knife**一長13cm的小刀，可以俐落地切割水果與蔬菜。尺寸較大者，適合麵包與蛋糕切片用，可以切得既整齊，又平坦。

- **小型削皮刀 Small Paring Knife**一形狀與主廚刀相似，但是刀片長度只有6～9cm，為最有用的刀具之一。由於它的尺寸大小適中，特別容易掌控，適合用來切水果、蔬菜、肉、起司等，用起來非常便利。

- **半月形切碎刀 Mezzaluna or Crescent Cutter**一義大利文中的原義就是「半月(mezza luna)」，刀片呈彎曲狀，有個木製握柄垂直連接在刀片的兩端上。使用時，以擺盪式動作(rocking motion)，讓刀身左右來回下壓切割，不用舉刀。

- **切肉餐刀與切肉餐叉 Carving Knife and Fork**一刀片狹長，適合用來切割已加熱的肉類。刀片上有溝槽，前端呈彎曲狀者，適合用來切冷的肉類。切肉餐叉有兩支長叉，可以用來固定肉類，方便切割。它應該有個堅固的握柄，及防護裝置，以保護使用者的手。

- **磨刀棒 Knife Sharpener**一質地粗糙的長鐵棒。磨刀時，要讓刀刃的中央部分與磨刀棒之間成為約45度。

爐上專用器具 STOVETOP

爐上專用的廚房器具(Cookware)，應該有個長而防火的握柄，重量要足以穩定地放置在火爐上，但是又不會太重，難以拿起，而且，還要能夠均勻地受熱。

- **長柄平底淺鍋 Frying Pans and Skillets**—這種寬而淺，底部平坦的鍋子，有很多大小不同的尺寸。一般的用法，是利用油脂，把薄而平的食物快速煮熟。所以，最好的選擇就是質地厚，導熱性佳的金屬製鍋子。附有長而直的握柄，操作起來更方便。

- **不沾式長柄平底淺鍋 Non-stick Frying Pan and Skillets**—經過特殊加工鍍層處理，以防止使用油脂所導致的困擾。需要特別的保養，以免鍍層被刮傷。

- **平底深鍋 Saucepans**—廚房內使用頻率最高的器具之一，有各種不同的尺寸與形狀。有的矮而寬，有的高而深。一般以容量做為區分的標準，以公升(litres)或品脫(pints)為單位，通常販售時都附蓋子。質地厚的不鏽鋼製平底深鍋，導熱性極佳。

- **雙層坐融鍋 Double Boiler**—由2個平底深鍋組成，其中1個為大的底鍋，另1個為較狹長的鍋子，嵌進底鍋裡，或疊放在底鍋上面。一般進行隔水加熱(Bain-Marie)時使用，即利用滾水，以避免直接加熱的方式，來加熱質地較為脆弱的食物。

- **湯鍋 / 悶煮鍋 Stockpot**—也可以用來煮義大利麵，高度的長度應比寬度還長，而且容量要大。

- **蒸鍋 / 蒸籠 Steamer**—它的組合為1個有許多孔洞的容器，嵌進1個平底深鍋(Saucepan)內，可以讓蔬菜在不浸泡在水中的情況下加熱。另外也有疊層式的蒸籠(Stacking Steamer Pans)。

- **煎爐 Griddle**—厚重(通常是鑄鐵製)而平坦的炊具，有些還經過不沾黏的鍍層加工，通常具有極佳的導熱性。用來煎煎餅(Drop scones or Pancakes)。突出的鑄鐵式煎爐，非常適合用來加熱魚、肉、蔬菜，做出「炭烤(chargrilled)」的效果。

- **可麗餅鍋 Crêpe Pan**—傳統式的可麗餅鍋是用鑄鐵製造的，有著淺鍋緣的可麗餅鍋，做出來的可麗餅(Crêpes)會更完美。開始使用前，應先進行養鍋作業，使用後應擦拭乾淨，避免直接用水洗。

亞洲的烹調器具 ASIAN EQUIPMENT

這些器具主要是被設計用來讓食物可以完成前置作業，再以傳統的方式在短時間內，透過高熱把食物煮好，通常在亞洲食材的專賣店都可以買得到。

- **中式菜刀 Chinese Cleaver**—由1個大而平的刀片，及短的木製握柄所組成。適合所有的砍剁與切割作業，是把極為好用的多功能菜刀。寬大的刀片還可以用來搬移食材，非常便利。

- **筷子 Chopsticks**—較長的木筷，用來搬移及整理質地較脆弱的食物，或翻攪食物用。較短而精緻的筷子(避免使用經過加工成光滑表面者)，則是用餐時來挾取食物用。

- **中式炒鍋與鍋鏟 Wok and Shovel**—中式炒鍋為碗狀的鐵製鍋，有的附1個握柄(最適合用來翻炒用)，有的附有2個握柄(油炸、燜煮、蒸煮時，若要挪動鍋子，穩定性會比較高)。家庭用以35cm的尺寸最恰當。有些中式炒鍋還附有半圓形的鍋蓋，適合用來蒸煮或燜煮食物。鐵製的鍋鏟或煎鏟，是由長的握柄與平坦的前端部分所組成。它的邊緣呈彎曲，以配合中式炒鍋的形狀，後面高起，以便在進行翻炒時，可以好好地接住食物。

- **竹簾 Bamboo Mat**—用彈性佳的竹子編成，放在烹調用的鍋子或中式炒鍋內，以防肉在長時間的慢燉下黏在鍋底，或用來捲壽司。使用後，要清洗乾淨，徹底乾燥，再收起來。

- **竹籤 Wooden Saté Skewers**—有各種不同長度，長的主要是用來串起肉或蔬菜，作為燒烤或火烤用。使用前，要先用水浸泡30分鐘，以防竹籤燒焦。

- **日式蛋捲專用鍋 Japanese Omelette Pan**—鑄鐵或鋁製的方形淺鍋，連接著1個堅固的木製握柄。這種鍋子是用來製作薄而勻稱的煎蛋。清理時，要先用油擦拭過，再用濕布擦。

- **撈油網 Large Oriental Straining Spoon**—由長的竹製握柄與平坦的網狀所構成，用來撈取熱油或液體內的食物，並瀝乾油與水分。

- **竹蒸籠 Bamboo Steamer**—共由3個部分所組成：2個5cm深度，底部編成格狀，以利蒸氣循環的竹籃，加上1個用竹子編成的蓋子。適合放在裝了水的中式炒鍋或大鍋子內，用來蒸煮特定的食物。不同的食材可以放在不同層內，同時蒸煮。

- **細擀麵棍 Small Thin Rolling Pin**—通常為60cm長，有的較寬，或兩端逐漸變得細尖。適合來擀薄糕點的麵皮，或麵包的麵糰。使用後，要用濕布擦拭乾淨。切勿用水浸濕，因為這樣可能會造成擀麵棍龜裂或彎曲變形。

- **蛋捲專用鍋 Omelette Pan**—與可麗餅鍋(Crêpe Pan)比起來，較重也較大，因為這種鍋子的底部必須厚一點，才能夠讓蛋均勻地受熱，捲起，還要有傾斜的側面，讓煎蛋在煎好後，可以輕易地滑入盤中。有角度的握柄，在作業時操作起來更方便。煎蛋專用鍋在開始使用前，應先進行養鍋，使用後應擦拭乾淨，避免直接用水洗。

- **煮魚盒 Fish Kettle**—是種長而窄，深度與寬度的長度相同的盒子，上面附著1個有孔洞的網架，以方便將魚放進烹煮的熱湯中或取出。

- **油炸鍋 Deep Fryer**—由1個重而附著蓋子的平底深鍋(Saucepan)，與1套網籃組合而成，後者的握柄應讓網籃可以放進油內，而且具有瀝油的功能。

- **壓力鍋 Pressure Cooker**—有蓋子，深而重的平底深鍋(Saucepan)，附有壓力錶與安全閥，利用鍋內的蒸氣來加熱食物，只需要一般所需之一半時間，就可以把食物煮好。

耐熱器皿 OVENWARE

烤焙用盤子、平底鍋、鍋子等，被製作成可以耐高溫或導熱以進行特定烹調作業的器具。很多這樣的器皿都有適度的裝飾花紋，以便可以直接端上餐桌。

- **砂鍋／烤鍋 Casseroles**—鑄鐵、陶、磁是最普遍的材質，通常為有蓋，單柄或雙柄的深鍋。有些還經過防火加工處理，以便也可以在火爐上使用。

- **法國凍派皿 Terrines**—通常為陶製，橢圓形，有蓋，蓋上還有通氣孔，側面與底部成直角。這樣的器皿，是被設計用來煮混合的碎肉。

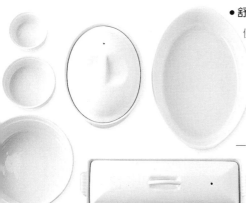

- **舒芙雷皿 Soufflé Dishes**—側面與底部成直角，材質為玻璃、瓷或粗陶的圓形器皿，傳統上側面有溝槽。底部未上釉，以便熱度容易穿透。

- **耐熱皿 Ramekins**—為一種單一尺寸的舒芙雷皿(Soufflé Dishes)，也可以用來烤卡士達(custards)，冷或熱布丁(puddings)。

- **焗烤盤 Grain Dishes**—寬而淺，側面垂直或傾斜，附有握柄的器皿。通常經過耐熱加工處理，以便可以用來燒烤，或用火爐加熱，讓食物的表面烤得脆硬。

- **烤盤／烘盤 Roasting Tins**—長方形或橢圓形，底部平坦，側面垂直或稍微傾斜的金屬器皿，用來煮肉或烘烤食物。深盤通常附有可以架在盤內的網架。

- **網架 Racks**—主要是用來讓正在烤的家禽或肉上的油脂或肉汁，可以滴到下面的烤盤內，這種有腳的網架，有的看起來像搖籃的形狀，有的則是長方形。

- **金屬籤 Metal Skewers**—細長而前端尖銳，以刺穿大的肉塊與蔬菜。可以用來製作烤肉串(kebabs)，或刺穿正在烤的馬鈴薯，以確認熟度(doneness)。

烘焙器皿 BAKEWARE

家庭式烘焙，需要非常多種類的專用器具，來製作出完美的麵包(breads)、派(pies)、塔(tarts)、蛋糕(cakes)、餅乾(biscuits)。

- **蛋糕模 Cake Tins**—錫製，有方形、圓形或長方形，用來製作單層或夾心蛋糕，有深有淺。市面上也有販售花式的蛋糕模。有的蛋糕模底部為活動式，以方便脫模。

- **戚風模 Ring Mould**—烤焙大量的麵糊時，模中間的中空可以確保熱度傳達到蛋糕的正中央。蛋糕模輕盈的材質與通風的環狀構造組合，有助於蛋糕膨脹上升。

- **扣環式圓形活底烤模 Springform Cake Tin**—有個可以卸下的底部，與附有彈簧扣環的側邊，讓蛋糕可以輕易地脫模。

- **瑞士捲烤盤 Swiss Roll Tin**—淺的長方形錫或金屬製烤盤，把麵糊烤焙成海綿蛋糕片時專用。

- **烘烤薄板 Baking Sheets**—薄的長方形金屬板，有的邊緣有高起的側邊。使用重而好品質的薄板，不僅有助於導熱，還可以防止烘烤的食物表面起皺。

- **長型模 Loaf Tins**—長方形的無紋模型，側面較高，用來烤焙麵包或肝醬等混合食材(法pâtés)。法國棍子麵包(法baguette)專用，長而窄的法國棍子麵包模，通常是用錫製或青化法處理過的鋼鐵(blued steel)製成。

- **派模 Pie Tins**—側面傾斜的淺圓盤，玻璃、金屬或瓷製，可以直接端上桌。

- **餡餅模 Flan Tins**—圓而淺，側面大都有溝槽，底部為活動式。有錫鐵、黑鋼或陶製品，用來製作塔(tarts)、餡餅(flans)、法式鹹派(quiches)。

- **中空餡餅模 Flan Rings**—平坦或荷葉邊的金屬圓環，與1個烘烤薄板(Baking Sheets)一起使用，用來製作塔(tarts)、餡餅(flans)、法式鹹派(quiches)。也可以用來製作夾心蛋糕。

- **鎮石／重石 Baking Beans**—陶或金屬製，用來壓放在模型內烘烤，還未放餡料進去的糕點。

- **迷你塔模 Tartlet Tins**—小而呈法式形狀的金屬模，通常側面有溝槽，用來製作法式小點心(petits fours)與迷你糕點。

- **蛋糕架 Cake Racks**—圓形或長方形，有腳的格狀金屬架，在食物放涼時，空氣就可以在底下流通循環。

- **花式模 Decorative Moulds**—可以用來製作麵包，蒸或烤布丁(puddings)、果凍(jellies)、慕斯(mousses)、冰淇淋(ice creams)或半球形冰淇淋(bombes)等。

- **餅乾模 Biscuit and Pastry Cutters**—市面上販售的為單獨1個或1整套，側面垂直的薄金屬製品，有幾何圖形、自然風格的花式圖形等，也有各種不同的尺寸。

- **滾輪刀 Pastry Wheel**—有個木製握柄，連接著有溝槽的滾輪，用來切除派的邊緣，修整齊。

過濾器、網篩、粉篩
SIEVES, STRAINERS AND SIFTERS

用來分離食材，瀝乾食材的水或油，或把空氣打進食材內時，所使用的重要器具。

● **過濾器 Sieves**—多為金屬、塑膠或木製框，有各種不同大小尺寸孔徑的網。圓錐形的稱之為「圓錐形過濾器(chinois)」，適合用來將液態食材過濾到瓶或壺內。碗形與鼓形的過濾器可以架在攪拌盆上，最適合用來瀝乾食材。

● **濾鍋／濾器 Colander**—有孔的盆子，用來瀝乾煮過的蔬菜或義大利麵，或清洗水果、蔬菜。有各種不同的尺寸，握柄有單柄或雙柄。

● **搖篩器 Dredgers**—適合用來將空氣混合到粉類裡，或把糖撒到食物上做裝飾時用，有的是像簡單的撒粉罐(shakers)，有個大的開口，有的則是像底部有孔的杯子，上面有開關用的扣環。

● **沙拉瀝水藍 Salad Shaker**—金屬線編成的藍子，或有孔的塑膠藍，可以用來瀝掉沙拉的蔬菜葉上所沾的多餘水分，而不至被碰傷。

● **分蛋器 Egg Separator**—有孔或狹長孔洞的湯匙。可以讓蛋白從孔流出，而只剩下蛋黃在湯匙上。

機器 MACHINES

雖然所有在廚房內的作業都可以用人工來完成，使用電器則可以節省時間與人力。

● **食物料理機 Food Processor**—是一種多功能的機器，適合用來將各種食材切碎，絞碎，或打成糊或泥狀。大部分都附有切割與絞碎用的金屬圓片與刀片，可以用來製作與揉和麵糰。

● **攪拌機 Mixer**—有手提式與桌上型兩種，用來混合麵糰與麵糊，打發鮮奶油，打發蛋白，與將蛋糕混合料攪拌成乳狀。厚重的桌上型，有很多不同的附件。

● **混合機／果汁機 Blender**—適合用來將食材製作成泥狀、糊狀、醬料、湯、醬汁、飲料等。用來把乾燥的食材攪碎也很方便。

● **冰淇淋機 Ice-Cream Maker**—小型機器是要將食材放進冷藏裝置內攪拌混合，來製作冰淇淋。大型機器則是獨立式，法文稱之為「冰沙機(sorbetière)」，有個內建的攪拌與冷卻裝置，可以製造出質地柔滑，具職業水準的冰淇淋。

● **研磨機 Grinder**—是種小型的機器，用來研磨咖啡豆、堅果、辛香料。

● **油炸鍋 Deep-fat Fryer**—獨立電動式，有內建油炸藍的機型，安全性最高。這樣的機器內還有溫度計，來調節管理油溫。

混合、擀薄與裝飾
MIXING, ROLLING AND DECORATING

準備食物的過程中，無論是要攪拌，混合或整型，與裝飾食物以完成最後的修飾作業，都需要很多不同種類，但極為重要的器具。

● **攪拌盆 Mixing Bowl**—有各種不同的尺寸。不銹鋼製攪拌盆比較經久耐用，而且熱或冷的傳遞性質較佳。玻璃與陶製攪拌盆，由於較重，在混合食材時，比較能夠穩定地放置在工作台上。

● **木匙 Wooden Spoons**—適合用來攪拌、混合、打發食材或把食材打成乳狀。木匙堅固耐用，不具彈性，不易導熱。由於木頭的材質容易吸收味道，所以，用完後一定要徹底清洗，擦拭，風乾。

● **橡皮刮刀 Rubber Spatula**—適合用來攪拌打發蛋白，或刮取殘留在攪拌盆上的麵屑。橡皮刮刀的材質具有彈性，適合用在已經過不沾黏加工處理的鍋子等。

● **毛刷 Pastry Brushes**—用來為各種不同的食物，於烤焙前或後上膠汁用，呈圓形或平板形，附著豬鬃或塑膠毛。

● **杵與研缽 Pestle and Mortar**—研缽呈小碗狀，通常為石頭或大理石材質，內部表面粗糙。杵的前端表面未磨光，呈圓形，以配合碗狀的弧形輪廓。用來研磨辛香料、種子，製作香草醬(pesto)。

● **擀麵棍 Rolling Pin**—表面平坦、光滑，用厚重而堅硬的木材所製成的圓棒，有的沒有握柄，有的有整體成形的握柄。還有的握柄則是根棒子，嵌入固定在擀麵棍的正中央。

● **義大利麵製麵機 Pasta Machine**—用途為擀薄麵糰與切割麵條，附有各式切割刀，可以製作成像緞帶般的寬麵，或像一般麵條般的窄麵等各種不同寬度的義大利麵。

● **攪拌器 Whisks**—手握式，呈氣球狀的攪拌器，有鋼絲圈，纏繞成環狀與金屬握柄連接者，較受到廚師的偏愛，稍微攪拌，與打發蛋白時用，或混合醬汁，以及把麵糊混合成質地均勻而沒有結塊時用。有各種不同尺寸可供選擇，以因應不同的作業方式。

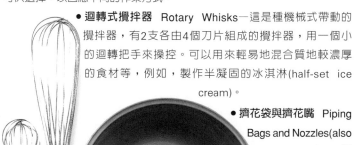

● **迴轉式攪拌器 Rotary Whisks**—這是種機械式帶動的攪拌器，有2支各由4個刀片組成的攪拌器，用一個小的迴轉把手來操控。可以用來輕易地混合質地較濃厚的食材等，例如，製作半凝固的冰淇淋(half-set ice cream)。

● **擠花袋與擠花嘴 Piping Bags and Nozzles(also called tubes)**—糕點等在裝飾花邊時所使用的重要器具。使用時，是在各種不同尺寸的擠花袋，套上小的金屬或塑膠製，各種花式開口的擠花嘴。

高湯 & 湯
STOCKS & SOUPS

基本高湯 BASIC STOCKS

特調經典高湯 SPECIAL STOCKS

清湯 CLEAR SOUPS

漿湯 PUREED SOUPS

特調經典湯 SPECIAL SOUPS

基本高湯 BASIC STOCKS

高湯，是家禽、肉類或魚類，與蔬菜一起煮後過濾，所得的調味湯汁，可以做為很多種類的湯(soups)、醬汁(sauces)、燉煮食物(stews)的基底。在家中自製，就可以做出比從商店購買的高湯塊、顆粒、罐頭更細緻，更芳香與少鹽的美味高湯了。自製的高湯還可以冷藏保存，方便隨時使用。

雞高湯 CHICKEN STOCK

雞骨與雞骨架(chicken bones and carcass) 約750g
洋蔥、芹菜、紅蘿蔔切成大塊 約150g
丁香(clove) 1個
香草束(bouquet garni) 1個
大蒜 2瓣(選擇性加入)
胡椒粒(peppercorns) 6粒
水 1.5公升

雞骨與雞骨架先汆燙(blanch)，倒出湯汁後，用水沖淨。將雞骨、雞骨架與所有其它的食材一起放進鍋內，加熱到沸騰後，再慢煮(simmer)2～3小時，並不時地撈除浮渣。然後，過濾湯汁，放涼後，放進冰箱冷藏，最久可保存3天。這樣可製作成約1.5公升的高湯。

褐色高湯 BROWN STOCK

牛肉或小牛骨 1.5kg
洋蔥1個
未削皮切成4等份的紅蘿蔔2個
切段的韭蔥(leek)1枝
芹菜1枝
水 3公升
蕃茄糊 2大匙
香草束(bouquet garni) 1個
胡椒粒(peppercorn) 6粒

肉骨用烤箱以230℃烤40分鐘，烤到一半時，再把蔬菜加入一起烤。加點水進去稀釋盤底的肉汁(deglaze)。然後，移到鍋內，再把剩餘其它的食材全加入，慢煮(simmer)3～4小時，並不時地撈除浮渣。過濾湯汁，放涼。放進冰箱冷藏，最久可保存3天。這樣可製作成約3公升的高湯。

雞高湯 CHICKEN STOCK

這種經典的高湯呈淡金黃色，由生的雞骨與雞骨架，或已煮過的雞骨與碎肉慢煮而成。事先汆燙，是廚師為了去除多餘油脂的一個製作訣竅。除了這個方法之外，以下還提供了其它的替代方式。

1 將蔬菜放進鍋內，再加入雞骨，注入可以淹沒食材份量的水，加熱到沸騰。慢煮的過程中，要不時地撈除浮渣。

2 將細孔過濾器架在攪拌盆上，用湯杓把湯汁舀入，再用湯杓按壓食材，徹底萃取湯汁的精華。

去除油脂(REMOVING FAT)
放進冰箱冷藏1晚後，再用溝槽鍋匙(Slotted Spoon)撈除所有浮在表面上的油脂。

褐色高湯 BROWN STOCK

這是種含有肉汁的高湯，用牛肉或小牛骨熬成，由於肉骨已事先烤過，所以顏色較深，芳香濃郁。肉骨烤過後，表面變成了焦褐色，就會加深高湯的顏色，還會溶解多餘的脂肪。若是製作白色高湯(white stock)，就要省略烤肉骨的步驟。

1 肉骨烤到一半的時間後，加入蔬菜，翻攪混合。

2 慢煮的過程中，要儘量多撈除表面上的浮渣，以去除油脂與殘渣。

3 將細孔過濾器架在攪拌盆上，用湯杓把湯汁舀入，再用湯杓按壓食材，徹底萃取湯汁的精華。

魚高湯 FISH STOCK

如果想要製作清淡口味的高湯,可以用比目魚(sole)、大菱鮃(turbot)、歐鰈(plaice)、黑線鱈(haddock)等白肉魚(white fish),或本食譜中所用的鮭魚(salmon)等紅肉魚(pale pink fish)的魚骨與魚邊肉來熬成高湯。請勿使用像鯖魚(mackerel)這類味道較重的油魚(oily fish)。只要慢煮20分鐘即可,若是煮太久了,高湯的味道就會變澀。

1 魚骨與魚邊肉用主廚刀(Chef's Knife)切成塊。去魚眼與魚鰓。魚骨與魚邊肉用冷鹽水浸泡約10分鐘去腥臭味(法dégorge),即去除任何血腥或異味)。瀝乾魚骨與魚邊肉,放進鍋內。

2 蔬菜切成相同的大小,與其它所有的食材一起放進鍋內。

3 慢煮的過程中,當浮渣浮出湯汁表面時,就要用大的溝槽鍋匙(Slotted Spoon)撈除。

4 將細孔過濾器架在攪拌盆上,用長柄杓把湯汁舀入,再用長柄杓按壓食材,徹底萃取湯汁的精華。

製作高湯塊 MAKING STOCK CUBES

您可以事先熬好大量的高湯,冷凍備用(放進冷凍庫冷藏後,最久可以保存6個月)。高湯熬好,撈除凝固的油脂,藉由煮沸,來讓高湯濃縮減量後,先放涼,再繼續下列所示的製作訣竅。使用時,可以直接將高湯冰塊放入正在慢煮的湯或燉煮食物裡。

1 將冷卻後的濃縮高湯倒入製冰盒內,不用任何物品覆蓋(open-freeze),冷凍約4小時,直到完全凝固。

2 高湯一旦完全結成冰塊後,就可以立刻拿來用,或保存備用。先從製冰盒脫模,再放進塑膠冷凍袋內。然後,封好袋子,放回冷凍庫冷藏,備用。

魚高湯 FISH STOCK

魚骨與魚邊肉(切塊,鹽漬dégorge) 2kg
洋蔥1個、紅蘿蔔1個、芹菜1枝
不甜白酒(選擇性加入) 250 毫升(ml)
胡椒粒(peppercorns) 12粒
月桂葉(bay leaves)2片
檸檬汁 1/2個
水 2.5公升

將食材放進鍋內,加熱到沸騰。然後,慢煮(simmer)20分鐘,並不時地撈除浮渣。過濾湯汁,放涼,放進冰箱冷藏,最久可保存3天。這樣可製作成約3公升的高湯。

**內 行 人 的 小 訣 竅
TRICK OF THE TRADE**

快速去油脂法 QUICK SKIMMING

專業廚師就是用這樣的方式來去除已過濾熱高湯上的油脂。這樣的方式,比高湯放涼後,再撈除凝固的油脂還迅速(參照第16頁)。

當高湯還是熱的時候,用兩層的廚房紙巾在高湯內漂過,廚房紙巾就會迅速地吸取任何油脂。

特調經典高湯 SPECIAL STOCKS

不同的食材與製作技巧，賦予了這些高湯與眾不同的質地與風味，也是最常運用的高湯製作技巧的最佳完美演出。若要製作基本高湯(BASIC STOCKS)，請參照第16～17頁。

蔬菜高湯
VEGETABLE STOCK

這種高湯味道清淡柔和，可以用來替代雞高湯或肉類的高湯(參照第16頁)，適合素食者使用。製作時，需要450g的混合蔬菜，例如：本食譜中所用到的紅蘿蔔、洋蔥、韭蔥(leek)、芹菜，1個香草束(bouquet garni)，與2公升的水，以做出約1.5公升的高湯。放涼後，放冰箱冷藏，最久可保存3天，或是冷凍，最久可保存1個月。

1 將切好的蔬菜、香草束、水，放進鍋內，加熱到沸騰，再慢煮(simmer)約1小時。

2 將細孔過濾器架在攪拌盆上，用長柄杓把湯汁舀入，再用長柄杓按壓食材，徹底萃取湯汁的精華。

出汁
DASHI，一種日式高湯

水 1公升
柴魚片(bonito flakes) 25g
昆布(kombu seaweed) 25g

將水倒入鍋內，加入柴魚片、昆布，加熱到沸騰後，把鍋子從爐火移開，讓柴魚片沉到鍋底。然後，用鋪上濾布的過濾器，把湯汁慢慢地過濾到另一個乾淨的鍋內，再慢煮(simmer)10分鐘。若是要讓高湯風味更濃郁，就把柴魚片、昆布再放回鍋中，重複以上的步驟。這樣可以製作出約1公升的高湯。

昆布高湯
SEAWEED STOCCK

這種昆布高湯，日文稱之為「出汁(dashi)」，色澤澄清，味道鮮美。製作起來非常迅速簡單，放置冰箱冷藏，可保存至3天。通常乾燥海帶(dried seaweed)與柴魚片(dried fish)，都可以在大型超市或日本商店買得到。製作所需材料，請參照本頁左列。

1 將水、柴魚片放進鍋內，再加入昆布，加熱到沸騰。

2 將鋪上濾布的過濾器架在攪拌盆上，慢慢地過濾湯汁。

野味高湯
GAME STOCK

這種用野禽骨架(carcasses)煮成的高湯，芳香濃郁，如果事先已用奶油將表面煎成香脆的褐色(browned)，風味更佳。若要製作出2公升的高湯，需要用到1kg切塊的野禽骨架，約450g切塊的洋蔥、紅蘿蔔、芹菜等蔬菜，與2公升的水。

1 用奶油來煎切塊的野禽骨架，將表面煎成香脆的褐色(browned)，以加深高湯的顏色，並增添風味。

2 加入蔬菜、水，加熱到沸騰後，慢煮(simmer)1～2小時，並不時地撈除浮渣。然後，過濾，放涼，放進冰箱冷藏，最久可保存3天。

澄清湯 CONSOMME

這是種以清澈的高湯為基底所製成的湯，用蛋白與蔬菜來澄清(淨化)雞、牛、小牛高湯(參照第16頁)所成。蔬菜還可以增添風味與漂亮色澤。

製作澄清湯 MAKING CONSOMMÉ

作法很簡單，就是利用蛋白、調味蔬菜(mirepoix，參照第166頁)、檸檬汁的酸性混合物，來濾清高湯。本食譜所做的是雞澄清湯(chicken consommé)，同樣的製作技巧，可以運用在牛澄清湯(beef consommé)，或小牛澄清湯(veal consommé)上。

1 用叉子來攪開3～4個蛋白，到變成泡沫，再加入2大匙檸檬汁與約350g的調味蔬菜(mirepoix)。

2 將1的混合料加入2公升的熱高湯內，加熱到沸騰。然後，攪拌約4～6分鐘，到表面形成一層漂浮物。

3 在表面的漂浮物上開個洞，以便慢煮的時候可以透氣。然後，慢煮約1小時，過程中切勿攪拌。

製作肉凍汁 MAKING ASPIC

將吉力丁(gelatine)加入澄清湯(consommé)內，製作成硬度足以切成花式形狀來做裝飾的固態凍。液態凍則常被用來為餡料塑型，製作慕斯(mousses)、凍派(terrines)，或為魚、肉、家禽肉上膠汁(參照第225頁)。

將吉力丁片放進少量的冷澄清湯(consommé)內浸泡約2～3分鐘(7g的吉力丁片用約500ml的湯來浸泡)。然後，加熱剩餘的澄清湯，再把吉力丁片與浸泡用的湯倒入。在溫和的熱度下攪拌，直到吉力丁完全融化。然後，舀1大匙到淺盤內放涼，確認是否已經好了。

4 用手拿著鋪了沾濕濾布的過濾器，下方放著大攪拌盆。用長柄杓打開表面的漂浮物，將湯汁舀進過濾器內，透過濾布來過濾。然後，倒入另一個乾淨的鍋子內，再度加熱。端上桌前，再放1個黑松露(black truffle)切成的細長條(julienne)，與些許新鮮的山蘿蔔葉(leaves of fresh chervil)做裝飾，如右圖。也可以撒上蔬菜小丁(brunoise，參照第166頁)來做裝飾。

清湯 CLEAR SOUPS

這是用一種高湯(STOCK)或清湯(BROTH)爲基底，加上其它食材所煮成的湯。清湯(CLEAR SOUPS)，有的口味清淡而鮮美，是用切成薄片的蔬菜、海鮮或切絲的肉，與像是出汁(DASHI)這樣的美味湯汁調製而成；有的則口味比較濃郁，是與像是蘇格蘭羊肉湯(SCOTCH BROTH)或義式蔬菜濃湯(MINESTRONE)這樣長時間慢煮，餡料相當豐富的湯調製而成。清湯(CLEAR SOUPS)的品質好壞，就取決於是否使用自製美味的高湯(參照第16～17頁)。

適合添加到高湯裡的簡易副食材 SIMPLE ADDITIONS TO STOCK

只要加些食材進去自製的高湯內，就可以在短短的幾分鐘內，完成一道美味的湯了。其中，有些食材可以爲湯增添特殊風味，而澱粉類的食材，例如：義大利麵(pasta)、米(rice)或餃子(dumplings)，則可以增加湯的濃稠度。其它適合添加的食材種類，請參照左列。以下，爲各位介紹2種做起來迅速而簡單的義式湯，兩者都是用1公升的雞或魚高湯所製成，都適合用來做爲4道菜套餐的第1道菜式。

清雞湯義大利餃
PASTA IN BRODO
先將高湯加熱到沸騰，再把火調小，慢煮(simmer)。然後，加入225g未煮的半月形義大利餃(tortellini)，煮約7分鐘。

義式起司蛋花濃湯
STRACCIATELLA
將2個蛋邊打入正在慢煮的高湯裡，邊攪拌。然後，把鍋子從爐火移開，以高湯本身的熱度來加熱蛋。

製作法式洋蔥湯 MAKING A FRENCH ONION SOUP

這種以清湯爲基本材料的經典湯，是先用奶油來蒸焗洋蔥，再用牛肉高湯慢煮而成。製作時的關鍵技巧，就在於要先把洋蔥蒸焗成焦褐的狀態，這樣一來，煮好的洋蔥湯，就會呈現深褐色，而且風味濃郁。

1 用中火蒸焗洋蔥，不斷地翻攪約20分鐘，到洋蔥變成焦糖色。

2 等到洋蔥變成深褐色了，就加入高湯、白酒，加熱到沸騰後，攪拌。

3 如果表面要做成焗烤(gratin)，就用長柄杓把湯舀入耐熱碗內，再撒上格律耶爾起司(Gruyère)的削片(參照第44頁)。

製作中式湯 MAKING A CHINESE-STYLE SOUP

這種湯可以在很短的時間內完成,只要把東方食材與調味料,加入正在慢煮的魚或雞高湯裡即可。本食譜中使用了新鮮的椎茸(shiitake mushrooms)切片、已泡水復原並切片的乾蠔菇(oyster mushrooms)、雞胸肉切絲,做為主食材。其它的調味料與參考運用食材,請參照右列。

1 將香菇、高湯放進中式炒鍋(wok)內慢煮,再加入蠔菇,煮約1分鐘。

2 加入雞胸肉絲,一起慢煮,邊不時地攪拌,約3～5分鐘,或直到湯變濁。

3 關火,邊把攪開的蛋汁(1個蛋)倒入,邊用筷子攪拌,讓蛋汁可以在湯裡形成絲狀。

東方風味食材 A TASTE OF THE EAST

下列的食材,加入清湯內,就可以立刻營造出中式的風味來。您可以選擇加入其中的1種,2種,或數種:

- 薄味或濃味醬油
- 米酒或不甜雪莉酒(dry sherry)
- 新鮮老薑(root ginger),去皮後切成薄片或切絲
- 豆腐丁
- 冬粉(cellophane noodles)
- 罐頭竹筍(bamboo shoots)片,或荸薺(water chestnuts)
- 白菜(Chinese cabbage),或小白菜
- 豆芽(bean sprouts)
- 蝦仁(dried prawns)
- 新鮮芫荽葉(coriander leaves)
- 蔥(spring onions),切片
- 芝麻油(sesame oil)

日式湯 JAPANESE SOUPS

出汁(dashi,參照第18頁)是種經典的日式高湯,被用來作為許多種日式湯的基底。每一種湯,都因為加入高湯裡的食材,而各自展現出獨特的風味。適合用來加入的食材,有的是像下列所介紹,需經過精緻手工來準備的食材,有的則是麵、蔬菜、肉、海鮮等混合的豐盛食材。

紅蘿蔔花湯
CARROT-FLOWER SOUP
用2條中等大小的紅蘿蔔,做成忍冬花(honeysuckle blossoms,參照第104頁)的切花。將1公升出汁(dashi)加熱到沸騰後,把火調小,繼續慢煮(simmer)。再加入紅蘿蔔花,慢煮2分鐘。然後,用湯杓舀入已先溫過的碗內,添上豆芽、芫荽葉做裝飾。

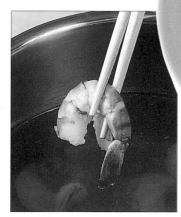

鮮蝦湯 PRAWN SOUP
150g蝦子去殼,蝦尾的殼留著,剔除沙腸後,煮熟。將1公升出汁(dashi)加熱到沸騰後,把火調小,繼續慢煮。再加入蝦子,加熱2分鐘。然後,舀入已先熱過的碗內,添上芫荽葉做裝飾。

克利歐風味海鮮湯
Creole Bouillabaisse

經典的普羅旺斯海鮮什燴湯(Provençal seafood stew)，由於添加了紅辣椒(hot chilli)、青椒、紅椒(peppers)、蘭姆酒(rum)，而成了融合西印度(West Indian)風味的佳餚。這道湯，混合了鮟鱇魚(monkfish)、鱈魚(cod)、黑線鱈(haddock)、海鱸(sea bass)、鰹魚(bonito)、魴魚(John Dory)等各種海鮮，湯鮮味美，無與倫比。

6人份
綜合魚肉(去內臟後，帶骨的
淨重) 2.5～3 kg
生蠔(帶殼) 12個
橄欖油 100 ml
洋蔥(切碎) 1個
芹菜(切碎) 1枝
紅椒(去籽，切丁) 1個
青椒(去籽，切丁) 1/2個
大蒜(切碎) 2～3瓣
乾辣椒薄片(dried chilli flakes)
1/4～1/2小匙
番紅花絲(saffron strands)少許
新鮮芹菜(切碎) 2大匙
新鮮百里香(thyme)葉 1又1/2小匙
月桂葉(bay leaf) 1片
熟蕃茄(ripe tomatoes，去皮，
去籽，切碎) 500g
魚高湯 1公升
鹽與現磨胡椒
帶殼新鮮明蝦(king prawns)或
虎蝦(tiger prawns)(去殼，去沙腸)
500g
深色蘭姆酒(dark rum) 1～2大匙

上菜時 TO SERVE
切碎的新鮮百里香
蒜味辣椒蛋黃醬(rouille，
參照右列)
麵包塊(croûtes，參照第246頁)

魚要徹底去鱗，如有需要，也去頭尾。魚無論是分解成肉片，或帶骨，都要切成相同的大塊。魚骨可以為濃湯增添風味。小心地打開生蠔，從殼內取出蠔肉與汁液。

將油放進大的耐火砂鍋(casseroles)內加熱，加入洋蔥、芹菜、青椒、紅椒、蒜、辣椒薄片。用手指撕斷番紅花絲，加入蔬菜裡。慢煮約5分鐘，偶爾翻攪一下，直到蔬菜都變軟，變成淡褐色。

然後，加入香草植物、蕃茄、魚高湯、調味料，攪拌混合，加熱到沸騰後，把火調小，慢煮(simmer)約30分鐘，不時地攪拌混合。

再度加熱到沸騰，加入硬質魚肉(firm-fleshed fish)，先把高脂的油魚(oily fish)放進去，再把白肉魚放在上面。迅速加熱約8分鐘，過程中，小心地攪拌1或2次。然後，加入軟質魚肉(soft-fleshed fish)，繼續煮6分鐘，而且，在過了2分鐘的時候候加

入蝦子，在最後的2或1分鐘時加入生蠔肉與它的汁液。將砂鍋從爐火移開，取出月桂葉。加入深色蘭姆酒調味，並用其它調味料調味。

趁熱將海鮮濃湯裝入1個已先溫過的大湯碗(soup tureen)內，撒上切碎的百里香。蒜味辣椒蛋黃醬(rouille)用其它容器另外盛裝，可以加入湯裡調味，或抹在麵包塊(croûtes)上吃。

製作蒜味辣椒蛋黃醬 *Making Rouille*

蒜味辣椒蛋黃醬，是種發源自南法普羅旺斯(Provence)，風味濃郁的醬，看起來很像美乃滋，辣勁十足。它的法文名「rouille」，取自於它的顏色，原意為「鏽色」。

將1個已去籽烤過的紅椒放進食物料理機內(food processor)，加入1個烤過已去皮的馬鈴薯、1大匙蕃茄糊、1個蛋黃、1瓣大蒜、1/4小匙鹽、1/4小匙卡宴辣椒粉(Cayenne)。

將機器裡的食材攪拌成糊狀。攪拌時，邊加入125 ml特級初榨橄欖油(extra-virgin olive oil)，攪拌到質地變得柔滑濃稠為止。然後，嚐嚐看味道，調味。

漿湯 PUREED SOUPS

將已放進高湯、水或牛奶中煮過的食材攪拌成泥狀，再加入奶油或蛋，或兩者，讓質地變得更濃郁，是種調製湯的簡便方式。這樣的作法，幾乎適用於所有不同組合的食材，甚至是水果，而且還是個用掉剩餘蔬菜的絕佳方法。

水果湯 FRUIT SOUPS

這種「泥化」方式，很適合用來製作水果湯。製作時，用葡萄酒或果汁來代替高湯。性質互補的水果組合，添上新鮮香草植物或辛香料，就可以做出口味清新的夏季湯品，冰涼上桌。您不妨參考下列的組合：

- 酸櫻桃(sour cherry)與油桃(nectarine)
- 覆盆子(raspberry)、草莓(strawberry)、肉桂(cinnamon)、油桃(nectarine)
- 草莓(strawberry)與大黃(rhubarb)
- 甜瓜(melon)、芒果(mango)、羅勒(basil)
- 蘋果(apple)、洋梨(pear)、肉桂(cinnamon)
- 白桃(white peach)、杏桃(apricot)、小荳蔻(cardamom)
- 木瓜(papaya)、桃子(peach)、薄荷(mint)

製作蔬菜漿湯 MAKING PUREED VEGETABLE SOUPS

這種湯可以用單一的蔬菜來製作，例如本食譜中的紅蘿蔔，或數種蔬菜混合而成。通常會加入韭蔥(leeks)或洋蔥，以增添風味。製作的訣竅，就在於先將這些蔬菜煮到質地變得非常柔軟，以利攪拌成泥狀。做成泥狀後，增加濃郁度的方法，請參照下頁(第25頁)。

1 用奶油，以中火蒸焗(sweat)蔬菜，不時地攪拌，炒約3～4分鐘，到蔬菜變軟。

2 加入高湯或水，到可以淹沒蔬菜為止，再加入調味料調味。慢煮(simmer)約20分鐘，到蔬菜變得極軟。

3 用果汁機(blender)打成泥，倒入乾淨的鍋子內，再度加熱。確認調味與濃度是否可以了。

其它的泥化方式 ALTERNATIVE METHODS OF PUREEING

綜合蔬菜，依所含蔬菜種類的不同，可以採用多種不同的方式來讓食材變成泥狀。高纖維蔬菜，例如：青豆(green beans)、芹菜(celery)，或有粗皮的蔬菜，例如：青椒、蠶豆(broad beans)，就必須先煮，用果汁機打成泥，再用過濾器過濾後，才加入高湯。

食物料理機 FOOD PROCESSOR
可以用來代替果汁機(blender)使用，但是，已煮到變軟的蔬菜，要先瀝掉水分，才不會在攪拌成泥的過程中噴濺出來。

手提電動攪拌器 HAND BLENDER
欲迅速攪拌少量的湯時適用。如果是熱湯，就在鍋內進行攪拌。如果是冷湯，就先倒入大的攪拌盆內，再進行攪拌。

食物磨碎器 FOOD MILL
因為使用後蔬菜的纖維會留在食物磨碎器內，所以，特別適合用來磨碎質地較粗的蔬菜。蔬菜煮過後，要先瀝乾，再放進食物磨碎器內磨碎。

細孔過濾器 FINE SIEVE
特別適合用來過濾帶皮的蔬菜，例如本圖中烤過的黃椒。在過濾器內按壓摩擦蔬菜，讓果肉通過細孔，再丟棄殘留在過濾器內的皮。

製作魚漿湯 MAKING A PUREED FISH SOUP

魚漿湯的種類繁多。其中，以源自於馬賽(Marseille)，用多種地中海魚(Mediterranean fish)所製成的經典法式魚湯「soupe de poissons」最為聞名。另一道法式經典湯，就是用帶殼海鮮做成柔滑的泥狀，所製成的法式濃湯「bisque」，最傳統的做法是使用龍蝦(lobster)來製作。這些湯的製作技巧大致相同，本食譜中所示範的，是用蟹肉來製作的漿湯。

1 將切碎的紅蘿蔔、洋蔥、馬鈴薯、芹菜放進質地厚重的平底鍋內，用奶油炒到變軟。然後，加入約12隻小螃蟹(crabs)，用中火加熱，攪拌，直到變成深褐色。

2 先在螃蟹上灑上幾匙(spoonfuls, 滿匙)白蘭地(brandy)，點火，燒乾酒精，以增添香味(flambé)。然後，撒上2大匙中筋麵粉(plain flour)，攪拌1～2分鐘，直到粉與湯汁完全混合均勻為止。

3 加入2公升魚高湯、150 ml 不甜白酒(dry white wine)、2大匙蕃茄糊(tomato purée)、1個香草束(bouquet garni)，再用調味料調味。加蓋，慢煮(simmer) 45分鐘。

4 取出香草束，倒入食物料理機內，攪拌成泥狀。

5 用極細孔過濾器(最好是圓錐形)來過濾湯汁，並用長柄杓來按壓食材。然後，再度加熱，加入奶油，增添濃郁度(參照本頁右上列)。

增添湯的濃郁度 ENRICHING SOUPS

漿湯的口味與質感，會因為添加了奶油或優格，而變得更柔滑香醇。請等到即將要端上桌前再加入混合，以免凝結。

奶油 CREAM： 使用濃縮鮮奶油(double cream)或其它乳製品，例如：法式濃鮮奶油(crème fraîche)或酸奶油(sour cream)。這類奶油的高脂成分，可以在加熱時，發揮穩定成分的功效(相反地，如果是低脂乳製品，就會比較容易凝結)。這些乳製品，不僅可以為漿湯增添香濃的風味，還可以讓湯呈現出誘人的光澤。而且，乳製品還可以用來做為湯的裝飾(參照第27頁)。

優格 YOGURT： 由於優格所含的成分比奶油的還容易變質，所以，優格與像新鮮白起司(fromage frais)這樣的低脂乳製品(low-fat dairy products)，切勿加熱，以免凝結了。

蛋黃聯結劑 EGG YOLK LIAISON 這種蛋黃與濃縮鮮奶油(double cream)的混合物，一定要用少許熱湯先試溫，確認可以了，才能加入湯裡攪拌混合。這樣做，是為了防止蛋黃被湯的高溫煮熟了。1公升的湯，要用2個蛋黃，與1大匙濃縮鮮奶油(double cream)來增添濃郁度。

最後修飾 FINISHING TOUCHES

湯端上桌前，利用精緻的裝飾，鮮麗誘人的色彩，就可以增添視覺上的效果。即使是最簡單的表面裝飾，都可以將原本看起來平淡無奇的湯，變幻成一道特殊漂亮的湯品。裝點時，利用鑷子(TWEEZERS)或小湯匙，把小巧細緻的食材，精確地擺上去，就定位即可。

簡單至上 KEEP IT SIMPLE

您所選擇用來為湯做裝飾的食材，不一定要與湯內的食材種類重複，但是，要能夠為湯增添不同的風味。而且，最簡單的食材，往往是最佳的選擇，效果也最好。這就是為什麼許多廚師偏愛使用新鮮香草植物之故。

清湯(clear soup)與奶油湯(cream soup)，最適合精緻小巧的裝飾，而質地濃稠的湯，就比較適合簡單的裝飾，例如：切碎的香草植物，或現磨的起司。以下，為其它幾種可供參考的裝飾食材：

- 1枝香草植物
- 菠菜(spinach)或酸模(sorrel)的切絲 (chiffonade)
- 茴香葉(fennel fronds)
- 小芹菜葉(celery leaves)
- 沾滿切碎新鮮巴西里的心形麵包丁 (croûtons)
- 用毛刷沾點研磨過的辛香料後， 撒在湯的表面上
- 搗碎的胡椒粒(peppercorns)或芫荽 籽(coriander seeds)
- 稍微烤過的芝麻(sesame)或南瓜籽 (pumpkin seeds)
- 磨細的硬質起司(hard cheese)， 例如：帕瑪森起司(Parmesan)或 佩克里諾起司(Pecorino)
- 汆燙(blanched)後，切成細長條 (julienned strips)的柑橘皮(citrus zest)
- 磨碎的柑橘類水果外果皮
- 撒上白蟹肉(crab meat)
- 1隻帶殼蝦子
- 幾隻去殼煮熟的蝦子
- 食用花的花瓣(petals)，例如：三色 菫(pansy)、玫瑰(rose)、紫羅蘭 (violet)，散放在水果冷湯上面

香草環 RING OF HERBS
排列新鮮香草植物，例如：像圖中的小蒔蘿(dill)與鼠尾草(sage)的葉子，裝飾在湯的中央，或邊緣。

蕃茄與香草植物 TOMATO AND HERBS
用蕃茄丁(concassée，參照第178頁)來讓淡色冷湯變得生動，再用細緻的香草植物葉圍成一圈。

經典細香蔥 CLASSIC CHIVES
細香蔥為一種經典的裝飾食材。可以將細香蔥排列成十字交叉的圖形(如圖)，或剪碎後，撒在湯的表面。

烤堅果 ROASTED NUTS
在奶油湯(cream soups)表面擺上稍微烤過，呈金黃色的杏仁(參照第203頁)或其它種類的堅果，來增添特殊口感與色彩。

橄欖花瓣 OLIVE PETALS
先將去籽的黑橄欖切成薄片，排列成花的形狀，再用1支小巴西里(parsley)插在正中央。

花式細長條蔬菜 DECORATIVE JULIENNE
用纖細的蔬菜長條(參照第166頁)，例如：用根芹菜(celeriac)與紅蘿蔔切成的長條(如圖)，來與湯內的蔬菜味道相呼應。

緞帶捲 RIBBON CURLS
用蔬菜削皮器(vegetable peeler)，從長條形的蔬菜，例如：紅蘿蔔與櫛瓜(courgettes)，削下薄薄的緞帶狀，來做裝飾。

綜合蔬菜 VEGETABLE MELANGE
用切成小丁的紅蘿蔔、櫛瓜(courgettes)、根芹菜(celeriac)，讓清湯(clear soups)與淡色湯(pale soups)，看起來更鮮明生動。

起司與魚子醬 CHEESE AND CAVIAR

用全脂軟起司來裝飾梭形肉丸(quenelles)，再擺上魚子醬(caviar)或圓鰭魚卵(lumpfish roe)，將表面裝點成華麗的外觀。

三色椒塊 PEPPER PIECES

用小型的肉凍切模(aspic cutters)，將色彩鮮豔的紅、青、黃椒切割成特殊的形狀。先汆燙(blanch)過，再用來做裝飾。

漂浮肉凍 ASPIC ACCENTS

讓肉凍在錫罐內冷藏凝固成一層，再用模型切割下來，讓它漂浮在冷的澄清湯(consommé)上面。

紅蘿蔔花 CARROT FLOWERS

用刨絲器(Canelle Knife)在紅蘿蔔上刨出幾道長長的溝槽，再切成薄片，讓它漂浮在清湯(clear broths)上。

迷你蘑菇 MINI MUSHROOMS

蘑菇薄片用奶油或橄欖油稍微炒過後，用來裝飾蘑菇風味的湯。

脆麵包丁 CRISPY CROUTONS

這是種傳統的裝飾法，就是將油炸或烤過的麵包丁，散放在熱湯上，可以增添不同的口感。

用奶油做裝飾 DECORATING WITH CREAM

若是要在顏色鮮豔的奶油湯上，做出引人注目的裝飾，可以用湯匙將奶油舀到湯的正中央，或做成漩渦狀，以及其它的漂亮花式。想要成功地完成這類的裝飾，關鍵就在於先確認奶油與湯的濃度必須相近。而且，在大部分的情況下，奶油必須先稍微打發過再用。即將端上桌前，再進行裝飾。

凱薩琳之輪 CATHERINE WHEEL

奶油稍微打發後，加入少許香草醬(pesto)混合。然後，各舀1大匙在每碗湯的正中央，用刀刃的前端，從中心往外劃，做成渦輪狀。

浪漫圓環 ROMANTIC RIM

將奶油滴在湯的邊緣，成一圈。用刀刃的前端，劃過每一滴奶油，做成連成一圈的心型。

特調經典湯 SPECIAL SOUPS

有些湯由於調理方式獨特，加上使用的食材非常多樣化，而獨樹一格，自成一類。秋葵濃湯(Gumbo)就是一個很好的例子。這道發源自紐奧良(New Orleans)，極具當地特色的湯品，香辣夠勁，質地濃稠。蛤蜊巧達湯(Clam chowder)，是另一道地方色彩濃厚的美式湯品，用馬鈴薯與洋蔥丁來製作，質地濃厚，餡料豐盛。

克利歐風味秋葵濃湯 CREOLE GUMBO

蔬菜油 2大匙
奶油 25g
中筋麵粉(plain flour) 25g
雞高湯 1.2公升
洋蔥(大，切碎) 1個
芹菜(切碎) 1枝
罐頭蕃茄(切碎) 400g
乾燥百里香(thyme) 1/4小匙
卡宴辣椒粉(Cayenne pepper) 1/4小匙
秋葵(切成2cm的塊狀) 400g
鹽與現磨胡椒
黃樟葉粉(filé powder) 1～2大匙

將油或奶油放進質地厚重平底鍋內加熱，再加入麵粉，用小火加熱15分鐘，並不時地攪拌混合，直到變成深褐色。然後，加入高湯，加熱到沸騰後，加入洋蔥、芹菜、蕃茄與罐頭內的湯汁、百里香、卡宴辣椒粉，加蓋，慢煮20分鐘，偶爾攪拌一下。再加入秋葵，用調味料調味，煮10分鐘，或煮到秋葵開始變軟為止。關火，加入黃樟葉粉，嚐嚐味道，調味。這樣可做成4人份。

名稱逸趣 WHAT'S IN A NAME?

「巧達(chowder)」這個名稱，源自於法文「chaudière」，是種漁夫用來燉自己的魚獲時所使用的大鍋。有很長一段時間，巧達湯都是用海鮮來做的，不過，現在也有人使用其它肉類或蔬菜來製作。

製作秋葵濃湯 MAKING GUMBO

調理秋葵濃湯時，有兩個非常重要的技巧，可以幫助您成功地做出完美而芳香濃郁的湯來。第一，就是油糊(roux)至少要煮15分鐘，才能讓湯在完成時，呈現出深褐的色澤，並增添香濃度。第二，加入黃樟葉粉(filé powder)，把湯調製成恰到好處的濃度。黃樟葉粉，是用乾燥的黃樟(sassafras，又稱為擦樹)的葉子研磨而成。

1 油糊(roux)用低溫加熱至少15分鐘，不時地攪拌，加熱到變成深褐色為止。隨時檢查，以防燒焦。

2 過了快要15分鐘時，再加入秋葵(okra)。這樣做，秋葵才不會因為加熱太久而變形，或變得太軟，也不會變得黏稠。

3 加入適度份量的黃樟葉粉，稍微增加秋葵濃湯的濃度。一定要先關火，再加入混合，才不會變得黏稠。

製作巧達湯 MAKING A CHOWDER

世界上最著名的兩種巧達湯，分別源自於曼哈頓(Manhattan)與新英格蘭(New England)兩地。兩者都是以馬鈴薯與洋蔥丁為主食材。不過，曼哈頓的巧達湯，由於添加了蕃茄與香草植物，口味清新而火辣。新英格蘭的巧達湯，因為添加了牛奶與奶油，色澤很淡，風味濃郁。蛤蜊(clams)，則是兩者固定都會添加的傳統食材。

曼哈頓 MANHATTAN
馬鈴薯與洋蔥丁用奶油蒸焗(sweat)到變軟。再加入高湯、切碎的蕃茄、百里香(thyme)，用鹽、胡椒調味，慢煮(simmer)20分鐘。然後，加入罐頭蛤蜊與裡面的湯汁，一起加熱。

新英格蘭 NEW ENGLAND
馬鈴薯與洋蔥丁用奶油蒸焗到變軟。再加入牛奶，用鹽、胡椒調味，慢煮(simmer)20分鐘。然後，加入罐頭蛤蜊與裡面的湯汁，一起加熱。最後，加入濃縮鮮奶油(double cream)，增添香濃度。

蛋、起司 & 奶油
EGGS, CHEESE & CREAMS

選擇 & 使用蛋 CHOOSING & USING EGGS

煮蛋 COOKING EGGS

蛋捲 OMELETTES

麵糊 BATTERS

選擇起司 CHOOSING CHEESE

新鮮起司 FRESH CHEESE

使用起司 USING CHEESE

奶油 CREAMS

選擇 & 使用蛋
CHOOSING & USING EGGS

蛋可以說是廚房中最具價值與最實用的食材之一，在烹調很多菜餚時，一定得運用到蛋的曝氣(aerating)、稠化(thickening)、乳化(emulsifying)特性。

放牧蛋 FREE-RANGE

在英國，大約有85%的蛋，是以籠養式(laying cage system)或格子籠式(battery method)的飼養方式所生產的蛋。所謂的放牧蛋(free-range)，必須是擁有足夠活動空間，而且以多種天然食物，例如：草與穀物飼養的禽類所生下的蛋。雖然這樣的禽類，在比較自由的環境中生長，但是，也因此較容易受到氣候狀況，或肉食動物的威脅。所以，這樣的蛋價格也就比較昂貴。

蛋殼的顏色 SHELL COLOURS

蛋殼的顏色，取決於母禽的飼養方式與攝取的食物。顏色的範圍很廣，從有斑點(鵪鶉蛋)到青色(鴨蛋)，種類很多。母雞蛋，為白色或褐色，是最常被使用的一種蛋。這兩種顏色的蛋吃起來味道相同，並沒有因為蛋殼的顏色不同，而影響到它的味道。

如何分辨蛋的新鮮與否? HOW TO TEST FOR FRESHNESS

首先，請檢查包裝上的「有效日期("best before"date)」(參照第31頁的「安全第一(SAFETY FIRST)」)。如果沒有日期標示，可以將蛋沉入水中來測試新鮮度，如下所示。由於蛋存放久了之後，水分就會透過蛋殼逐漸喪失，而使蛋內的空氣增加。因此，蛋放得越久，就會變得越輕。

新鮮的蛋，因為水分含量高，所以較重。這樣的蛋在沉入水中時，會平躺在玻璃杯的底部。

比較沒有那麼新鮮的蛋，由於蛋內的空氣含量增加，蛋就會垂直地沉在杯底，尖端朝下。

放得較久，不新鮮的蛋，由於內含大量的空氣，就會漂浮在近水面處。切勿使用這樣的蛋。

由左下開始，順時針方向 Clockwise, from bottom left：鴨蛋(duck egg，米白)；鴨蛋(duck egg，青色)；雞蛋(hen's egg，白色)；小母雞蛋(pullet's egg，小，褐色)；雞蛋(hen's egg，褐色)；鵪鶉蛋(quail's egg，小，有斑點)。

如何將蛋黃與蛋白分開?
SEPARATING YOLK FROM WHITE

在蛋的溫度冰涼時，最容易將蛋黃與蛋白分開。因為，在這樣的狀況下，蛋黃較結實，也比較不會與蛋白混合在一起。此外，打發蛋白時，如果有絲毫的蛋黃混在裡面，就無法打發成功了。

徒手分蛋 HAND METHOD
將蛋打進攪拌盆裡，再用手撈起蛋，讓蛋白從指縫間流下去。

蛋殼分蛋 SHELL METHOD
將蛋殼打成兩半，再讓蛋黃在分成兩半的蛋殼內互傳，直到蛋白完全流入攪拌盆裡。

安全第一
SAFETY FIRST

- 雞蛋要在有效日期（"best before" date）之內用畢。檢查看看是否有獅子標誌（the Lion Mark）。這樣的標誌，可以確保這些蛋是通過了比英國或歐盟法（EC Law）的規範還嚴格的衛生製造標準的產品。
- 沙門氏桿菌（salmonella bacteria）可以透過蛋殼上的裂縫滲透到蛋裡。所以，購買的蛋，蛋殼一定要乾淨而無損傷。
- 碰觸到蛋殼的前後，都要洗手。
- 年長者、患有疾病者、懷孕婦女、嬰兒與兒童，對沙門氏桿菌（salmonella bacteria）的感染，較缺乏抵抗力。所以，這樣的人一定要避免食用生蛋，及所有含有生蛋成分的食品。
- 含蛋的菜餚一定要完全煮熟，以徹底消滅沙門氏桿菌。

內行人的小訣竅　TRICK OF THE TRADE

混合蛋白繫帶
BLENDING ALBUMEN STRANDS

蛋黃是藉由黏稠的蛋白繫帶與蛋白固定住的。繫帶應該要過濾，或與蛋白混合，以增進打發蛋白氣泡的穩定性。

過濾 SIEVING
用細孔過濾器，下方放著攪拌盆，過濾蛋白，並用湯匙來壓碎蛋白繫帶。

混合 BLENDING
將蛋白放進攪拌盆裡，用一雙筷子或叉子，夾或撈起蛋白，並剪斷蛋白繫帶。

打發蛋白 WHISKING EGG WHITES

先將蛋白放在一個用蓋子蓋好的攪拌盆內，放置在室溫下約1小時，再打發，就能夠打發出多量而穩定性高的打發蛋白。無論是用人工，或機器來打發，都要先檢查所有使用的器具內，完全沒有沾上任何油脂，而且攪拌盆夠深，容量足以容納打發蛋白。

手工打發 BY HAND

將蛋白放進不鏽鋼或玻璃攪拌盆內，從底部往上，以繞圈的方式打發。如果量很多，就用大型的攪拌器來打發。

機器打發 BY MACHINE

用桌上型電動攪拌機（Mixer），先慢慢地打發，打碎蛋白，等到變得濃稠後，再加速。加入少許的鹽，可以鬆弛蛋白質的結構，讓打發進行得更順利。

製作刷蛋水
MAKING EGG WASH

刷蛋水，是用蛋黃和水調製而成的混合液，用來刷抹在末烤的麵包或糕點表面，使其在烤過後呈現出滑潤，金黃，明亮的光澤。

用叉子混合1個蛋黃、1大匙水、1撮鹽，到混合均勻。用毛刷（pastry brush），將刷蛋水塗抹在即將放進烤箱內烤的麵包或糕點表面。

如何保存蛋？
STORING EGGS

- 蛋在購買後，就要儘快放進冰箱冷藏。
- 將蛋留置在原來的紙盒內保存，遠離氣味強烈的食品。
- 將蛋的尖端朝下放，蛋黃就可以保持在蛋的正中央。
- 分開的蛋白、蛋黃，或已破殼的全蛋，應放置在密閉容器內，放進冰箱冷藏。蛋白可以保存1星期，蛋黃與全蛋最久可保存2天。
- 含有生蛋的食物，必須在2天內用畢。
- 帶殼的水煮蛋（hard-boiled eggs）最久可保存1星期。

蛋的營養價值
NUTRITIONAL VALUE OF EGGS

蛋是極為重要的豐富蛋白質來源（1個大蛋含有12～15% 每個成人每日應攝取的建議量），可以供給人體所需的所有重要胺基酸（amino acids）。

此外，蛋裡還含有鐵（iron）、碘（iodine）、鈣（calcium）這些礦物質，還有維他命（vitamins）A、B、D、E、K。總之，維他命C是蛋裡唯一缺乏的一種維他命。

蛋的熱量也不高，每個蛋約可以提供75卡路里（calories）。從前，基於蛋裡含有膽固醇（cholesterol），所以，專家建議每個人每週之蛋的食用量應有所限制。然而，近來的研究卻顯示，從飲食中所吸收的飽和脂肪（saturated fat），才是提高血液中膽固醇含量的主因。所以，除了1個蛋確實含有213mg的膽固醇，而且全都在蛋黃裡之外，其實，蛋的飽和脂肪含量是很低的。

然而，蛋的攝取量，對於某些疾病患者，還是有限制的必要。根據目前英國所制定的飲食指南（dietary guideline），每位成人每週之蛋的適用量為2～3個。

煮蛋 COOKING EGGS

完美的煮蛋技巧，其實很簡單！只要學會怎麼做就行了！
以下所介紹的這些技巧，或許看起來都很基礎，卻是每位好廚師都
應駕輕就熟的重要基本功。

水煮蛋 BOILING

水煮蛋時，有的廚師用冷水，有的則是用熱水開始煮。以下的熱水法，在時間的掌握上必須非常精確。從冰箱取
出的蛋，蛋殼上有裂縫的可能性較高，所以，請使用新鮮的室溫蛋。

1 將蛋放進水已微滾的鍋內，加1撮鹽進去。等到水又開始滾了，就開始計時。

2 若是要煮成蛋黃不熟的半熟蛋(soft-boiled eggs)，就慢煮3～4分鐘。然後，用溝槽鍋匙(slotted spoon)撈出，再用刀子將蛋的頂端切開。

3 移開切開的頂端蛋殼，並取出任何掉進蛋裡的碎屑。這時蛋的狀態，應該是蛋白剛開始凝固，而蛋黃還是呈液態。

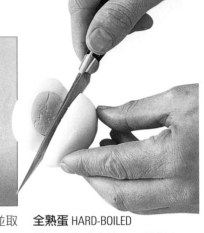

全熟蛋 HARD-BOILED
若是要煮成全熟蛋，就慢煮6～10分鐘。煮好後，要立刻放進冷水中浸泡，以防蛋黃週遭表面顏色變灰。然後，剝殼。

內行人的小訣竅
TRICK OF THE TRADE

魚子蛋
CAVIAR EGGS

這樣的半熟蛋(soft-boiled eggs)，充滿俄羅斯風情，適合成為優雅的早餐或午餐的一品。

參照上述作法，將蛋煮到半熟，切開頂端，再舀入些許魚子醬，或紅圓鰭魚卵(red lumpfish roe)，如圖所示。

水波煮蛋 POACHING

成功的水波煮蛋，關鍵在於使用非常新鮮的蛋，與寬而淺的鍋子。一次不要同時煮超過4個蛋，才能夠精確地掌控好時間。

加1大匙葡萄酒醋(wine vinegar)、1枝茵陳蒿(tarragon)到沸水中。切勿加鹽。關火，把蛋打進去，加蓋。靜待約3分鐘，直到蛋白變得不透明。

烘烤蛋BAKING

將蛋烘烤到蛋白變凝固，而蛋黃卻還維持在液體的狀態，是非常高難度的技巧。以下為兩種可以達到這樣目的之烹調方式：傳統的法式小盅蛋(Oeufs en Cocotte)，與獨特的墨西哥式荷包蛋(Huevos Rancheros)。進行隔水加熱(bain marie)時，在盤子等容器下面墊著廚房紙巾，以防加熱過度，或容器因過熱而破裂。

法式小盅蛋 OEUFS EN COCOTTE
將蛋放進內部塗抹了奶油的陶瓷布丁模(ramekin)內，各加入2大匙奶油，調味料。蓋上蓋子，以180℃，隔水加熱(bain marie)6～8分鐘。

墨西哥式荷包蛋 Huevos Rancheros
將已切片煮過的青、紅、黃椒，及洋蔥放進一個個焗烤盤(gratin dishes)內，再各放1個蛋上去。加蓋，以180℃，烤8～12分鐘。然後，淋上莎莎醬(salsa)。

炒蛋 SCRAMBLING

滑嫩多汁的完美炒蛋，製作秘訣就在於用小火加熱，並且一直耐心地攪拌。切勿過於急躁，以免蛋的質地變硬或產生彈性。若是要做成2人份，就使用4個蛋，2大匙奶油或牛奶，再加調味料調味。

1 將蛋、奶油或牛奶放進量杯中，加鹽、胡椒調味。用叉子攪拌1分鐘。加入調味料，有助於混合均勻。

2 將適量的奶油放進平底鍋內加熱，均勻地分布在鍋底。等到奶油開始起泡，再把混合的蛋液倒入。

3 用小火加熱5～8分鐘，同時不斷地用木杓(wooden spoon)攪拌。然後，關火，繼續攪拌1～2分鐘。炒好後，要馬上端上桌享用。

炒蛋的其它配料 ADDITIONS TO SCRAMBLED EGGS

很多食材，可以在蛋開始炒之前，或正在炒時加入，以增添特殊口感與風味。

- 巴斯克(Basque)風味炒蛋(pipérade)，是先炒洋蔥、甜椒(peppers)、蘑菇，再加入蛋攪拌。其它可替代的食材，包括切碎的火腿或香草醬(pesto)。
- 世界名菜「煎牡蠣蛋捲(Hangtown Fry)」，源自於1849年正值淘金熱的美國加州，為沾了麵包粉油炸的牡蠣(oysters)，與炒蛋(scrambled eggs)所組合而成。
- 中國有道稱為「三色(red, green and yellow紅綠黃)炒蛋」的菜，是用蕃茄丁與小黃瓜(cucumber)丁，與炒蛋(scrambled eggs)混合而成。

淺煎蛋 SHALLOW-FRYING

對大多數的人而言，最佳的荷包蛋，就是蛋黃呈液態，蛋白已凝固的狀態。有兩種方式可以達到這樣的目的：第一種就是在煎蛋時，不斷地用熱油澆淋(baste)在蛋上，讓蛋黃維持在「太陽蛋(sunny-side-up)」的狀態，即蛋黃像太陽一樣躺在蛋白上的狀態，或煎到一半時翻面，煎成「兩面煎而蛋黃不熟的荷包蛋」(over easy)。第二種方法比較不普遍，因為蛋黃很容易在翻面時破掉，而且會失去原本明亮的澄黃色澤。

油炸蛋 DEEP-FRYING

這種法式煮蛋技巧，可以將蛋的外皮變得硬脆(croûtes)。使用橄欖油可以增添特殊風味，但也可使用其它的油。不過，不適合用奶油，因為容易燒焦。

太陽蛋 SUNNY-SIDE UP
用平底鍋加熱薄薄的一層油或奶油，直到油變熱，但還沒冒煙。把蛋放進鍋內，用中火加熱3～4分鐘，並不斷地用熱油澆淋(baste)。請依個人的喜好，把熱油只澆淋在蛋白上，維持蛋黃的液態狀，或同時澆淋在蛋白與蛋黃上。

圓模蛋 NEATLY-SHAPED EGGS
將油放進平底鍋內加熱，均勻地分布在鍋底。再把1個金屬製圓模(pastry cutter，最好是不鏽鋼製)放進鍋內，加熱到模變熱。將蛋倒入模內，加熱到變成「太陽蛋(sunny-side-up)」的狀態(如左圖)。小心地移動整個圓模，再讓蛋脫模。

用平底鍋加熱2cm深的油，直到油變得很熱，但還沒冒煙的程度。將1個蛋放進鍋內，用熱油澆淋在蛋上面，再把蛋白摺起來，覆蓋住蛋黃。油炸1分鐘。用溝槽鍋匙(slotted spoon)取出蛋，再用廚房紙巾瀝油。其它的蛋，也用同樣的方式油炸。

艾斯考菲爾式油炸蛋 DEEP-FRIED EGGS ESCOFFIER STYLE

蕃茄(切成兩半) 4個
鹽與現磨胡椒
新鮮白麵包粉(white breadcrumbs) 4大匙
新鮮巴西里(切碎) 1大匙
紅蔥(shallot，切細碎) 1個
蛋 4個

將蕃茄放在烤盤(baking dishes)上，切面朝上，用調味料調味。混合麵包粉、巴西里、紅蔥，再舀到蕃茄上放，用180℃，烤10分鐘。將蛋油炸過(如左圖)，盛裝到先溫過的盤子上，旁邊擺上烤過的蕃茄。這樣可做成4人份。

蛋捲 OMELETTES

在傳統法式料理中，蛋捲是把攪拌過的蛋，放進傳統式的鍋內，摺疊起來，所製成之質地鬆軟的簡單料理。然而，世界各地的蛋捲，可是大不相同！

蛋捲的調香料
FLAVOURINGS FOR OMELETTES

在煎蛋前，將調香料加入蛋裡混合，或在煎的中途，把餡料舀到蛋的正中央，再捲起封好。以下的建議組合，都很美味可口。

- 磨碎的起司與蕃茄小丁。
- 用核桃油(walnut oil)將小塊培根(bacon)煎到香脆，再與新鮮菠菜(spinach)葉一起炒。
- 切片或切丁的甜椒(peppers)與紅蔥(shallots)用奶油煎過(sautéed)後，再加入蘑菇薄片一起煎。
- 煙燻鮭魚(smoked salmon)薄片與少許新鮮蒔蘿(dill)。
- 已煮熟的香腸(sausage)厚片與炒成焦糖色(caramelized)的洋蔥片。
- 煙燻火腿(smoked ham)切絲與燙煮過的蘆筍頭(asparagus tips)。

製作疊式蛋捲 MAKING FOLDED OMELETTE

這種經典的法式蛋捲，傳統上是用已經過抹油防止沾黏處理(well-seasoned)的鑄鐵鍋(cast-iron pan)來煎的。不過，本食譜中，是使用具有相同功能的不沾平底鍋。每個蛋捲使用15g奶油與3個蛋，用20cm的平底鍋來煎，就可以煎出完美的蛋捲了。

1 即將煎蛋之前，再用叉子稍微攪拌一下蛋，並調味。切勿過度攪拌，否則蛋捲煎好後就會太硬。

2 用大火加熱奶油，直到起泡。然後，將蛋倒入，用叉子混合，讓蛋均勻地分布在鍋內。

3 快速加熱，用叉子伸入蛋的邊緣，讓還未煮熟的蛋液往鍋底流下去。

4 讓鍋子傾斜，用叉子輔助，把蛋翻起，摺疊到鍋子的另一側。

製作日式蛋捲
MAKING A JAPANESE OMELETTE

日式蛋捲有整齊的外觀，與柔軟的質地。傳統的作法是用20cm方形的鍋子來煎，一煎熟就捲起來。如果您沒有方形的鍋子，可以用圓形的鍋子，等到蛋煎熟了，再整理成方形。每個蛋捲，使用1個蛋與2大匙水。添加水到蛋液裡，可以讓蛋捲煎好後質地更鬆軟。切片或切絲後，盛裝到盤中(參照第35頁)。

1 在鍋底塗抹上薄薄一層油，加熱。倒入半量混合蛋液，將鍋子傾斜，讓蛋液分佈均勻。等到表面起泡了，就用抹刀(palette knife)來鬆脫蛋的邊緣。

2 用筷子將蛋往自己的方向捲起，繼續加熱1分鐘，讓蛋凝固。用剩餘的混合蛋液，再煎1個蛋捲。

錦絲蛋 MAKING OMELETTE SHREDS

亞洲料理中，薄蛋捲切絲，常被用來當做表面餡料(toppings)與配菜使用。如果是要用來做4人份料理的錦絲蛋，就用1個蛋與1撮鹽，攪拌後，用中式炒鍋(wok)來煎。

1 用鍋子熱1大匙油，以繞圓方式倒入蛋液，用中火加熱1～2分鐘。

2 讓蛋捲皮滑出鍋外，捲起，放涼。切絲。

製作舒芙雷蛋捲 MAKING A SOUFFLE OMELETTE

這種蛋捲，是用分蛋的方式烹調而成。製作時，先將蛋白打發到綿密結實，再與蛋黃混合。做好的舒芙雷蛋捲，正如其名，與傳統式的蛋捲相比，口感較柔和，質地也較鬆軟。在傳統法式料理中，舒芙雷蛋捲通常是甜味，蛋黃在與蛋白混合前，要先加糖打發到緞帶狀態(ribbon stage，即舀起後流下的蛋黃可以形成緞帶般痕跡的硬度)。

打發3個蛋白，直到變得綿密結實，再把3個已調味打發過的蛋黃加入混合。用與疊式蛋捲(folded omelette)相同的方式調理(參照第34頁)，但是省略步驟2中，用叉子混合的部分。

製作波斯蛋捲 MAKING AN EGGAH

「Eggah」是道傳統波斯料理(Persian dish)，一種用烤箱烤成，厚而結實的蛋捲。吃的時候，切片或切成等邊三角形，冷熱食皆宜。波斯蛋捲可以只加少許辛香料，做成單純的原味，但是，更傳統的作法，是再添加其它食材。本食譜中的作法是加入切碎的波菜(spinach)，其它像新鮮香草植物、洋蔥、大蒜、甜椒(peppers)，或其它蔬菜，也都很適合。

1 混合6個打好的蛋與調味料，倒入已塗了油脂的陶瓷烤盤內。

2 用烤箱以170℃烤15～20分鐘，到蛋捲變得結實。切成三角塊來吃。

西班牙式蛋捲 SPANISH TORTILLAS

這種蛋捲與義大利蛋捲(Italian frittata)很像，只是在烹調方式與使用的調味料上有點不同。製作時，先用大量的橄欖油炒洋蔥、馬鈴薯，再加入打好的蛋。義大利蛋捲最後是用燒烤的方式將表面烤成褐色，而西班牙式蛋捲則是一直在鍋子上翻面，把兩面都烤到凝固，變成褐色。

製作義大利蛋捲 MAKING A FRITTATA

這是一種厚而平的義大利式蛋捲，用質地厚重的鍋子先放在爐上煮，然後，再燒烤(grill)到凝固，變成褐色。若是要製作1個直徑30cm的義大利蛋捲，要用1～2大匙橄欖油、7～10個蛋，與自選的調味料。本食譜(參照右圖)使用了切塊的甜椒(peppers)，為傳統素材，其它還可加入蘆筍(asparagus)、朝鮮薊(artichoke)、切片的青豆(green beans)、切碎的混合香草植物、磨碎的帕瑪森起司(Parmesan)、蕃茄、切碎的洋蔥、大蒜。

攪拌蛋與調味料，倒入已加熱的橄欖油裡。用小火加熱15分鐘後，再燒烤(grill)1～2分鐘。

起司舒芙雷
Cheese Soufflés

這種看起來非常綿柔輕盈的起司舒芙雷，真是名副其實的「soufflés(法文原義：隨風飄動；吹動等)」，即使它是用薩巴雍(Sabayon，又稱蛋黃醬)，而非一般的傳統餡料所做成的。起司舒芙雷，是讓舒芙雷漂浮在一種被稱之為「風杜(fondue，法文原意：融化)」的香濃起司奶油(cheese cream)上而成。

4人份
蛋(分蛋) 4個
不甜白酒(dry white wine) 100ml
鹽與現磨胡椒
帕瑪森起司(Parmesan cheese，現磨) 100g

風杜 FONDUE 的材料
濃縮鮮奶油(double cream) 200 ml
格律耶爾起司(Gruyère)或其它易融起司(磨碎) 100g

上菜時 TO SERVE
細香蔥(chives，剪碎)
現磨帕瑪森起司

將蛋黃與白酒放進大的耐熱攪拌盆內，再放到裝了大量水的鍋內，慢慢地隔著慢煮中的水加熱(bain marie)，邊打發成緞帶狀態(ribbon stage，即舀起後流下的蛋黃可以形成緞帶般痕跡的硬度)。然後，將攪拌盆從鍋內取出，攪拌到完全冷卻。

將蛋白放進另一個攪拌盆內，打發到質地綿密結實。慢慢地加入蛋黃裡，混合均勻，再加鹽與胡椒調味。

將奶油放進鍋內加熱到沸騰，加入格律耶爾起司，攪拌到融化均勻。然後，倒入4個耐烤箱高溫的磁盤內。

用2支湯匙，將蛋糊塑成梭形(quenelles，參照第76頁)，讓它們漂浮在風杜(fondue)上面。

然後，把各1/4磨碎的帕瑪森起司撒在梭形蛋糊上，再用烤箱以180°C烤10分鐘，或直到舒芙雷已膨脹起來，變成黃褐色(golden brown)。烤好後，撒上剪碎的細香蔥(chives)，用其它容器盛裝磨碎的帕瑪森起司，馬上端上桌享用。

其它調味料
ALTERNATIVE FLAVOURINGS

- 用藍黴起司(blue cheese)來代替帕瑪森起司
- 添加點蒜味辣椒蛋黃醬(rouille，參照第22頁)到風杜(fondue)裡
- 添加點切碎的新鮮香草植物到風杜(fondue)裡

製作舒芙雷 *Making a Soufflé*

舒芙雷之所以質地輕盈而鬆軟，就是因為材料裡混合了空氣。以下所示範的，為隔水加熱(bain marie)之標準打發法。若是要打發更多量，就要使用大型攪拌器或手提式電動攪拌器(hand-held electric mixer)。用來打發蛋白的攪拌盆，一定要非常乾淨，無任何髒污，否則，就無法打發。

打發添加了白酒的蛋黃，直到顏色變淡，質地濃稠，舉起攪拌器後，蛋黃可以留下緞帶般的痕跡(ribbon stage)。

以規律穩定的速度打發蛋白，到可以形成立體狀。

混合蛋黃與蛋白，用舀起切割般的動作(scooping and cutting action)來混合，以免破壞了打發好的氣泡。

麵糊 BATTERS

許多廚師容易在製作可麗餅(crêpes)、煎餅(pancakes)、約克夏布丁(Yorkshire puddings)時缺乏自信。其實，要做好這類糕點，並沒有那麼困難。只要依照下列的技巧來製作，就可以調製出質地均勻的麵糊，而且每次製作都所向無敵。

可麗餅麵糊 CREPE BATTER

中筋麵粉(plain flour) 125g
鹽 1/2小匙
蛋(攪開) 2個
牛奶，或牛奶與水 300 ml

麵粉與鹽過篩，裝入攪拌盆裡，先在正中央挖出一個凹槽，把蛋放進去。將周邊的粉一點點地加入蛋裡混合，整個混合成質地均勻的麵糊。如有必要，可以再進行過濾(參照第39頁)。然後，覆蓋好，靜置30分鐘，或1整晚。用來煎之前，要再攪拌一下，混合均勻。這樣可以做出約12個可麗餅。

可麗餅鍋與布利尼餅鍋 CREPE AND BLINI PANS

可麗餅鍋與布利尼餅鍋都是鑄鐵(cast iron)製，導熱性佳，可以讓食物均勻地受熱。兩者之間的唯一差異，就是尺寸不同。可麗餅鍋通常是直徑22cm，而布利尼餅鍋則是12cm。這種鍋子若是經過保養(proved)，或調養(seasoned)，理論上就可以變成不沾鍋。保養時，先加熱鍋子，並用鹽摩擦。然後，擦拭乾淨，再用油擦拭。鍋子使用後，切勿清洗，只要擦拭乾淨即可。

製作可麗餅 MAKING CREPES

法國的廚師，是用一種經過特殊妥善調養處理(well-seasoned)的鍋子(參照左下列)，來煎極薄(wafer-thin)的可麗餅。不過，您也可以使用不沾鍋來代替。如果剛開始的幾塊，煎到破損或黏鍋，也不用擔心。只要掌握好以下的幾個要素，就可以正確無誤地完成可麗餅。那就是：鍋子的溫度、奶油的量與溫度、麵糊的量與濃稠度。

1 放一小塊奶油到鍋內，用中火加熱到起泡。將融化多餘的奶油舀到1個攪拌盆內，再舀滿滿1小杓麵糊，從鍋子正中央流進鍋內。

2 讓鍋子傾斜轉一下，以便麵糊可以流滿鍋底，到達邊緣。如果有需要，就再加些麵糊進去。

3 加熱約1分鐘，直到底下那面變成金黃色，而且開始冒泡。然後，用抹刀鬆動邊緣，翻面。

4 另一面也加熱30秒～1分鐘，再把可麗餅從鍋內取出，先加熱的那面朝下放。

煙捲可麗餅 CIGARETTES

方塊可麗餅 PANNEQUETS

扇子可麗餅 FANS

製作約克夏布丁
MAKING YORKSHIRE PUDDINGS

使用高溫油脂,是做出膨鬆、酥脆又輕巧的約克夏布丁的要領。否則,布丁就無法膨脹起來。

在約克夏布丁的杯狀烤盤每個杯內放1/2小匙固體植物脂(vegetable fat)或油,放進烤箱,以220℃加熱到高溫,快要冒煙的程度。然後,倒入麵糊,烤20~25分鐘。

製作煎爐煎餅 MAKING GRIDDLE PANCAKES

傳統美式煎餅的尺寸約為直徑10cm。另外還有一種很受大眾喜愛的,就是本食譜中因為形狀小巧玲瓏,被稱之為銀幣(silver dollars)的煎餅。這種煎餅與蘇格蘭煎餅(Scotch pancakes)大小差不多,約為直徑5cm。製作時,用煎爐(griddle)或質地厚重的平底鍋來煎,先灑些水在上面,看會不會發出嘶嘶聲,蒸發,以確認溫度。然後,先塗抹些許油脂,再把麵糊舀上去。

1 製作麵糊(參照右列)。用湯匙將麵糊舀到熱煎爐上,間隔距離要大。

2 加熱到邊緣變成褐色,上面起泡。然後,用抹刀(palette knife)翻面,加熱到變成金黃色。

內行人的小訣竅 TRICK OF THE TRADE

製作質地均勻的麵糊
MAKING A SMOOTH BATTER

如果是用手工製作,就用攪拌器(balloon whisk)來攪拌麵粉與蛋,效果最好。然後,慢慢地加入液體混合。如果產生結塊,就用過濾器過濾。另外還有個最簡便的方法,就是使用果汁機(electric blender)來攪拌所有材料,這樣就不用再過濾了。

以手工的方式做好麵糊後,再用細孔過濾器過濾,讓質地變得柔滑。

如果要做出極為柔細的麵糊,就用果汁機攪拌材料1分鐘,到質地變得細緻。

可麗餅麵糊的各種變化樣式
VARIATIONS ON A THEME

您可以參考基本的可麗餅麵糊(參照第38頁)作法,調製出不同的麵糊來。但是,有一點非常重要,就是麵糊調製好後,要先靜置至少30分,讓裡面的澱粉顆粒吸收水分,再進行加熱。

約克夏布丁麵糊
YORKSHIRE PUDDING BATTER

使用高筋麵粉(strong plain flour)來代替原本食譜中的中筋麵粉(plain flour),大量的麩質(gluten),可以讓麵糊變得更具彈性,膨脹得更好,更穩定。使用等量的牛奶與水混合,比只使用牛奶好,因為添加水,可以讓麵糊質地變得更膨鬆。

煎爐煎餅麵糊
GRIDDLE PANCAKE BATTER

因為煎爐煎餅加熱時,並不能靠著任何支撐物來塑型,所以,麵糊要做得濃稠一點,才不會整個在煎爐上擴散開來。若是使用300ml的液體,就用225g中筋麵粉(幾乎是第38頁可麗餅麵糊食譜中麵粉用量的2倍),加上1~2大匙融化奶油,與1~2小匙泡打粉(baking power)。奶油可以增添麵糊的濃度,泡打粉可以讓麵糊更容易膨脹起來。

可麗餅的形狀
SHAPES FOR CREPES

捲式或疊式的可麗餅(參照第38頁),請將餡料放在正中央,再進行以下步驟:

- 煙捲可麗餅(CIGARETTES):先將相對兩側的餅皮往內摺,再從剩餘的其中一側開始捲起來。
- 方塊可麗餅(PANNEQUETS):先將相對兩側的餅皮往內摺,再將剩餘的相對兩側的餅皮往內摺,翻面。
- 扇子可麗餅(FANS):先對摺一次,再對摺一次。

選擇起司 CHOOSING CHEESE

選擇可靠的供應商,是最明智的做法。因為,一家存貨量大,流通快速的店家,
更具有可供應達到熟成度水準之起司的條件。各種不同的起司,
在口味與質地上之所以會有差異,就是因為使用的牛奶種類,製造過程,
熟成時間各有不同所致。一般而言,起司的熟成時間越長,味道就越香濃,
質地就越乾燥,也可以保存得更久。

軟質起司的外皮 SOFT CHEESE RIND 應色澤均勻,帶點濕潤,外觀像覆蓋了一層粉衣(bloomy)。

硬質起司的外皮 HARD CHEESE RIND 不應太乾燥或有裂紋,也不能看起來潮濕或冒汗。在紗布(cheesecloth)內熟成後,應呈黏糊狀。

硬質起司 HARD CHEESE 的質地應勻稱,結實或易碎,而且沒有斑點。

軟質起司 SOFT CHEESES

脂肪與水分的含量比例很高,經過短暫的熟成,質地多汁,容易塗抹。當外皮被整個剝開後,有些軟起司,像是布里(Brie)與卡蒙貝爾(Camembert),就會慢慢地滲漏出乳汁來。這類起司還有個特徵,就是外皮有一層粉衣(bloomy)。其它起司,例如:龐雷維克(Pont l'Evêque)、麗瓦侯(Livarot),外皮經過洗浸(washed),味道強烈,濃郁。軟質起司的觸感應有彈性,聞起來像堅果,芳香而帶有甜味。請避免購買任何中央有白粉狀(chalky),或有強烈阿摩尼亞(ammonia)氣味者。

半硬質起司(SEMI-HARD CHEESES),例如:瑞布羅森(Reblochon)與波特撒魯(Port Salut),熟成時間較長,而且因為水分含量較少,所以,質地比較硬,切的時候也比較能夠保持完整的形狀。

硬質起司 HARD CHEESES

大多為高脂,含水量低,經過長時間的熟成,味道從柔和到強烈,質地從柔軟到易碎都有。硬質起司中,例如:艾摩塔(Emmenthal),質地裡有特殊的氣孔,就是在起司熟成的過程中,由製造出二氧化碳的細菌(bacteria)所造成的。

硬質磨碎起司(HARD-GRATING CHEESES),例如:義大利帕瑪森(Italian Parmesan)與佩科里諾(Pecorino),是最乾燥的硬質起司。製作時,讓起司熟成到質地變得乾燥,成粒狀(granular),若是包裝得夠緊密,放置冰箱冷藏可保存幾個月。購買時,如果可能,就先試吃看看,避免選擇味道太鹹(over-salty)或帶苦味者。起司的外皮應是硬的,黃色,糊狀部分為淡黃色。

新鮮起司 FRESH CHEESES

有的起司是不經過熟成，沒有外皮的，濃度從柔滑的乳狀，例如：新鮮白起司(fromage frais)、奶油起司(cream cheese)、瑪斯卡邦(mascarpone)，到濃稠的凝乳狀(curds)，例如：瑞可塔(ricotta)、鬆軟白起司(pot cheese)、鄉村起司(cottage cheese)，各式各樣的都有。脂肪含量各不相同，可以買得到許多低脂(low-fat)，或脫脂牛奶(skimmed-milk)製成的產品。在包裝標示的使用期限(use-by)內，趁起司還新鮮的時候就用完，是非常重要的。

藍黴起司 BLUE CHEESES

這是種採用了細菌培養方式，所製造出具有藍綠紋模樣的起司。未熟成的藍黴起司會有一些紋路在靠近外皮的地方。所以，請選擇有堅硬外皮，而且皮下無變色黴兆者。藍黴起司可能聞起來味道強烈，但是不應該有阿摩尼亞的氣味。如果可能，購買前最好先試吃看看。避免購買太鹹(over-salty)或質地裡看得到白粉(chalky)者。

新鮮起司 FRESH CHEESE， 應該濕潤而雪白，完全沒有發黴的跡象。

硬質藍黴起司 HARD BLUE CHEESE， 應該有均勻的紋路分佈在起司內，質地呈乳黃色。

有些軟質起司 SOME SOFT CHEESE 有經過洗浸(washed)的橙色外皮，而且色澤勻稱，看不到裂紋。

山羊奶起司的外皮 GOAT'S CHEESE RIND 會因熟成度而變化，越熟成者，表面就有越多的黴。

山羊奶與羊奶起司 GOAT AND SHEEP CHEESES

山羊奶所製成的凝乳狀起司，被少量的黴覆蓋住，以做成各種不同的形狀與大小。這種起司，可以在任何階段的熟成度出售，而熟成度不同的起司，就會顯現出不同的特質。最初是質地柔軟，味道溫和，熟成後就會變得較硬，帶有刺激而強烈的味道。請到貨品流通迅速的商店購買山羊奶起司，以確保產品新鮮。山羊奶起司如果新鮮，應該是質地濕潤，而且帶著淡淡的刺鼻味，但不是酸味。

由於脂肪含量適中，大部分母羊奶所做的起司味道就比用母牛奶所做的起司還柔和。不過，也有例外，最著名的例子就是洛克福起司(Roquefort)、佩克里諾起司(pecorino)、希臘羊奶起司(ewe's milk feta)。

如何確認軟質起司的熟成度？
TESTING A SOFT CHEESE FOR RIPENESS

當軟質起司已形成了特殊的質地、風味、芳香，就表示已經熟成了。因為軟質起司非常容易變質，尤其在切過之後，所以，最好在呈現最佳狀態的時候食用。

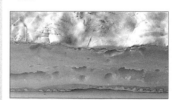

剛剛熟成的布里(Brie)，中央部分的質感應該是柔軟而有彈性，而且整個質地都濕潤多汁。

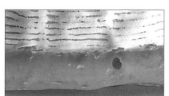

過度熟成的布里(Brie)，外皮薄而不勻稱，帶著苦味，聞起來有阿摩尼亞的氣味，而且會過度滲漏出乳汁來。

新鮮起司 FRESH CHEESE

新鮮起司的特徵就是味道柔和而清爽，質地柔軟。其實，製作起來也很簡單。以下所介紹的，就是如何製作新鮮起司，以及如何以塗層(coatings)、醃醬(marinades)、調香料(flavourings)來增添新鮮起司的風味。

新鮮起司 FRESH CHEESE

以下所列的各種起司，各有不同的質地與濃郁度。大多數的新鮮起司，質地都柔軟到可以用湯匙舀著吃。不過，還是有些會因為變乾燥，加上水分蒸發了，而變得濃稠結實。此外，使用全脂牛奶(whole milk)、脫脂牛奶(skimmed milk)，甚至是奶油(cream)，所做成的新鮮起司，脂肪含量也都不同。

- 新鮮羊奶起司(fresh chèvre cheese)，是用100%的山羊奶所製成的。
- 鄉村起司(cottage cheese)，是用全脂牛奶或脫脂牛奶的凝乳所製成的。
- 瑪斯卡邦(mascarpone)，是種高脂，柔軟的義大利奶油起司，質地濃稠而光滑。
- 瑞可塔(ricotta)，是種義大利未熟成的乳清起司，味道柔和，極為清淡。
- 新鮮白起司(fromage frais)，是種質地柔軟，帶點酸味的凝乳起司，通常還加了奶油，以增添濃郁風味。

新鮮起司的塗層 COATINGS FOR FRESH CHEESE

新鮮起司保存了2～3天後，通常硬度就大致足以塑成圓形了。此時，若是用香草植物(herbs)、辛香料(spices)或堅果(nuts)包覆在起司的表面，就可以為柔和口味的起司，增添誘人的風味。以下為適合用來做塗層的材料：

- 壓碎的混合胡椒粒
- 匈牙利紅椒粉(paprika)或卡宴辣椒粉(cayenne pepper)
- 烤芝麻(toasted sesame seeds)
- 剪碎的細香蔥(snipped chives)
- 稍微磨碎的乾辣椒(dried chillies)
- 核桃(walnuts)或榛果(hazelnuts)碎塊

製作新鮮起司 MAKING FRESH CHEESE

將巴斯德殺菌乳(pasteurized milk)加熱到27℃，再加入白脫牛奶(buttermilk)，以提供形成凝乳(curds)所需的細菌(bacteria)。一旦乳清(whey)完全變乾了，就要在當天把起司用掉。若是加了鹽，就可以放在冰箱冷藏，保存2～3天。

1 混合250ml白脫牛奶與已加溫的250ml巴斯德殺菌乳，靜置室溫下24小時，直到形成凝乳。

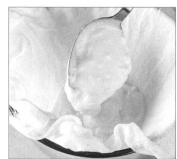

2 準備好攪拌盆，裡面鋪上雙層的消毒紗布(sterilized muslin)，再小心地把凝乳舀進去，蓋好。

3 過了5小時後，把紗布束起來，用線綁好。然後，用手用力擰壓，搾出乳清，倒掉。

4 靜置乾燥1～4小時，到質地變硬。然後，切斷線，把起司放在盤子上，剝除紗布。

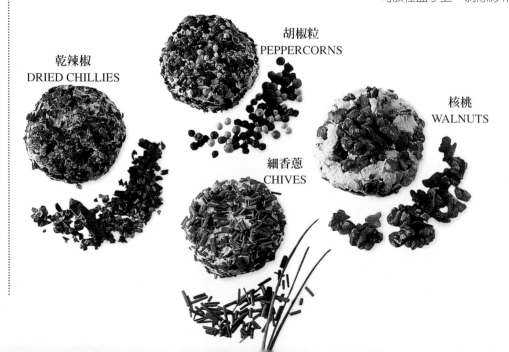

乾辣椒 DRIED CHILLIES

胡椒粒 PEPPERCORNS

核桃 WALNUTS

細香蔥 CHIVES

新鮮起司調香 FLAVOURING FRESH CHEESES

變硬的新鮮起司，可以藉由醃醬(marinade)，來增添風味(參照右列)。醃漬的時間，可以只有幾小時，或裝入消毒過的基爾諾罐(Kilner jars，保存食物的一種密閉式玻璃容器)內，放進冰箱冷藏2～3週。本食譜中使用的是小圓形山羊起司(goat's cheeses：夏維諾起司(Crottins de Chavignol))，用塊狀希臘羊奶起司(Greek feta cheese)也很適合。

1 將圓盤狀的起司放進消毒密封罐內，加入自選的調香料(參照右列)。

2 倒入橄欖油，到可以完全淹沒起司的高度。蓋緊蓋子。

3 放進冰箱保存，最久到2～3週，偶爾翻轉一下罐子，讓調香料換個位置。

新鮮起司的醃醬 MARINADES FOR FRESH CHEESES

帶有果香的特級初榨橄欖油(extra-virgin olive oil)，是最佳的醃漬用基本材料。而且，它還具有防腐劑的功效。除此之外，醃漬時請再加入1～2樣以下的材料：

- 新鮮香草植物的枝葉，以迷迭香(rosemary)、百里香(thyme)、牛至(oregano)、馬鬱蘭(marjoram)尤佳。
- 全粒胡椒粒(whole peppercorns)
- 乾辣椒或切成兩半的新鮮辣椒
- 月桂葉(bay leaves)
- 茴香子(fennel seeds)
- 檸檬(lemon)或萊姆(lime)皮
- 肉桂棒(whole cinnamon sticks)
- 大蒜碎末
- 風乾蕃茄(sun-dried tomatos)

新鮮起司擠花 PIPING FRESH CHEESE

因為新鮮起司的質地柔軟，容易用來擠花，所以用途非常多。本食譜中的作法，就是用自製新鮮起司(參照第42頁)，與香草植物混合，再用擠花的方式，裝入已處理預備好的蔬菜內，例如：切成兩半挖空的櫻桃蕃茄(cherry tomato)、汆燙挖空的扁圓南瓜(patty pan squash)、汆燙挖空的荷蘭豆(mangetouts)。

1 混合起司與切碎的香草植物，再加入調味料，混合均勻。

2 將起司裝入已套上了星形擠花嘴的擠花袋內，擠到準備好的蔬菜裡。

新鮮起司的調香料 FLAVOURINGS FOR FRESH CHEESE

為起司調香時，可以選擇味道與質感正好成對比的調香料。建議您可以嘗試以下的調香料：

- 切碎的烤松子(pine nuts)與羅勒(basil)
- 切成細碎的蔥(spring onions)與新鮮老薑(root ginger)
- 切碎的新鮮芫荽(coriander)與泰式咖哩醬(Thai curry paste)
- 現成的橄欖醬(tapenade)與切碎的新鮮巴西里(parsley)

使用起司 USING CHEESE

使用起司來料理時，必須特別留意。起司的濃度、脂肪含量、味道等要素，都會影響到一道料理完成時的味道。以下為各位介紹的，就是如何為不同的料理選擇適用的起司種類，以及其選擇的方法。

迴轉式磨碎器 ROTARY GRATER / MOULI GRATER

由數個可供選擇的滾輪所組成，可以將硬質起司輕易地磨碎成不同的大小，是種極為省時的便利器具。

成功的融化起司 GOOD MELTING CHEESES

有幾種起司，由於加熱後，比較能夠變成某種特定的濃度，因而獲得比較高的評價。軟質起司，例如：莫扎里拉起司(mozzarella)，只需切片，就可以輕易地融化。硬質起司，例如：格律耶爾起司(Gruyère)，就要磨碎後再融化，效果比較好。

- 莫扎里拉起司(mozzarella)是種傳統的披薩用表面餡料(topping)，可以均勻地融化，拉成絲。
- 方汀那起司(fontina)是種硬度適中(well-tempered)，帶有堅果風味(nutty-flavoured)的起司，可以耐高溫，甚至可以用麵包粉包覆在表面，或用來油炸。
- 格律耶爾起司(Gruyère)，是法國最受歡迎的焗烤用起司，最好磨碎後再融化，質地比較勻稱。如果要用來製作風杜(fondue)，就要選擇較熟成者。
- 山羊奶起司(goat's cheese)在加熱的情況下，還是可以維持原本的形狀，不會變形，而且會變成令人垂涎的金黃色，適合疊在麵包塊(croûtes)上。
- 切達起司(cheddar)的融化效果佳，又可以加熱成漂亮的褐色，非常適合用來焗烤。

磨碎 GRATING

磨碎起司時，針對不同種類的起司，與需要磨碎的程度，有許多不同種類的磨碎器可供選擇。使用剛從冰箱取出的起司，磨碎的效果最好。

細絲 FINE SHREDS
使用迴轉式磨碎器(rotary grater，參照左列)，可以輕易地將起司磨成絲。只要將起司放進槽內，再轉動把手即可。

粗壓磨碎器 COARSE SHREDS
一種直立式磨碎器，可以磨成較粗的碎片，用來撒在沙拉上，或用來做融化起司時，融化得更均勻。

帕瑪森起司 PARMESAN
使用一種特殊的小帕瑪森磨碎器(Parmesan grater)，來將這種極硬的起司磨成小細絲。

融化 MELTING

融化起司時，一定要用質地厚重的鍋子，以小火加熱，慢慢融化。這樣做，可以避免起司融化後變成黏稠的絲狀(stringy)，粒狀(grainy)，或油水分離。不過，由於不同的起司有不同的脂肪與水分含量比例，所以，並不是所有的起司都適合用來融化。適合融化的起司種類，請參考左列。

製作焗烤表面餡料 MAKING A GRATIN TOPPING

最後需要用烤爐(grill)燒烤或放進烤箱烤的方式，將表面烤成褐色的料理，通常都會放上磨碎的起司來做為表面餡料。起司會迅速融化(參照左列)，形成硬脆的金黃色外皮，成為美味的焗烤表面餡料。

將磨碎的格律耶爾起司(Gruyère)撒在法式洋蔥湯(French onion soup，參照第20頁)上，放進熱烤爐(grill)燒烤2分鐘，再上菜。

正確 CORRECT
起司用小火慢慢地融化，質地就會均勻而光滑。

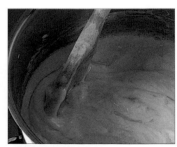

錯誤 INCORRECT
起司如果用大火迅速地融化，就會變成油水分離的狀態。

製作瑞士起司風杜
MAKING SWISS CHEESE FONDUE

「風杜(fondue)」，為法文，意思是「融化」，在此則為融化於酒中。要成功地做好風杜，關鍵就在於使用質地厚重的鍋子，與用小火加熱，並保持在固定的溫度，這與運用在融化任何起司時的重要技巧相同(參照第44頁)。製作時，先加熱白酒，再加入起司，攪拌到融化。還有，加點玉米細粉(cornflour)進去，有助於穩定混合料。

1 用小火加熱，邊用木杓不斷地攪拌，以防沾鍋。

2 用長柄叉子讓麵包浸在風杜裡，然後，把叉子翻轉一下，讓風杜停止滴落。

起司風杜
CHEESE FONDUE

玉米細粉(cornflour) 1大匙
不甜白酒(dry white wine) 450ml
大蒜(切成兩半) 1瓣
愛曼塔起司(Emmental cheese，磨碎) 250g
格律耶爾起司(Gruyère cheese，磨碎) 250g
肇德起司(Comté cheese，磨碎) 250g
荳蔻(nutmeg，研磨) 1撮
鹽與現磨胡椒

混合玉米細粉、2大匙白酒。用大蒜的切面來摩擦風杜鍋的內面，再倒入剩餘的白酒，加熱到沸騰，再把火調小。邊一點點地加入起司，邊攪拌。每加入一次，都要攪拌到完全融化，再加入新的。然後，加入玉米細粉與白酒混合液，攪拌到變得濃稠，變成乳狀。再加入荳蔻，攪拌後，加入調味料調味。這樣可以做成6～8人份。

燒烤 GRILLING

燒烤起司加吐司，是道歷久彌新，廣受喜愛的佳品。本食譜的作法，有別於傳統，添加了一點現代創意，使用的是圓木形新鮮山羊奶起司切片，再塗抹上橄欖油與辣椒粒製成的辣調味汁。您也可以做不同的變化，例如：使用醃漬起司(marinated cheese，參照第43頁)、義大利、莫扎里拉起司(mozzarella)或希臘哈洛米起司(halloumi)，調味汁裡則改為加入切碎的香草植物或研磨辛香料來調味，以做不同的變化。

1 將起司擺在架在燒烤盤(grill pan)的網架上，塗抹上橄欖油調味汁(dressing)。放置在距離火源3cm的地方，燒烤1～2分鐘。

2 將起司疊在已熱過的麵包塊(croûtes，參照第246頁)上，擺到沙拉菜葉(salad leaves)上，配上更多的調味汁(dressing)，再端上桌。

油炸 DEEP-FRYING

這種製作技巧特別適合個別成塊的卡蒙貝爾起司(Camembert)。這種楔形起司，表面沾上蛋液與麵包粉後再炸，就可以變得香脆，而且，也可以防止起司融化或滲入油中。請選擇已熟成，但質地結實的起司，油炸前要先冷凍，才能讓起司在油炸過後，既能夠維持外觀形狀完整，又可以讓內部融化完全。

1 將楔形卡蒙貝爾起司浸在蛋液內，再沾滿乾麵包粉(breadcrumbs)。放進冰箱冷藏1小時。

2 用190℃的油，炸2～3分鐘，直到質地香脆，變成金黃色。然後，放在廚房紙巾上瀝油。

奶油 CREAMS

乳製品,例如:奶油、優格、白脫牛奶(buttermilk)、法式濃鮮奶油(crème fraîche)、凝塊奶油(clotted cream)、酸奶油(sour cream),常用來製作甜味或鹹味的菜餚,用途非常廣泛。上述的乳製品,市面上都可以買得到,不過,最後3種,也可以在家中自製,作法非常簡單。

白脫牛奶與優格 BUTTERMILK AND YOGURT

- 白脫牛奶是種脫脂或低脂牛乳,加上細菌(bacteria)來讓質地變濃,增添酸味(tartness),所製成的乳製品。可以用來製作美式蘇打麵包(American soda breads)、餅乾(biscuits)、煎餅(pancakes)。
- 優格是種發酵低脂牛乳製品(fermented low-fat milk product),帶點酸味。希臘優格(Greek yogurt)通常脂肪含量較高,質地呈較稀的乳狀。原味優格可以做為酸奶油的替代品。

奶油 CREAMS

奶油的乳脂含量,是奶油加熱時的穩定性,與打發品質的指標。它的乳脂含量越高,穩定性就越高。

- 濃縮鮮奶油(double cream),因為乳脂含量為48%,加熱後也不會凝固,所以,很適合用來烹調。
- 打發用鮮奶油(whipping cream),乳脂含量為35~39%,正好達到適合加熱與打發的程度。可以用濃縮鮮奶油(double cream)與鮮奶油(single cream),以2:1的比例來自製。
- 鮮奶油(single cream)的乳脂含量約為24%,主要當做稀奶油(pouring cream)來使用。在不加熱的狀態下,可以用來增加液體的稠度或做出乳狀的質感。
- 酸奶油(sour cream),具有可以形成匙形的濃度(spooning consistency)。雖然酸奶油可以加入熱的醬汁(sauces)裡混合,來增添濃度,但是,由於它的乳脂含量約為21%,所以在高溫的狀態下穩定性不佳。

法式濃鮮奶油 CREME FRAICHE

這是種味道特別酸,香味濃烈的奶油,優點就是不會在煮的過程中油水分離。製作方式為混合白脫牛奶、酸奶油或優格,與濃縮鮮奶油(double cream)後,加熱,靜置冷卻。然後,攪拌,蓋好,等到質地變濃稠後,放進冰箱冷藏。法式濃鮮奶油的用法,可以仿照法國人,用來做為湯(soups)、醬汁(sauces)、或鹹味菜餚(savoury dishes)的調香料。此外,也很適合與水果或甜味菜餚做搭配。

1 混合500 ml白脫牛奶、250 ml濃縮鮮奶油。將攪拌盆放在鍋子上,用熱水隔水加熱到30℃。

2 倒入玻璃攪拌盆內,半掩加蓋。然後,靜置室溫下6~8小時。

凝塊奶油 CLOTTED CREAM

這是種聞名的英格蘭西南部(West Country)特產,深黃色而質地濃厚的奶油,製作時,需要慢慢地加熱到接近沸點的溫度,而且讓表面變硬。做好後,用冰箱冷藏可保存至5天。

1 將600 ml濃縮鮮奶油倒入質地厚重的鍋內。慢慢加熱25~30分鐘,到奶油質地變濃稠。

2 放進冰箱冷藏到凝固,表面變硬。

3 用大支金屬湯匙去除凝塊乳油表面的硬塊,保留奶油部分,倒掉底部的液態部分。

製作酸奶油 MAKIING SOUR CREAM

酸奶油常被用來製作墨西哥或東歐料理。這種製作酸奶油的技巧,也可以運用在製作得文郡司康(Devonshire scones)用的牛奶上。

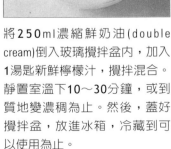

將250ml濃縮鮮奶油(double cream)倒入玻璃攪拌盆內,加入1湯匙新鮮檸檬汁,攪拌混合。靜置室溫下10~30分鐘,或到質地變濃稠為止。然後,蓋好攪拌盆,放進冰箱,冷藏到可以使用為止。

魚類 & 甲殼類海鮮
FISH & SHELLFISH

選擇新鮮的海鮮 CHOOSING FRESH SEAFOOD

使用魚類 & 甲殼類海鮮 USING FISH & SHELLFISH

圓身全魚的事前準備 PREPARING WHOLE ROUND FISH

扁身全魚的事前準備 PREPARING WHOLE FLAT FISH

魚排 & 魚片的事前準備 FISH STEAK & FILLET PREPARATIONS

煙燻魚 & 鹽漬魚 SMOKED & SALTED FISH

水波煮 POACHING

蒸煮 STEAMING

燒烤 GRILLING

烘烤 BAKING

煎、炒、炸 FRYING

混合魚肉 FISH MIXTURES

龍蝦 LOBSTER

螃蟹 & 蝦子 CRAB & PRAWNS

淡菜 MUSSELS

牡蠣 & 蛤蜊 OYSTERS & CLAMS

扇貝 & 蛾螺 SCALLOPS & WHELKS

墨魚 SQUID

選擇新鮮的海鮮
CHOOSING FRESH SEAFOOD

海鮮大致可分為4類：海水(seawater)、淡水(freshwater)、保藏之魚類(preserved fish(煙燻、鹽漬、乾燥(smoked, salted and dried))、甲殼類海鮮(shellfish)。除了保藏之魚類，所有的海鮮應儘量在還新鮮的狀態下即食用完畢。魚的鮮度，要在全魚的狀況下才有可能做判斷，在已分解成魚片(fillets)、魚排(steaks)、魚塊(pieces)的情況下，就很困難了。此外，淡水魚(freshwater fish)應聞起來新鮮而無異味，海魚(marine fish)應聞起來有海的味道。

魚眼 EYES 應飽滿、濕潤、明亮、凸起。選擇的時候，應避免魚眼看起來無光澤、乾燥、皺縮、凹陷者。

魚腮 GILLS 應看起來乾淨、鮮紅、明亮，無任何變灰黯淡，或附著著些許黏液的跡象。

魚身 BODY 應結實、光滑、非常硬挺，而不是鬆垮、癱軟、凹凸不平。

購買魚片與魚排 BUYING FILLETS AND STEAKS

最佳的方式，就是購買在你等待的時候，當場從全魚切下的魚片(fillets)或魚排(steaks)，這樣比購買預先切好的新鮮。或者，買全魚，回家後再自行切割或分解(參照第55、57頁)。體積很大的魚，例如：鯷魚(monkfish)、鯊魚(shark)、鮪魚(tuna)、鱈魚(cod)，幾乎都是先切好處理後再販賣。氣味與質地，可以做為判斷魚片與魚排新鮮與否的指標。魚應聞起來新鮮(如果是海魚，應聞起來有海的味道)，外觀看起來濕潤、結實而有彈性，不乾燥。

處理保存海鮮 HANDLING SEAFOOD

魚類與貝類比其它肉類更容易變質，所以，應在購買當天，或之後儘速烹煮。
油魚(oily fish)，例如：鯖魚(mackerel)、鯡魚(herring)、鮭魚(salmon)，因為本身所含的天然油脂會變腐臭，所以，比白肉魚(white fish)更容易腐壞。如果海鮮需要保存過夜，請用濕布包好，放進冰箱中最冷的位置冷藏。全魚如果先取出內臟(gutted)，就可以保存得久一點。

購買甲殼類海鮮 BUYING SHELLFISH

龍蝦與螃蟹 LOBSTERS AND CRABS 如果是購買活的，請選擇活動力強，感覺起來的重量比實際尺寸還大者。如果購買已煮好的，請確認外殼應無任何損傷，螯應完整無缺。此外，聞起來的氣味應該是新鮮，而不刺激。

淡菜(又名孔雀蛤、胎貝)、蛤蜊、鳥蛤 MUSSELS, CLAMS AND COCKLES 避免選購表面覆蓋著過多泥漿或藤壺(barnacles)，或外觀看起來有破裂或損傷者。丟棄任何輕敲時即已打開者。

扇貝 SCALLOPS 通常多在已打開，清除過髒污，修整過的情況下販售，較少在還閉殼的狀態下販賣。檢查是否聞起來的氣味是甜的。如果是，則代表很新鮮。新鮮的貝肉，呈淡灰色，半透明，不是純白色。

牡蠣 OYSTERS 貝殼應毫無損傷，而且緊閉。輕敲時，聲音聽起來應是實心而非空洞。傳統上，牡蠣應該在英文月份名中含'r'字之月份(即9~4月)中採收，避開易受到感染之氣候溫暖期間。現在，牡蠣由於養殖技術的現代化與運輸方法的改良，一般整年都有販售。

蝦子 PRAWNS 一般以幾種方式販賣：帶殼烹煮、去殼烹煮，或帶殼未煮的狀態下販賣。已煮過的蝦應呈明亮的粉紅色，肉質結實，不鬆軟。生蝦也應該肉質結實，外殼呈有光澤的灰色。避免任何有黑斑的生蝦，因為此為不新鮮的明顯徵兆。

外皮 SKIN 應具有光澤，觸感濕潤，而不是乾燥，或看起來晦暗而無光澤。魚身上的任何天然標記或色澤，應該是用目視清晰可辨。例如：紅烏魚(red mullet)與真鯛(snapper)應為明亮的粉紅色；鱒魚(trout)、鯡魚(herring)、鯖魚(mackerel)應色彩鮮豔；鮭魚(salmon)應呈閃亮的銀色；鸚鵡魚(parrot fish)應為鮮豔的藍色。

稀有魚類 UNUSUAL FISH

大型超市或市内的魚販還販售多種外來的魚類。這些魚大都有著漂亮而引人注目的鮮明色彩。

- 錦紋棘蝶魚(emperor fish，又稱為 capitaine rouge，capitaine blanc或 lascar)，味道強烈，多刺。大多全魚烘烤。

- 魴魚(gurnard)，味美而肉質結實，適合用來製作燉魚(fish stews)或魚湯。

- 鯛魚(sea bream)，味道甜美，肉質結實，價格低廉。其中，又以金頭鯛(gilt-head bream)，法文為「daurade」，尤其美味。適合鑲餡或不鑲餡烘烤。

- 鯊魚排(shark steaks)，多肉，且肉質結實，少刺。適合用來炭(chargrilling)或燉煮(stews)。

- 吳郭魚(tilapia)，肉質結實，呈白色，味美，可以將全魚或魚片用來蒸煮，烘烤，燒烤，或炙烤(barbecue)。

使用魚類 & 甲殼類海鮮
USING FISH & SHELLFISH

魚類與甲殼類海鮮為質地較為脆弱的食物，在烹調時要格外地注意。它們的肉質易碎，需要小心地處理。請儘量選擇最新鮮的，而且，在烹調前確認是否已徹底完成清理。烹調魚類時，只需加熱到讓蛋白質凝固，魚肉變成不透明即可。因為，如果加熱時間過長，魚肉就會變硬，變乾。若是要用另一種魚來代替食譜中所指定的魚時，請務必先確認兩者是否在組織構造、質地、味道上都很相似。

圓身魚 ROUND FISH

這是個種類繁多的大族群，囊括了各種大小尺寸與形狀，不同種類的魚。隸屬於這個族群的魚，基本上吃起來都是肉質結實，多肉的口感，這也代表它們很適合用來與某些特定的食材做搭配，一起料理。

魚類 FISH	烹飪方法 COOKING METHODS
鱸魚 / 烏魚 BASS / MULLET	水波煮 poach、蒸煮 steam、烘烤 bake、炙烤 barbecue
鯛魚 BREAM	烘烤 bake、燜煮 braise
鯰魚 CATFISH	燉煮 stew、燜煮 braise、燒烤 grill
鱈魚 / 黑線鱈 COD / HADDOCK	油煎 pan-fry、油炸 deep-fry、燒烤 grill、水波煮 poach、烘烤 bake
角鯊 DOGFISH	烘烤 bake、燉煮 stew、燒烤 grill
鰻魚 EEL	烘烤 bake、燉煮 stew、燒烤 grill
無鬚鱈 HAKE	包裹烘烤 bake wrapped、蒸煮 steam、油煎 pan-fry
鯖魚 MACKEREL	油煎 pan-fry、燒烤 grill、炙烤 barbecue
鱇魚 MONKFISH	油煎 pan-fry、烘烤 bake、燒烤 grill、炙烤 barbecue
鮭魚 / 鱒魚 SALMON / TROUT	油煎 pan-fry、水波煮 poach、蒸煮 steam、烘烤 bake、燒烤 grill、炙烤 barbecue
沙丁魚 SARDINES	燒烤 grill、炙烤 barbecue、油煎 pan-fry、烘烤 bake
真鯛 / 鬼頭刀 / 紐西蘭紅魚 SNAPPER / MAHI MAHI / ORANGE ROUGH	水波煮 poach、油煎 pan-fry、燒烤 grill、炙烤 barbecue、烘烤 bake
劍魚 / 鮪魚 / 鯊魚 SWORDFISH / TUNA / SHARK	燒烤 grill、炙烤 barbecue、油煎 pan-fry、烘烤 bake、燉煮 stew、燜煮 braise

扁身魚 FLAT FISH

為了能夠展現這類肉質細緻，種類繁多之魚類不同的微妙風味，請儘量選擇其它搭配食材越少越好的烹調方式來調理。燜煮(braising)或許可以說是最好的烹飪方式，因為這種在濕潤狀態下加熱的方式，比較能夠保留這種魚類清淡鮮美的自然原味。

魚類 FISH	烹飪方法 COOKING METHODS
菱鮃 BRILL	包裹或不包裹烘烤 bake wrapped and unwrapped、蒸煮 steam、水波煮 poach、燒烤 grill、油煎 pan-fry
石斑魚 GROUPER	包裹或不包裹烘烤 bake wrapped and unwrapped、蒸煮 steam、水波煮 poach、燒烤 grill、油煎 pan-fry
大比目魚 HALIBUT	水波煮 poach、油煎 pan-fry、燜煮 braise
魴魚 JOHN DORY	水波煮 poach、燒烤 grill、油煎 pan-fry
歐鰈 PLAICE	油煎 pan-fry、油炸 deep-fry、水波煮 poach、蒸煮 steam、燒烤 grill、烘烤 bake
魟魚 / 鰩魚 RAY / SKATE	油煎 pan-fry、烘烤 bake
比目魚 SOLE	燒烤 grill、油煎 pan-fry、油炸 deep-fry、蒸煮 steam、烘烤 bake
大菱鮃 TURBOT	包裹或不包裹烘烤 bake wrapped and unwrapped、蒸煮 steam、水波煮 poach、燒烤 grill、油煎 pan-fry

甲殼類海鮮 SHELLFISH

部分軟體類(molluscs)動物,在處理時需格外地小心。活的甲殼類海鮮烹煮後,味道最為鮮美。所以,像淡菜(mussels)或蛤蜊(clams)等,請用鹽水(用1公升的水加4大匙鹽來調製)保存,如果用一般的清水,貝類就會死亡。淡菜如果在烹調前浸泡超過數小時,就會腐敗。

甲殼類海鮮 SHELLFISH	選擇標準 WHAT TO LOOK FOR	烹飪方法 COOKING METHODS
蛤蜊 / 鳥蛤 CLAMS / COCKLES	貝殼應緊閉,無瑕疵缺口或破裂。剝殼後,蛤肉應飽滿,整個聞起來氣味新鮮。	蒸煮 steam—在雙殼內 燒烤 grill、烘烤 bake—單殼 燉煮 stew、油煎 pan-fry—去殼
蟹 CRAB	有活力,很重,蟹殼無任何損傷,螯完整無缺。	煮沸 boil、蒸煮 steam
龍蝦 LOBSTER	重量感覺起來比它的尺寸應有的重量還重。尾巴朝下彎。蝦殼完整無缺,無任何損傷。	煮沸 boil、蒸煮 steam—帶殼 燒烤 grill—切開
淡菜 MUSSELS	貝殼緊閉,毫無損傷。搖晃時,感覺重量不輕,也不會鬆開。	煮沸 boil、蒸煮 steam—在雙殼內 燒烤 grill、烘烤 bake—單殼 油煎 pan-fry、燉煮 stew—去殼
牡蠣 OYSTERS	貝殼緊閉,毫無損傷。牡蠣去殼後,應該呈飽滿的狀態,大小不變,帶著清澈的液體。	生食 烘烤 bake、燒烤 grill—單殼 油煎 pan-fry、燉煮 stew—去殼
蝦 PRAWNS	殼內的蝦肉結實,飽滿。表面濕潤,氣味新鮮。避免選擇聞起來帶有氯味,或殼上有黑點者。	油煎 pan-fry、油炸 deep-fry、快炒 stir-fry、燒烤 grill、炙烤 barbecue、烘烤 bake、水波煮 poach、蒸煮 steam
扇貝 SCALLOPS	不含液體,無論是在單殼或去殼的狀態下,都帶著甜甜的新鮮氣味。檢查貝肉的主體部分是否飽滿,呈乳白色。表面為橘紅色,濕潤。避免選擇任何聞起來帶硫磺味者。	烘烤 bake、燒烤 grill—單殼 水波煮 poach、油煎 pan-fry—去殼
墨魚 / 章魚 SQUID / OCTOPUS	眼睛清亮,氣味新鮮。肉白而濕潤。	油炸 deep-fry、煎 pan-fry、水波煮 poach、烘烤 bake、蒸煮 steam
蛾螺 / 田螺 WHELKS / WINKLES	聞起來的氣味應該是甜的。受到刺激時會縮回殼內。貝蓋應潮濕,固定在原位上。	煮沸 boil—在殼內 燉煮 stew—帶殼

各種魚料理 FISH ON THE MENU

在各個不同的沿海地區,優秀的廚師將地區性的漁獲與當地的食材結合起來,運用具地方色彩的烹飪技巧,創造出世界知名的料理。

法國 FRANCE—源自於馬賽(Marseille)的海鮮湯(Bouillabaisse)。一種用地中海(Mediterranean)的魚與甲殼類海鮮,加上番紅花(saffron)與茴香(fennel),所製成的美味燉魚料理。

希臘 GREECE—炸墨魚捲(Kalamari),為愛琴海地區最受歡迎的正午點心。墨魚沾上薄薄一層麵糊後油炸,吃的時候配上幾塊檸檬角,與冰過的希臘葡萄酒(retsina)。

義大利 ITALY—小蜆義大利麵(Spaghetti alle vongole),搭配蛤蜊醬(clam sauce),是道全義大利餐館都可以點得到的主食。

墨西哥 MEXICO—生魚(Ceviche),散發強烈的酸味,口感清爽。它是種不用加熱的方式,而是以萊姆汁(lime juice)的酸性來調理生魚,所成的料理。

西班牙 SPAIN—西班牙海鮮飯(Paella),是種非常受到喜愛的節慶佳餚,用貝類與墨魚,加上番紅花飯(saffron rice)、蕃茄、大蒜,烹調而成。

美國 UNITED STATES—新英格蘭蛤蜊巧達湯(New England Clam Chowder),起源可以回溯至西元1700年代初期。它是種用蕃茄、蛤蜊、奶油所製成的湯。曼哈頓蛤蜊巧達湯(Manhattan Clam Chowder),則是自西元1930年代起才逐漸聞名於世。它是種用香草植物與蕃茄、蛤蜊,所調製成的湯。

圓身全魚的事前準備
PREPARING WHOLE ROUND FISH

這種魚的稱謂源自於其身體的形狀，相對於平坦形身軀的魚，它們的身軀是圓形的，眼睛在頭部的兩側。一般較受到喜愛的種類，有鱒魚(trout)與鮭魚(salmon)等。通常可以切成2片魚片(fillets)，即魚脊椎的兩側各1片。雖然這種魚在販賣前通常就已被清除內臟了(gutted)，不過，如果事先要求，也可以在家中自行清理。內臟一旦清除，就可以去骨(boned)，鑲餡(stuffed)，或分解成魚片(filleted)。

內行人的小訣竅
TRICK OF THE TRADE

滑溜的魚類
SLIPPERY FISH

很多魚的表面滑溜，難以處理抓牢。這是種自然的現象，並非變質的徵兆。若是在刮鱗前，先用熱水，或醋水溶液漂洗過，就可以降低黏滑度了。

將每1公升水加1大匙醋之比例所混合而成的溶液裝滿容器，容器的大小要足以容納全魚。把魚浸泡在溶液內，再用手指摩擦魚的兩側。然後，瀝乾，用廚房紙巾拍乾。

范戴克鋸齒邊
VANDYKING

這是種在全魚料理的前置作業上，所運用到的英式技巧─就是把魚尾剪成V字型。「vandyking」這個名稱，就是為了要紀念畫家范戴克的V字型鬍子。

范戴克(Sir Anthony Van Dyck，1599～1641)

修切與去鱗 TRIMMING AND SCALING

大部分的魚類，例如右圖中的鮭魚，需要先去鱗再烹調。去鱗是個簡單，卻又容易弄得很髒亂的作業，所以，建議您儘量在靠近水槽的地方進行。事先剪除所有魚鰭，去鱗時就可以更加順手，而且，因為有些魚鰭上有尖刺，先剪除就可以避免手被刮傷，讓魚變得更容易處理。用料理剪(kitchen scissor)來剪除魚鰭，不過，要用大型的主廚刀(chef's knife)來刮除魚鱗。在專業廚具店也可以買得到魚鱗刮除器(fish scalers)。

1 用料理剪剪除從頭到尾，長在魚腹上的3根魚鰭，即胸鰭(pectoral fin)、腹鰭(ventral fin)、尾鰭(anal fin)。

2 翻過面，用料理剪剪除長在魚背上的背鰭(dorsal fins)。由於魚鰭容易滋生細菌，因此，剪除魚鰭就成了一項非常重要的作業。

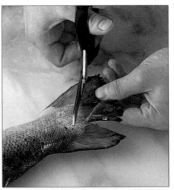

3 如果是要以全魚的狀態端上桌，可以用料理剪將魚尾剪成整齊的V字型(參照左列)，讓魚尾看起來更漂亮而吸引人。

4 先用手抓牢魚尾，再用大型主廚刀的刀背，自魚尾往魚頭的方向，刮除魚鱗。然後，用水徹底清洗整條魚。

從魚鰓取出內臟 GUTTING THROUGH THE GILLS

圓身魚如果要連魚頭一起上菜，取出內臟(innards)時就得從魚鰓的地方下手。因為這樣的方式，可以讓全魚保留原貌，確保上菜時的形體完整。內臟取出後，魚身內部就可以鑲餡(stuff)，或空著不鑲餡。若是後者，就要沿著脊椎去骨(參照第55頁)。

1 確認好正確位置，將魚頭部上的鰓蓋往上拉，再用料理剪剪除，丟棄。

劃切 SCORING

現代的廚師常在單純只燒烤、炙烤、蒸煮的魚肉上，劃上切口，再添上香草植物枝葉來做裝飾。也有人用大蒜切片嵌在肉上。亞洲的魚料理則是常用到檸檬香茅(lemon grass)、蔥(spring onions)、新鮮老薑(root ginger)。這些香草植物的香味，可以在加熱的過程中，滲透入魚肉內。

2 抬起魚身，用料理剪先在魚腹下端剪個小切口，再把剪刀的尖端或你的手指伸進去。切斷內臟，使其從魚身上鬆脫。

3 將手指伸入打開的魚鰓內，抓緊內臟，拉出。然後，從魚腹下端的切口檢查是否還有內臟殘留體內。丟棄這些內臟。

4 用手抓著魚，讓冷水從打開的魚鰓流入到魚尾，沖洗魚身的內部，到沖洗的水變澄清為止。然後，用廚房紙巾拍乾。

先用刀在魚身的單側上，劃上2～3道切口，深達魚骨。翻面，在另一側上重複同樣的動作。然後，將調味料填入刀口內，就可以開始進行烹調了。

從魚腹取出內臟
GUTTING THROUGH THE STOMACH

最簡單也最普遍的去內臟方式，就是從魚腹的地方著手。如果要以全魚的狀態，無論是鑲餡或不鑲餡，而且不需要保留原本的身形來上菜，尤其是魚必須在煮前或煮後去骨的情況下，就適合以此方式來去魚內臟。

1 先切除魚頭上的魚鰓，丟棄。然後，先在魚腹的下端剪個小切口，再沿著魚身的下側剪開，一直剪到魚鰓正下方處為止。

2 將手伸入魚身內，抓緊內臟，拉出。這些內臟並不適合一起放進鍋內煮，請丟棄。

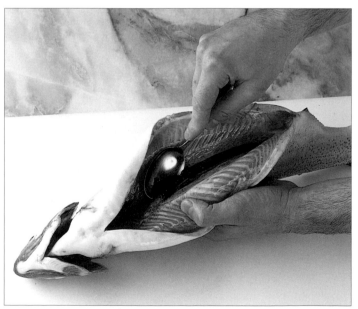

3 用湯匙沿著魚脊椎的兩側劃過。這樣做，除了可以去除可能會破壞魚肉外觀的所有血管，還可以讓魚肉在烹調後更美味。用冷水沖洗魚，再用廚房紙巾拍乾，就可以準備開始烹調了。

小型圓身魚去骨
BONING SMALL
ROUND FISH

小型油魚(oily fish)，例如圖中的沙丁魚(sardine)，有很多軟刺，用手指來拔除，就比用刀子適合。

1 用指尖從魚鰓的後方將魚頭折斷，丟棄魚頭與魚鰓。將食指從魚頭折斷的地方伸入，滑過整個魚身，讓魚身裂開來。從魚頭往魚尾方向，拉出內臟，丟棄。

2 打開魚身，再從魚頭往魚尾方向，拉出脊椎(back-bone)。然後，用手指從魚尾的末端扯斷脊椎。用冷水徹底將魚沖洗乾淨，再用廚房紙巾拍乾。完成後，就可以準備開始烹調了。

從魚腹去骨 BONING THROUGH THE STOMACH

如果魚內臟是從打開的魚腹取出的(參照第53頁)，那麼去魚脊椎時，也應該從魚腹著手。從魚腹的地方來取出內臟與去骨，例如圖中所示的鮭魚(salmon)，就可以形成一個自然的凹洞，便於鑲餡。

1 先用手抓著魚，讓魚背抵在台上，再用魚片刀(filleting knife)從朝上的那一側，沿著魚肋骨與貼在單側魚脊椎上的魚肉間切下，就可以鬆脫魚肋骨了。

2 將整個刀刃劃過接近脊椎的肋骨，就可以讓這一側上的肋骨從魚肉上分離。然後，再從步驟1開始重複，讓肋骨從另一側的魚肉上分離。

3 用料理剪從魚身上剪除脊椎，再連同肋骨一起丟棄。

4 用鑷子(tweezer)拔除附著在魚身兩側硬棘(spine)上的細刺。用手指先從魚頭往魚尾的方向滑過，再分別滑過兩側，用手指的觸感來確認是否還有遺漏未拔除的細刺。然後，用廚房紙巾將魚拭乾。完成後，就可以準備開始烹調了。

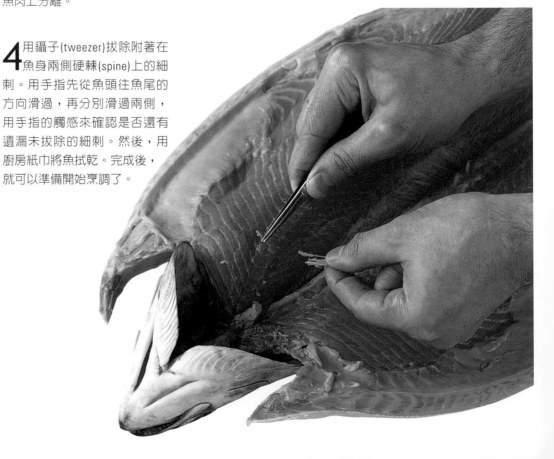

沿著魚脊去骨 BONING ALONG THE BACKBONE

如果想要讓圓身全魚維持原來的形狀，完整保留魚腹切開的洞來鑲餡，就要沿著魚背來去骨。不過，有些魚類，例如圖中的鱒魚(trout)，就得從魚鰓取出內臟。

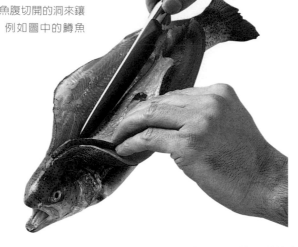

1 用料理剪，從魚尾往魚頭，各沿著兩側的魚脊切開。

2 用主廚刀(chef's knife)小心地將魚脊從魚頭與魚尾兩端的連接處切開。取出魚脊，丟棄。用廚房紙巾把魚徹底拭乾。完成後，就可以準備開始烹調了。

分解圓身魚 FILLETING ROUND FISH

一旦魚在完成去鱗(scaled)、修切(trimmed)、從魚腹的部分取出內臟(gutted)(參照第53頁)後，就可以分解成魚片，或切成去骨的大魚塊了。從圓身魚上，例如圖中的鮭魚，可以自兩側各切下魚肉來，得到2片魚片。請使用鋒利而彈性佳的魚片刀(filleting knife)，仔細地切下魚肉，讓殘留在魚骨上的肉越少越好。然後，檢查魚片上是否有細刺(參照第54頁)。

1 從魚頭後面切下去，再從魚頭往魚尾的方向，貼著肋骨，沿著其中一側的魚脊切過去。握住刀刃，用長長的刀刃，甚至用敲的方式來切開魚肉。切的時候，讓刀子在肋骨上劃過，同時用另一手抓著切開的魚肉。

2 將魚翻面，重複步驟1，以同樣的方式切下另一片魚肉。完成後，就只剩下魚頭與魚骨架了。魚骨與魚頭(不含魚鰓)可以用來製作魚高湯(參照第17頁)。扁身魚(flat fish)的魚片在烹調前，有時因製作之料理所需，得先去皮(skinned)(參照第57頁)。

鱇魚的去骨 BONING MONKFISH

如果您買到了帶骨的鱇魚，而想製作的料理又必須先切下魚片，此時，就得知道如何將這種魚去骨了。

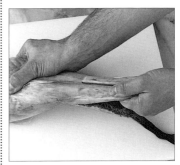

1 先讓鱇魚平躺，再用手抓緊魚皮，往魚尾的方向拉開來。

2 先用主廚刀(chef's knife)切下兩側的魚脊(backbone)，再將魚肉切割成2片魚片。魚脊可以用來製作魚高湯(參照第17頁)。

3 小心地去除兩魚片下側的黑膜(dark membrane)。用廚房紙巾將魚片徹底拭乾。完成後，就可以準備開始烹調了。

扁身全魚的前置作業
PREPARING WHOLE FLAT FISH

這種魚的名稱，源自於其平坦的身軀。較普遍受到喜愛的種類有：歐鰈(plaice)、比目魚(sole)、大鰈鮃(turbot)、菱鮃(brill)。它們以側面朝著上下游水，雙眼皆長在上側或下側，眼睛為黑色的保護色，以利偽裝。扁身魚的外皮下為白皮。通常這種魚都是從魚頭的後方與魚鰓的地方來取出內臟，以維持完整的身形。不過，這種魚一般都在魚船上就已取出內臟，所以，買到時應該都是已經去除了內臟者。

去鱗 SCALING

如果魚是要以全魚的狀態來上菜，或者買到未經魚販事先去鱗的魚，就必須自行去鱗了。

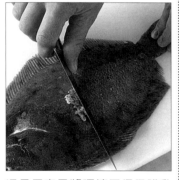

這是個容易將環境弄得很髒亂的作業，所以，在靠近水槽的地方進行為佳。先將黑皮那一側朝上放，用手抓緊魚尾。用主廚刀(chef's knife)的刀背，從魚尾往魚頭，將魚鱗從魚身上刮除。用手抓著魚尾，放在冷水龍頭下徹底沖洗，同時用另一手不斷地摩擦魚皮，沖洗掉魚鱗。

去皮 SKINNING

如果扁身魚是要以全魚的狀態來上菜，只需要去黑皮即可。留下白皮，可以固定好魚肉，不致在加熱的過程中鬆散掉。若是要使用魚片來烹調，可以在全魚的狀態下，剝除兩側的黑皮與白皮，如圖中所示的多佛比目魚(Dover sole)，或者在切成魚片後，再一片片地單獨去皮。

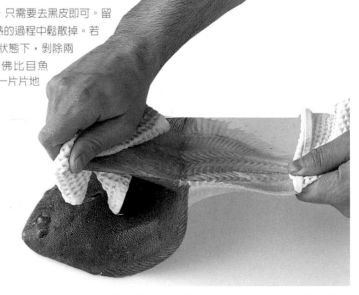

1 先從黑皮開始，用刀子從魚尾刮破魚皮，讓魚皮從魚肉上鬆脫。

2 用布巾(tea towel)輔助來抓住魚皮與魚尾，以防手滑。將魚皮從魚尾開始剝除，讓整片魚皮從魚身上完全剝離。

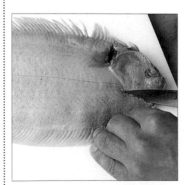

3 翻面，讓白皮那面朝上。從魚頭附近切開，讓魚皮鬆開來。

4 用手指從魚的兩邊，自魚頭往魚尾的方向，將魚皮從邊緣處剝離開來。等到邊緣的魚皮都鬆脫開後，就用一手抓著魚尾末端，另一手將魚皮徹底從魚肉上剝除。

分解魚片 FILLETING

每條扁身魚，依其大小不同，可以切下2或4片魚片。無論魚肉是否要去皮，都應在分解成魚片前，先剪除魚鰭與去鱗。以下，為各位介紹如何將大型的菱鮃(brill)分解成4片魚片。

1 將魚的黑皮那面朝上，放在砧板上。用魚片刀(filleting knife)沿著魚肉與魚鰭相接的邊緣處切開，仔細地切劃出魚片的輪廓形狀。

2 用鋒利的刀子，自魚頭往魚尾方向，從魚的正中央切下去，切割到深及魚骨。

3 用既長又寬的刀，從中央往邊緣劃過去，切下1片魚片。切的時候要仔細，讓還殘留在魚骨上的魚肉越少越好。將魚轉一下，用相同的方式，切下第2片魚片。

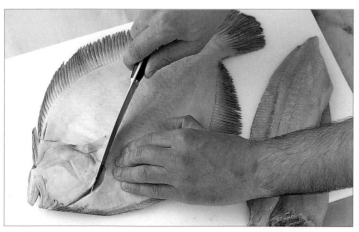

4 將魚翻面。先從魚頭後方切下去，再沿著魚身的邊緣切。然後，從魚頭往魚尾，沿著魚身的正中央切開，深度及骨。參照步驟3，切下剩餘的2片魚片。

魚片去皮 SKINNING A FISH FILLET

即使是從超市買來，包裝好的魚片，大部分都還是帶皮的狀態，以防變形。魚片去皮，是個非常重要的技巧。因為，如果無法好好地將魚皮從魚肉上剝除，魚肉可能就會隨著魚皮剝離，或變得參差不齊，碎裂。

將魚片帶皮那面朝下放，從魚尾末端的魚肉切下去。手指沾上鹽，以利抓緊魚片的魚尾末端，再用刀子切入。用刀子，模仿鋸東西的動作，以稍微傾斜的角度，從魚肉與魚皮間，往前切過去，直到魚片的另一端為止。

從1條多佛比目魚(Dover sole)切下的半面魚肉

縱向切成兩半的魚片，可以用來製作魚肉捲(paupiettes)

四川魚
Sichuan Fish

這是道經典的中式料理。製作時，先將自選的肉質結實魚類，例如：紅鯛(red snapper)、海鱸(sea bass)或烏魚(grey mullet)，放進中式炒鍋(wok)油炸，再用以大蒜、薑、辣椒調味的芳香醬汁來燜煮。

4人份

全魚(約1kg) 1條
鹽
花生油(groundnut oil) 500 ml
玉米細粉(cornflour) 1小匙
大蒜(切絲) 2～4瓣

新鮮老薑(fresh root ginger，
去皮，切成細絲) 2.5 cm的塊狀

紹興酒(Shaoxing rice wine)或不甜
雪莉酒(dry sherry) 2大匙

豆瓣醬(chilli bean sauce) 1～3大匙
淡色醬油(light soy sauce) 2大匙
魚高湯或水 150 ml
蔥(spring onions，切成細絲) 2枝

新鮮紅辣椒(去籽，
切成細長條(julienne))2條

細砂糖(caster sugar) 1小匙
麻油(Oriental sesame oil) 1小匙

新鮮芫荽(fresh coriander sprigs，
裝飾用)少許

進行魚的前置作業，如有必要，就去鱗。在魚身的兩側各劃切上間隔相等的3道斜切口。在魚的兩側都撒上鹽。

用大火熱中式炒鍋(wok)。等到鍋子變熱後，從鍋邊慢慢地倒入油。油變很熱後，小心地把魚放進去油炸，一面炸成淡褐色(golden brown)後，就翻面，將兩面都炸成淡褐色，共油炸約4分鐘。

用2把魚鏟(fish slices)小心地將魚取出，再放到廚房紙巾上瀝油。留下約1大匙的熱油，其餘的倒掉。混合玉米細粉與

2小匙水，攪拌成糊，備用。將大蒜、薑放進已加熱的中式炒鍋內，稍微炒一下，再加入紹興酒、豆瓣醬、淡色醬油，攪拌混合。倒入高湯，加入玉米細粉糊，加熱到沸騰，攪拌。把火調小，把魚放回鍋內，慢慢地燜煮(braise)約5分鐘。

把魚從鍋內取出。將蔥、辣椒、糖、麻油，加入鍋內，與湯汁混合，慢煮(simmer)到水分減少，變濃稠。然後，再把魚放回鍋內，用湯匙把湯汁澆淋在魚上，再用芫荽做裝飾。

豆瓣醬
CHILLI BEAN SAUCE

市面上販售的豆瓣醬，有小辣到極辣，所以，請依使用的品牌與個人的口味，來決定用量。你也可以使用乾紅辣椒，放進食物料理機(food processor)磨碎，或用研鉢與杵搗碎，並與黃豆醬(yellow bean sauce)混合，自製豆瓣醬。用磨碎的辣椒與黃豆醬，以1:2的比例混合，就可以製作出中辣的口味來。

油炸與燜煮 *Deep-frying and Braising*

中式炒鍋(wok)由於側面是稍微傾斜的，所以，是個非常適合用來以高溫油炸全魚，再以湯汁燜煮的最佳器具。為了安全起見，請使用附有2個握柄的中式炒鍋，用起來比單柄的更平穩安全。

用湯汁來燜煮魚，邊不斷地把湯汁澆淋在魚上面，直到熟透。如果魚身很厚，在燜煮到一半時，要用2把魚鏟翻面。

加熱鍋中的油，到開始冒煙為止(約190℃)。然後，把魚放進去，油炸到兩面都變成淡褐色，用2把魚鏟來翻面。

魚排 & 魚片的前置作業
FISH STEAK & FILLET PREPARATIONS

魚排與魚片,從圓身魚與扁身魚皆可切割取得。法國則有以下的區別方式:「darnes」為切自圓身魚的魚排,而「tronçons」為切自大型扁身魚的魚排。魚排(fish steaks)的切片較厚,肉質也很結實,魚片(fish fillets)的切片比魚排薄,所以,肉質比較細緻脆弱。

切割薄魚肉片 CUTTING ESCALOPES

大型圓身魚,例如下圖所示的鮭魚,可以經由各種前置作業方式,再切成薄塊或薄魚肉片(escalopes),備用烹調。薄魚片可以切割自帶皮或不帶皮的魚片(fillet),厚度應為約1cm。通常要放在2張烤盤紙(baking parchment)之間,拍平,拍薄。請先檢查是否還有細刺留在魚肉上,拔除後,再進行拍薄的作業(參照第54頁)。

用鋒利薄刃的刀子,從靠近魚片尾端,由外往內,切下大小相同的薄片。切的時候,要儘量讓刀子保持與魚片呈平行的狀態,而且一直朝向魚尾。

切割魚排 CUTTING STEAKS

從圓身魚切下的魚排,一般是切自已去鱗,剪除魚鰭,取出內臟的全魚。切的時候,要使用主廚刀(chef's knife)或剁刀(cleaver)。魚排通常切成2.5cm的厚度,可以用來油煎(pan-fried)、燒烤(grilled)、爐烤(roasted)或水波煮(poached)。請參照下圖所示的鱸魚(bass)。

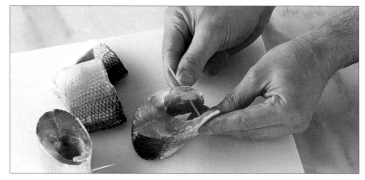

1 先在魚的側面做出相同厚度的記號。用刀,按照做好的記號,用力切開魚肉與魚脊。

2 將每塊魚排的末端往中心壓,靠攏,再用木質雞尾酒籤(wooden cocktail stick)固定好末端,以防在加熱的過程中捲曲起來。完成後,就可以準備開始烹調了。上菜時,可以帶脊(backbone)的狀態或去脊的狀態皆可。

製作魚肉盒 MAKING PACKAGES

切得很薄的魚或肉片稱之為「薄肉片(escalopes,參照左圖)」,可以用來包住餡料,製作成美味可口的肉盒。魚肉盒(fish packages)質地較脆弱,所以,最好用水波煮(poach)或慢煎(pan-fry)的方式來調理。以下的示範,使用的是鮭魚肉。

1 用2張烤盤紙(baking parchment)夾住薄魚片,用剁刀(cleaver)的刀片來拍薄。

2 用薄魚片包住自選的餡料,再儘量整理成整齊的方盒狀。

3 將肉盒翻面,封口朝下,再用1枝蔥綁好。

製作肉枕 MAKING PILLOWS

肉枕，就是將魚片切成像口袋般的形狀，用來裝餡料。這可以使用任何厚而結實的魚肉來製作，例如下圖所示的鮭魚。製作時，要將魚片切成7.5x4cm的大小，以便裝填餡料。由於肉枕的質地較脆弱，最好用水波煮(poach)的方式來烹調。

1 從肉片的前面橫切進去，左右各留1cm的寬度，不要切到底(不要切穿肉片的後面、上面、下面)。

2 用一手打開肉袋，另一手用湯匙把餡料舀入袋內。餡料不要裝填太多，以免在加熱的過程中爆開來。

3 用1枝蔥綁好，封好開口。完成後，就可以準備開始烹調了。

製作魚肉捲 MAKING PAUPIETTES

製作的技巧，就是將去皮的魚片縱切成兩半，捲好。要先鑲餡，再烹調。鑲餡的作業，可以在不同的階段進行：先將餡料舀到魚片的其中一端，捲起來，或先把魚肉捲起來，豎直放好，再把餡料填塞入內。任何種類的扁身魚，都可以用來做魚肉捲。不過，最傳統經典的，是下圖所示的比目魚。魚肉捲的最佳調理方式為水波煮(poach)、蒸煮(steam)、烘烤(baked)。

圈起魚片，帶皮那面朝內，做成像包頭巾般，魚尾末端圈在外圍。烹調時，讓這些肉捲豎立靠攏，或事先用木質雞尾酒籤(wooden cocktail stick)固定好，以防煮散了。

製作魚辮子 MAKING FISH PLAITS

部分種類的圓身魚與扁身魚，例如：鯖魚(mackerel)、真鯛(snapper)，及下圖所示的比目魚(sole)，因為魚肉與色彩鮮豔的薄魚皮可以形成強烈的對比，所以，適用於這種雖然簡單，效果卻很好，令人驚艷的前置作業方式。蒸煮(steaming)是最佳的調理方式，可以確保這種質地脆弱的魚片不致因加熱而被破壞。

1 將魚片切成20x2cm 的長條狀。從3種不同種類魚片切下的長條各取1條，帶皮那面朝上，排列在砧板上，靠攏。

2 編織這3條魚肉，儘量讓編好的辮子看起來整齊勻稱。因為魚肉在加熱後會有點收縮，所以，編的時候，要讓辮子稍微鬆弛一點。

3 用慢煮過的海鮮料湯(court bouillon，參照第66頁)或魚高湯(fish stock，參照第17頁)，來蒸煮魚辮子(參照第70頁)。

魚肉盒、肉枕、肉捲的餡料 FILLINGS FOR FISH PACKAGES, PILLOWS AND PAUPIETTES

蔬菜、鮮魚慕斯(fish mousse)、軟質起司(soft cheese)、香草植物(herbs)，都是非常適合的材料。建議您可以試試看下列的材料：

- 切成細長條(julienne，參照第166頁)，汆燙過(blanched)的紅蘿蔔，與用油醋調味汁(vinaigrette)拌(tossed)過的韭蔥(leeks)。
- 軟質起司(soft cheese)，與切碎的香草植物，例如：巴西里(parsley)或蒔蘿(dill)。
- 芒果(mango)、小黃瓜(cucumber)、新鮮老薑(fresh root ginger)的蔬菜小丁(brunois，參照第166頁)，與小蝦(baby prawns)。
- 香煎蘑菇餡料(mushroom duxelles，參照第170頁)。
- 口味清淡濕潤的義大利燴飯(risotto)，加上少許檸檬(lemon)。

煙燻魚 & 鹽漬魚
SMOKED & SALTED FISH

煙燻與鹽漬，是保存魚肉的傳統方式。這樣的保存方式，為魚肉增添了從清淡到濃厚，各種不同程度的特別味道。不過，像這樣的保藏魚(preserved fish)，通常在食用前，都須經過處理才行。

塔拉瑪撒拉塔
TARAMASALATA

白麵包(white bread，厚片，去硬皮) 4片

牛奶 6大匙

煙燻鱈魚子(已完成前置作業，參照右列) 100g

大蒜(切碎) 2瓣

橄欖油 100 ml

蔬菜油 100 ml

檸檬汁 約75 ml

熱水 2大匙

現磨胡椒

將麵包撕碎，放進攪拌盆內，加入牛奶。用手充分混合後，擰乾麵包，倒掉牛奶。將麵包放進食物料理機(Food Processor)內，加入煙燻鱈魚子、大蒜、橄欖油、花生油(groundnut oil)、75 ml檸檬汁，攪拌混合。然後，加入水，嚐嚐看味道，再加入胡椒，與檸檬汁(依個人喜好)。再度攪拌，直到混合均勻。將攪拌混合好的食材倒入攪拌盆內，蓋好，放進冰箱冷藏至少4小時，如果能夠冷藏一整晚更好。這樣可以做出4～6人份。

煙燻魚子的前置作業
PREPARING SMOKED ROE

雌鮭魚(salmon)、鱒魚(trout)、鱈魚(cod，如右圖所示)的魚子或魚卵，通常會先經過鹽漬或煙燻，再販售。一旦上述的處理經過滲透吸收後，就可以切成薄片，灑上檸檬汁，撒上研磨胡椒來生食。此外，也可以用來製作乳狀的沾醬(dips)，例如：希臘的塔拉瑪撒拉塔(Greek taramasalata，參照左列)。

將煙燻鱈魚子切成塊，放進攪拌盆裡，倒入足以淹沒份量的沸水，浸泡約1～2分鐘，再徹底瀝乾。用手指剝除外皮，丟棄。完成後，就可以拿來用了。

鯷魚去鹽
DESALTING ANCHOVIES

市面上販賣的鯷魚，都是經過鹽漬，用油浸泡的罐頭裝或玻璃瓶裝產品。最好的保藏鯷魚(preserved anchovies)，是來自地中海(Mediterranean)的鯷魚片，在英國可以在歐陸熟食店(continental delicatessen)買得到，通常是用橄欖油浸泡在瓶中，味道不太鹹。罐頭裝的鯷魚，鹽分含量較高，所以，需要進行去鹽的作業。這樣的技巧，可以讓鯷魚的質地稍微變得較柔軟，味道較為清爽柔和。

1 將過濾器架在攪拌盆上，把鯷魚倒進去，瀝油。先將油倒掉，再把鯷魚倒入攪拌盆裡。

2 將冰牛奶倒進去，到可以淹沒鯷魚的高度，浸泡20分鐘。然後，瀝乾牛奶，放在水龍頭下，用冷水沖洗，再用廚房紙巾拍乾。

鹽漬鱈魚的前置作業 PREPARING SALT COD

鹽漬鱈魚在葡萄牙極受歡迎，當地稱為「bacalhau」，在西班牙則稱為「bacalao」。鹽漬鱈魚通常是用已取出內臟的全魚或魚片，浸泡鹽水或抹上乾鹽，乾燥而成。可以在外國食品商店(ethnic shops)，或熟食店(delicatessen)購買到。烹調前，一定要先用水浸泡過，以讓肉質變軟，並去除多餘的鹽分。

先將鱈魚切塊，放進攪拌盆裡，用冷水浸泡。使用大量的鹽來醃漬過的魚，至少得浸泡2天，而且要換5～6次水。浸泡過後，瀝乾水分，放進已加了冷水的鍋內，加熱到比沸點稍低的溫度。慢煮(simmer)20分鐘，或到魚肉變軟。剝裂成大肉塊，丟棄魚皮與魚骨。

使用煙燻鮭魚片
USING SLICED
SMOKED SALMON

將鮭魚片鋪在耐熱皿(ramekins)內,填滿塔拉瑪撒拉塔(tarama-salata,參照第62頁)後,取出。

煙燻鮭魚切片 SLICING SMOKED SALMON

對大多數人而言,買一整側的鮭魚肉,再自行切片,比買事先已切好的鮭魚片,更經濟實惠。切片時,雖然可以使用任何刀刃長而薄,彈性佳的刀子,但是使用專用的煙燻鮭魚刀(smoked salmon knife,參照右列),可以更輕鬆地切好。

切除並丟棄邊緣的黑脂肪,拔除所有細刺(參照第54頁)。切的時候,儘量讓刀子與魚肉呈平行,從魚尾的那端開始,用鋸東西般的動作,慢慢地切下極薄的肉片。從靠近魚頭的方向開始,切下V字形的薄片,這樣就可以避開中間有黑脂肪的魚肉了。為了方便上菜,請用不黏烤盤紙(non-stick baking paper)來隔開鮭魚片。

煙燻鮭魚刀
SMOKED SALMON KNIFE

若是要將煙燻鮭魚切成極薄的切片,可以購買一把特殊的煙燻鮭魚切片刀。這種刀,刀片窄而長,彈性佳。刀刃部分是直的,但是,刀片的表面可能是平滑或有溝槽,通常前端的形狀是圓的。這種刀子由於既平滑又有彈性,所以,可以用來切柔軟的鮭魚肉,而不會將魚肉扯碎。此外,也可以用來將鹽漬生鮭魚(gravadlax)垂直往下切成薄片(參照下列)。

製作鹽漬生鮭魚 MAKING GRAVADLAX

在瑞典,人們將鹽漬魚的技術發揮到極致,創造出世界知名的鹽漬生鮭魚(gravadlax)。這是種用未去皮的鮭魚片,鹽漬後,包好,放進冰箱冷藏至2天,所製成的鹽漬鮭魚。

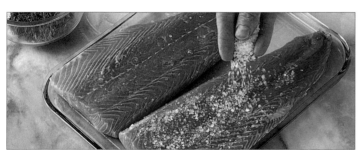

1 將2塊900g重的鮭魚片,帶皮那面朝下,放在一個玻璃淺盤上。混合75g海鹽(sea salt)、125g糖、2小匙研磨白胡椒粒(white peppercorns),撒在鮭魚片上。然後,將1大束蒔蘿(dill)切碎,均勻地再撒上去。

2 將其中的1片鮭魚片,帶皮那面朝上,疊在另1塊上。用鋁箔紙(foil-covered cardboard)覆蓋在鮭魚片上,再重壓。然後,放進冰箱冷藏3天,每12小時翻面一次,直到調味料滲透到肉裡,整個入味。

3 吃的時候,先將2片鮭魚片分開,再斜切下一片片的薄片。將薄片移到不同的盤子上,添上檸檬與蒔蘿(dill),1球芥末(mustard)與蒔蘿混合而成的醬料。

壽司 & 生魚片
Sushi & Sashimi

這些聞名的日式料理，在西方國家非常受到歡迎。壽司是用海苔來包壽司飯(vinegared rice)，中間夾著長條狀的生魚片，或蔬菜，例如：小黃瓜或鱷梨(avacado)。生魚片純粹只是非常新鮮的生魚，沾上稱為「wasabi(山葵)」的辣根醬(horseradish paste)吃的一種料理。兩者都是以精緻的方式呈現，吃的時候要使用筷子。

壽司捲 Sushi Rolls

32塊的份量

非常新鮮的鮪魚片
(去皮，約200g) 1片
海苔片(nori seaweed，
20 x 18cm的尺寸) 4片
米醋(rice vinegar)
壽司飯(vinegared rice，
參照第197頁) 600g
山葵(wasabi，參照右列)

上菜時 TO SERVE
醃薑玫瑰(pickled ginger roses，
參照第69頁)
小黃瓜皇冠(cucumber crowns，
參照第139頁)
日本醬油(Japanese soy sauce)

將鮪魚片斜切成長條狀，每條寬1cm。

如果海苔的包裝上沒有標示著「燒き海苔(yakinori，即烤過的海苔)」，就要用鉗子夾住，單面一片片地各火烤數秒，直到變硬(參照第329頁)。

將捲壽司用的竹簾(rolling mat)平攤在工作台上，再把1片海苔擺上去，往較短的其中一邊靠。先將手指沾上米醋水(用水加點米醋混合而成)，再把壽司米鋪一層在海苔上。先將山葵醬塗抹一直線在壽司米的正中央，再把長條狀的鮪魚片疊上去。用竹簾將海苔與飯捲起來。按壓竹簾，讓壽司捲外形緊密結實。指尖沾濕，滑過露出的海苔片邊緣，將壽司捲貼緊封好。用沾濕的主廚刀(chef's knife)，將壽司捲切成8塊。然後，以相同的方式，重複4次，做好其它的壽司捲。

將壽司捲的切面朝上，擺在大淺盤(platter)上，完成裝盤。然後，再添上醃薑玫瑰、小黃瓜皇冠、醬油。

生魚片 Sashimi

4人份

非常新鮮的紅烏魚片(red mullet fillet，去鱗，帶皮，約200g) 1片
非常新鮮的鮭魚片
(salmon fillet，去皮，約400g) 1片
非常新鮮的鯖魚片
(mackerel fillet，帶皮，去薄膜，約300g) 1片

上菜時 TO SERVE
小黃瓜皇冠(cucumber crowns)
山葵(wasabi，參照右列)
日本醬油(Japanese soy sauce)

要切開魚肉前，先檢查魚骨，尤其是細刺，是否已清除乾淨。魚肉若是先冰過，就可以較輕易地切成薄片。

紅烏魚片，逆紋切成非常薄的切片。

將鯖魚片縱切成兩半。把這兩半並排靠攏，帶皮那面朝上，切成薄片，厚度要與紅烏魚、鮭魚的薄片相同。

將紅烏魚、鮭魚、鯖魚薄片裝盤，各自分開放。然後，再添上小黃瓜皇冠、山葵(wasabi)、醬油。

山葵 WASABI

因其辛辣、刺激的味道，而在英文中以「Japanese horseradish」廣為人知。山葵，是以一種東方的植物，即山葵的根為原料所製成。在日本，是用新鮮的根來磨泥，但是，在西方國家，通常是做成糊狀，以軟管包裝的成品來販賣。一般可以在大型超市買得到。

製作壽司捲
Making Sushi Rolls

單一的壽司捲，是從1條長的壽司捲切成的。切開後，就可以展現出包在正中央的餡料了。將壽司捲成長條的圓筒形時，需要用墊子等來做輔助工具。專用的竹簾(bamboo rolling mats)，可以在亞洲商店買得到。但是，你也可以用未染色，彈性佳的稻草製餐墊來代替。

將鮪魚擺在抹成一直線的山葵醬上，徹底覆蓋住。可能不只需要1長條的鮪魚。

將靠近自己，邊長較短那邊的竹簾捲起，讓海苔包住飯，往前捲過去。

先將長的壽司捲切成4等份，再各切成兩半，總共切成8塊。

水波煮 POACHING

魚在烹調時，常是在有液體浸泡的狀態中，維持在剛好低於沸點的溫度，以溫和的加熱方式，來因應魚肉質地脆弱的特性。大型圓身魚，傳統上是用海鮮料湯(court bouillon)，來進行水波煮。

海鮮料湯 COURT BOUILLON

水 2.5公升
不甜白酒(dry white wine)700 ml
白酒醋(white wine vinegar)250 ml
紅蘿蔔(切碎) 2條
洋蔥(切碎) 2個
香草束(bouquet garni，大) 1個
岩鹽或海鹽(rock or sea salt)
　1又1/2小匙
黑胡椒粒(black peppercorns) 2小匙

將白酒醋之外的所有材料放進大的鍋子內混合。先加熱到沸騰，不加蓋，慢煮(simmer)15～20分鐘，在最後的5分鐘時加入白酒醋。先放涼，再使用。放進冰箱冷藏，可保存5天。這樣可以做出3公升的海鮮料湯。

微波爐加熱時間，MICROWAVE TIMES

質地較脆弱的魚肉，不能加熱太久。使用微波爐迅速加熱，可以確保魚肉濕潤，受熱均勻。以下所示的加熱時間，使用的是600～700瓦，微波強度100%的微波爐。

● 魚排(STEAKS) 每250g 2～3分

● 魚片(FILLETS) 每175g 45秒～1分

● 魚肉盒與魚肉枕(PACKAGES AND PAUPIETTES) 每個1又1/2～2分 (餡料已煮熟)

● 扁身魚 (WHOLE FLAT FISH) 每250g 1又1/2～2分

● 圓身魚(WHOLE ROUND FISH) 每250g 2又1/2～3分(未鑲餡)

用煮魚鍋水波煮 POACHING IN A KETTLE

全魚，無論是帶頭還是去頭，例如下圖所示的鮭魚，必須先剪除魚鰭，去鱗，取出內臟後，再烹調。用火爐來進行水波煮，最易於掌控情況。煮魚盒(fish kettle)，就是專為這樣的作業而設計的容器，可以容納全魚，放在盒內的網架上，並有足夠的空間可以讓湯汁將整條魚淹沒。

1 先量一下魚身最厚的部分。把魚放在網架上，放進煮魚盒內。倒入冷的海鮮料湯(court bouillon)，把魚完全淹沒。然後，加調味料調味，加熱到沸騰。

2 打火調小，慢煮(simmer)。以水波煮的方式，每2.5cm寬加熱10分鐘。讓魚留在盒內冷卻，以保濕。然後，取出魚，放在烤盤紙(baking parchment)上(參照第67頁)。

不使用煮魚盒來水波煮 POACHING WITHOUG A KETTLE

烹調大型全魚，例如：鮭魚或海鱸(sea bass)時，煮魚盒就是個非常便利的器具。不過，如果你不想花錢去買一個可能並不常用的器具，可以嘗試利用一般常用的器具，臨時製作一個替代用器具。

裁剪鋁箔紙，尺寸要比魚稍微大一點，可以摺疊成2或3層。將魚擺在鋁箔紙的其中一側上，再放到大的烤盤上(roasting tin)。倒入冷的海鮮料湯(court bouillon，參照左上)，把剛好可以淹沒魚的程度，再用鋁箔蓋住烤盤，加熱，冷卻，作法與用煮魚盒來烹調時相同(參照上述作法)。用鋁箔紙做輔助，將魚取出。然後，就可以開始準備上菜的步驟了(參照第67頁)。

淺式水波煮 SHALLOW POACHING

這種技巧適合用在魚排、魚片、或已去鱗，取出內臟的小型全魚。

將魚放進正在慢煮海鮮料湯(court bouillon)的鍋內。然後，慢煮，蓋上鍋蓋。進行水波煮，如果是魚片，就煮5～10分鐘，如果是魚排，就煮10～15分鐘，直到魚肉變得完全不透明。

水波煮煙燻魚 POACHING SMOKED FISH

煙燻魚，例如：黑線鱈(haddock)與鱈魚(cod)，通常是用調味過的牛奶來進行水波煮，而不是海鮮料湯(court bouillon)或水。牛奶有助於去除多餘的鹽分，與淡化煙燻味。

1 將牛奶，或用相等份量混合的牛奶與水倒入鍋內，加入1～2片月桂葉(bay leaves)、少許胡椒粒(peppercorns)。將煙燻魚放進鍋內，用中火慢煮(simmer)，再從爐火移開，蓋緊蓋子。靜置10分鐘。然後，取出魚，倒掉牛奶，丟棄所有調味材料。

2 用削皮刀(paring knife)刮除魚皮與所有的黑肉。翻面，用鑷子(tweezer)拔除所有魚骨和魚刺。

使用水波煮煙燻魚 USING POACHED SMOKED FISH

即使只是使用少量的煙燻魚，都可以讓許多料理增添獨特的風味。煙燻魚在經過水波煮，剝成片(flake)後，就可以做以下的運用：

- 與咖哩飯(curried rice)、切碎的水煮蛋(hard-boiled eggs)混合，做成印度燴飯(kedgeree)。
- 做為熱舒芙蕾(soufflé)的調香料。
- 與沙拉葉(salad leaves)拌過後，搭配奶油辣根醬(horseradish cream)一起吃。

水波煮全魚上菜的前置作業 PREPARING A WHOLE POACHED FISH FOR SERVING

為了上菜與吃的方便，請先將整條水波煮魚，例如下圖所示的鮭魚，去皮，拔除魚骨、魚刺。如果你按照下列的方式來進行處理，就可以全魚的形態來上菜，外觀也會更加地吸引人。尤其，如果這道菜被設定為重點料理(table centrepiece)時，這樣的處理方式，就是你應考量的重點了。上菜時，魚肉可冷可熱。

1 水波煮後(參照第66頁)將魚放在烤盤紙(baking parchment)上。從魚頭往魚尾方向，剝除魚皮。

2 用主廚刀(chef's knife)刮除所有的黑肉。用紙包住魚，移到上菜用的盤子上。

3 重複步驟1～2，在另一面魚肉上進行去皮與刮除黑肉的作業。用主廚刀，從前端入刀，小心地剖開魚肉，讓魚肉往兩側倒。

4 拉起魚脊，連同魚肋骨一起取出。如有需要，可用料理剪，從魚尾那端剪斷。

5 將魚肉放回原處，闔起來。完成後，就可以淋上醬汁，或擺上配菜(參照第68～69頁)，準備上菜了。

最後修飾 FINISHING TOUCHES

檸檬片與新鮮巴西里是很傳統的魚料理配菜，後者尤其常被用來遮蓋張開的魚眼。其它的水果、蔬菜、香草植物，也可以讓料理變得更生動有趣，呈現出鮮麗的色彩。固定在魚肉凍上的玫瑰花瓣魚鱗(參照第69頁)，是最別出心裁的裝飾！

裝飾全魚 PRESENTING A WHOLE FISH

小型的魚通常在上菜時，是全魚的狀態，而且不去皮，也不去骨。大型的魚則比較常先去皮，分解成魚片，經過重組，再整體呈現。最常見的例子，就是水波煮過的鮭魚(參照第67頁)，以非常傳統的方式，即用小黃瓜做成鱗片，疊在魚身上做裝飾。若是要呈現出鮮豔的色彩，與夏季的季節感，可以用新鮮的玫瑰花瓣來代替小黃瓜(參照第69頁)，把尖端插在肉凍，或美乃滋(mayonnaise)裡固定，就可以覆蓋住魚身了。用櫛瓜(courgette)來做魚鱗，也是個不錯的選擇。

簡單至上 KEEP IT SIMPLE

• 擺上數塊檸檬角，以便搾出新鮮果汁，淋在魚上。如果是正式的場合，就用紗布將檸檬角包起來，這樣搾汁時，檸檬籽就不會散落在魚上了。

• 用新鮮香草植物，例如右頁所示的香草植物，做成精緻的香草束，或用枝葉來做裝飾。其它可供選擇的種類還有：山蘿蔔(chervil)、細香蔥(chives)、香蜂草(lemon balm)、西洋菜(watercress)。

• 將切成細末的香草植物或西洋菜(watercress)，加入美乃滋裡混合(參照第228頁)，再與水波煮過的魚，特別是鮭魚，一起上菜。

• 將冷藏過的領班奶油(maître d'hôtel butter，巴西里與檸檬)塊，放在熱魚上來上菜。鯷魚(anchovy)與柑橘奶油(citrus butters)，也很適合用來搭配魚料理。

柑橘皮花結 ZESTY KNOTS
用刨絲器(canelle knife)切下4cm長的萊姆、檸檬、或橙皮。汆燙(blanch，參照第336頁)後，瀝乾，打結。

續隨子花 CAPER FLOWERS，caper又名「酸豆」
用指尖小心地將瀝乾的續隨子部分外層往後翻，變成花瓣。

鯷魚圈環 ANCHOVY LOOPS
瀝乾罐頭鯷魚片，用廚房紙巾拍乾，切成長條狀。然後，用鯷魚條把續隨子圈起來。

金柑杯 KUMQUAT CUPS
在金柑的中間切出一圈鋸齒狀切口，分開兩半。然後，放些美乃滋(mayonnaise)進去，擺上新鮮蒔蘿(dill)。

萊姆蝴蝶 LIME BUTTERFLIES
將萊姆片切成4等份，再連接2片的尖端，做成蝴蝶結。然後，中間擺上用汆燙過的紅椒長條切下的星形紅椒。

糕點花飾 PASTRY FLEURONS
從已擀薄的起酥皮(puff pastry)切下彎月形的麵皮。用毛刷塗抹上蛋黃來增添光澤，用烤箱，以190℃，烤5～7分鐘，到變成金黃色。

特製檸檬 LEMON SPECIAL
將檸檬的上下兩端切除。檸檬皮由下往上刨絲，讓末端還連接在上端。參照上圖，把檸檬皮長條相互勾好。

柑橘皮捲 CITRUS CURIS
用刨絲器(canelle knife)切下15cm長的橘子皮。捲在金屬籤或竹籤(skewer)上，直到橘子皮完全定型。

檸檬之翼 WINGED LEMON
在整個檸檬的皮上刨絲。將檸檬以180度切開，末端不要切斷，讓它還連在檸檬上，轉一下檸檬，重複同樣的動作。讓兩者的切點交疊在一起。

亞洲式裝飾 ASIAN DECORATIONS

中式與日式蒸全魚與快炒料理，常用各種食材來做出傳統的裝飾。
這類食材可以在亞洲食品店與大型超市買得到。
醃薑應購買切片，而非切絲。

油炸薑絲 DEEP-FRIED GINGER
先將新鮮老薑(root ginger)去皮，切
成長條狀(julienned)，汆燙(blanch)。
用廚房紙巾拍乾。用180℃的油，
炸10秒鐘，瀝乾。

白蘿蔔條 MOOLI JULIENNE
白蘿蔔去皮，斜切成薄片，再切成
長條(julienne strips)。放進冰水中浸
泡，讓它變得硬脆，再用廚房紙巾
拍乾。

醃薑玫瑰 PICKLED GINGER ROSE
先將1片捲起來，做成軸心，再用
3片，一片片地圍起來，做成花瓣。

青蔥流蘇 SPRING ONION TASSEL
將蔥青的部分縱切開，不要切到
底。放進冰水中浸泡2～3小時，直
到彎曲捲起。

油炸香草植物
DEEP-FRIED HERBS
多葉片的香草植物，例如：紫羅
勒(purple basil)、義大利平葉巴西里
(flat-leaf parsley)，用180℃的油，炸
10秒鐘，徹底瀝乾。

小黃瓜螺旋片
CUCUMBER TWIRLS
先用刨絲器(canelle knife)刮小黃瓜
皮(參照第179頁)，再切成極薄片
(wafer-thin slices)。撕裂每一片，
扭一下。

香草束 HERB BOUQUET
將新鮮的巴西里、蒔蘿(dill)、或百
里香(thyme)的枝葉，在剛烹調好
的魚旁邊攤開成扇形。茵陳蒿
(tarragon)也很適用。

檸檬皮玫瑰 LEMON ZEST ROSE
用1把鋒利的刀子，以螺旋狀的方
式，把柑橘皮削成長長的一條，
讓邊緣呈現皺摺。然後，捲起
來，做成玫瑰花。

櫛瓜魚鱗
COURGETTE SCALES
櫛瓜先汆燙(blanch)，切片，再切
成4等份。然後，把切好的櫛瓜
片，疊在魚身上，做成像魚鱗的
樣子。

蒸煮 STEAMING

蒸煮魚，就是利用慢煮液體所產生的蒸氣，來煮魚。這樣的調理方法，適合肉質較脆弱的海鮮，例如：比目魚(sole)、歐鰈(plaice)、貝類(shellfish)。蒸煮時，可以用水。不過，用蔬菜或香草植物的清湯(broth)，味道更香。

魚的調香料
FLAVOURING THE FISH

蒸煮過的魚，味道可能稍嫌清淡。因此，要在放進中式炒鍋或金屬蒸籠內，蒸煮用的液體中，或魚身上與週遭加些材料，例如：蔬菜、香草植物、辛香料、或其它的調味材料，來增添香味。

● 將香草植物與蔬菜：洋蔥、紅蘿蔔、芹菜、茴香(fennel)、巴西里的莖(parsley stalks)或芫荽葉(coriander leaves)，切碎混合，加入用來蒸煮的液體內。

● 將魚放進蒸籠內，下面墊著厚厚一層的新鮮茴香葉(fennel fronds)，與新鮮百里香(thyme)或蒔蘿(dill)的枝葉。

● 用切過的蔥、新鮮老薑或大蒜薄片、檸檬片覆蓋住魚，再撒上茴香子(fennel seeds)。

● 魚先醃漬(marinate)過，再蒸煮。橄欖油、檸檬汁、白酒、醬油，都很適合用來醃漬魚。

傳統式作法 CONVENTIONAL METHOD

蒸煮時，是將金屬蒸籠內有孔洞的籃子，置於慢煮的液體上。蒸氣就會透過這些孔洞，加熱放在上面的魚肉。本食譜中所示，為用鯖魚(mackerel)、真鯛(snapper)、比目魚(sole)做成的魚辮子(fish plaits，參照第61頁)，用海鮮料湯(court bouillon)蒸煮的範例。

1 將海鮮料湯倒入蒸籠底部，慢煮(simmer)。先把魚辮子排列在有孔洞的籃子上，再把籃子放進蒸籠內，置於蒸煮的液體上。蓋上蓋子，蒸煮(參照左圖)。

2 魚肉變得不透明後，就表示已煮熟了。用叉子檢查，若是魚肉感覺起來既濕潤又柔嫩，就是好了。

竹蒸籠的蒸煮法 BAMBOO STEAMER METHOD

竹蒸籠是種竹子編織成的籃子，可以放在中式炒鍋內，下面則是慢煮的清湯(broth)。清湯所產生的水蒸氣，帶著芳香的味道，正好可以為魚增添風味，另外，也可以再為魚加些香草植物、辛香料、或其它的調味料。蒸煮可以讓魚維持原本誘人的鮮豔色彩，例如以下所示的紅鯛(red snapper)。

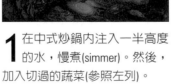

1 在中式炒鍋內注入一半高度的水，慢煮(simmer)。然後，加入切過的蔬菜(參照左列)。

2 在魚身上劃切刀痕(score)，塞入自選的調味材料(參照第53頁)，滲透入魚肉內，入味。將魚平放在籠內，散放上更多的調香料。然後，把蒸籠放入中式炒鍋內。

3 蓋上蒸籠的蓋子，讓魚能夠更充分地吸收蔬菜或其它材料所散發出的香味。蒸煮所需時間，請參照左表。將蒸煮的蔬菜與調味料一起裝盤，上菜。

蒸煮所需時間
STEAMING TIMES

魚加熱到整體都變得不透明時，就表示已經煮熟了。用叉子，可以輕易地把魚肉分解成薄片(flakes)。魚若是加熱過度，就會乾燥，裂開。

● 魚片(FILLETS) 3～4分

● 魚辮子(PLAITS) 8～10分

● 全魚(WHOLE FISH) 6～8分(最多350g) 12～15分(最多900g)

燒烤 GRILLING

利用燒烤(grill)與炙烤(barbecue)的高溫，將魚迅速地烤熟，可以說是目前最佳的烹魚方式。脂肪含量較高的魚類，例如：沙丁魚(sardines)、鯖魚(mackerel)，就很適合用這樣的方式來烹調，因為它們身上所含的天然油脂，有助於在烤的過程中讓魚肉保持濕潤。

燒烤小型全魚 GRILLING SMALL WHOLE FISH

由於魚皮與魚骨可以幫助魚肉保濕，所以，燒烤時，最好是用全魚。先剪除魚鰭，去鱗，取出內臟(參照第52～53頁)，再進行燒烤。可依個人喜好，決定是否也要在魚身上劃切刀痕(score)。若是想增添其它風味，可以先用橄欖油、拍碎的大蒜、切碎的巴西里，先醃漬過，再燒烤，如以下所示的沙丁魚。

1 將魚從醃漬汁中取出，放在已先塗抹上油脂的燒烤架上，用高溫燒烤2分鐘。

2 翻面，用毛刷將醃醬塗抹上去。如果魚沒有先醃漬過，就用橄欖油塗抹。然後，再燒烤2分鐘，或直到魚皮變脆，烤成金黃色。

炙烤全魚 BARBECUING WHOLE FISH

炙烤時的高溫，可以將魚烤乾，讓魚肉保持濕潤，芳香。以下所示為鱒魚(trout)，其它的魚類，例如：鯖魚(mackerel)、鯊魚(shark)、鮪魚(tuna)、鱸魚(bass)等也很適合用來炙烤。先在魚身上劃切刀痕(score，參照第53頁)，有助於均勻受熱。使用魚烤架(fish rack，參照右列)，可以讓炙烤時的移動與處理，變得更輕鬆容易。

將魚放在已塗抹上油脂的魚烤架上，添上新鮮香草植物的枝葉，或依個人喜好使用葡萄葉(vine leaves)，再把魚烤架蓋緊。然後，將魚烤架放在熱的炙烤架上，每一面魚各烤3分鐘，並不斷地將橄欖油或醃醬塗抹上去。然後，檢查魚是否已烤好：魚皮應是脆的，而且已烤成金黃色，用叉子插魚肉時，應感覺質地柔嫩。

魚烤架 FISH RACKS

無論是要烤全魚，魚片或魚排，使用特殊的組裝魚烤架，就可以讓作業變得更容易操控。使用前，要先塗抹上橄欖油，以防魚在烤的過程中，沾黏在架上。

魚形烤架
FISH-SHAPED RACK

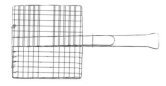

方形烤架
SQUARE RACK

搭配烤魚的莎莎醬 SALSA FOR FISH

用冰過，辛辣風味的莎莎醬，來搭配剛炙烤(barbecue)好的魚，就可以在味道上形成強烈的對比。

莎莎醬是種傳統的墨西哥烹調佐料，由味道辛辣的大蒜、洋蔥、辣椒，加上萊姆強烈的酸味，組合而成。冰過的莎莎醬，可以將熱魚微妙的風味，發揮得更淋漓盡致。

烘烤 BAKING

對於大型或中型全魚，或較厚的魚排與魚片而言，烘烤就是種最佳的烹飪方式。烘烤魚時，可以不加以覆蓋，也可以用鋁箔紙、烤盤紙、葉片包起來，或者，在全魚表面覆蓋上鹽。如果是一道比較精緻的菜餚，可以先鑲餡，再烘烤。這樣做，也可以讓魚在烘烤後更具風味。

開放式烘烤用的調香料 FLAVOURINGS FOR OPEN BAKING

最簡單的調香方式，就是將新鮮香草植物從魚腹的開口塞入。可以運用的材料如下：

- 亞洲式調香料，例如：新鮮的薑，與檸檬香茅(lemon grass)。
- 新鮮麵包粉(breadcrumbs)，加上香草植物、辛香料，或切碎的堅果，用蛋當做黏合劑。
- 蝦子，加上大蒜或巴西里。

開放式烘烤 OPEN BAKING

中型的全魚，例如：紅鯛(red snapper)，就適合用這樣的方式烘烤。

將魚放進已塗抹了油脂的烤盤內，排列成一層。撒滿調香料(參考左列)，倒入剛好可以淹沒魚的液體。不用任何東西覆蓋，以180℃，烘烤30分鐘，或到魚變得不透明，魚皮變脆。可依個人喜好，倒掉烤盤內的湯汁，將魚與其它調香料，一起上菜。

鑲餡與用鋁箔紙包裹烘烤 STUFFING AND BAKING IN FOIL

魚用鋁箔紙包裹烘烤，就可以利用魚本身所含的汁液，維持肉質的濕潤，保持味道鮮美。魚可以不鑲餡，或依其去骨的方式，從魚腹或魚背處鑲餡。有鑲餡的魚，需要烘烤得較久一點。

1 將自選的餡料從魚腹的開口舀入。然後，用1～2枝木質雞尾酒籤(wooden cocktail sticks)將魚腹固定封好。

2 用內面已塗抹了油或奶油的鋁箔紙，將魚一條條地分別包起來。把鋁箔紙封緊，以防湯汁在烘烤的過程中滲漏出來。

3 放在烤盤內，以180℃烘烤，如果是小型的魚，需要25分鐘，如果是大型的魚，需要35～40分鐘。上菜後，在餐桌上，再打開包裹的鋁箔紙。

烘烤前，從魚背鑲餡 STUFFING THROUGH THE BACK BEFORE BAKING

把餡料從魚背的開口塞入，雖然開口比魚腹的小，但是卻可以讓魚維持漂亮的外形。請參照第55頁，學習如何從全魚的魚背處去骨。

將餡料從魚背的開口舀入。然後，包裹起來烘烤，如左列的食譜所示。

用烤盤紙包裹烘烤 BAKING EN PAPILLOTE

「en papillote」是法文，原義為「在紙袋內(in a paper bag)」。這樣的技巧，可以讓魚(以下所示範的為菱鮃(brill))在烘烤的過程中受到保護，保持濕潤。在魚身上的香草植物、蔬菜，這些表面餡料(topping)，與淋上的白酒(white wine)，可以在烘烤的時候，增添風味。為了呈現出最佳的烘烤成果，請在端上桌後，再打開紙包裝。

1 從烤盤紙，防油紙或鋁箔紙上，裁剪下一個比魚還大5cm的心形，塗上油脂。

2 將魚放在其中的半面上，在魚身上放4枝芫荽的枝葉、2條長條狀的紅蘿蔔(julienned，參照第166頁)，與4大匙白酒(white wine)。

3 將另一半心形摺起來，貼在放魚的那一半上面，扭曲邊緣，封好。放在烘烤薄板(baking sheet)上，用烤箱以180℃，烘烤15～20分鐘，直到膨脹起來。

用葉片包裹烘烤 BAKING IN LEAVES

葡萄葉(vine leaves)與香蕉葉(banana leaves)，不僅可以讓魚在烘烤的過程中保濕，還可以增添風味。

將魚放在葉子的正中央，捲起包好。如有需要，就用1枝汆燙過的韭蔥(leek)綁好，固定。

用鹽覆蓋烘烤 BAKING IN A SALT CRUST

魚用這樣的方式來烘烤，魚皮會變脆，魚肉也會很濕潤，而且，味道還不會變得太鹹。用鹽覆蓋，可以讓魚的水分不致流失，還可以增添風味。烘烤前，要先剪除魚鰭，去鱗，取出內臟，用廚房紙巾將魚拭乾。

1 將海鹽均勻地撒在質地厚重的砂鍋(casseroles)內，成5cm厚。將魚擺在海鹽上，再加入海鹽覆蓋住(1.3kg的鹽可以覆蓋900g的魚，如右圖所示)。

2 將水灑在鹽上。以220℃，烘烤30分鐘。

3 用小鐵鎚從上面把鹽層敲碎。將整條魚完整無缺地取出。用毛刷刷除多餘的鹽，立刻端上桌享用。

編辮鱇魚 PLAITED MONKFISH

用條狀培根薄片，將去皮的鱇魚片編織包裹起來，再依個人喜好，塞入幾片百里香葉(thyme leaves)。用烤箱以180℃，烘烤20分鐘。在烘烤的過程中，培根的味道就會滲入魚肉內，並在魚的表面形成硬脆的外層。而且，培根的油脂會滲入魚肉內，讓肉質保持濕潤。

煎、炒、炸 FRYING

選擇厚度相同的魚肉，以確保烹調時能夠均勻地受熱。用這種方式來烹調魚，無論用的是油或奶油，油脂的溫度都是一大關鍵。油溫太低，魚肉就會太過潮濕，容易散掉。油溫太高，就會加熱過度快速。

魚的塗層 COATINGS FOR FISH

在魚的表面做薄薄的塗層，既可以保護質地脆弱的魚片，還可以讓魚在煎炒炸的過程中，保持濕潤。

● 製作乾燥的凱真風味(Cajun)香草植物與辛香料混合料：用匈牙利紅椒粉(paprika)、洋蔥、大蒜粉(garlic powder)、乾燥百里香(dried thyme)、牛至(oregano)、白胡椒、黑胡椒、卡宴辣椒粉(white, black and cayenne pepper)、鹽，混合。

● 混合芳香的香草植物(fragrant herb)與辛香料，例如：切碎的新鮮蒔蘿(dill)、壓碎的茴香子(fennel seeds)、稍微磨碎的胡椒。

● 將剪碎的細香蔥(chives)、少許磨碎的檸檬外果皮，加入質地較細的麵包粉或麵粉裡混合。

淺煎 SHALLOW PAN-FRYING

使用大小相等的奶油塊與蔬菜油，是煎魚的成功秘訣。油煎之前，先做好魚的調味(season)與表面塗層(coat，參照左列)，並確定奶油加熱到冒泡後，再把魚放進去煎。

1 等到奶油與油冒泡後，將魚放進去，魚皮那面朝下。煎5分鐘後，翻面。

2 繼續煎魚片3～5分鐘，直到變成黃褐色。用叉子插入魚片最厚的部分，如果感覺魚肉結實，看起來已經完全不透明，就是煎好了。

深褐奶油 NUT-BROWN BUTTER

法文稱之為「beurre noisette」，這是一種用奶油來煎白肉魚(white fish)，尤其是鰩魚翅(skate wings)時的傳統作法。先去除黑色的魚皮，用加了調味料的粉類混合料塗層。

將4大匙奶油放進平底鍋內加熱，直到變成深褐色。把鰩魚翅放進鍋內，煎8～10分鐘，過程中要翻一次面。

凱真風味 CAJUN-STYLE

源自於紐奧良(New Orleans)與墨西哥灣(Gulf of Mexico)附近各州的法國風味炸魚，有著深色而辛辣的脆皮。這是因為魚在油炸之前，已經先抹上了大量的材料做為塗層之故(參照左上列)。

將已完成塗層的魚片(上圖所示為紅鯛(red snapper))放進熱油中。油炸約6分鐘，到塗層變成深褐色，過程中要翻一次面。

用香草植物做塗層 COATING WITH A HERB CRUST

這樣的技巧，可以做出風味誘人的外層，為濕潤的魚肉，增添多樣化的味道與質地。使用肉質結實的魚片，例如：鮭魚(salmon)、鱈魚(cod)、鱇魚(monkfish)。使用不沾鍋，可以減少油的用量，將魚肉表面烤脆。

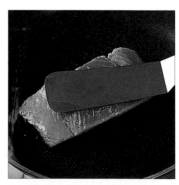

1 將混合好的芳香的香草植物(fragrant herb)與辛香料(參照左上列)放在盤內。將已去皮的魚片按壓在盤上，去皮的那面朝下，均勻地沾上香草植物與辛香料的混合料。

2 將魚片放進鍋內油煎，塗層的那面朝下，用少許熱油煎7～10分鐘，不要翻面。用金屬鏟(metal spatula)用力按壓魚片，讓湯汁流到表面，熱度可以往上傳遞。

沾麵糊炸魚 DEEP-FRYING FISH IN BATTER

魚沾上麵糊再炸，可以讓肉質保持濕潤多汁。若是想要成功地把魚炸好，必須使用180～190℃的高溫油來炸，而且要慎選用油，因為使用的油是否可以容易地加熱到所需溫度，與是否會影響到魚的味道，都會影響到烹調的結果。蔬菜油，可以說是最佳的選擇。可以將魚肉切成相同的大小，或使用魚排或片片。

1 檢查油溫時，可以放1塊白麵包進去。如果過了30秒，整塊都變成褐色，就表示可以了。撈出麵包，丟棄。

2 將已沾上麵糊的魚肉放進熱油內。大塊的魚肉，一次只放一塊下去，油炸7～10分鐘，以確保魚肉受熱均勻。

3 等炸到表面變成金黃色，變脆後，就把籃子從油炸鍋內取出。搖晃一下籃子，瀝掉多餘的油，再把魚放在廚房紙巾上瀝乾。上菜前，先用調味料調味。

製作炸魚柳 MAKING GOUJONS

將去皮的魚片切成長條狀，切的時候方向與肉的紋理垂直，這樣可以讓魚柳在油炸過後不會變形。由於炸油在鍋內會膨脹升高，所以，放進鍋內的油請遵循食譜的建議用量，一般為油炸鍋(deep pan)的1/3容量。

1 用主廚刀，將去皮的魚片切成1cm寬的長條，切的時候，要逆紋切。

2 將魚肉條放進塑膠袋內，沾滿混合好的調味麵粉。將封口扭緊，用抖動的方式，讓魚肉均勻地沾滿粉。

3 將油加熱到180～190℃，用溝槽鍋匙(slotted spoon)或油炸籃(fryer basket)把魚肉條放進油內。油炸3～4分鐘，直到變成金黃色。撈出，放在廚房紙巾上瀝乾。

炸油溫度計 DEEP-FAT THERMOMETER

這種溫度計，上面附有勾子，可以固定在鍋子的側面上，這樣手就不用太靠近熱油了。在油還是冷的時候就放上去，等候油溫的標示升高到可以油炸食物。

炸魚用的麵糊 BATTERS FOR FISH

炸魚用的麵糊，應質地柔滑(參照第39頁)，而且只需沾上薄薄的一層。炸油要經常更新，以免油臭味會沾染在麵糊上。

- 加點油，或融化奶油，讓麵糊的味道變得更香濃。
- 用啤酒(beer)代替牛奶，加入麵糊裡，讓口味變得更清淡，並加深顏色。
- 加入卡宴辣椒粉(cayenne pepper)、辣椒(chilli)，或咖哩粉(curry powder)。
- 用天婦羅麵糊(tempura batter，參照第269頁)沾滿蝦子或魚柳(goujons)，炸好後，蘸醬油吃。

混合魚肉 FISH MIXTURES

很多魚類都可以做成糊狀(puréed)或剁碎成薄片(flaked)，混合後，用途極為廣泛。鮮魚慕斯(fish mousse)，可以放進模型內塑型(moulded)，用來做夾層(layered)，或做成餃子狀(dumplings)，而魚肉薄片(flaked fish)，則可以製成魚餅(fish cakes)。以下的基本魚慕斯，可以添加切碎的香草植物、研磨過的辛香料，或其它調味材料，來增添風味。

魚慕斯 FISH MOUSSE

魚片(牙鱈(whiting)、歐鰈(plaice)、比目魚(sole)或鮭魚(salmon)) 450g
鹽
蛋白 2個
打發用鮮奶油(whipping cream)或濃縮鮮奶油(double cream) 350 ml
研磨白胡椒或卡宴辣椒粉(cayenne pepper)

魚片先剪除魚鰭，去皮，並去除所有的魚骨、魚刺，要仔細檢查拔除所有留在魚肉上的細刺。將魚肉放進食物料理機(food processor)，加鹽調味，攪拌成糊狀。然後，加入蛋白，攪拌混合。用細孔過濾器過濾到攪拌盆內，讓質地變得更柔滑(這樣做，也可以順便去除任何可能還留著的細刺)。將奶油一點點地加入混合，攪拌盆下面要隔冰水冷卻(ice bath，冰水浴)，以防混合的過程中，產生油水分離。然後，加入鹽與胡椒調味。這樣可以做出850g的魚慕斯。

名稱逸趣 WHAT'S IN A NAME?

梭形肉丸(QUENELLES)：這個詞源自於德文的「knödel」，意指餃子、丸子等。現在則是指任何蛋形的甜味或鹹味混合混合料所製成，像是慕斯(mousse)或冰沙(sorbet)等食物。小型的梭形肉丸，可以放進清湯(clear soups)內，做裝飾。
鼓形的汀波模或汀波模做成的食物(TIMBALES)：這個名稱，指的是小型、圓而深的模型，或任何用這種模型來塑形，或烘烤而成的食物，可以單獨上菜者。這個名稱，可以用在以魚、肉、蔬菜，這幾種不同材料所製成的食物上。

製作魚慕斯 MAKING A FISH MOUSSE

將奶油加入混合魚肉內，以防魚肉鬆散。加入時，魚肉的底部要隔著冰水冷卻(ice bath，冰水浴)。

1 將魚肉切成塊狀，放進內附金屬刀片的食物料理機(food processor)內，加入鹽，攪拌成質地均勻的糊狀。然後，加入蛋白，攪拌到均勻。

2 用過濾器過濾到攪拌盆內，下面墊著裝了冰塊與水的攪拌盆。然後，加入奶油，用橡皮刮刀混合。

製作魚汀波 MAKING FISH TIMBALES

利用上述的魚慕斯來做成料理，最簡單的方式，就是裝進奶油小圈餅模(dariole moulds)內烘烤。

1 將冷藏過的魚慕斯，等量地裝入6個奶油小圈餅模(dariole moulds)內，上面用抹上奶油的防油紙覆蓋。然後，放在烤盤內，注入熱水，約與模型同高。

2 用160℃，以隔水加熱(bain marie)的方式，烘烤約25分鐘，到質地變結實。然後，脫模，分別裝盤。

製作梭形魚肉丸 MAKING FISH QUENELLES

上述的魚慕斯，用沾了水的湯匙塑型，就可以做成梭形肉丸了。

1 舀滿一湯匙的魚慕斯，再用另一支湯匙將慕斯的各個角度整理成圓形，直到變成光滑的蛋形。然後，重複同樣的作業，製作好18個。

2 水波煮(poach)這些梭形肉丸5～10分鐘，直到質地變得結實。然後，用溝槽鍋匙(slotted spoon)撈起，放在廚房紙巾上瀝乾。

製作魚餅
MAKING FISH CAKES

魚餅可以用很多種生魚肉來製作：白肉魚(white fish)，例如：鱈魚(cod)或無鬚鱈(hake)，油魚(oily fish)，例如：鯖魚(mackerel)或鮭魚(salmon)。混合生魚與煙燻魚，也很不錯，可以依個人喜好將魚肉處理成碎片，或絞成碎肉，再用來做魚餅。

餐後吃剩，已烹調過的魚肉，也可以用來做成魚餅。製作時，要用等量的魚肉與馬鈴薯。

1 用叉子將生魚分解成碎片，與馬鈴薯泥(mashed potato)混合，再加入足夠量的蛋，讓所有混合料可以黏結起來，用橡皮刮刀混合。然後，加入切碎的巴西里，再加調味料，攪拌混合。

2 將混合料整型成球狀，再壓平，沾滿乾麵包粉。放進冰箱冷藏30分鐘。然後，用熱油煎，每一面各煎5～6分鐘，或直到變成金黃色。

魚肉凍派
FISH TERRINE

魚慕斯(fish mousse，參照第76頁) 850g

蝦子(prawns，去殼，煮熟) 300g

菠菜葉(spinach leaves，大，汆燙過) 12～15片

混合山蘿蔔與蒔蘿(mixed chervil and dill，切碎) 30g

將切碎的山蘿蔔與蒔蘿放進食物料理機(food processor)，攪拌成濕潤的糊狀。將鮮魚慕斯分成兩半，其中的一半加入香草糊，混合均勻，直到變成深綠色。

先在1.5公升容量的凍派模內塗抹上奶油，再鋪上一層汆燙過的菠菜葉。先在模內擠上一層基本鮮魚慕斯。用汆燙過的菠菜將蝦子包起來，排列在基本鮮魚慕斯上，再擠上一層混合了香草的鮮魚慕斯。用烤盤紙覆蓋，以隔水加熱的方式(bain marie)，用150℃烘烤約1小時，或直到用刀子插入正中央，拔出後沒有任何沾黏物在上面為止。烘烤好後，脫模，切片，冷熱食皆宜。

製作夾層魚肉凍派 MAKING A LAYERED FISH TERRINE

這道料理，就是利用基本的鮮魚慕斯(參照第76頁)，做成三個夾層的凍派，以精緻優雅的方式呈現。三個夾層中，其中的一層是使用基本慕斯，另一層是使用基本慕斯與濕潤香草植物的混合料，再將菠菜包蝦夾在兩層之間。你也可以將鮮魚慕斯的其中半量改用鮭魚或鱒魚，以增添風味，形成對比的效果。凍派可以當做熱食，也可以當做冷食來上菜。

1 先在凍派模內塗抹奶油，再鋪上一層汆燙過的菠菜葉，切勿留有任何縫隙。

2 用汆燙過的菠菜葉將蝦子包起來，在基本慕斯上排列成3列。

3 用基本慕斯與濕潤香草植物的混合料，將菠菜包蝦覆蓋起來。擠出的時候，要形成均勻的直列，做好後，吃起來的質地才會柔滑。烘烤好後，脫模，切片，裝盤上菜。如果要當做冷食，如右圖所示，就添上番紅花醬汁(saffron sauce)，再用番紅花絲(saffron strands)做裝飾。

龍蝦 LOBSTER

龍蝦，多肉，肉質細緻，味道甘甜。為了確保絕對新鮮，龍蝦應該購買活的，而且，在家中進行前置作業。選擇活潑好動，感覺起來比相對尺寸應有的重量還重者。

人道屠宰 HUMANE KILLING

有些廚師較建議先將活龍蝦放進冷凍庫1小時，等到龍蝦感覺不敏銳後，再屠宰。

用手抓住龍蝦，背部朝上，蝦螯綁緊，固定在砧板上。在龍蝦背上做個十字記號，再用主廚刀的刀尖，從十字的中心點，刺穿到砧板上。這樣就可以在瞬間殺死龍蝦，不過，或許切斷的神經還是會抽動一下子。接下來，就可以按照食譜的指示來切開龍蝦了。

烹調活龍蝦 COOKING A LIVE LOBSTER

市面上買到的龍蝦，通常螯已用橡皮筋綑綁，尾巴已用繩線固定在一塊木板上。

1 龍蝦維持綑綁固定的狀態，不要拆除任何裝備，放進裝著正在滾的海鮮料湯(court bouillon，參照第66頁)深鍋內。

2 再度煮沸，煮到龍蝦殼變紅。一開始煮龍蝦時，若重450g，就煮5分鐘，然後每多450g重，就再加3分鐘。然後，用溝槽鍋匙(slotted spoon)，將龍蝦移到濾鍋(colander)內，瀝乾，冷卻。

取出龍蝦尾殼內的肉 REMOVING THE TAIL MEAT FROM ITS SHELL

烹調好的龍蝦，可以多種不同的方式來上菜。龍蝦尾的肉，是最多汁的部位之一，通常會整塊取出，再切片，上菜。這在英文中被稱之為「medallions(原為獎章等之意)」。

1 去除龍蝦身上的所有綑綁固定用裝備。將龍蝦腹部朝上，沿著龍蝦尾的兩側，剪開龍蝦殼。

2 將殼往後拉，讓龍蝦尾裡面的肉露出來。

3 將尾部的肉從殼中拉出，要保持整塊肉完整無損。在蝦肉內側彎曲的部分稍微劃開，取出黑血管(dark vein)。

4 先切下尾巴上端的白肉，再將剩餘部分的肉切成均勻厚度的切片。然後，疊放在龍蝦背上。再澆淋上肉凍汁(aspic)，就成了被稱之為「美景(en bellevue，參照左列)」的料理表現手法。

名稱逸趣 WHAT'S IN A NAME?

「美景(en bellevue)」這個詞，就是用來形容用甲殼類海鮮、魚類、家禽類(poultry)做成的冷食，以澆淋上肉凍汁(aspic jelly)的方式，來讓料理的外觀看起來更具光澤，更吸引人的烹調修飾手法。如果是龍蝦，就要先將肉切片，澆淋上肉凍汁，再排列在龍蝦殼內。

據傳這個名詞是源自於西元1750年代貝勒維爾宮(Château de Belleville)的主人龐巴度夫人(Madame Pompadour)，為了要讓路易十五(Louis XV)食慾大振，讓料理看起來更誘人，所構思出的烹飪手法。

從半邊的殼內取出龍蝦肉 REMOVING MEAT FROM THE HALF-SHELL

煮好的橘紅色龍蝦殼，可以做為吸引人的盤子使用。整個龍蝦尾部分的殼，可以跟頭部分開，清洗後，用來做為容器。還有另一個選擇，特別是要做成兩人份時，就可以將龍蝦肉分別裝在兩半的殼內來上菜。

1 參照第78頁，烹煮龍蝦。等溫度降到方便處理的時候，就切斷綑綁的繩線，卸除龍蝦的支撐木板。將龍蝦背朝上放，用大的主廚刀，從頭部往尾部，縱切成兩半。

2 用湯匙挖出綠色的肝(green liver)或稱為龍蝦肝(tomalley，即生殖巢與肝胰臟)，留著備用。雌龍蝦可能有卵(roe)或稱為龍蝦卵(coral)，煮好後會呈現粉紅色，也要留著備用。丟棄沙囊(gravel sac)。

3 小心地將龍蝦肉分別從兩半的殼內拉出。摘除，丟棄腸靜脈(intestinal vein)。

4 從可動與不可動指的下方，剪裂龍蝦螯，切勿傷到龍蝦肉。然後，將龍蝦肉從下端拉出殼外。

5 將龍蝦的可動指(small pincer)，連同平坦的白色薄膜(flat white membrane)拔起，與其它部分分離。將龍蝦肉從大鉗子的殼內拉出，要保持完整，將肉從這支螯取出。

龍蝦鉗 LOBSTER CRACKERS

龍蝦螯，是特別堅硬的部分。取出這部分殼內的肉時，要用可以剪裂的器具，或小槌子。

龍蝦鉗與鉸接式核桃鉗(hinged type of nut crackers)很像，但比較堅固耐用。它的內側邊緣，靠近鉸的部分，做成凸脊狀，以便可以夾緊光滑的龍蝦殼。有些龍蝦鉗的末端還附有挖棒，用來挖出螯內的肉。你也可以購買專門設計用來剪裂螯與拔出肉的龍蝦夾(lobster pincers)。

龍蝦的各部位 PARTS OF A LOBSTER

龍蝦殼的重量佔了總重的2/3。除此之外，其餘的部分幾乎都可供食用。龍蝦的殼在生的時候，是藍黑色的，煮過後，就變成鮮紅色了。

螯 CLAW　　沙囊 GRAVEL SAC　　卵 ROE

呼吸器官 GILLS　　龍蝦肝 TOMALLEY　　尾肉 TAIL MEAT

可供食用的部分 EDIBLE PARTS
- 最多肉的部分就是龍蝦的尾部。
- 兩支龍蝦螯內也有很多美味的龍蝦肉。
- 綠色多汁的肝(龍蝦肝(tomalley))，是美味佳餚。
- 如果是雌龍蝦，就可能有卵可供食用。卵在生的時候，是黑色的，煮過後，就變成鮮紅色(scarlet)。

不可食用的部分 INEDIBLE PARTS
- 龍蝦殼與龍蝦腳。
- 兩支龍蝦螯內的骨質薄膜。
- 小沙囊(gravel sac，即腹腔)。
- 在龍蝦背上一直通到尾巴的腸靜脈(intestinal channel)。
- 位於龍蝦的頭與尾之間軀幹上，輕軟的呼吸器官(gills)。

螃蟹 CRAB

螃蟹可供食用的部分有12處,而料理中最常用到的部分則是大的軀幹部位。市面上可以買到整隻螃蟹,活的,或已煮熟的。活的螃蟹,應活潑好動,感覺起來比相對尺寸應有的重量還重。螃蟹通常都是整隻煮好後,再切開。

煮螃蟹 BOILING A CRAB

煮螃蟹用的液體,有多種選擇。可以用水,或傳統的海鮮料湯(court bouillon,參照第66頁),或者是辛辣的清湯(broth,參照左列)。開始煮之前,先將螃蟹放進冷凍庫1小時,讓它變遲鈍,就比較容易處理了。

1 如果螃蟹買來時,魚販沒有事先做處理,可以自行用繩線綑綁,把螯固定住。在鍋內注入可以淹沒螃蟹份量的海鮮料湯,加熱到沸騰。

2 將螃蟹放進鍋內,蓋上鍋蓋。再度加熱到沸騰,煮到螃蟹殼變成紅色。加熱所需時間,為每450g重,加熱約5分鐘。

3 用溝槽鍋匙(slotted spoons)將煮好的螃蟹從鍋中撈起,放進濾鍋(colander)內瀝乾。靜置冷卻後,再將蟹肉從殼內取出(參照下列作法)。

從蟹殼取出煮熟的蟹肉
REMOVING COOKED CRABMEAT FROM THE SHELL

雖然螃蟹的大小與形狀,依種類各不相同,從最重要的軀幹部分,取出蟹肉的方式,則是大同小異。螃蟹越大,殼內的肉就越容易取出。有很多不同的器具,可以用來拔取蟹肉。蟹腳,可以先剪裂,再用蟹肉挖棒(pick)把肉挖出。用湯匙從殼內挖出黃棕色的蟹肉。使用金屬籤(skewer)或 穿油條針(larding needle)來撥除螃蟹軀幹內的白色纖維。請參照左列,裝飾螃蟹。

1 用手抓住蟹腳,與靠近軀幹的螯,扭斷。丟棄蟹腳。

2 剪裂螯,小心不要傷到裡面的肉。將蟹肉大塊地取出。

3 用手指將螃蟹的交接器(pointed tail)或腹部(apron flap)往後扳,拉斷。

4 用大拇指將每一側的軀幹往下扳，打破蟹殼。分離出軀幹的部分。先從蟹殼上刮下柔軟的棕色蟹肉，與螃蟹鰲足內的白肉分開放。

5 丟棄灰白色的腹囊(stomach sac)與灰色長尖柔軟的呼吸器官(soft gills/dead man's fingers)，因為這些是不可食用的部分。如果要使用蟹殼來上菜，要先徹底清洗乾淨。

6 用主廚刀將螃蟹的身軀縱切成兩半。用小湯匙的柄或1支筷子，把蟹肉從殼內挖出，要與棕色的蟹肉分開放。

淡水螯蝦 CRAYFISH

淡水螯蝦雖然看起來跟小龍蝦很像，前置作業與烹飪方法卻與蝦子較相似。最好在烹調前先去除腸靜脈(intestinal vein)。將蝦尾的中央部分扭一下，從身體部分拉出，這樣就可以連同腸靜脈一起拉出來了。

蝦子 PRAWNS

蝦子有極多種類與不同的大小。不過，無論你買到的是哪一種，處理的技巧都是相同的。不管蝦子是生的或是熟的，都必須知道如何將其去殼與剔除沙腸(intestinal vein)。

蝦子的前置作業 PREPARING PRAWNS

大多數的大蝦子，都有黑色的沙腸貫通背部。由於它既有礙觀瞻，吃起來又沙沙的，口感不佳，所以，必須去除。如果你買的是新鮮的蝦子，就在烹調前先剔除沙腸。

1 剝除蝦殼。剝的時候要小心，保持蝦肉完整無缺，而且沒有蝦肉留在殼內。蝦殼可以全部剝除，包括蝦尾的部分。但是，也可以留著蝦尾部分的殼不要剝，做不同的變化。

2 用小刀沿著蝦背稍微切開，讓黑色的沙腸露出來。小心地鬆開任何包覆在沙腸上的薄膜。

3 用刀子的前端取出黑色的沙腸，丟棄。然後，用水清洗，再用廚房紙巾拍乾。

內行人的小訣竅 TRICK OF THE TRADE

讓整條蝦子維持一直線 KEEPING PRAWNS STRAIGHT

亞洲的廚師，就是用這種簡便的方式，讓蝦子在烹調的過程中，不會彎曲變形。

烹調前，先用1枝長的木質雞尾酒籤(wooden cocktail stick)，從蝦子的中央插入。上菜前，再將木籤拔除。

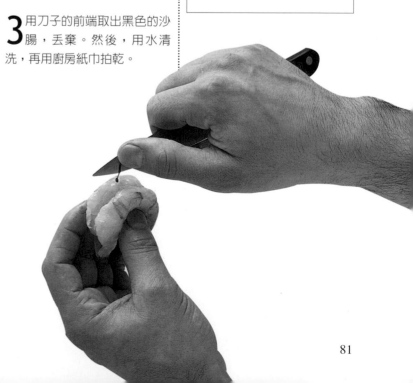

淡菜 MUSSELS

購買淡菜時，請選擇完整無傷，聞起來氣味新鮮者。避免感覺較重者，因為這樣的淡菜，有可能殼內都是沙。也要避開感覺重量很輕，搖晃時感覺結構鬆散者，因為這可能是已經死亡的淡菜。檢查所有淡菜的殼是否緊閉，挑除任何在輕敲時打開貝殼者。

漁夫式淡菜
MOULES A LA MARINIERE

奶油 25g

紅蔥(shallots，切碎) 2個

大蒜(切碎) 2瓣

不甜白酒(dry white wine) 200 ml

新鮮巴西里(parsley，切碎) 1大匙
(另多加一點做為裝飾用)

活淡菜(清洗乾淨) 450g

鹽與現磨胡椒(ground pepper)

將奶油放進大型深鍋內加熱融化，把紅蔥、大蒜放進去，煎5分鐘，或直到變軟。加入白酒、巴西里、慢煮(simmer)後，再加入淡菜。蓋緊鍋蓋，蒸煮6分鐘，或直到淡菜打開。丟棄任何緊閉未打開的淡菜。撈出淡菜，讓淡菜的湯汁滴回鍋內。將鍋內的湯汁倒入其它容器內，留下鍋底殘留泥沙的部分，倒掉，將鍋子清洗乾淨。然後，把湯汁倒回鍋內，加熱到水分變少，湯汁變濃，加調味料調味。上菜時，將湯汁澆淋在淡菜上，再用巴西里做裝飾。這樣可以做成4人份。

清洗 CLEANING

現在市面上販售的淡菜，大約有3/4是人工養殖的。其餘的部分，才是在野外捕獲的。淡菜藉由身體過濾海水，來萃取所需的營養分。因此，也可能會吸收海水中的任何毒素。所以，無論是人工養殖或野生的淡菜，都應小心徹底洗淨後，再烹調。

1 用小刀的刀背，刮除淡菜殼外所有的藤壺(barnacles)。

2 將拇指抵在刀片上，從貝殼的鉸合處拉出任何看起來像毛的鬚(beards)。

3 邊用冷水沖洗，邊用硬毛刷(stiff brush)，用力而迅速地刷淡菜的外殼。這樣就可以在烹煮前，去除所有附著在淡菜殼上的泥沙，徹底清洗乾淨。丟棄任何外殼破損，或輕敲後會打開的淡菜。將清洗過的淡菜，放進攪拌盆裡，用冷的淡鹽水浸泡約2小時，或直到可以用來烹調為止。

從左到右：**紐西蘭綠唇淡菜**(New Zealand green-lipped mussel)；**未成年的海淡菜**(Young marine mussel)；**成熟的海淡菜**(Mature marine mussel)。

安全至上 SAFETY FIRST

- 切勿自行撈補野生的淡菜，除非你確定那裡的水質沒有收到污染。而且，千萬不要在夏季撈補。
- 盡量在淡菜購買或撈獲的當天就烹煮。烹調前，先放在攪拌盆內，用冷的淡鹽水浸泡2小時。若是用乾淨的清水浸泡，淡菜就會死亡。
- 如果淡菜的殼沾滿污泥，或是你想在第二天才烹煮，就用冷水，加入1大匙麵粉與50g鹽，浸泡一晚。
- 丟棄任何輕敲時打開的淡菜，或是外殼有破損者。
- 丟棄所有煮過後沒有打開的淡菜。

蒸煮到打開 STEAMING OPEN

淡菜用加了紅蔥、大蒜、香草植物調味的少量湯汁來蒸煮，就可以把肉煮熟，而且讓它打開。你可以使用清水來煮，但是，用魚高湯或西打(cider)來煮，風味更佳。另外還有一種選擇，就是用不甜白酒(dry white wine)，如以下所示範之漁夫式淡菜(moules à la marinière，參照第82頁)。烹調淡菜前，一定都要先徹底清洗乾淨。

1 清洗淡菜(參照第82頁)，再放進裝了熱白酒等混合液的鍋內。

2 蓋上鍋蓋，讓淡菜蒸6分鐘。偶爾搖晃一下鍋子，以確保淡菜可以均勻受熱。

3 用溝槽鍋匙(slotted spoons)撈出淡菜。丟棄任何未打開的淡菜。上菜時，再淋上加熱濃縮後的湯汁。

單殼上菜 SERVING ON THE HALF-SHELL

淡菜打開後，就可以將肉從殼內取出，用來製作料理，留在殼內，淋上醬汁上菜，或者放上香草奶油(herb butter)或麵包粉與切碎的新鮮香草植物的混合料作為表面餡料，再上菜。如果是較大的淡菜，就要先除去淡菜肉上的圈形韌肉(rubbery rings，參照右列)，再烹調。

1 挑除已打開的淡菜(參照第82頁)，用自選的液體與調香料，蒸煮到打開，如上所示。煮好後，撈出，靜置冷卻。然後，用手指扳開貝殼，丟棄上面那片。讓淡菜的肉從下面那片殼上鬆脫。

2 將有肉的單殼排列在鋪了海鹽的耐熱盤上(heatproof dish)。在每一個淡菜上，舀上1/2小匙的香草醬(pesto，參照第330頁)，或大蒜香草奶油(garlic and herb butter，參照第127頁)，燒烤(grill)2～3分鐘。最後，用蕃茄丁(concassée of tomatoes，參照第178頁)與羅勒葉(basil leaves)做裝飾。

去除淡菜肉上的圈形韌肉 REMOVING THE RUBBERY RING

環繞在淡菜肉上的韌肉，形成棕色的邊，要先剝除，再烹調。

1 清洗淡菜，再蒸煮到打開。煮好後，先從鍋中撈出，再從殼中取出。

2 用手指，小心地拉出環繞在淡菜肉上的圈形韌肉，丟棄。

牡蠣 & 蛤蜊 OYSTERS & CLAMS

牡蠣與蛤蜊都可以生食，或先從殼中取出，用來煮湯，燉煮，烘烤，或油炸。若是將肉放在單殼內，可以淋上醬汁或放上餡料，再燒烤(grill)。

脫殼器 SHUCKER

若要打開生牡蠣，或其它的甲殼類海鮮，就需要用刀刃短而堅固的刀子。脫殼器，就是專為這樣的作業而設計的器具。它的刀片前端尖銳，兩側往前端逐漸變窄。握柄前端有塊護板，可以保護使用者的手不被刀片，或不規則的牡蠣殼邊緣割傷。

打開蛤蜊 OPENING CLAMS

蛤蜊的種類很多，有較小型，在義大利稱之為小蜆(vongole)，可以像淡菜一樣用蒸煮的方式讓它打開(參照第83頁)的類型，或較大型的綴錦蛤(palourdes)、海瓜子(Venus clams，又稱文蛤、簾蛤)，或者是製作美式烤鮮蛤(American clambakes)與巧達湯(chowders)時極為重要的食材—大型而堅硬的蛤蜊、圓蛤(quahogs)。打開蛤蜊前，要先用力刷洗，以去除表面的砂礫，並丟棄任何已打開或受損者。

1 用手抓緊蛤蜊，把刀片伸入上下殼之間。扭轉一下刀子，撬開蛤蜊殼，切斷連接的閉殼肌(hinge muscle)。

2 用湯匙來鬆開蛤蜊肉與下殼連接的韌帶。如果不需要用殼裝著上菜，就把蛤蜊肉與汁液倒入攪拌盆內。

牡蠣去殼 SHUCKING OYSTERS

牡蠣通常用來生食，所以，應該在即將食用前再打開(或去殼)。丟棄已打開或受損者。
先用力刷洗外殼後，再打開。

1 用一塊布墊著，將牡蠣抓在手上，呈圓形的那一邊往下傾。將脫殼器(shucker)從上下殼的鉸合區正下方伸入。

2 在上下殼間，將脫殼器再往前伸。扭轉一下脫殼器，分開牡蠣殼。

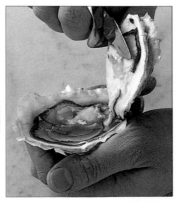

3 小心地將牡蠣從上面的殼刮下來，切斷韌帶，剝除上面的殼。再切斷牡蠣下方與下殼連接的韌帶。然後，讓牡蠣留在下殼內，排列在碎冰塊上，附上切成兩半的檸檬，搾汁調味用。最後，再依個人喜好，用汆燙過的海蓬子(samphire)做裝飾。

扇貝 & 蛾螺 SCALLOPS & WHELKS

扇貝可以買到帶殼，或已經過清洗與去殼者。烹調時，不是活的也沒關係，但是，一定要非常新鮮，聞起來帶著甜味。蛾螺也是一樣，雖然並不用來做生食。

打開與準備扇貝
OPENING AND PREPARING SCALLOPS

在歐洲，可以買得到去殼，帶著橘色的卵巢(orange roe/coral)的完整扇貝肉。在美國，則通常不會附帶這個部分。帶殼的扇貝，必須先打開，進行修切後，再烹調。打開扇貝時，用下圖所示的脫殼器(shucker)，或小刀，來分開扇貝殼。

1 用手拿著扇貝，圓形的那側往下傾，抵在手掌上。將牡蠣脫殼器(參照第84頁)從上下殼的鉸合部附近伸入。

2 在上下殼間，把脫殼器繼續往內伸。然後，扭轉一下脫殼器，將上下殼分開。用脫殼器將扇貝肉從上面較平的殼刮下來。

朝聖者扇貝 PILGRIM SCALLOPS

外觀像扇子的扇貝，在英文中也被稱為「pilgrim scallops(朝聖者扇貝)」或法文的「coquilles Saint-jacques(聖雅各扇貝)」。這是因為扇貝的殼，是朝聖者到聖地聖雅各(Saint Jacques)敬拜西班牙的守護神(patron saint of Spain)時，總是會別在寬緣帽上的標章。朝聖者長途跋涉，穿越法國到達位於西班牙北邊的聖地亞哥德康波斯特拉(Santiago de Compostela)，據傳為守護神的埋葬之地。

蛾螺 WHELKS

因為蛾螺的肉很難在活著的狀態下從殼內取出，所以，烹調蛾螺時，必須讓它的肉留在殼內。將海鮮料湯(court bouillon，參照第66頁)倒入鍋內，加熱到沸騰，再加入蛾螺。慢煮(simmer)到肉變得結實而柔嫩。

3 小心地用湯匙切斷扇貝肉下方與下殼連接的韌帶。然後，用湯匙挖出扇貝肉。如果上菜時打算用殼來盛裝，就把殼留下備用。

4 用手指，將黑色的器官從白色的內收肌(adductor muscle)與橘色的卵巢(orange coral)上拉出來。丟棄黑色的器官，用冷水沖洗扇貝肉。

5 將扇貝肉側面上的新月形肌肉剝下來，丟棄。烹調扇貝肉時，連同卵巢一起，或不連同卵巢皆可。如果上菜時要用扇貝殼來盛裝，就要先用力刷洗乾淨，煮5分鐘後，再用。

用溝槽鍋匙(slotted spoons)撈出鍋內的蛾螺，再用叉子取出殼內的肉。如果有沙子沾在肉上，就清理一下。

墨魚 SQUID

墨魚帶著甘甜的味道，吃起來富有嚼勁，是長久以來，備受讚譽的海鮮料理。以下所介紹的事前準備技巧，可以將墨魚處理好，以因應義大利麵、熱炒料理、海鮮沙拉等，各種不同料理的需求。

前置作業(PREPARING

清理整隻墨魚時，必須面面俱到，顧及墨魚全身所有的部分。軀幹(pouch)、鰭(fins)、觸腕(tentacles)、墨汁(ink)，是可食的部分，其餘的部分可以丟棄。墨魚除了可以用來煮湯，燉海鮮鍋之外，不同的部位還可以用來快炒，油炸，水波煮，燒烤，或用來做日式生魚片生食。

1 用一手抓緊墨魚，另一手拔出頭與觸腕。擠出墨汁，如果烹調時需要用到，就留下備用(參照下列)。

2 抽出看起來像一塊長的透明塑膠的角質內殼(pen)，丟棄。

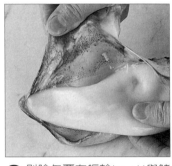

3 剝除包覆在軀幹(pouch)與鰭上的紫色外皮，丟棄外皮。

4 用主廚刀，將鰭從軀幹上切下，備用。將觸腕從頭上切下，備用。

5 捏擠觸腕，讓角質喙(beak)凸起，切除丟棄。切除眼睛與嘴，丟棄。

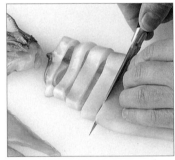

6 清洗乾淨後，將軀幹切成環狀，或保持完整，用來鑲餡。將鰭與觸腕切塊。

墨魚汁
SQUID INK

墨魚的黑色墨汁是儲存在體內的墨囊(ink sac)中。如果在清洗時，墨囊還沒破掉，就先取出，刺破，保留墨汁。從魚販處，也可以單獨購買到墨囊。

在義大利，墨魚汁被用來做為義大利麵的染色與調味用。在西班牙東北的加泰隆尼亞(Catalonia)，墨魚汁常被用來與米一起烹煮，特別是做成西班牙海鮮飯(paella)。這種稱之為「墨魚汁繪墨魚(calamares en su tinta)」的西班牙式料理，就是用墨魚本身的墨汁，來烹煮墨魚。

鑲餡 STUFFING

完整保留整個墨魚的軀幹，就可以用來做為鑲餡的容器，風味天然又完美。鑲餡時，頂端要稍微留點空間，不要塞滿，以免在烹調的過程中漏餡。用切好的墨魚觸腕，與其它已完成調味的食材來製作餡料。廣受喜愛的西班牙式餡料，是用火腿肉、洋蔥、麵包粉混合而成的。中東式(Middle Eastern)的餡料，則包含了古司古司(couscous)、香腸(sausage)、紅椒(red pepper)、薄荷(mint)，風味獨特。

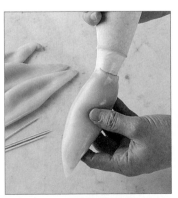

1 用一手抓著墨魚的軀幹。用大型的擠花袋，將餡料擠入軀幹內，或用湯匙舀入。

2 用木質雞尾酒籤(wooden cocktail sticks)將開口封起來，或用針線縫合好。

家禽類 & 野味
POULTRY & GAME

選擇家禽類 CHOOSING POULTRY

整隻禽鳥的前置作業 PREPARING WHOLE BIRDS

分割 & 切割 JOINTING & CUTTING

肉塊的前置作業 PREPARING PIECES

製作鑲餡肉捲 MAKING A BALLOTINE

烤禽鳥 ROASTING BIRDS

東方烤鴨 ORIENTAL ROAST DUCK

油煎、油炒、油炸 FRYING

水波煮 POACHING

燒烤 & 炙烤 GRILLING & BARBECUING

砂鍋燒 & 鍋燒 CASSEROLING & POT ROASTING

肝醬 & 凍派 PATES & TERRINES

選擇家禽類 CHOOSING POULTRY

無論買的禽鳥是新鮮或冷凍的，請選擇外觀看起來形狀漂亮，豐滿，

毫無疤痕，皮膚亮麗膚色均勻者。新鮮的禽鳥應看起來濕潤，而不是潮濕。

如果潮濕，就表示這隻禽鳥曾經局部冷凍過。飼料與品種，

是影響膚色與肉的風味的主因。

確認腳是柔軟可彎曲的，而且皮膚完好無傷。

選擇皮膚濕潤，色澤均勻，而且無任何傷痕或羽毛者。

選擇幼禽時，用手輕輕地扳一下胸骨的上端，應感覺很有彈性。

禽鳥的身體應結實，形狀圓滾豐滿，胸部堅挺。

禽鳥聞起來應氣味新鮮，任何包裝上的氣味應很快就消散。

購買家禽 BUYING POULTRY

大部分從超市買到的家禽，都是以傳統的方式飼養的，而且嚐起來味道清淡。放牧家禽(free range birds)的價格比較貴，但是味道比較好。因為這種家禽所吃的食物不同，而且擁有較自由的活動空間。通常這樣的家禽在販售時，會在標籤上標示出「free range」、「traditional free range」、「free range toal freedom」的英文字樣，來表示這些家禽是在特別設計的屋內生長的。不過，飼養時，每平方公尺的範圍內之家禽數量，標準各不相同。

選購冷凍的家禽時，請確認包裝有確實密封，完好無損，而且皮上面沒有冰晶(ice crystals)與變色(discoloration)，因為此為皮遭到凍燒(freezer burn)的跡象。請參照第89頁的列表，針對不同的料理，選擇適合種類的禽鳥，並且以適合的烹飪方式來調理。烹煮野味時，兔子(domestic rabbit)通常是被歸類在野鳥類(wild birds)中。

處理保存家禽 HANDLING POULTRY

將原有的包裝物從新鮮家禽上除去，再把家禽放在鋪了網架的托盤上。稍加覆蓋後，放進冰箱冷藏(1～5℃)，位置要遠離熟食。內臟要放在攪拌盆內，密封好，分開存放。

請務必檢查冷凍家禽與各分解部位的包裝上的標籤，確認上面所標示的冷凍保存時間。冷凍家禽一定要先徹底解凍後，再烹調。解凍時，讓家禽維持原包裝的狀態，擺在鋪了網架的托盤上，放在冰箱內解凍，每450g，約需3～5小時。要儘快取出所有內臟，分開存放。解凍後，要在12小時內烹煮，切勿再度冷凍。由於生的家禽容易滋生細菌，所以，進行前置作業時所使用過的工作台表面與器具，用畢一定要徹底洗淨。保存煮熟的家禽時，要讓它儘速冷卻，密封後，放進冰箱，可冷藏2～3天。

家禽 & 野味 POULTRY & GAME

雞與火雞肉，適合用來烹煮平日或特殊場合的料理。其它的禽鳥，一般就比較適用於後者的情況。
年幼，肉質柔嫩的禽鳥肉，適合快煮式的烹飪方式，例如：油炒(stir-frying)，燒烤(grilling)；
較成熟的禽鳥肉，則適合緩慢而使用較多水分的烹飪方式，例如：燉煮(stewing)，
這樣既有助於軟化肉質，還可以從骨頭萃取出美味。徵詢肉店老闆的意見，做最佳的選擇。

禽鳥 BIRD	選擇標準 WHAT TO LOOK FOR	烹飪方法 COOKING METHODS
老雌雞 BOILING FOWL	瘦胸與堅挺的胸骨。皮上稍帶斑點。肉色比雞稍微深一點。	燜煮 braise、燉煮 stew、砂鍋燒 casserole、煮沸 boil、水波煮 poach、蒸煮 steam
雞 CHICKEN	外皮平滑，呈乳白色，看起來新鮮，濕潤。	爐烤roast、鍋燒pot-roast、燜煮braise、砂鍋燒casserole、蒸煮steam、水波煮poach、油煎pan-fry、油炸deep-fry、快炒stir-fry
鴨 DUCK	外皮看起來柔軟，呈灰白色。表面乾燥。身長，胸細長。	爐烤(roast，全鴨)、油煎(pan-fry，鴨胸)、燒烤(grill，鴨胸)、用它的脂肪來烤馬鈴薯。
鵝 GOOSE	胸部豐滿，脊椎富有彈性。膚色呈淡色，蠟質。體內有黃色的脂肪。	爐烤 roast、鍋燒 pot-roast，燜煮(braise，分切塊)、燉煮(stew，分切塊)
松雞 GROUSE	外皮看起來濕潤而新鮮。肉色為深紅色，無彈痕損傷。	爐烤 roast、鍋燒 pot-roast、燜煮 braise、砂鍋燒 casserole、蒸煮 steam
珠雞 GUINEA FOWL	長瘦的胸部。金黃色的皮膚與脂肪，黑色的肉。	串烤 bard and roast、鍋燒 pot-roast、砂鍋燒 casserole
鷓鴣 PARTRIDGE	身形豐滿，肉質柔軟，呈灰白色。聞起來有強烈而明顯的野味。	爐烤 roast、鍋燒 pot-roast、燜煮 braise、砂鍋燒 casserole、蒸煮 steam
雉雞 PHEASANT	外觀平滑，無彈痕損傷。翅膀完整，沒有斷裂。聞起來有強烈而明顯的野味。	串烤 bard and roast、蒸煮 steam、燜煮 braise
春雞 POUSSIN	濕潤，乳白色的外皮。腳部多肉，胸瘦。	爐烤(roast，全雞)、燒烤 grill、炙烤 barbecue、去脊骨壓平處理 spatchcock
鵪鶉 QUAIL	多肉，肉比骨頭所佔的比例還高。外觀圓滾漂亮，豐滿多肉。	爐烤 roast、鍋燒 pot-roast、燜煮 braise、砂鍋燒 casserole、燒烤 grill、炙烤 barbecue、去脊骨壓平處理 spatchcock
兔子 RABBIT	肉分佈均勻，背部圓滾。肉質濕潤，少脂，呈淡粉紅色。不太看得到脂肪。	煎 pan-fry、燒烤 grill、爐烤 roast、燜煮 braise、蒸煮 steam、砂鍋燒 casserole
火雞 TURKEY	多肉，胸部與腳形狀圓滾。外皮濕潤，毫無斑點疤痕。不太帶騷味。	爐烤(roast，全雞)、爐烤(roast，分切塊)、燜煮(braise，分切塊)、砂鍋燒(casserole，分切塊)、炒(stir-fry，胸肉)、油煎(pan-fry，胸肉)

各種雞肉料理
CHICKEN ON THE MENU

雞肉由於價格便宜，事前準備容易，適合與極多種的調味料與食材做搭配，幾乎在世界各地都是頗受歡迎的菜餚。

中國 CHINA—令人食慾大振的棒棒雞(Bang Bang Chicken)。將水波煮過(poached)的雞肉撕成條狀，配上切絲的小黃瓜，佐辛辣醬汁，一起吃。

東歐 EASTERN EUROPE—紅椒雞(Chicken Paprikash)，是種匈牙利的傳統料理，用蕃茄與紅椒風味醬來烹煮雞塊而成。波加斯基(Chicken Pojarski)曾經是俄國皇室家庭鍾愛的料理。它是種將雞絞肉油炸過後，搭配皮力歐許奶油麵包(brioche balls)，與蕃茄蘑菇醬(tomato-mushroom sauce)來吃的料理。

法國 FRANCE—勃根第紅酒燴雞(Coq au vin)，是種添加了紅酒(red wine)、培根(bacon)、蘑菇(mushrooms)來增添濃郁風味，所慢煮而成的雞肉料理。

英國 GREAT BRITAIN—辛鐸渥克斯鑲餡雞(Hindle Wakes)是道歷久不衰的約克郡(Yorkshire)傳統料理，用水果、醋、芥末鑲餡而成的雞肉料理。

印度 INDIA—坦都里烤雞(Tandoori Chicken)，是用辛辣的優格醬醃漬雞肉後，放進烤爐(clay oven)烤成的雞肉料理。

義大利 ITALY—義大利燜子雞(Chicken Cacciatore)，又稱為獵人式雞肉料理(hunter's style)，用蘑菇酒漬蕃茄醬(mushroom and wine-infused tomato sauce)，烹煮而成。

美國 UNITED STATES—，南方炸雞(Southern-fried Chicken)，是將雞塊沾上調味過的麵粉後，油炸而成，為美國全國的野餐必備食品。

整隻禽鳥的前置作業
PREPARING WHOLE BIRDS

所有的禽鳥，無論是雞、鴨、鵝等家禽，或是鷓鴣(partridges)、松雞(grouse)等野味，都需要仔細地完成事前準備，再烹調。這不僅是為了要讓禽鳥在烹調的過程中，不會變形，而且，也可以讓切割作業進行得更順利。禽鳥在綁縛前，要先拔除羽毛與絨毛，內外都用水清洗乾淨，再用廚房紙巾拭乾。

禽鳥的內臟、殘餘物
GIBLETS

就是指包括禽鳥的頸部、胃、心、肝、肺、腸(最後兩種若是購買到已經處理的禽鳥，通常就已被取出了)這些部分。除非你自行進行清理，否則，若是購買已處理過的禽鳥，通常這些部分會被裝在塑膠袋內，放在禽鳥的體內。不過，更常見的情況，是買來時候，根本就不含這些部分。有時，你也可以在肉店單獨買到這些部分，以便用來製作高湯。

若是要製作調味肉汁(gravy，參照第101頁)用的高湯，就要先進行修切的作業，丟棄黏膜與附著在肝上的黃色膽囊(gall bladder)。烹調的時候，加上幾大匙(滿匙)切碎的洋蔥、紅蘿蔔、1個香草束(bouquet garni，參照第185頁)，與少許黑胡椒粒(black peppercorns)。

家禽與部分新鮮野禽的肝臟(參照第94頁)，非常美味。不過，若是經過吊掛處理的野禽(well-hung game birds)，就最好丟棄這些內臟等，不要食用。

這些部分的處理與烹調方式與家禽相同。存放時，要與禽肉分開，裝入有蓋的容器中，放進冰箱內，放在離已煮熟的肉較遠處，可冷藏1～2天。一定要徹底煮熟後，再食用。

去除叉骨
REMOVING THE WISHBONE

叉骨是位於禽鳥的頸部末端上。不一定要去除，但是，若是先取出，要切開胸部時，就會變得比較容易了。尤其是如果處理的是較大型的雞或火雞時，這個步驟就顯得更重要了。去除叉骨時，請使用前端尖銳的小刀。

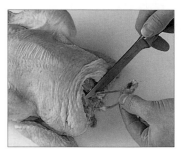

1 先將禽鳥的皮，從頸部上的開口往後拉。用刀子從叉骨周圍切開。

2 將叉骨上的肉刮下來，再切斷連接著的末端。

綁縛小型禽鳥
TRUSSING SMALL BIRDS

烹調前先進行綁縛，既可以讓禽鳥在烹煮的過程中，保持形狀漂亮，也可以讓內部的餡料封好，不會漏餡。用綿線來綁縛極小型的禽鳥，例如：春雞(poussins)、鷓鴣(partridges)、雉雞(pheasants)、松雞(grouse)、鵪鶉(quails)時，要綁住它們的雙腳與身體。開始縛綁前，要先將翅尖(wing tips)往頸部的下方塞，頸部的皮往下拉。

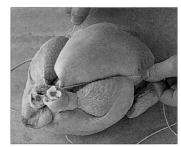

1 調味後，將禽鳥的胸部朝上，用綿線把雙腿圈起，在腹部下方靠近尾巴的地方交叉。

2 讓綿線通過兩側的雙腿與身體間，往頸部的末端拉。

3 翻面。將綿線在正中央交叉，再分別通過雙翅上面，往下，再繞上來，讓雙翅緊貼著身體。

4 拉緊綿線，讓雙翅往內靠緊，打雙結，固定好。完成後，就可以開始進行爐烤(roasting)、鍋燒(pot-roasting)、炙烤(barbecuing)、砂鍋燒(casseroling)等烹調了。

綁縛大型禽鳥 TRUSSING LARGE BIRDS

利用針線來綁縛禽鳥,對大型禽鳥而言,更是一項重要的作業。專業廚師一定會用這樣的方式來保持肉的形狀結實。縛綁的作法,可以讓禽鳥自身原有的汁液不致流失,而讓肉質可以保持濕潤美味。

1 將禽鳥的胸部朝上放,雙腿推向胸部的正中央。把針從其中一腿的關節處插入,穿過整個身體,再從另一腿穿出。開始穿線時,應預留15cm長的綿線在禽鳥身體外。

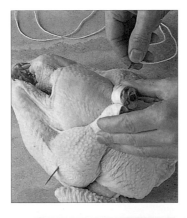

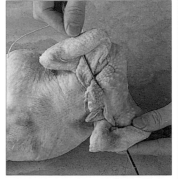

2 將翅尖朝身體下面塞,把頸部的皮膚往下翻,蓋起來。然後,讓針線穿過雙翅與頸部的皮上。

綁縛針
TRUSSING NEEDLE

綁縛大型禽鳥時,需要用1支特殊的綁縛針。這樣的針,有各種不同的長短尺寸,可以從廚具專門店購買到。進行綁縛時,一定要使用長度足以一次穿透雙腿與整個身體者。舉例來說,1隻小火雞,通常需要長約25cm的針來縛綁。

綁縛針的針頭非常尖銳,針孔很大,以利於穿線。綿線應為黑色,讓它在烹調的肉上清楚易見,而且不是塑膠或其它材質。

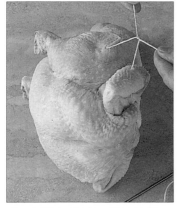

3 用露在腿外那端的綿線,與從翅膀那端穿出的綿線,打兩個節。剪除兩端多餘的綿線。

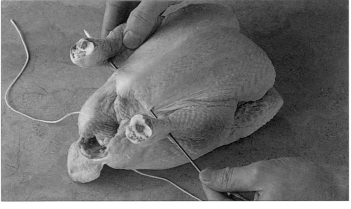

4 把針從雙腿的下方與尾巴的末端穿過,並留下15cm長的綿線在身體外。再把針從其中一腿的下方穿過,通過胸部,再從另一腿穿出。

內行人的小訣竅
TRICK OF THE TRADE

快速綁縛法
QUICK TRUSSING

大型的禽鳥,若是要不鑲餡地爐烤(roasting),或是要用來炙烤(barbecuing),可以插入2支大的金屬籤(metal skewers),以迅速而簡單的方式來固定禽鳥。其中1支,從翅膀插入,穿過頸部的皮,從另一側的翅膀穿出。另一支,則穿透雙腿與尾巴的凹洞。這樣就可以固定好禽鳥的形狀,開始準備烹調了。

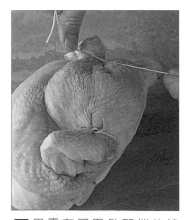

5 用露在尾巴外那端的綿線,與從雙腿那端穿出的綿線,打兩個節。剪除兩端多餘的綿線。

6 翻面,讓胸部朝上。接下來,就可以開始進行爐烤(roasting)、鍋燒(pot-roasting)、炙烤(barbecuing)等烹調了(分別參照第100、110、113頁)。

分割 & 切割 JOINTING & CUTTING

禽鳥通常會保持整隻完整，用來爐烤(roasting)、鍋燒(pot-roasting)或水波煮(poaching)。但是，除了春雞(poussins)、鵪鶉(quails)等小型的禽鳥之外，大部分的烹飪方式，都是使用切成塊狀的肉來烹調。每隻禽鳥可以切成的塊數，依其身體尺寸的大小，而有所不同。部分小型禽鳥，例如：雉雞(pheasant)，可能要經過去脊骨壓平處理(spatchcocked)，或是切成兩半。其它的種類，則可能被切成4、6或8塊。

去脊骨壓平處理 SPATCHCOCKING

去脊骨壓平處理
SPATCHCOCKING

這個聽起來非常奇特的烹飪專用語，其語源已不可考。據傳這個古老的用語，可以追溯至十六世紀，很可能來自於愛爾蘭。據說在不預期的情況下，突然有訪客到來時，主人就會快速屠宰禽鳥，用火來爐烤(roasting)，以款待賓客。這樣的烹飪方式—「despatching the cock (迅速的公雞上菜法)」，就成了「spatchcock」。這個詞，在今日已變成「切割取出脊骨，讓禽鳥在平坦的狀態下烹調」之意，目的就是要更快速地煮熟。

小型的禽鳥，例如下圖所示的春雞(poussins)，非常適合用來炙烤(barbecuing)或燒烤(grilling)。為了讓禽鳥整體的厚度能夠變得一致，以便受熱均勻，迅速煮熟，因而先取出脊骨，將禽鳥壓平，再用金屬籤來固定，這樣的手法，法文就稱之為「en crapaudine」。

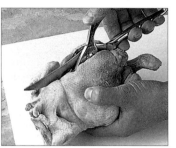

1 將翅膀往下塞，取出叉骨。翻面，用家禽剪(poultry shear)剪開兩側的脊骨(backbone)，取出。

2 在砧板上，用手用力壓禽鳥，把胸骨壓斷，壓平。

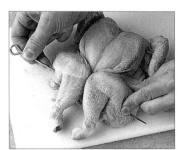

3 用1支金屬籤，穿過翅膀與胸部，讓它維持平坦的形狀。用另1支金屬籤，穿透禽鳥的雙腿。

將鴨切成4塊
CUTTING A DUCK INTO FOUR PIECES

鴨的價格比雞還貴。這是因為依重量比例來看，它們身上的肉所佔的比例並不高，而且皮下脂肪也比較多。此外，它們的形狀也比較特殊而難以切割，所以，最好切成4塊，以確保每1塊上有夠多的肉。鴨肉的肉塊，可以用來爐烤(roasting)或砂鍋燒(casseroling)。

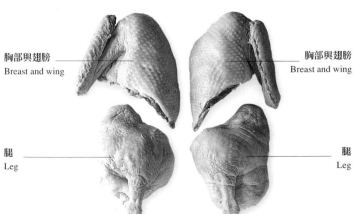

胸部與翅膀
Breast and wing

腿
Leg

胸部與翅膀
Breast and wing

腿
Leg

1 剪除翅尖(wing tips)，取出叉骨(wishbone，參照第90頁)。從尾巴往頸部，將胸部切成兩半，再用家禽剪(poultry shear)把胸骨(breastbone)剪開。

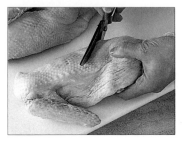

2 沿著兩側，將脊骨(backbone)剪開，取出，把鴨子分開成兩半。

3 用家禽剪，再把這兩半各斜剪成兩半，總共變成4塊。完成後，就可以準備開始烹調了。

將禽鳥切成8塊 CUTTING A BIRD INTO EIGHT PIECES

每隻中型或大型的禽鳥，可以切成4、6，或8塊。製作一些料理時，可能需要完整的胸部與(或)腿部，以確保上菜時，分裝的每一盤內都有些白肉與黑肉，胸部(breasts)通常連著翅膀(wings)，切成兩半，腿部(legs)可以再分成腿排(thighs)與棒棒腿(drumsticks)。

家禽剪 POULTRY SHEARS

專業廚師用大型的刀子來分割家禽。不過，你也可以使用家禽剪來切割胸骨(breastbone)與脊骨(backbone)，用起來既簡單又方便。

家禽剪上附有向上彎曲的堅固刀片，其中一片的刀片邊緣是平的，另一片則是鋸齒狀。有些家禽剪較低的那片刀片上有個凹口，有助於夾緊骨頭。它的握柄很有彈性，而且附有套環，在不使用時可以讓刀片保持合起的狀態。

1 將禽鳥胸部朝上放，先切下1隻腿。切開腿排上的關節，讓腿從身體上分開。重複相同的作業，切下另1隻腿。

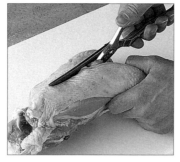

2 用手抓著翅膀，將胸部剪開成兩半，剪開胸骨(breastbone)。翻面，沿著脊骨(backbone)剪，與身體分開。

3 用家禽剪把脊骨剪下來，可以用來做高湯(參照第16頁)。剪的時候，讓翅膀的關節一起連接在上面。

4 用家禽剪斜剪2塊胸部肉塊，成為兩半。其中的一半會連著翅膀。

5 從膝關節處，沿著下側的白色脂肪，將2隻腿部各剪成兩半。再切掉第一個關節上的翅尖(wing tip)。

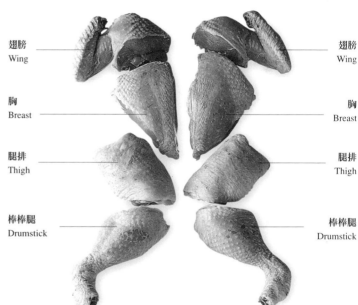

翅膀 Wing
胸 Breast
腿排 Thigh
棒棒腿 Drumstick

翅膀 Wing
胸 Breast
腿排 Thigh
棒棒腿 Drumstick

切割兔子 CUTTING UP A RABBIT

兔子可以整隻用來烤(roast)。但是，更普遍的作法，則是切開成塊後，用砂鍋燒(casserole)或燉煮(stew)等慢煮的方式來烹調。只有野兔可能需要自行分割，食用兔在販售時大都已經分割好了。1整隻兔子，依其體型的大小，可以分割成6到9塊，做成3～5人份的料理。無骨兔肉很適合用來做成肉醬(pâtés)與凍派(terrines)(參照第116頁)。

1 用大型主廚刀將後腿從身體上切下來。再從中間切開，將腿都分成2塊。

2 用刀子將身體交叉地切成3或4塊，一刀要從胸腔下切開。

3 用刀子或料理剪，從胸骨與脊骨間，把肋骨部分切成兩半。

肉塊的前置作業 PREPARING PIECES

家禽的用途非常廣泛，可以切成無骨胸肉(suprêmes)或薄肉片(escalopes)，用來煎(pan-frying)、炭烤(chargrilling)、鑲餡(stuffing)、水波煮(poaching)，或切成條狀來炒(stir-frying)。腿排，為瘦肉塊，可以用來做砂鍋燒(casserole)或烤肉串(kebabs)。

製作無骨胸肉 MAKING SUPREMES

無骨雞胸肉，就是去皮，去骨的雞胸肉。依照以往的傳統，通常帶著雞翅骨，現在市面上所販賣的成品，則不含這個部分。雖然市面上可以買得到已經完全處理好者，自己在家自行處理，更為經濟實惠。先分割全雞(參照第93頁)，切下雙翅，但保持胸部肉塊完整。

1 用手指將皮與薄膜從雞胸肉上拉除。丟棄皮與薄膜(membrane)。

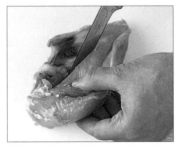

2 將雞胸肉翻面，切下胸廓(rib cage)。將肌腱(tendons)從雞胸肉上切除(參照下列)。

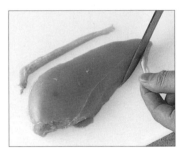

3 翻面，讓原本帶皮的那面朝上，切除脂肪與粗糙的邊緣。無骨胸肉就此準備完成。

家禽 & 野味的肝之前置作業 PREPARING POULTRY & GAME LIVERS

家禽與一些新鮮野禽的肝，可以先油煎(sautéed)過，再放在吐司上吃，或搭配淋上調味汁的沙拉葉(salad leaves)一起吃。而且，還很適合用來製作成肝醬(pâtés)，與凍派(terrines)。

家禽的肝上有平滑的肝葉(lobes)，被薄膜(membranes)與肌腱(sinews)包覆在裡面。所以，肝在烹調前，要先修切，去除所有在食用時會破壞口感的血管、薄膜、細韌的肌腱(sinews)。此外，還要切除膽囊(gall bladder)，以及所有肝上的深褐色或黃色斑點。

去除肌腱 REMOVING THE TENDONS

雞胸肉上有兩條肌腱，一條在小塊的裡脊肉片(fillet)上，另一條在主要的胸肉上。雖然去除肌腱並非絕對必要，但是，若是切除，就可以讓後續的切片作業變得更容易，吃起來的口感也較佳。在步驟2，去除主肌腱(main sinew)，有利於切成長條狀，用來快炒(stir-frying)。

1 將裡脊肉片(fillet)撕下來。用主廚刀將肌腱切除。

2 用剁刀(cleaver)或主廚刀把胸肉上的肌腱切除。

製作薄肉片 MAKING ESCALOPES

每塊雞胸肉可以做成2塊薄肉片(escalopes)，每塊火雞的胸肉，可以做成3或更多塊薄片。薄片可以原味油煎，沾料(coated，參照第108頁)炭烤(chargrilled，參照第109頁)，或做成風車肉捲(pinwheels，參照第111頁)。

1 拉除皮與薄膜(參照上列)。用刀平行橫切成兩半。

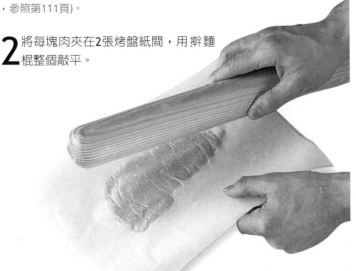

2 將每塊肉夾在2張烤盤紙間，用擀麵棍整個敲平。

快炒用家禽肉的切法 CUTTING POULTRY FOR STIR-FRYING

家禽肉很適合用來炒，因為可以迅速煮熟，肉質很快會變軟，又可以與亞洲料理的重口味調味料融合得恰到好處。最常被用到的就是雞、火雞、鴨的去皮去骨胸肉。這些胸肉切成長條狀後，再醃漬過(marinated)，味道會更好。家禽肉的快炒技巧，請參照第109頁。

切除胸肉上所有的脂肪，與肌腱(tendons，參照第94頁)。將胸肉夾在2塊烤盤紙間，再用剁刀(cleaver)平坦的刀面來拍平。拿掉烤盤紙，逆著肉紋斜切成薄片(參照右列)。

逆紋切 GOING AGAINST THE GRAIN

就是中國人所說的「逆著肉紋」來切。這樣的切法有3種優點：切口的表面積較大，受熱面積也就比較大，因而容易煮熟；肉的長纖維被切斷後，質地就會變得比較柔嫩；切成長條狀的肉，能夠維持形狀，不會在加熱過程中變形。

準備腿排肉來做烤肉串 PREPARING THIGH MEAT FOR KEBABS

腿排肉的質地因為比胸肉還結實，所以，適合用來做烤肉串。烹調前，先將肉醃漬至少1小時，最好是1晚入味，風味更佳。另一種訣竅，就是帶皮烤，即將上菜前再去皮。

1 去皮。從腿排骨一端的肉切下去，拉起骨頭，把肉刮下，再把骨頭從肉上切除。

2 將腿排肉切成大塊，要逆紋切。切除附著在肉上所有的肌腱或骨頭。

3 可依個人喜好先將肉醃漬過。把肉折疊成兩半，用金屬籤串起來。可以用切片或切丁的蔬菜來代替肉，這樣既可以增添色彩，還可以更襯托出肉的鮮美。

整塊鴨胸肉的事前準備 PREPARING A WHOLE BREAST OF DUCK

鴨胸肉是鴨肉中最好的一部分。因為鴨胸肉長而薄，多肉無骨，所以適合用來煎(pan-fried)，爐烤(roasted)，燒烤(grilled)，或先交叉切劃後，整塊炭烤(chargrilled)，再切片，做成精緻的料理來上菜。法文「magret」，就是用來稱呼所有的鴨胸肉，雖然，這個詞原本只是用來指北非鴨(Barbary duck)。鴨胸肉可以用去骨刀(boning knife)從還未分割的全鴨上切下來，或是到肉店買現成的。通常鴨胸肉都是未去皮的。

1 修除鴨胸肉上粗糙的鴨皮邊緣。翻面，帶皮那面朝下放，用去骨刀切除肉上的肌腱(tendon)。

2 用刀在鴨皮上劃切菱形。這樣做可以讓鴨胸肉在上菜時，看起來更令人垂涎，而且，也可以讓油脂在烹調的過程中被釋出(參照第108頁)。

製作鑲餡肉捲
MAKING A BALLOTINE

「Ballotine(鑲餡肉捲)」這個詞,源自於法文的「ballot(原為包裹等之意)」,意思是指被綑綁起來,以無骨家禽瘦肉為餡料的整齊包裹物。這道菜,是用整隻禽鳥去骨後,用混合的五香碎肉(forcemeat)當做餡料,所製成的。家禽的胸肉或松露(truffles),還有整顆或切碎的堅果或去核的橄欖,有時也會被用來做成鑲餡肉捲的餡料。

五香碎肉餡料
FORCEMEAT STUFFING

雞胸肉(去皮,去骨,切塊) 350g
新鮮麵包粉(breadcrumbs) 60g
牛奶 2大匙
奶油 1大匙
紅蔥(shallot,切碎) 1個
大蒜(切碎) 1瓣
蛋白 1個
混合新鮮百里香與茵陳蒿
　(mixed fresh thyme and tarragon,
　切碎) 1大匙
鹽與現磨胡椒

用食物料理機(food processor)或絞肉機(mincer),把雞肉絞碎,再放進攪拌盆內。先讓麵包粉完全吸收牛奶後,擰出多餘的牛奶,再把麵包粉加入雞肉裡。將奶油放進鍋內加熱融化,炒紅蔥與大蒜約5分鐘,到變軟。靜置冷卻後,加入雞肉與麵包粉裡,混合均勻。然後,加入蛋白,讓混合料可以黏結一起,再加入切碎的香草植物、鹽、胡椒,調味。這樣可以做成1.25kg重的雞鑲餡時所需的份量。

禽鳥去骨 BONING THE BIRD

鑲餡肉捲(ballotine)通常是用鴨、火雞、或本食譜中所示的雞來製作,不過,野禽類,列如:雉雞(pheasants)、松雞(grouse),也是很適合的材料。你可以請肉販幫你去骨,或依照下列示範的技巧,自行去骨。禽鳥的骨架(carcass),就留下來做高湯(參照第16頁)。鑲餡肉捲都是當做冷食來上菜,所以,請在前一天就烹調,以便後來有足夠的時間入味,冷藏。

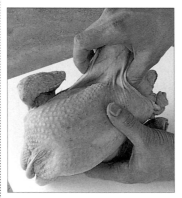

1 將腿排上的關節折斷,讓2隻雞腿從身體上鬆脫。然後,用去骨刀,小心地去除叉骨(參照第90頁)。

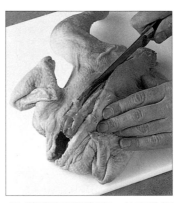

2 將雞胸那面朝下,放在砧板上,從雞頸往雞尾,從脊骨的中央切開來。

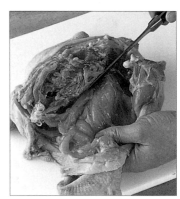

3 從雞的前面往後面,小心地刮開在其中一側脊骨上的肉,切入雞的身體內,讓胸廓(ribcage)露出來。

4 在另一側的脊骨上,重複同樣的作業,而且要小心,不要讓刀子刺穿了雞胸皮。然後,將肋骨與脊骨從雞肉上拉出。

5 將每支腿排骨上的肉刮下,再用刀子或家禽剪,把骨頭從關節的地方切除。將從雞翅往上到第一個關節間的肉全部刮下來。

6 將還在關節上的雞翅切開,以去除露出在外的雞翅骨。把每塊肉片(fillet)與雞胸(breast)上的肌腱(tendon)切除。完成後,就可以準備開始鑲餡(stuffing)與捲包(rolling)了。

鑲餡與捲包 STUFFING AND ROLLING

小心仔細地完成雞的去骨與鑲餡後，就可以把雞捲起來，做成像香腸的形狀，再用烤盤紙與鋁箔紙包好，用綿線綁緊。這樣做，可以讓肉與餡料包裹得很結實，變成整齊漂亮的形狀，方便切片。

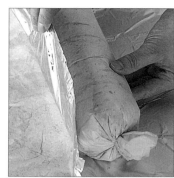

3 將1大張烤盤紙，用水沾濕。將鑲餡雞放在烤盤紙上，兩端距離較長的其中一端，與其平行，再用烤盤紙緊緊地捲起來，做成圓筒狀。扭一下兩端的紙，封好。然後，放在1張大鋁箔紙上，用同樣的方式捲好，封好。

1 先把鹽與胡椒撒在整隻已去骨雞的內部肉上。然後，把餡料(參照第96頁)均勻地塗滿雞的內部，再拉起兩側的肉，圈起來。

2 用針線(參照第91頁)，從雞尾往雞頸，把雞縫合起來。將鹽與胡椒抹在雞皮上，調味。

4 剪下約1公尺長的廚房用繩線(kitchen string)。用繩線，先在圓筒的長度方向上繞幾圈，再等距地繞幾圈在寬度的方向上，最後將兩端的繩線綁緊，打雙結固定。

水波煮與切片 POACHING AND SLICING

鑲餡肉捲通常是用水、高湯，或其它已調味的液體，用長時間水波煮(poach)後，靜置一晚，再以冷食來上菜。將肉包裹起來烹調，不但可以讓它保持圓筒狀，還可以方便切片。鑲餡肉捲還可以用疊放在蔬菜上燜煮(braise)的方式來烹調，不同的是要捲起，綁好，但不用烤盤紙等包裹，而且大都以熱食來上菜。

1 量測鑲餡肉捲的重量，計算所需烹調時間，即450g重，需加熱20分鐘。將鑲餡肉捲放進鍋內，注入可以淹沒份量的高湯，如有必要，就放重物鎮壓。加熱到沸騰後，將火調小，水波煮到已計算好的所需時間為止。

2 讓鑲餡肉捲留在液體內冷卻。然後，從鍋內取出，切斷繩線，打開包裝紙，取出肉捲。剪斷綿線的一端，把綿線拉出。然後，切片，添上自選的配菜做裝飾(參照第104～105頁)，以冷食上菜。

布拉薩鑲餡烤鵪鶉
Cailles Rôties Farcies Madame Brassart

這道完美豐盛的鑲餡鵪鶉(stuffed quails)，是以藍帶的創立者布拉薩女士

(Madame Brassart)來命名的。它是用去骨的鵪鶉，鑲入用野米(wild rice)、

鵝肝(foie gras)、牛肝菌(ceps/ boletus)混合而成的餡料，經過爐烤(roast)後，佐2種醬汁來享用。

4人份
鵪鶉 4隻
鵝油(goose fat)或奶油與油混合
鹽與現磨胡椒

餡料的材料
FOR THE STUFFING
野米(wild rice) 90g
雞高湯(chicken stock) 300 ml
鵝肝(foie gras，切成小丁) 100g
新鮮牛肝菌(ceps / boletus，
洗淨，切碎) 150g
紅蔥(shallots，切碎) 2個
混合新鮮香草植物(巴西里、
山蘿蔔、羅勒)切碎 30g
波特酒(port)或干邑白蘭地
(cognac) 1～2大匙
法式四味辛香料(quatre-épices)
或研磨混合辛香料 1撮
新鮮巴西里與迷迭香(裝飾用)

整隻鵪鶉去骨(參照下列)。取出的骨架用200℃烤10分鐘，再用來熬波特醬汁(port sauce，參照右列)。

製作餡料：野米用高湯煮30～40分鐘，到變軟，靜置備用。鵝肝用鹽與胡椒調味，放進熱鍋，煎到表面變硬脆後，加入野米裡。

將1大匙鵝油放進平底鍋內加熱，把牛肝菌(ceps)煎到變軟，再加入紅蔥、香草植物，煎到紅蔥變軟。預留一些牛肝菌，用來做裝飾，剩餘的加入野米內，再加入波特酒與辛香料。然後，調味，靜置冷卻。

鵪鶉內部撒上調味料調味後，填入餡料(不要塞滿)，用線綁好。將3大匙鵝油放進烤盤(roasting tin)內加熱，把鵪鶉表面都煎成褐色，再用200℃烤15～20分鐘，偶爾用烤汁澆淋一下。然後，將鵪鶉從烤箱取出，排列在大淺盤內。

再度加熱波特醬汁，舀幾匙到盛裝鵪鶉的盤內。然後，用巴西里、迷迭香、預留的牛肝菌做裝飾。在大蒜奶油(參照左下列)，與剩餘的波特醬汁，用容器分開盛裝。

波特醬汁
PORT SAUCE

紅蔥(shallots，切片) 200g
奶油 60g
鵪鶉骨架(quail carcasses，烘烤過)
4個
雪莉醋(sherry vinegar) 50 ml
波特酒(port) 250 ml
雞高湯 750 ml
新鮮百里香 1枝

紅蔥用奶油爆香。然後，加入鵪鶉骨架、醋，加熱到水分差不多蒸乾。加入波特酒，加熱濃縮到變成半量後，再加入高湯與百里香，慢煮(simmer)20分鐘。變濃稠後，加調味料調味。

大蒜奶油
CREME D'AIL

大蒜(去皮) 12瓣
濃縮鮮奶油(double cream) 200 ml

先汆燙大蒜，瀝乾，用冰水浸泡變脆(retresh)。然後，放進鍋內，加入濃縮鮮奶油，加熱10分鐘，到大蒜變軟。然後，繼續加熱到液體變濃，減成半量，再放進果汁機(blender)，攪拌成泥狀。如果覺得太濃了，就加些雞高湯稀釋。最後，加調味料調味。

整隻鵪鶉去骨 Boning a Quail Whole

這是種巧妙的技巧，可以將骨架從體型較小的鳥禽身上取出，讓禽鳥的肉與皮可以完整保留下來。
禽鳥在完成鑲餡後，就可以撐起來，維持好形狀。
由於鵪鶉的體型較小，所以，請善用尖銳的小刀與指尖來作業。

取出叉骨(wishbone，參照第90頁)。讓腿骨從骨架上鬆脫。將翅膀從身體上切除。

將小刀伸入胸廓與肉間，把肉從胸廓上刮開。

骨架鬆開後，用手指拉出，進行烘烤，用來製作波特醬汁。

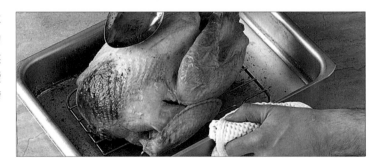

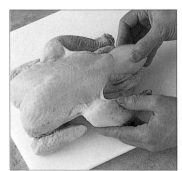

爐烤禽鳥 ROASTING BIRDS

爐烤的時候，用一個只比禽鳥稍大的烤盤，下面墊著烤架，或鋪著蔬菜烤，就可以避免禽鳥的底部烤焦。如果是大型的禽鳥，烤到一半時要覆蓋，以防烤焦。

爐烤時間 ROASTING TIMES

以下的爐烤時間，為約略的預估時間。烤過後，請檢查熟度(doneness，參照第101頁)，以確認禽鳥已完全煮熟。烹調前，請先將禽鳥秤重，計算所有烹調所需時間。

- 醃雞(CAPON)
  每450g，用190℃，烤25分鐘

- 雞(CHICKEN)
  每450g，用200℃，烤18分鐘
  外加18分鐘

- 珠雞(GUINEA FOWL)
  每450g，用200℃，烤15分鐘
  外加15分鐘

- 春雞(POUSSIN)
  用200℃，烤25～40分鐘

- 火雞(TURKEY)
  若小於4.5 kg，每450g，
  用180℃，烤20分鐘
  若大於4.5 kg，每450g，
  烤16～18分鐘

爐烤整隻禽鳥 ROASTING A WHOLE BIRD

由於家禽與野禽本身的脂肪含量並不高，所以，放進烤箱烤前，一定要先放些油脂在它們的皮上，讓肉在烤的時候保持濕潤。奶油有助於增添風味，還可以與烤盤內的沉澱物混合成香濃的湯汁(法文為「jus」)，或調味肉汁(gravy，參照第101頁)。

1 用廚房紙巾將禽鳥的內外拭乾。在禽鳥的腔內撒調味料調味，再塞入其它的調香料(參照右下)。

2 將禽鳥的胸部朝下放，頸部末端撒上調味料。可依個人喜好，再用湯匙把餡料舀進去(參照左下)。

3 將棒棒腿塞進尾巴的皮內。把禽鳥放在鋪了網架的烤盤上。在胸部上擺上大量的奶油。

4 爐烤禽鳥(參照左表)，並不時地澆淋湯汁。先從其中的一面開始，烤15～20分鐘，然後翻面，用同樣長的時間，繼續烤另一面。剩下的爐烤時間，烤的時候，把胸部朝上放。

家禽的餡料 STUFFINGS FOR POULTRY

香腸肉(sausagemeat)、麵包粉(breadcrumbs)、熟米飯，都是很好的基本餡料。加上調味料後，可以再添加堅果與乾燥水果，來增添不同的口感。1隻2.25kg重的禽鳥，要準備約225g的餡料，做好後，至少冷藏2小時。頸部末端稍微塡一點餡料。將餡料填塞入禽鳥的身體內，會導致熱度無法穿透內部。所以，這樣的作法，不建議用在大型的禽鳥上。鑲餡要在開始烤前一段時間進行，讓餡料的溫度變成室溫，以確保烤的時候能夠均勻受熱。

若是要讓加肉的餡料味道更香，可以再混合香腸肉(sausage-meat)、切碎的洋蔥、堅果、巴西里、葡萄乾(raisins)、杏桃(apricots)與麵包粉。然後，加蛋來增加黏合度，調味。

保持家禽的濕潤度 KEEPING POULTRY MOIST

爐烤任何一種禽鳥時，特別是肉質較乾燥的火雞與雉雞(pheasant)，儘可能讓它們的肉保持濕潤，就成了非常重要的課題了。可以將軟化的奶油放在皮下，或把塗抹了奶油的烤盤紙或鋁箔，稍微覆蓋在禽鳥上。在爐烤所需時間的最後20～30分鐘，掀除烤盤紙或鋁箔，就可以把禽鳥的皮烤成褐色了。此外，還可以用條狀培根(streaky bacon，參照第103頁)蓋在胸部上，或像法國人一樣，用背脂(back fat)。

另外一個可以讓禽鳥在烤時保濕的方法，就是在烤前，先將半個洋蔥，或1塊檸檬角，塞入禽鳥體內。

檢查熟度
TESTING FOR DONENESS

禽鳥依照建議的爐烤時間烤過後，一定要檢查是否已烤好了。

將禽鳥從烤盤上提起，如果湯汁滴完後，沒有變成粉紅色，就表示已經完全烤熟了。

切割烤好的禽鳥 CUTTING UP A ROASTED BIRD

小型與中型的禽鳥烤好後，先用鋁箔紙稍微覆蓋，靜置約15分鐘，讓肉變得鬆軟，湯汁沉澱，這樣會比較容易切割。靜置後，先拆除所有的縫線，再用大的主廚刀或切肉刀(carving knife)，把肉切開。

1 將禽鳥胸部朝上放。先切下雙腿，再各沿著下側的白色脂肪，切成兩半，分開成腿排與棒棒腿兩部分。

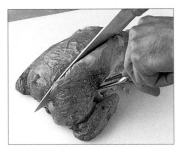

2 用一支雙尖調理叉(two-pronged fork)插著禽鳥，固定在砧板上，然後，小心地切開柔軟的胸骨與脊骨，將胸部整個切成兩半。

3 將兩塊胸部肉斜切成兩半，讓其中的半塊連接著翅膀。然後，把切好的肉塊排列在已溫過的上菜用大淺盤上。

分切烤好的禽鳥 CARVING A ROASTED BIRD

火雞與大型的雞，最好先分切成整齊的薄片，再上菜。如上述，分切之前，要先靜置，剪斷任何縫線後，再開始切。可依個人喜好，將棒棒腿上的黑肉也一起切片。

1 先切下雙腿，再各切成兩半，裝到已先溫過的大淺盤上。用雙尖調理叉固定好禽鳥，再從翅膀上方，橫切入胸部，一直切到骨頭。

2 整齊均勻地將胸肉分切成片，切的時候刀子要與胸廓平行。另一側也用同樣的方式分切開來。

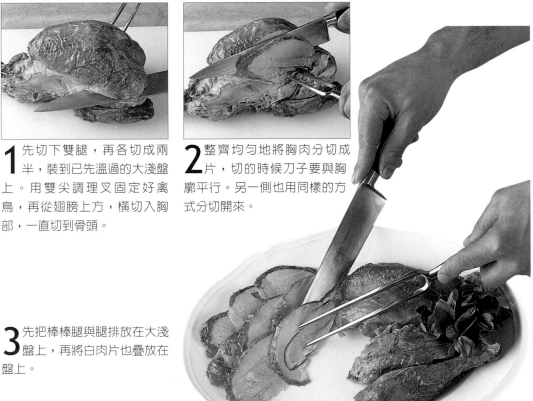

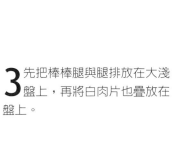

3 先把棒棒腿與腿排放在大淺盤上，再將白肉片也疊放在盤上。

製作調味肉汁
MAKING GRAVY

在法國，留在烤盤上的湯汁(法jus)，都會用來與烤過的禽鳥一起上菜。以下，是讓湯汁變得濃稠後，做成調味肉汁來用。

將禽鳥取出後，倒出湯汁，只留約1大匙的份量在烤盤內。用小火加熱烤盤，撒上1大匙的中筋麵粉(plain flour)，混合均勻。

邊慢慢地倒入500ml的熱高湯或水，邊混合。將火調大，加熱到沸騰。然後，邊慢煮(simmer)，邊混合，加熱1～2分鐘，調味。這樣可以做成6～8人份。

爐烤時間
ROASTING TIMES

- 鴨(DUCK)
  每450g，用180℃，烤30分鐘

- 鵝(GOOSE)
  每450g，用200℃，烤15分鐘
  外加15分鐘

- 松雞(GROUSE)
  用200℃，烤35分鐘

- 鷓鴣(PARTRIDGE)
  用200℃，烤40分鐘

- 雉雞(PHEASANT)
  先用230℃，烤10分鐘，再用
  200℃，烤30分鐘

- 鵪鶉(QUAIL)
  用190℃，烤15～20分鐘

爐烤多脂禽鳥的事前準備
PREPARING A FATTY BIRD FOR ROASTING

爐烤脂肪含量較多的禽鳥，例如：鴨(如下所示)或鵝時，要先儘可能地取出大部分的脂肪，並放在鋪上網架的烤盤內烤，以免在烤的時候底部浸漬在融化的脂肪中。爐烤所需時間，請參照左表。

1 將禽鳥的胸部朝上放，從尾部與尾部的洞，切除多餘的脂肪。然後，去除叉骨(wishbone，參照第90頁)。

2 尾部洞的內部，先用鹽與胡椒調味，再塞入1～2片月桂葉(bay leaves)與1塊柳橙角。

3 將禽鳥的胸部朝上，放在鋪了網架的烤盤上。用1支金屬籤在禽鳥身上到處打洞。

爐烤與分切鴨子
ROASTING AND CARVING DUCK

雖然秤起來重量並不輕，鴨可以提供的上菜份量，比雞還少。然而，由於它的味道濃厚香郁，所以，分切得較小塊一點也沒關係。小型的烤鴨比較難以分切，所以，較適合像末煮的禽鳥一樣，切成4塊(參照第92頁)。

1 先烤鴨子(參照左上表)的一面，再烤另一面。剩餘的烘烤所需時間，將鴨胸朝上放，烤到從1支鴨腿上最粗的部分流下的汁液完全滴完為止。然後，用鋁箔紙稍微覆蓋，靜置約15分鐘，讓鴨肉變得鬆軟。

2 將鴨胸朝上放，用大的主廚刀或切肉刀(carving knife)，把2支鴨腿從鴨身上切下來。切的時候，從腿排的關節處切下去，分開腿與身體。將雙翅從肩胛骨關節處切開，與鴨身分離。

3 在鴨的軀幹上，先從一側的鴨胸肉開始切片，向內往胸骨的方向移。另一側的鴨胸，也用相同的方式切片。然後，將切好的鴨胸肉片、鴨腿、鴨翅，排列在已溫過，上菜用的大淺盤上。

準備與爐烤野禽 PREPARING AND ROASTING A GAME BRID

幼齡野禽，因為肉質較瘦，所以，在爐烤的時候，就比較容易變乾燥。若是用多脂的培根覆蓋在野禽身上，就可以讓肉保持濕潤，而且更加美味。右列所示，為一簡易的爐烤雉雞(pheasant)食譜，其所需之準備與爐烤技巧，則如下所示。

1 爐烤前，先取出叉骨(wish-bone，參照第90頁)，烤好後，胸肉就比較容易切開。

2 從第二個關節處，切下翅膀。先用水清洗體內，再用廚房紙巾拭乾。縛綁野禽(參照第90頁)。

3 依個人喜好，在野禽的皮上撒調味料調味。然後，用條狀培根(bacon rashers)，將胸部與腿排的部分蓋起來。

4 爐烤野禽(參照第102頁左上表)，直到從1支野禽腿上最粗的部分流下的汁液完全滴完為止，而且，用刀尖插入，抽出後，摸起來感覺是熱的。然後，用鋁箔紙稍微覆蓋，靜置10〜15分鐘，再切。

烤雉雞佐紅酒調味肉汁 ROAST PHEASANT WITH WINE GRAVY

雉雞 1 kg
鹽與現磨胡椒
條狀培根(bacon rashers) 3〜4片
中筋麵粉(plain flour) 2小匙
紅酒 300ml

雉雞完成前置作業後(參照左列步驟1〜3)，放在鋪了網架的烤盤上。先用230℃，烤10分鐘，再用200℃，烤30分鐘。

將雉雞從烤盤取出，用鋁箔紙稍微覆蓋，靜置10〜15分鐘。將烤盤放在火爐上，撒上麵粉，邊攪拌，邊用小火加熱2分鐘，再把紅酒邊一點點地加入，邊混合。將火調大一點，加熱到沸騰，再邊慢煮，邊攪拌，直到質地變濃稠。加調味料調味。這道烤雉雞，以熱食的狀態，佐調味醬汁，加上其它配菜(accompaniments，參照下列)，一起上菜。這樣可做成2人份。

野禽的配菜 ACCOMPANIMENTS FOR GAME BIRDS

野禽的傳統式配菜，種類繁多，請參照第104頁左列。以下，則是其它可以突顯出野禽肉的質地與風味之配菜選擇。

● 蜜紅蘿蔔棒(glazed carrotbâtons)。
● 烤防風草根(parsnips)。
● 幾束新鮮香草植物。
● 大蒜花(garlic flowers，參照第188頁)。
● 西洋菜束(watercress bundles)。
● 波特酒燜煮(braise)紅高麗菜(red cabbage)絲、洋蔥、蘋果。

最後修飾 FINISHING TOUCHES

用水果與蔬菜來做爲風味濃郁的家禽與野味的配菜，還可以爲它們的外觀增添視覺性的效果。若是含有大量醬汁的料理，例如：砂鍋燒(casserole)、燉煮(stew)，最好用麵包塊(croûtes，參照第246頁)當做配菜，就可以吸收美味的湯汁了。

野味的傳統式配菜 CLASSIC GARNISHES FOR GAME

野味的供需有季節性的限制。所以，在特殊的場合中，上菜時就更要讓它特別吸引人。以下，就是幾種傳統式配菜：

炸薯條 FRIED STRAW POTATOES：就是將細長的馬鈴薯條，法文稱爲「pommes pailles(參照第169頁)」，油炸到變得香脆。

炸麵包粉 FRIED BREADCRUMBS：一種英式配菜(參照第246頁)。

麵包塊 CROUTES：可以油炸或爐烤(參照第246頁)。若是要讓整道菜餚吃起來更有味道，可以先在麵包塊塗抹上細滑的肝醬(liver pâté)，再把小型的烤禽鳥，例如：山鷸(woodcock)或松雞(grouse)擺上去。

麵包醬 BREAD SAUCE：一種用麵包、奶油、鮮奶油、洋蔥、牛奶、調味料做成的英式醬。

坎伯蘭調味汁 CUMBERLAND SAUCE：一種用紅醋栗果凍(redcurrant jelly)、波特酒(port)、柳橙(orange)、檸檬皮、檸檬汁，所做成的水果調味汁，傳統上，會再攪入肉桂(cinnamon)或薑，與芥末(mustard)。

迴旋蘑菇 TURNED MUSHROOMS

切除蘑菇柄。然後，從傘狀部分的中央往邊緣，刨出溝槽來，再用刀尖在傘頂刮出星形。

香草心 HERBY HEARTS

在心形的麵包塊(croûtes，參照第246頁)一角上，抹上一點水，再把切碎的巴西里壓貼上去。

醃黃瓜螺旋槳 GHERKIN FANS

縱切醃黃瓜，間隔不要太大，不要切到底，底部要連接著，保持完整。然後，用手指，把扇葉壓開。

甜椒紐 PEPPER TWISTS

在一塊方形的甜椒上平行地切兩刀，不要切到底，而且兩刀未切斷的部分要在相反的邊緣上。然後，拉起切斷的那頭，頂在一起。

蕃茄玫瑰 TOMATO ROSES

用尖銳的刀子，將蕃茄皮，以螺旋方向，削下不間斷的長條形。然後，捲成玫瑰花的形狀。

山形黃瓜 CUCUMBER CHEVRONS

先將小黃瓜縱切成四等份，再分切成大塊。然後，在小黃瓜上切下一淺一深的兩個V字形，再錯開來。

紅蘿蔔花 CARROT BLOSSOMS

在紅蘿蔔上縱切出多道溝槽。在末端切成角狀。扭斷，重複同樣的步驟。然後，在每朵裡塞入1塊圓形甜椒。

蔬菜束 VEGETABLE BUNDLES

用已汆燙，冰水浸泡過的韭蔥(leek)皮，綁住蒸煮過的蘆筍頭(asparagus tips)，成束。

熱漿果 HOT BERRIES

將切成兩半的草莓與整顆的覆盆子(raspberries)，放在烤盤紙上，燒烤(grill)2～3分鐘，到表面變成淡褐色。

蘋果 GLAZED APPLES

將細砂糖(caster sugar)撒在帶皮的黃蘋果(yellow apple)切片上，燒烤2～3分鐘，到變成金黃色，冒泡。

菊苣舟
CHICORY BOATS
將菊苣剝開成片,再舀一點蕃茄丁
(concassée of tomatoes,參照第
178頁)到每片葉片上。

苦味蔬菜絲
BITTER SHREDS
用銳利的刀子,將紫菊苣(purple
chicory)切成細長條狀。也可以改用
鮮豔的義大利萵苣(red radicchio)。

油炸花卉
FRIED FLOWERS
用油,以180℃,炸乾燥櫛瓜花
(courgette flowers)15秒,直到變
成淡褐色。然後,撈起,放在廚房
紙巾上瀝乾。

焦糖柳橙
CARAMELIZED ORANGES
柳橙片用稀的焦糖(參照第281頁)加
熱一下,直到表面都沾滿了焦糖。
然後,取出,添上巴西里做點綴。

堅果無花果
NUTTY FIGS
先做好無花果花(fig flowers,參照
第263頁),再各放進半個核桃(wal-
nut)。然後,放在熱烤架(grill)上,
燒烤2～3分鐘。

水波洋梨
POACHED PEARS
斜切水波煮過的洋梨頂端。用挖球
器(melon baller)取出果核。
然後,填入紅醋栗果凍(redcurrant
jelly),把頂部蓋回去。

肉凍汁鴨肉冷盤 CHAUDFROID DE CANARD

先準備好肉凍汁與鴨肉片(參照第225頁)。在大淺盤上倒入一層淺淺的肉凍汁,放進冰
箱,冷藏凝固。將柳橙片排列在肉凍汁上,再倒入一層肉凍汁,放進冰箱,冷藏凝
固。參照以下的作法,裝飾鴨肉片,再排列在盤上。

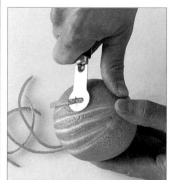

1 用刨絲器(canelle knife),從
柳橙皮上刨下細長條,汆
燙(blanch,參照第336頁)後,
用冰水浸泡,瀝乾。

2 將肝醬(pâté)擠到鴨肉
上,再用柳橙皮做裝
飾,澆淋上肉凍汁。

東方烤鴨 ORIENTAL ROAST DUCK

依照中式傳統作法，鴨子通常要先吊掛乾燥，上光後，再烤。北京烤鴨 (Peking duck)，鴨皮既香脆，又散發出光澤，是這種烤法中，最著名的例子。這樣的烤鴨技巧，可以分成下列的幾個步驟。

製作中式混合調味料 MAKING CHINESE SEASONING MIX

這種調味料，是用大蒜、薑、辣椒、蔥，加上辛香料、香草植物，混合而成的香味混合料，用來讓烤鴨入味，以便吃起來帶著典雅的東方味。

中式炒鍋先熱鍋。加入2小匙蔬菜油，加熱到油變熱，但還未冒煙的程度。加入3瓣切碎的大蒜、1大匙搗碎的新鮮老薑(root ginger)、2條去籽切碎的新鮮紅辣椒、2枝切片的蔥，炒約2分鐘，到變軟，變香。再加入2小匙已烤過，搗碎的四川胡椒粒、2大匙黃豆醬、2大匙醬油，快炒混合後，從爐火移開，放涼。在鴨皮要塗抹麥芽水前，再把2大匙切碎的新鮮芫荽加入調味料中，攪拌混合。

鴨子的前置作業 PREPARING THE DUCK

烤前，要先用沸水澆淋鴨子。這樣做，可以讓鴨皮變得緊實，毛孔收縮，烤過後就會變得香脆。

1 將鴨尾部分多餘的脂肪切除。剪一段長的料理用繩線，綁住鴨頸末端上脂肪的周圍，打兩個結。

2 將約2公升的水放進中式炒鍋內，加熱到沸騰。將鴨子浸泡在水中，並用湯杓舀起熱水，澆淋在整隻鴨子上，直到鴨皮變得緊繃。然後，取出鴨子，用廚房紙巾拍乾。

3 在陰涼(10℃)通風的地方，將鴨子吊起，約3小時，直到鴨皮變乾。下方放一個盤子，用來接住水滴。

烤鴨 ROASTING THE DUCK

鴨子乾燥後，就把中式混合調味料填塞入鴨子體內，再用麥芽糖水(maltose mixed with water)塗抹鴨皮。烤的時候，鴨肉會吸收中式調味料的香味，鴨皮會變得香脆，顏色變深。

1 將1支竹籤浸泡在水中30分鐘。剪斷已風乾的鴨子身上的線。將鴨子放在鋪了網架的烤盤上。用湯匙將中式混合調味料(參照左列)舀入鴨子的體內。

2 用已沾水的竹籤穿過鴨尾部分的皮，封好，以免烤的時候漏餡。然後，用烤箱，以200℃，烤15分鐘。

3 將鴨子從烤箱取出，用毛刷塗抹上麥芽水(參照第107頁)。然後，把烤箱溫度調降到180℃，繼續烤。接下來，每15分鐘就要塗抹一次麥芽水，烤到鴨子變成深褐色，共需1又1/2～1又3/4小時。

分切鴨子 CARVING THE DUCK

這是種傳統的中式烤鴨切法。鴨子切好後，模仿鴨子原本的形狀，排列在盤中，再上菜。可依個人喜好，添上幾枝新鮮芫荽，做裝飾。

麥芽
MALTOSE

這種深色蜜糖般的溶液，是以發酵的大麥、小麥或小米的穀粒為原料，煉製而成。這樣的過程，有時在英文中被稱之為「malting」。麥芽糖自西元前二世紀起，中國即開始製造，廣泛地運用在中式料理，用來加深烤過的家禽或豬肉等皮的顏色。若是密封好，可以無限期地保存。在亞洲食品商店或大型超市，可以購買得到。

用麥芽糖來塗抹東方烤鴨時，用4大匙沸水與1大匙麥芽糖混合即可。如果買不到麥芽糖，可以用糖蜜 (molasses)代替。

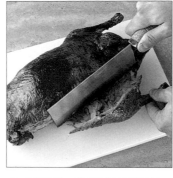

1 鴨子烤好後，靜置15分鐘，讓鴨肉的水分留住，不致流失，再將鴨胸朝上，放在砧板上。小心地從鴨尾的皮上抽出竹籤。用剁刀(cleaver)或大的主廚刀，從肩關節處，切下兩支鴨翅。然後，再從鴨翅中央的關節，切成兩半。

2 用剁刀，從腿排的關節處，將兩支鴨腿從鴨身上切下來。然後，再從鴨腿的腿排與棒棒腿間的關節處切下去，分成兩塊。

3 將烤鴨的側面朝上放，朝肋骨切過去，留下脊骨，把整個鴨胸從鴨身上切下來。然後，將脊骨與還連在脊骨上的鴨肉，交叉切成塊。

4 用剁刀，切穿鴨胸骨，將鴨胸縱切成兩半。鴨胸骨非常柔軟，可以輕易地切開。

5 將兩塊鴨胸肉，切穿過鴨胸骨，交叉切成大致相同的大小塊。

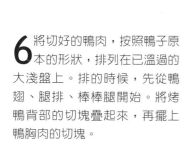

6 將切好的鴨肉，按照鴨子原本的形狀，排列在已溫過的大淺盤上。排的時候，先從鴨翅、腿排、棒棒腿開始。將烤鴨背部的切塊疊起來，再擺上鴨胸肉的切塊。

煎、炒、炸 FRYING

家禽與野味的肉塊，可以用油煎(pan-fry)、油炸(deep-fry)、嫩煎(sauté)、快炒(stir-fry)的方式來烹調。這些都是「快煮」法，所以，非常適合小肉塊或胸肉的料理。這些肉塊，可以就這樣烹調，也可以先沾料或鑲餡，再用這樣的方式烹調。

煎鴨胸肉 PAN-FRYING A BREAST OF DUCK

鴨胸肉，由於本來就多脂，所以，可以不加油，只利用自身所含的脂肪與汁液來煎(dry-fried)。不過，要先切下脂肪，在鴨皮上劃切(參照第95頁)，才能夠成功地煎好鴨胸肉。煎的時候，把鴨皮那面朝下，放進鍋內，不加油，用中火煎，這樣脂肪的油就會流入鍋底了。

1 鴨胸肉調味後，鴨皮那面朝下，放進平底鍋內。煎了3～5分鐘後，用抹刀(palette knife)按壓，擠出汁液，同時讓鴨胸肉保持平坦。

2 翻面，將另一面鴨胸肉也煎3～5分鐘(鴨胸肉最好煎成四分熟(medium rare))。煎好後，從鍋中取出，覆蓋，靜置。將鴨皮那面朝上，用刀子斜切成薄片。

製作煎肉排 MAKING SCHNITZELS

從胸肉上切下的薄肉片(escalopes，參照第94頁)，可以直接用來煎，或沾上調味粉後再煎。沾上蛋與麵包粉，可以保護質地脆弱的肉片。煎之前，若先放進冰箱冷藏1小時，不要覆蓋，沾料就會變得更硬，煎好後就會更脆。

1 進行薄肉片的調味。薄肉片先沾上麵粉與蛋液，再稍微用力按壓，沾滿新鮮或乾燥麵包粉。

2 用主廚刀的刀背，在薄肉片上，劃切出交叉的紋路。將油與奶油放進鍋內加熱，油量要足以在鍋底佈滿薄薄的一層。

3 等到奶油開始冒泡了，就把薄肉片放進鍋內。用中火，將兩面各煎2～3分鐘。放在廚房紙巾上瀝乾後，就可以上菜了。

雞胸肉的鑲餡與油煎 STUFFING AND FRYING A CHICKEN BREAST

去骨的雞胸肉，非常適合用來做為裝餡料的袋子用。最經典的餡料，就是用奶油或軟質起司，與搗碎的薑、香草植物(選擇性材料)混合而成的餡料。切碎的蘑菇、大蒜、新鮮香草植物，所混合而成的餡料，或是切碎的菠菜(spinach)與瑞可塔起司(ricotta)的混合餡料，味道也不錯。鑲餡時，要特別注意不要塞得太滿了，以免煎的時候，會爆開漏餡。這些鑲餡的肉袋，可以直接油煎，或像上列的煎肉排(schnitzels)一樣，先沾料，再油煎。

1 從雞胸肉的一側，切入3～4 cm深，邊緣不要切穿。鑲餡。

2 用1支已用水浸泡過的木質雞尾酒籤(wooden cocktail stick)，穿過雞胸肉袋開口的邊緣，封住開口。

3 將少許橄欖油放進不沾鍋(non-stick frying pan)內加熱，油量足以在鍋底形成薄薄一層即可。將肉袋放進鍋內，中途翻一次面，煎15分鐘，到兩面都變成金黃色。先拔除木質雞尾酒籤，再上菜。

炭烤薄肉片 CHARGRILLING ESCALOPES

最簡單的烤薄肉片方法之一，就是放在一個鍋底有凸脊的爐用鑄鐵烤鍋上烤。鍋內的凸脊，可以在肉上烙印出線條，製造出炭烤的效果，看起來像是炙烤過(barbecued)，尤其令人垂涎欲滴。薄肉片最好就只用優質的初榨橄欖油(virgin olive oil)，或堅果油(nut oil)煎。也可依個人喜好，混合油與奶油來煎。煎的時候，可以加入巴薩米克醋(balsamic vinegar)來溶出鍋底的黏渣(deglazing)，這樣不僅可以增添風味，還是個簡易的調味汁(sauce)速成法。

1 用毛刷，在鍋底塗抹上少許橄欖油，加熱到油變熱，還末冒煙的程度。將薄肉片放進鍋內，用中火，加熱5分鐘，中途翻一次面。然後，倒入1〜2大匙的巴薩米克醋，與鍋內的湯汁攪拌混合，調製成美味的調味汁。

2 上菜時，將薄肉片擺在鋪滿芝麻菜(rocket)脆葉的盤子上，如上圖所示，或是珍珠菠菜(baby spinach)、橡木葉萵苣(oak-leaf lettuce)等其它葉片上。然後，用湯匙舀鍋內的湯汁，澆淋在薄肉片與沙拉葉片上，當做調味汁。

嫩煎肉塊 SAUTEING PIECES

嫩煎(sautéing)，是種在鍋內將肉塊翻面，用高溫加熱到變成褐色的烹飪技巧。翻面可以防止肉的內部尚未煮熟，表面卻已燒焦的請況發生。請用優質的初榨橄欖油(virgin olive oil)，或混合油與奶油來煎。鴨肉則可以利用自身的脂肪來煎，不需要再用其它的油。

將2大匙油放進防火砂鍋(flameproof casserole)或煎鍋(sauté pan)內，用大火加熱。把家禽肉塊放進鍋內，煎到開始變成褐色，還要用叉子或夾子不斷地翻面，讓肉塊整個煎到色澤勻稱。然後，將火成中火，繼續加熱25〜30分鐘，或到煎好為止。煎好時，鍋內的湯汁應該會完全蒸乾。

快炒禽肉絲 STIR-FRYING STRIPS OF POULTRY

將去皮，去骨的雞，火雞，或鴨的胸肉，逆紋切成肉絲(參照第95頁)。如下所示，肉絲沾料，快炒。再依照所選的食譜指示，將蔬菜、液體材料、調味料，放進中式炒鍋內炒。最後，再把肉絲倒回中式炒鍋內，與其它的材料拌合。

1 將肉絲放進蛋白與玉米細粉(cornflour)的混合料內，攪拌混合，到表面都均勻地沾滿混合料為止。250g的雞肉，需要用到1個蛋白與1大匙玉米細粉混合而成的混合料。先混合均勻後，再用來沾肉絲。

2 加熱中式炒鍋。熱鍋後，先舀入2大匙蔬菜油，加熱到油變熱，但尚末冒煙的程度。將肉絲放進鍋內，以介於中火與大火間的火候，拌炒5分鐘，或直到肉變軟。然後，用溝槽鍋匙(slotted spoons)舀出。

109

水波煮 POACHING

全雞用調味過的清湯水波煮(POACH)，是最精緻的菜餚之一。除了全雞之外，也可以水波煮雞胸或腿排，鑲餡或不鑲餡皆可。水波煮過的雞肉，非常適合用來做派的餡料，或製作三明治。

水波煮整隻禽鳥 POACHING A WHOLE BIRD

溫和的水波煮，是種最經典的烹調雞肉方式之一。這樣的煮法，不僅可以讓雞肉保持柔嫩多汁，還可以熬出鮮美的清湯(broth)。水波煮前，要先把雞縛綁好(參照第90頁)，以確保不會在煮的過程中變形。此外，雞的重量，是決定水波煮所需時間的要素：原則上，每450g重，需煮20分鐘，放在火爐上，以小火，進行水波煮。

1 綁縛全雞，可依個人喜好，連雞頸末端也一起綁起來。綁好後，放進大鍋子內，注入剛好可以淹沒全雞分量的冷水。用中火，慢慢地加熱到沸騰。

2 用溝槽鍋匙(slotted spoons)，撈除湯的表面上的浮渣。將火調小，加入紅蘿蔔、洋蔥的切片、1個香草束(bouquet garni)。鍋蓋半掩，水波煮到已計算好的時間為止。

3 雞煮到肉變軟後，從鍋內取出，提舉在鍋子的上方，儘可能讓雞身上的湯汁全部滴入鍋內，瀝乾全雞。拆除雞身上綁縛用的綿線，分切成塊(參照第92頁)。水波煮用的湯汁，可以當做基本雞高湯使用，或繼續加熱濃縮，製作成調味汁(sauce)。

水波煮家禽肉抽成絲狀 SHREDDING POACHED POULTRY

結實的胸肉，最適合運用這樣的技巧，做成絲狀。趁熱，可以比較容易地從全雞身上切下雞胸。用一支細尖的大叉子，從雞胸肉的前端開始，逐漸往另一端移動，把肉抽成絲狀。

將雞的胸部那面朝上，放在砧板上，拉除雞皮。從雞身上切下雞胸，用叉子的尖叉，把肉抽成絲狀。用手指，將雞腿與雞翅的肉剝下來，可以當作一口大小的小肉塊來用，也可以同樣抽成絲狀，再用來做菜。

水波煮風車肉捲 POACHING PINWHEELS

這是種出人意料，極為簡單的烹飪技巧。做法就是，先將雞胸肉橫切開來，再把餡料捲起來，就可以了。煮好後，把肉捲切成圓切片，讓風車的形狀可以呈現出來。肉捲用的餡料，最好選擇色澤鮮明，質地濕潤的材料，例如：甜椒絲(pepper strips)、菠菜、香草植物、軟質起司。下列的作法是用鋁箔紙將肉捲包好，再進行水波煮。除此之外，也可以用培根包起來，用爐烤(roast)的方式來烹調。

1 從已去皮去骨的雞胸肉較長的一側開始，橫切，不要切到底。撕下雞胸上的裡脊肉片(fillet)，靜置備用。

2 將雞胸肉攤開，平放，切面朝上。雞胸肉上下各用1張烤盤紙夾住，再用擀麵棍或肉鎚(meat mallet)擀薄或敲平。剝除肉上方的那張烤盤紙，把自選的餡料(本食譜中為山羊奶起司(goat's cheese)與切碎菠菜)均勻地放在肉上。

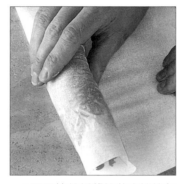

3 將裡脊肉片(fillet)放在雞胸肉的正中央，與較長的那側平行。從較長的一側開始，將肉捲成筒狀。

4 再用烤盤紙將筒狀肉捲捲起來，把紙儘量拉緊。捲好後，扭一下兩端的紙，封好。然後，再同樣用鋁箔紙包好，扭緊兩端，封好。

5 將水放進鍋內，加熱到沸騰，再把肉捲放進鍋內。蓋上鍋蓋，用小火，水波煮15分鐘，或直到用金屬籤插入肉捲內部中央，抽出後，可以感覺到熱度的程度為止。煮好後，從鍋內取出，拆除包裝，切成圓片。

亞洲式的變化式樣 THE ASIAN ALTERNATIVE

亞洲的廚師，偏愛將檸檬香茅梗(lemon grass stalks)等可以增添風味的材料，與雞胸肉一起包裹起來，以水波煮或蒸煮的方式，來保有雞胸肉鮮美的肉汁。

1 將香蕉葉切成4片正方形，每片的大小要足以包起1塊雞胸肉。用毛刷在每片葉片的中央刷上海鮮醬(hoisin sauce)與醬油的混合液(以1:1調製)。然後，各放1塊雞胸肉上去，再擺上檸檬香茅與數片新鮮老薑(root ginger)。再用湯匙舀醬油，澆淋上去。

2 用香蕉葉把雞胸肉包成方形，如有需要，就再用綿線綁好。然後，一次放1～2個進去蒸籠內，利用下方慢煮的水，蒸煮15分鐘。上菜時，讓雞胸肉還包在香蕉葉內，不要拆開，就這樣端上桌。

燒烤&炙烤
GRILLING & BARBECUING

燒烤與炙烤時，乾烈的熱度，可以將禽鳥皮烤得香脆，而且，還可以增添獨特的風味。從小肉塊，帶骨大肉塊，到整隻禽鳥，都可以用這兩種方式來烹調。帶皮或塗抹上醃醬後再烤，可以讓烤過的肉更美味多汁。

醃醬
MARINADES

- 若是要做成辛辣口味，可以混合搗碎的辣椒、切碎的新鮮迷迭香(rosemary)、大蒜、橄欖油。
- 若是要做成清淡口味，可以混合優格、印度咖哩醬(Indian curry paste)、切碎的新鮮芫荽。若是要做成泰式口味，可以改用綠或紅咖哩醬(green or red curry paste)，與優格混合。
- 若是要做成地中海式口味(Mediterranean taste)，可以混合橄欖油、搗碎的大蒜、切碎的香草植物。

沙嗲
CHICKEN SATE

雞胸肉(去皮，去骨) 4塊
小洋蔥(磨碎) 1個
大蒜(搗碎) 2瓣
醬油 2大匙
蔬菜油 2大匙
糖 2小匙
新鮮芫荽(切碎) 1大匙
薑黃(turmeric) 1小匙
上菜時，加上花生醬(peanut sauce)

將雞胸肉逆紋切成長條狀，再與洋蔥、大蒜、醬油、油、糖，芫荽、薑黃混合。蓋好，放進冰箱，醃漬一晚。竹籤用水浸泡後，把肉串起來，燒烤或炙烤5分鐘。烤的時候，要不斷地翻轉竹籤，塗抹醃醬。搭配花生醬，以熱食上菜。這樣可做出4~6人份。

燒烤棒棒腿
GRILLING DRUMSTICKS

雞的棒棒腿肉，因為即使在用高熱烤過後，肉質還是能夠保持濕潤柔嫩，所以，特別適合用來燒烤或炙烤。烤的時候，先塗抹上多油的醃醬(marinade)，可以防止棒棒腿沾黏在烤架上。慢慢地烤，直到皮變得香脆，變成金黃色。

1 用毛刷，將醃醬(參照左列)塗滿整支棒棒腿。你也可以用刀在皮上切，讓醃醬更容易入味。然後，蓋好，放進冰箱冷藏1小時。

2 將棒棒腿放在燒烤盤(grill pan)的網架上，用高溫，距離熱源6cm遠，燒烤15~20分鐘。中途要不斷地翻面，塗抹上醃醬。

製作沙嗲
MAKING SATE

沙嗲是種用瘦雞肉或魚肉做成的小烤肉串。本食譜中，是用多汁的雞胸肉來製作。要將雞肉沙嗲做得好吃，秘訣就在於把雞肉以螺旋的方式串在竹籤上，而且不要烤太久，以免變乾。請參照左列之簡易雞肉沙嗲食譜，與食譜中所運用之技巧(如下所示)，來製作沙嗲。

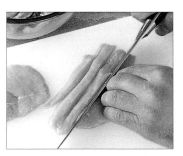

1 先切除雞胸肉上的肌腱(tendons，參照第94頁)，再把雞胸肉，逆紋斜切成薄片。將切好的肉條醃漬1小時，能夠醃漬一晚更好。

2 竹籤先用水浸泡30分鐘，瀝乾。將醃漬過的雞肉，以螺旋的方式，串在竹籤上。

3 將雞肉放在高溫的熱烤爐內，距離熱源6cm遠。由於雞肉很快就可以烤熟，所以，烤的時間千萬不要比食譜所列的時間還長。烤的時候，要不斷地翻轉竹籤，並在肉上塗抹醃醬。以熱食或室溫狀態來上菜。

炙烤整隻禽鳥 BARBECUING A WHOLE BIRD

使用烤肉爐(kettle barbecue)，可以烤整隻禽鳥。這種炙烤用的器具，有個半球形的蓋子，或活動式的蓬蓋，可以將整隻禽鳥蓋住，讓它烤出炭烤風味來。

1 禽鳥調味後，放在鋪了網架的烤盤上，不要覆蓋。然後，把烤盤搬到炙烤用烤架上(barbecue grid)，再用烤肉爐的蓋子蓋上。

2 炙烤禽鳥，直到汁液都滴完為止(參照第101頁)。炙烤所需時間，約為2kg的禽鳥，烤1又1/2～1又3/4小時。烤的時候，要偶爾打開蓋子，用毛刷將滴在烤盤上的湯汁，塗抹在禽鳥上。

炙烤的訣竅 BARBECUE TIPS

戶外烤肉，可以在短時間內就把肉烤好，不過，反而更需要將注意力集中在烤肉上。所以，其它的配菜等，一定要事先就準備齊全。

• 由於燒炭會產生一氧化碳(carbon monoxide)，所以，炙烤一定要在戶外進行。

• 升火至少30分鐘後，等到火焰消失，炭變成灰色或冒出灼熱的餘火時，再把食物放上去烤。

• 如果要增添其它的風味，可以在炭裡加些木質類香草植物，例如：迷迭香或小茴香的莖，一起燒。

• 為了安全起見，將食物翻面時，請用長的烤肉夾，而不要使用平常料理用的叉子。

燒烤禽鳥 GRILLING BIRD

燒烤與炙烤，因為可以迅速地把肉烤好，而且讓肉質保持柔軟濕潤，所以，很適合用來烹調春雞(poussins)等小型禽鳥(small birds)。如果經過去脊骨壓平處理(spatchcocked，參照第92頁)，就可以更快烤熟。而且，若是先塗抹上醃醬或在皮上抹橄欖油與調味料，就可以讓肉變得更鮮嫩多汁。

1 混合自選的醃醬材料(參照第112頁)。將禽鳥放在非金屬材質製的盤子上，用叉子在禽鳥上到處扎洞。然後，把醃醬倒在禽鳥身上，完全覆蓋，再放進冰箱冷藏至少4小時，最好是一整晚。

2 先預熱烤爐到高溫。將已去脊骨壓平處理(spatchcocked，參照第92頁)的禽鳥，帶皮那面朝上，放在燒烤盤(grill pan)的網架上，距離熱源約7.5 cm遠，燒烤30～40分鐘。燒烤時，要經常翻面，偶爾用毛刷塗抹上醃醬。

3 將禽鳥從網架上取出，放在砧板上。用叉子與布巾(tea towel)輔助，拔除熱金屬籤。然後，將禽鳥縱切成兩半來上菜，一半為1人份。

砂鍋燒 & 鍋燒
CASSEROLING & POT ROASTING

這兩種烹飪方法，是以「慢煮」的方式，將所有種類的家禽與野禽，無論是整隻或帶骨肉塊，烹煮成香味濃郁，肉質柔軟細嫩的料理。烹煮時，可以使用火爐，或烤箱。

葡萄酒醃漬與砂鍋燒 MARINATING AND CASSEROLING IN WINE

禽肉塊可以經由浸漬在已煮過的紅酒醃漬汁與慢煮的過程後，變得柔軟細嫩。這種烹飪技巧，就是經典的法式紅酒燴雞(coq au vin，參照左列)作法的前身。若想讓風味變得更濃郁，可以在煮好後，先放涼，最好是靜置一晚。然後，在上菜前，再度加熱。

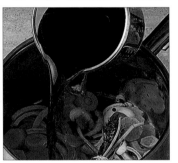

1 將蔬菜放進紅酒裡煮，讓醃漬汁煮好後，味道更柔和，風味更佳。

2 雞塊要先冷藏過，再放進熱的醃漬汁內，才不會在還沒經過醃漬的情況下，就已經開始被熱醃漬汁加溫了。

3 將橄欖油灑在醃漬汁的表面上，以加強醃漬的效果。

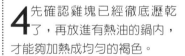

4 先確認雞塊已經徹底瀝乾了，再放進有熱油的鍋內，才能夠加熱成均勻的褐色。

5 將醃漬汁加熱到沸騰，撈除浮渣，尤其是凝固的血塊後，倒入砂鍋內。

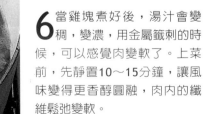
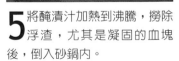

6 當雞塊煮好後，湯汁會變稠，變濃，用金屬籤刺的時候，可以感覺肉變軟了。上菜前，先靜置10～15分鐘，讓風味變得更香醇圓融，肉內的纖維鬆弛變軟。

紅酒燴雞
COQ AU VIN

全雞(分切成6塊，參照第93頁) 1隻
蔬菜油 4大匙
中筋麵粉 1大匙
紅蘿蔔(切片) 250g
洋蔥(切碎) 1個
月桂葉 2片
鹽與現磨胡椒
蘑菇(切片) 175g

醃漬汁 MARINADE
紅酒 700ml
紅蘿蔔(切片) 1個
洋蔥(切片) 1個
大蒜(切碎) 2瓣
香草束(bouquet garni) 1個
杜松子(juniper berries) 4～5個
黑胡椒粒(顆粒) 1小匙
紅酒醋(red wine vinegar) 200ml

先加熱除了醋之外的所有醃漬汁用材料，約15分鐘。倒入攪拌盆內，放涼。加入醋，攪拌混合後，再加入雞塊。將半量的油灑上去，蓋好，放進冰箱冷藏一晚。

撈出雞塊，瀝乾雞塊上的醃漬汁。將剩餘半量的油放進防火砂鍋內，加熱，再把雞塊放進鍋內。嫩煎(sauté)到變成褐色。用另一個鍋子，加熱醃漬汁。撈除醃漬汁表面上的所有血渣。

將麵粉撒在雞塊上，加入剩餘的材料，邊攪拌混合，邊用中火加熱數分鐘。加入醃漬汁，加熱到沸騰。然後，用烤箱，以180℃，煮1小時，或直到肉變軟。在最後15分鐘時，加入蘑菇。用調味料調味。這樣可以做出4～6人份。

鍋燒硬肉野禽 POT-ROASTING TOUGH GAME BIRDS

小型野禽,例如:鵪鶉(quail)與松雞(grouse),由於肉質較乾燥,也較硬,所以,比較適合長時間而濕潤的烹調方式。用培根包起來,既可以增添風味,還可以保護肉質。綁縛則可以讓野禽保持原本的形狀,不會在烹調後變形。先醃漬再烹調(參照右列),可以讓肉變得更濕潤,細嫩,風味更佳。

1 先將頸上的皮與翅膀藏到身體的下方,再用繩線把雙腿綁起來。調味後,用條狀培根包起來,再用料理用繩線綁好。

2 將2大匙油放進防火砂鍋內。把野禽煎到變成褐色,偶爾用雙尖調理叉(two-pronged fork)勾住綁綁的繩線來翻面。

3 將紅蘿蔔與洋蔥加入鍋內,再用鹽與胡椒調味。以小火加熱,用木杓炒蔬菜約5分鐘,溶化混合鍋底的沉澱物。

4 注入紅酒,到淹沒半隻野禽的高度。蓋上鍋蓋,放到火爐上,慢煮約30分鐘,到肉變軟,湯汁水分減少,變濃稠,或用烤箱,以180℃,加熱1小時。用調味料調味後,就可以上菜了。

硬肉野禽的醃醬 MARINADES FOR TOUGH BIRDS

醃醬可以為肉增添風味,還可以讓肉的質地變軟。這是因為大多數的醃醬,都含有酸性材料,例如:葡萄酒或果汁,有助於破壞硬質纖維。新鮮鳳梨汁是效果最好的材料,因為它含有一種特殊的酵素(enzyme),可以破壞蛋白質(proteins),軟化肉質。

- 新鮮鳳梨汁與檸檬皮磨泥混合。
- 檸檬汁、搗碎的大蒜、乾紅辣椒薄片(dried red pepper flakes)。
- 紅酒、蔓越莓汁(cranberry juice)、杜松子(juniper berries)。
- 柳橙汁、萊姆汁、壓碎的碎胡椒粒、芫荽籽(coriander seeds)、切開的新鮮辣椒。
- 白酒、蘋果醋(cider vinegar)、小茴香籽(cumin seeds)、多香果(allspice berries)、肉桂棒(cinnamon stick)。
- 紅酒、肉桂棒(cinnamon stick)、壓碎的丁香(cloves)。
- 雪莉醋(sherry vinegar)、油、百里香(thyme)、鼠尾草(sage)、月桂葉(bay leaf)。
- 紅酒、迷迭香(roasemary)、馬鬱蘭(majoram)。

肝醬 & 凍派 PATES & TERRINES

任何已去骨去腱的家禽或野味的肉，都可以磨碎後，做成可以塗抹的肝醬(pâté)，或裝入模型，煮成凍派(terrine)。肉千萬不要過度加熱。肝醬與凍派，在濕潤與多汁的狀態下，最可口美味。

雞肝醬
CHICKEN LIVER PATE

雞肝 250g
無鹽奶油(軟化) 125g
白蘭地 2大匙
鹽與現磨胡椒
微溫液態澄清奶油(lukewarm liquid clarified butter，參照第227頁)
25～50g

拌炒雞肝與1/3的奶油5分鐘，直到變色。放進食物料理機，加入剩餘的奶油，與白蘭地，攪拌成泥(purée)。加調味料調味。然後，裝進4個耐熱皿(ramekins)內，將表面整平，用澄清奶油澆淋覆蓋。放涼，放進冰箱冷藏。這樣可以做成4人份。

製作煎肝醬
MAKING A PAN-FRIED

最簡單的製作肝醬方法之一，就是先迅速地把肝煎過後，放進食物料理機(food processor)，攪拌成細緻或粗糙的泥狀(purâe)，放進冰箱冷藏到凝固。雞肝是最受歡迎的肝醬材料，因為它的味道柔和，質地柔軟。製作時，千萬不要加熱過度，以免質地變硬。

烹調肝臟 COOKING THE LIVERS
將肝臟集中在鍋子中央，有熱奶油的地方，就不會黏鍋或燒焦。就這樣煎到稍微變成粉紅色為止。

加入澄清奶油
ADDING CLARIFIED BUTTER
用湯匙將液態的澄清奶油舀到肝醬上，讓它成為密閉的狀態，以防肝醬接觸到空氣後會變色。

製作兔肉凍派 MAKING A RABBIT TERRINE

這種技巧，與用多汁而柔滑的餡料所做成的凍派正好相反，是用柔軟的薄肉片，以簡易的方式來製作多層次的凍派。烤好後，添加在表面的肉凍汁(aspic)，有助於凍派保濕。而且，還可以讓凍派的外觀看起來更具職業的水準。

兔肉凍派的餡料
FARCE FOR RABBIT TERRINE

兔子 1.5kg
紅蔥(shallots，切成粗塊) 2個
蛋 2個
濃縮鮮奶油(double cream) 150ml
開心果(pistachios，去殼) 2大匙
乾燥蔓越莓(dried cranberries) 1大匙
新鮮巴西里(切碎) 2大匙
現磨荳蔻(nutmeg)
鹽與現磨胡椒

先分切好兔子(參照第93頁)，再去除肉上的骨頭。將較好的部分留下備用，剩餘的放進食物料理機，加入紅蔥，一起絞碎。再加入蛋與鮮奶油混合後，倒入攪拌盆，再加入堅果、乾燥蔓越莓、巴西里混合。最後，加調味料調味。

1 將15片條狀培根，鋪在1.5公升容量的凍派模內。放的時候，不要留下任何縫隙，而且末端要掛在凍派模的外緣上。

2 將半量的餡料(farce，參照左列)放進模內，再把兔肉放上去，擺成厚度均勻的一層，再把剩餘的餡料舀進去。

3 把掛在凍派模外緣的培根往裡面翻，交疊成漂亮的圖形。然後，蓋上蓋子，以隔水加熱(bain marie)的方式，用180℃，烤2小時。

4 慢慢地將300～350ml的液態肉凍汁(aspic，參照第19頁)，倒在凍派上。倒的時候，要一次只倒一點，讓它可以被凍派完全吸收。放涼，再放進冰箱冷藏，直到凝固，可以切開的程度。

肉類
MEAT

選擇牛肉 & 小牛肉 CHOOSING BEEF & VEAL

烹調牛肉 & 小牛肉的前置作業
PREPARING BEEF & VEAL FOR COOKING

快煮牛肉 & 小牛肉 QUICK COOKING BEEF & VEAL

慢煮牛肉 & 小牛肉 SLOW COOKING BEEF & VEAL

選擇小羊肉 CHOOSING LAMB

烹調小羊肉的前置作業 PREPARING LAMB FOR COOKING

爐烤 & 燜煮小羊肉 ROASTING & BRAISING LAMB

快煮小羊肉 QUICK COOKING LAMB

選擇豬肉 CHOOSING PORK

烹調豬肉的前置作業 PREPARING PORK FOR COOKING

爐烤 & 燜煮豬肉 ROASTING & BRAISING PORK

快煮豬肉 QUICK COOKING PORK

香腸、培根、火腿 SAUSAGES, BACON & HAM

使用絞肉 USING MINCED MEAT

內臟 OFFAL

選擇牛肉 & 小牛肉 CHOOSING BEEF & VEAL

買肉時，選擇貨源可靠，流通量大的肉店，比較能夠買到新鮮的肉。

請選擇經由純熟的屠宰技巧所切下的肉：沿著肌肉與骨頭的輪廓分切開，

切面整齊，肌腱修切乾淨，所有的骨頭應很平滑，無裂痕。

肉的質地平滑，肉紋細緻，呈乳白色，泛著淡粉紅色者為佳。任何外部脂肪應結實，呈白色。

肉上的油花，整齊而勻稱，就是高品質的最佳指標。

外層的脂肪，應為乳白色，質感平滑。黃色的脂肪代表肉可能已經過了最佳賞味期間，除非這是牧草飼養的牛肉(grass-reared beef)。

選擇深紅色，外觀濕潤，佈滿油花的肉。

購買牛肉與小牛肉 BUYING BEEF AND VEAL

雖然動物的年齡、品種、飼養方式，都會影響到肉的品質，但是，最佳的牛肉與小牛肉，應該聞起來氣味新鮮，肉看起來光潔，而且顏色不會太鮮豔。避免選擇肉的顏色偏淡綠，帶有腐敗氣味者。

選擇切割厚度一致的肉，有利於烹調時受熱均勻，而且，肉的切面要濕潤，看起來就是剛切開的樣子。避免選擇潮濕，觸感黏滑的肉。一定要檢查包裝上所標示的使用期限(use-by)。瘦肉可以保存得比肥肉還久，因為脂肪比肉容易腐敗。

購買最新鮮，品質最佳的肉，絕對是明智的抉擇。不過，要有心理準備必須花多一點錢，購買有機飼養的牛肉，或標榜水分含量高的特優品種牛肉，例如：亞伯丁安格斯牛肉(Aberdeen Angus)。

處理保存牛肉與小牛肉 HANDLING BEEF AND VEAL

購買後，要儘速將肉從原包裝中取出，放在盤子或碟子上，讓血水流出。然後，稍加覆蓋，存放在冰箱中最冷的地方(1～5)℃，而且要遠離已煮熟的肉類。

絞肉與切成小塊的小牛肉，最好在購買當天就煮食。帶骨大肉塊(joints)、骨排(chops)，或去骨牛肉排(steaks)，可以保存2～3天，大的烤肉塊(roasts)，可保存至5天。

快速冷凍牛肉與小牛肉(freezing beaf and veal quickly)，可以降低肉的質地或水分被破壞的機率。小肉塊冷凍的速度比大的帶骨肉塊還快。將各肉塊分開密封保存，使用起來比較方便。冷凍保存後，小牛肉應在6個月之內，牛肉應在1年之內使用。解凍時，稍加覆蓋，放在冰箱內，每450g，需時5小時。

牛肉 & 小牛肉分切塊

牛肉塊，是最有價值的肉，是值得廚師挑戰的一大烹飪課題。牛奶飼養的小牛肉，風味清淡鮮美，肉質纖細柔嫩，應以能夠維持這些特質的方式，例如：燒烤(grilling)，或炙烤(barbecuing)來烹調。小牛如果是用牛奶與麥桿來飼育，肉的顏色就會呈深粉紅，但是吃起來並沒有差別。選擇適合的牛肉塊，以適當的烹飪方法來調理，例如：瘦肉適合快煮，較硬的帶骨肉塊，就需要用長時間的慢煮，將肉煮軟。

牛肉分切塊 BEEF CUTS	選擇標準 WHAT TO LOOK FOR	烹飪方法 COOKING METHODS
肩胛肉或前腿心 CHUCK OR BLADE	大的帶骨瘦肉塊，上有些微結締組織(connective tissue)。分佈著一些外部脂肪。也有販售去骨或切成方塊者。	燉煮 stew、燜煮 braise
菲力 FILLET / TENDERLOIN	瘦而帶點油花。無外層脂肪。	爐烤(roast，整塊)、燒烤(grill，小肉塊)、油煎(pan-fry，小肉塊)、炙烤(barbecue，小肉塊)
頂級胸側肉 FORE/WING / PRIME RIB	瘦肉上帶有明顯層次的脂肪與一些油花。骨頭呈乳白色。厚度一致的外部脂肪層。	爐烤 roast、燜煮 braise、鍋燒(pot-roast，去骨，捲肉)
絞肉 MINCED MEAT	淡的絞肉表示脂肪含量高，深色絞肉表示瘦肉較多。檢查包裝上的脂肪含量%標示。	用來製作義大利麵醬、牛肉派 meat pies、漢堡 burgers、餡料 stuffings。
沙朗 (SIRLOIN，又稱後腰脊肉)	帶著一點油花的瘦肉。多汁而厚度一致的外部白脂肪層。	爐烤(roast，帶骨或去骨皆可)
去骨牛肉排 STEAK	帶著一點油花的瘦肉。乳白色的骨頭，上無裂痕。	燒烤 grill、油煎 pan-fry 或炙烤 barbecue
頭刀 TOPSIDE	帶著一點油花的瘦肉。分層的脂肪環繞在外側。	燜煮 braise、鍋燒 pot-roast、爐烤 roast
小牛肉塊 VEAL CUTS		
胸肉 BREAST	帶著一點油花的瘦肉。薄而厚度一致的外部白脂肪層。	爐烤 roast、鍋燒 pot-roast、燜煮 braise、燉煮 stew、爐烤(roast，去骨鑲餡)、燜煮(braise，去骨鑲餡)
肉片 CUTLET	極少油花，平滑的白色骨頭。厚度一致的外部白脂肪層。	燒烤 grill、炙烤 barbecue
和尚頭 KNUCKLE	白色骨頭佔極高的比例，平滑，上無裂痕。粉紅色的瘦肉，上有些微結締組織(connective tissue)	燜煮(braise，義式米蘭燴小牛肉 osso buco)、燉煮 stew
腰肉 LOIN	瘦肉，平滑的白色骨頭。薄而厚度不一致的外部白脂肪層。	爐烤(roast，整塊)、油煎(pan-fry，骨排(chops))、燒烤(grill，骨排)、炙烤(barbecue，骨排)
派 / 燉煮 PIE / STEWING	瘦肉，上有些微結締組織(connective tissue)。通常已切成方塊狀。	燉煮 stew、砂鍋燒 casserole
肩胛肉 SHOULDER	肉呈透明的粉紅色，帶著一點油花。有明顯的結締組織(connective tissue)，白色的外部脂肪。	爐烤 roast、燜煮 braise
頭刀的薄肉片 TOPSIDE / CUSHION ESCALOPES	很瘦的瘦肉，淡粉紅色。無外部脂肪。	穿油條 Lard 與燜煮 braise，或爐烤(roast，整塊)、燒烤 grill、油煎 pan-fry、炙烤 barbecue

各種牛肉與小牛肉料理
BEEF AND VEAL ON THE MENU

一般而言，牛肉與小牛肉比家禽還貴，用它來做的傳統料理，呈現手法從樸實到精緻，種類繁多。

法國 FRANCE—勃根第紅酒燉牛肉(Boeuf Bourguignon)，是用慢煮的方式來燉牛肉，以煙燻培根、紅酒、蘑菇來調味，美味的牛肉質地如奶油般柔軟，搭配香濃的調味汁來享用。

匈牙利 HUNGARY—匈牙利燉牛肉(Goulash)，是道將切成方塊的肩胛肉(chuck)，加入帶有匈牙利紅椒粉(paprika)辛辣味的高湯內慢煮後，再混合酸奶油(sour cream)，讓湯汁變稠的料理。上菜前，還要再撒上匈牙利紅椒粉。

義大利 ITALY—義式米蘭燴小牛肉(Osso Buco)，用含有大量蔬菜、蕃茄、葡萄酒的高湯，燜煮小牛肉而成的料理，為米蘭的廚師所創。

日本 JAPAN—照燒牛肉(Teliyaki beef)，牛排用醬油、雪莉酒、糖調製而成的醃醬醃漬後，與甜椒(peppers)、洋蔥，一起快炒而成的料理。

墨西哥 MEXICO—法士達(Fajitas)，牛排用辛香料與萊姆汁醃漬後，用墨西哥餅皮(tortillas)捲起來，加上鱷梨(avocado)、沾上酸奶油(sour cream)、莎莎醬(salsa)，一起吃。

美國 UNITED STATES—辣味牛肉豆醬(Chilli con carne)，是用切成方塊的肩肉，牛肉高湯，大紅豆(red kidney beans)，烹調而成。現代的變化樣式，可能還包括了蕃茄、甜椒、黑豆、新鮮芫荽，酸奶油這些材料。雖然它有個西班牙名，味道可是道地的純德州(Texas)風味。

烹調的前置作業
PREPARING FOR COOKING

牛肉與小牛肉，依分切部位不同而各有不同的特質，從短時間內就可以烹調好，瘦而柔軟的肉，到質地較硬的肉都有，而像是風味濃郁的脛肉(shin)，就非常適合長時間的燜煮(braising)。總之，正確而小心地完成前置作業，是不二法門。

帶骨大肉塊的前置作業
PREPARING JOINTS

有些帶骨大肉塊，例如下圖所示的胸側肉(rib)，帶著一層厚外部脂肪，需要先切除，再烹調。

從肉塊的下側，開始切除脂肪。切的時候，要留下薄薄的一層在表面上，讓肉能夠保濕。

去骨牛肉排的前置作業 PREPARING STEAKS

牛肉排必須先修切與修飾後，再烹調。首先，切除部分多餘的脂肪，留下一層相等厚度的脂肪，以便在烹調的過程中，增添風味。然後，等距切穿脂肪，一直切到薄膜。這樣做可以防止牛肉排在烹調的過程中捲曲起來。下圖所示為去骨沙朗牛肉排(sirloin steaks)，去骨上腿肉牛肉排(rump steaks)，也需要用相同的技巧來處理。

1 用去骨刀(boning knife)，切除外部脂肪層，留下1 cm的厚度，還附著在肉上。丟棄切下的脂肪。

2 用主廚刀，等距切穿脂肪，或用料理剪來剪。

穿油條與包油片 LARDING AND BARDING

有些分切塊的脂肪含量較低，若是要爐烤或燜煮，就要再增加油脂，才能在烹調後仍保持柔軟多汁。有兩種方法可以達到這樣的目的：在肉的內部穿油條(larding)，或在肉的外部包油片(barding)。

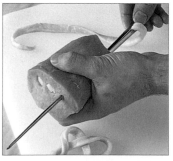

穿油條 LARDING
先用穿油條針(larding needle)順著肉紋，刺穿肉塊。將冷藏過的豬肉脂肪穿過針孔，隨著針拉進肉裡。

簡易包油片 SIMPLE BARDING
用一層薄脂肪包在肉外面，再用繩線固定(參照第**121**頁)。

花式包油片 DECORATIVE BARDING
先用脂肪片從肉的側面包起來，再把鋸齒形的條狀脂肪擺在上方，末端塞進去，固定好。

小牛胸肉去骨 BONING A BREAST OF VEAL

帶骨肉塊可以帶骨烹調，或去骨後再烹調。去骨後再烹調，比較能夠均勻受熱，事後也比較容易切片。去骨後的肉，就可以在鑲餡或不鑲餡的情況下，用來捲，或綁縛，或者直接切片使用。

1 先用去骨刀的前端沿著肋骨切劃，再從下面的肉，將肋骨切開。

2 切穿軟骨，沿著胸骨的邊緣切。取出骨頭。

3 取出肋骨後，再切除肉上所有的軟骨、肌腱、多餘脂肪。

捲肉、鑲餡、綁縛
ROLLING, STUFFING AND TYING

去骨大肉塊(boneless joints)，可以綁縛起來，做成整齊的肉盒(packages)，以爐烤或燜煮烹調，或加上包油片(參照第120頁)烹調，還可以做成包餡的肉捲。肉捲內的餡料可以為肉增添風味，還可以在肉的內部發揮潤滑劑的功效。此外，餡料也有助於肉的延展，讓肉的美味更能突顯出來。

1 將去骨的胸肉，帶皮那面朝下，放在砧板上。在表面上均勻地塗抹上餡料。

2 從較厚的末端開始，把肉捲成整齊的形狀，準備綁縛。

3 用繩線，在長度(length)的方向上繞兩圈，打結，但不要把線剪斷。

4 用繩線在另一手上繞，做1個圓圈，再用來套圓筒狀的肉捲，綁緊。然後，沿著肉捲，一路重複同樣的動作。最後，打結固定。

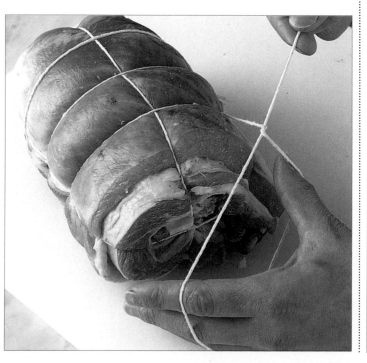

內行人的小訣竅
TRICK OF THE TRADE

簡易綁縛法
SIMPLE TYING

除了左列的步驟3、4所示之肉販專業綁縛法之外，你也可以用個別打數個結的方式，來將肉捲綁縛成整齊的形狀，以利均勻地煮熟。

用繩線，在長度(length)的方向上繞一圈，綁緊，打結後，再把線剪斷。然後，用線在肉捲的正中央繞一圈，綁緊，打雙結，剪斷。再從其中的一端邊緣開始，往正中央方向，每隔2cm等距，重複同樣的打結動作，直到兩端都綁完為止。

義大利式生牛肉片
BEEF CARPACCIO

整塊牛菲力　600g

鹽與現磨胡椒

特級初榨橄欖油(extra-virgin olive oil) 75ml

檸檬汁　1個的份量

新鮮羅勒 (切絲)

酸豆(capers) 數個

帕瑪森起司捲片(parmesan curls，參照236頁)

切除牛肉上所有多餘的脂肪與薄膜(參照右列)，用鋁箔紙包裹，放進冰箱冷凍後，切成極薄的肉片(參照右列)。

將薄牛肉片分別排列在不同的盤子上，排列時要稍微互相重疊，將整個盤子的表面完全覆蓋住。

即將上菜前，撒上少許的鹽與胡椒調味，滴上橄欖油與檸檬汁，再撒上羅勒切絲、酸豆、帕瑪森起司捲片。這樣可以做出4人份。

內 行 人 的 小 訣 竅
TRICK OF THE TRADE

軟化去骨牛肉排
TENDER STEAKS

牛肉若是要以快煮的方式來烹調，可以先用拍打的方式(pounding)，破壞結締組織(connective tissue)，以軟化肉的質地。除了用下圖所示的剁刀來拍打之外，也可以使用擀麵棍。

先將去骨牛肉排放在砧板上，再用剁刀的平面拍肉。

牛菲力的修切與切片
TRIMMING AND SLICING A FILLET OF BEEF

菲力，是所有的牛肉分切塊中，肉質最細緻的部分，少脂，吃起來有著入口即化的柔嫩口感。菲力的傳統烹調方式，就是在有或無鑲餡，有或無糕餅皮(pastry casing，參照第125頁)的情況下，以爐烤(roasting)的方式烹調。若是切片使用，可以製作嫩牛肉片(tournedos)或去骨菲力牛肉排(fillet steaks)，還有從菲力肉的中心部分切下的極厚牛排夏多布里昂(châteaubriand)，或者切成肉條，用來快炒(stir-frying)。

1 將菲力牛肉排主要部分上的鏈狀肌肉 (chain muscle)切除。再切除肌腱薄膜。切的時候，讓刀片滑過薄膜的下方，同時用另一手拉起薄膜。

2 將菲力肉切成2cm的厚片。末端較細的部分，要切厚一點。然後，用剁刀(cleaver)的平面或肉鎚(meat mallet)來拍肉。

切割牛肉薄片
SLICING BEEF WAFER THIN

將肉放進冰箱冷凍，讓纖維變得更結實，以方便切片。這種技巧，可以運用在切割義大利式生牛肉片(carpaccio，參照左列)，或快炒用的牛肉上。

將已完成修切的牛菲力用鋁箔紙緊緊包好，放進冰箱冷凍1～4小時，請依肉塊的大小來決定冷凍所需時間。然後，從冰箱取出，用鋸的方式，切成非常薄的肉片。靜置解凍。

切割燉煮用肉塊 CUTTING MEAT FOR STEWING

若是要用燉煮(stewing)或燜煮(braising)等長時間慢煮的方式烹調牛肉，就要選擇像是下圖的肩胛肉(chuck)，或牛肉的裙肉(skirt)或牛腱(shin)，還是小牛的肩胛肉(shoulder)或胸肉(breast)的分切塊。烹調的過程中，堅硬的肌肉會軟化，膠狀組織會分解，溶入湯汁裡，讓湯汁的質地變得濃稠而柔滑。肉要先切成均等大小的塊狀或條狀，以利均勻受熱。

1 用去骨刀，先切除肉塊周圍所有多餘的脂肪與肌腱。丟棄切下的脂肪。

2 用主廚刀，逆紋將肉切成3～4cm寬的切塊。將各切塊的側面朝下放，再縱切成兩半。

3 將長切塊，再切成3～4cm大小的方塊狀。完成後，就可以準備開始燉煮或燜煮了。

絞肉(碎肉) MINCING

雖然絞肉可以直接買現成的,自己絞則可以選擇要絞成什麼樣的粗細度。最適合做絞肉的肉,是少脂而帶點油花的分切塊。這項簡單的技巧,可以用絞肉機(mincer)來完成,或使用兩把重而刀鋒銳利的主廚刀,以人工的方式,剁成大小勻稱的絞肉。用來做漢堡的絞肉,也可以用剁的方式來完成(參照第152頁)。

用機器絞碎 BY MACHINE

這種絞肉方式,適合量很多,或是頸肉(neck)、後腹脅肉(flank)這類肉質較硬的分切塊。絞過的肉,質地較柔細,適合用來製作香腸(sausages)或漢堡(burgers)。先將肉切成方塊狀(參照第122頁),再裝入機器內,每次只裝少量的肉塊。最後,再壓入1片麵包,來確定已將肉全部壓出機器外了。

用手剁碎 BY HAND

這個方法最適合量很少,或是像上腿肉(rump)或菲力(fillet)這類頂級的分切塊(prime cuts)要做成碎肉時用。法國的韃靼牛排(steak tartare),就是用這樣的碎肉烹調而成的。剁肉時,用兩手各拿一把主廚刀,維持規律的節奏,把方塊狀的肉塊剁碎。

捲小牛薄肉片 ROLLING VEAL ESCALOPES

薄肉片,是從小牛肉的腿部菲力上斜切下來的分切塊。這塊大而厚度均勻的肉片,必須先稍微拍平後,再用來沾粉或油煎。用小牛薄肉片將餡料捲起來的料理,法文稱之為「paupiettes」,義大利文稱之為「saltimbocca「薩魯提波卡」,原義為「跳進嘴裡」,即「入口即化」。相同的技巧,可以運用在牛菲力與頭刀的肉片上。

1 將肉片夾在兩張烤盤紙間,放在砧板上,稍微拍平。然後,拿掉烤盤紙,將肉片切成兩半。

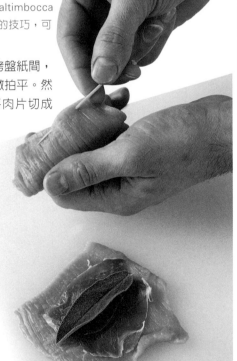

2 將自選的餡料(參照右列)放在肉片上,捲起來,再用1枝木質雞尾酒籤固定好。完成後,就可以開始準備煎了(參照第126頁)。

小牛薄肉片的餡料 STUFFINGS FOR VEAL ESCALOPES

選擇質地濕潤,而且風味與質地都與肉成明顯對比的餡料。

● 薩魯提波卡(saltimbocca,參照第126頁),是道用小牛薄肉片把帕馬火腿(Parma ham)、新鮮鼠尾草葉(sage leaves)捲起來,所製成的料理。

● 在小牛薄肉片上,塗抹瑞可塔起司(ricotta cheese)與切碎的菠菜加少許鮮奶油的混合料,撒上少許烤過的松子(pine nuts),捲起來。

● 混合切成條狀,烤過的甜椒、新鮮麵包粉,與羅勒葉的切絲。

● 混合小牛肉的絞肉、葡萄乾(raisins)、切碎的栗子(chestnuts)、切碎的香草植物(herbs)。

● 混合等量的奶油起司(cream cheese)、法式濃鮮奶油(crème fraîche),再用少許酸豆(capers)與磨碎的檸檬皮(grated lemon zest)調香。

快煮 QUICK COOKING

快煮的方式，包括爐烤(roasting)，適合用於牛肉的胸側肉(rib)、菲力(fillet)等大的頂級分切塊，煎(pan-frying)或燒烤(grilling)，適合去骨牛肉排(steaks)、薄肉片(escalopes)等小而柔軟的肉塊。爐烤時，可帶骨或去骨，肉塊可以鑲餡或捲起來。快煮時的高熱，可以將肉的表面炙燙(sear)成有光澤的硬皮，可以將肉汁封在肉裡面，而不致流失。

肉類溫度計 MEAT THERMOMETER

檢查肉是否已烤好的最佳方式，就是使用肉類溫度計。肉塊炙燙(sear)後，將溫度計插入肉塊中最厚的地方。小心不要碰觸到骨頭，因為這樣會產生不正確的量測結果。量測的溫度結果，60℃表示三分熟(rare)，70℃表示五分熟(medium)，75℃表示全熟(well-done)。

爐烤牛胸側肉 ROASTING A RIB OF BEEF

烹調前，要先將肉塊放置室溫下約2小時，再修切掉多餘的部分(參照第120頁)。肉塊先測重，計算所需的爐烤時間，預熱烤箱(參照左下表)。肉塊用調味料調味。先在烤盤底部佈滿一層油，放在火爐上，加熱到油變熱，但未冒煙的程度。將肉塊放在烤盤上，炙燙(sear)每一面，共約5分鐘。若使用肉類溫度計(meat thermometer)，就插入肉塊最厚的部分裡(參照左列)來量測溫度。

1 將肉塊放進已預熱的烤箱內，烤到事先計算好的時間。烤的過程中，偶爾用大的金屬湯匙，將烤汁澆淋在肉上。

2 若不使用溫度計，可將金屬籤插入肉內30秒。抽出時，若金屬籤是冷的，就表示肉還是生的。若是溫的，就表示已經是五分熟(medium)。

爐烤時間 ROASTING TIMES

以下所列為約略的所需時間，以每450g，用180℃烤為基準。

● 帶骨牛肉(BEEF ON THE BONE)
三分熟(Rare)	20分鐘，另加20分鐘
五分熟(Medium)	25分鐘，另加25分鐘
全熟(Well-done)	30分鐘，另加30分鐘

● 去骨牛肉(BEEF OFF THE BONE)
三分熟(Rare)	15分鐘，另加15分鐘
五分熟(Medium)	20分鐘，另加20分鐘
全熟(Well-done)	25分鐘，另加25分鐘

● 帶骨與去骨小牛肉
VEAL ON / OFF THE BONE)
25分鐘，另加25分鐘

分切牛胸側肉 CARVING A RIB OF BEEF

將肉從烤箱取出後，先用鋁箔紙稍微覆蓋，靜置10～15分鐘。這樣做可以讓肉表面上的肉汁再度被吸收回肉內。分切時，用雙尖調理叉(two-pronged fork)小心抵住肉塊，但不要刺進肉內。

1 將肉塊朝上，放在砧板上，同時用叉子輔助固定。沿著肉與肋骨之間，把肉切下。去除骨頭。

2 將肉塊擺好。用叉子輔助，抵住肉塊，但不要刺進肉內，逆紋切成厚度均勻的薄片。

分切肉塊捲 CARVING A ROLLED JOINT

去骨捲起的肉塊，例如下圖所示的小牛胸肉(breast of veal)，很容易分切。烤好後，先靜置10～15分鐘，拆除綁縛的線，就可以切了。

將肉塊捲的封口處朝下，放在砧板上。用叉子輔助固定，用鋸的方式切片。

爐烤整塊牛菲力
ROASTING A WHOLE FILLET OF BEEF

爐烤前，先炙燙(sear)已修切過，並綁縛好的肉塊，讓表面變硬，變成褐色，將肉汁封在肉內。然後，把肉類溫度計(meat thermometer)插入肉內，溫度計的尖端一定要插在肉的內部正中央。

1塊1.5kg的牛菲力，用220℃烤，若要烤到三分熟(rare)，約需20分鐘，若要烤到四分熟(medium-rare)，約需25～30分鐘。

1 肉塊先調味，再用熱油炙燙(sear)，用烤肉夾翻面。然後，插入肉類溫度計，放進已經預熱的烤箱內。

2 烤的過程中，要經常將烤汁澆淋在肉塊上，讓肉保持濕潤。檢查溫度計上顯示的溫度，烤好了，就從烤箱取出。

牛菲力鑲餡
STUFFING A FILLET

專業廚師常先將整塊牛菲力先切開，鑲餡後，再進行爐烤(roasting)。這樣做，不僅可以增添風味，還可以讓牛肉在烹調的過程中仍能保持濕潤。

炙燙(sear)牛菲力(參照左上的步驟1)，放涼。切開成厚片，但是不要完全切斷，再把香煎蘑菇餡料(duxelles，參照第170頁)，或自選的餡料，舀進每片肉之間。將牛菲力肉片接合起來，回復原狀，再用薄香草可麗餅皮與酥皮，將牛菲力包裹起來，爐烤(參照左列)。

爐烤整塊牛菲力裹酥皮 ROASTING A WHOLE FILLET OF BEEF EN CROUTE

這種法式烹飪技巧，可以將牛肉的內部烤成三分熟(rare)，外部烤成酥皮(crisp pastry)。成功的秘訣，就在於牛菲力要先調味，炙燙(sear)，如上列的步驟1所示，用220℃烤20分鐘，到剛變成三分熟後，放涼，再用可麗餅皮(crêpes)包裹起來，以防肉汁滲漏到外層的脆皮上。

1 將香煎蘑菇餡料(duxelles，參照第170頁)，抹在已冷卻的1.5kg牛菲力表面。再用3塊25cm大的薄香草可麗餅皮將牛菲力包裹起來。

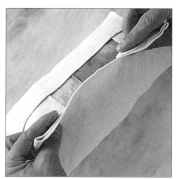

2 擀好5mm厚，700g的起酥皮(puff pastry)，將牛菲力整個包起來，完全封住。

3 將封口處朝下放，用修切下來的酥皮，將上面與側面，裝飾成格子狀。

4 把肉捲放在已用水沾濕的烤盤紙上，用毛刷塗抹上刷蛋水(egg wash，參照第31頁)。放進烤箱，先以200℃烤10分鐘，再調降溫度，以180℃繼續烤20分鐘，直到表面變成金黃色，變脆。靜置10分鐘後，切片，上菜。

酥皮威靈頓牛排
BEEF WELLINGTON

「Filet de boeuf en croûte(酥皮包裹的牛菲力)」，在威靈頓時代(Wellington's time)之前更久遠的時代，早就已經是法國傳統料理了。然而，為了紀念滑鐵盧戰役的英雄威靈頓公爵(Duke of Wellington)，這道料理被重新命名為「酥皮威靈頓牛排(Beef Wellington)」，從此這個名稱就被沿用至今了。這道菜，在西元19世紀初的宴會中，相當受歡迎，尤其是威靈頓公爵特別喜愛的菜餚，而以此著稱。傳統上，這道菜是用蘑菇，與培根切丁、切碎的新鮮香草植物混合的餡料所製成的。

威靈頓公爵(Duke of Wellington，1769～1852)

薩魯提波卡
SALTIMBOCCA

小牛薄肉片(切成兩半後,將帕馬火腿(Parma ham)、新鮮鼠尾草葉(sage leaves)捲起來,參照第123頁) 4個

奶油與橄欖油 各1大匙

馬沙拉(Marsala) 3大匙

濃縮鮮奶油 150ml

新鮮鼠尾草葉(sage leaves,切碎) 1大匙

鹽與現磨胡椒粒

將小牛肉放進鍋內,用奶油與橄欖油煎。取出小牛肉,加入馬沙拉,與鍋內的湯汁混合。再加入鮮奶油、鼠尾草葉,調味料後,澆淋在小牛肉上。

去骨牛肉排沾料
COATING STEAKS

在肉的表面沾料,不僅能夠增添風味,還可以形成一個保護層,將肉本身的天然肉汁封存在肉裡面。下列所示範的傳統法式胡椒牛排 (steak au poivre),使用的是搗碎黑胡椒粒,但是,你也可以混合白、綠、粉紅胡椒來用。

若有4塊牛菲力,就用杵與研缽將2~3大匙的胡椒粒搗碎,或放進攪拌盆內,用擀麵棍的末端敲碎。然後,倒在盤子上,讓牛菲力的雙面都沾滿胡椒。沾的時候要用壓的,這樣胡椒才會緊黏在肉上。

油煎 PAN-FRYING

油煎,是種非常適合用來烹調少脂薄肉片的烹飪方式,例如:本食譜中所示的薩魯提波卡(saltimbocca),就是個很好的例子。烹調時的高溫與熱油,可以迅速地讓肉收縮,達到保濕的效用。煎的時候,使用質地厚重的不沾鍋,加入剛好足夠的油脂,以防肉沾黏在鍋子上。最後留在鍋內的美味湯汁,要用來與馬沙拉(Marsala)、鮮奶油混合,製作成搭配用的濃郁醬汁。

1 等到奶油開始冒泡,就把肉放進去。迅速地翻面數次,炙燙(sear)肉的表面,再用中火,加熱3~4分鐘。

2 加入鮮奶油,邊用中火加熱,邊不斷地攪拌,就可以與馬沙拉(Marsala)、鍋內的湯汁,混合成柔滑的醬汁了。

製作法士達
MAKING FAJITAS

在墨西哥的料理中,油煎(pan-frying)這種烹飪技巧,是用來烹調牛肉,製作法士達,就是一種醃漬過的牛肉條在熱騰騰的情況下上菜,用墨西哥餅皮(tortillas)包起來吃的料理。可以使用牛肉的裙肉(skirt)或上腿肉(rump),逆紋切成條狀來烹調。

1 先讓肉條的表面沾上辣油(chilli oil)、萊姆汁(lime juice)、搗碎的黑胡椒粒混合而成的醃醬(marinade)。蓋好,放進冰箱醃漬至少2小時,最好是一整晚。

2 將橄欖油塗抹在爐用燒烤盤(stovetop grill pan)上,加熱到變成高溫。將肉條放上去,可依個人喜好將甜椒(pepper)切片也放上去。

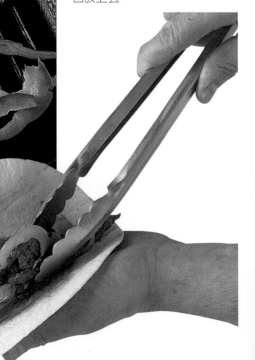

3 等到牛肉條與甜椒切片變軟,變成褐色了,就用烤肉夾取出,放在熱墨西哥餅皮(tortillas,參照第240頁)上,就可以上菜了。

燒烤 GRILLING

燒烤，是種很適合帶點油花，質地柔軟的牛肉分切塊的烹飪方法，因為這樣的肉需要以快煮的方式，來保持質地柔軟濕潤。適合的分切塊，包括小牛肉片(cutlets)、骨排(chops)、與去骨牛肉排(beef steaks)，例如：上腿肉(rump)、沙朗(sirloin)、或下圖所示的菲力(fillet)。確切的烹調所需時間，請參照下表。

1 將烤爐(grill)預熱到高溫。完成去骨牛肉排的前置作業(參照第120頁)後，放在燒烤盤(grill pan)上，刷上橄欖油、切碎的大蒜、磨碎的黑胡椒。

2 將牛肉排放在烤爐下，炙燙(sear)其中一面。翻面，刷上橄欖油混合料，烤第二面。

炭烤菲力牛排
CHARGRILLING FILLET STEAK
加熱爐用燒烤盤(grill pan)到高溫，但未冒煙的程度。將油塗抹在菲力牛排上，再依照下表的時間烤，中途要翻一次面。

調味奶油
FLAVOURED BUTTERS

冷藏過的奶油，是種傳統式熱燒烤肉，尤其是牛排的表面餡料。

用木杓將無鹽奶油打發到變軟，再加入自選的調香料，例如：用紅酒軟化的紅蔥末混合。再用烤盤紙將奶油捲起來，末端扭緊，封好。然後，放進冷凍庫，冷藏到變硬，再切成圓切片。還有個作法，就是用2張烤盤紙夾住約5mm厚的奶油，冷凍。等到變硬後，再用模型切割成圓片。

牛排的燒烤時間
GRILLING TIMES FOR STEAKS

烹調所需時間，依烤爐的熱度、熱度來源距離、牛排的厚度而定。下列的時間，為2.5cm厚的牛排，距離5cm，已預熱極高溫的烤爐。

非常生 VERY RARE →BLEU
菲力(fillet)為每面各1分鐘，上腿肉(rump)為每面各2分鐘。肉吃起來很柔嫩，內部呈藍紫色。

生 RARE →SAIGNANT
菲力(fillet)為每面各2分鐘，上腿肉(rump)為每面各3分鐘。肉吃起來柔軟有彈性，內部還是呈紅色。

半生熟 / 恰到好處
MEDIUM →A POINT
菲力(fillet)為每面各3分鐘，上腿肉(rump)為每面各4分鐘。肉在按壓時感覺很有彈性，內部中心呈粉紅色。

熟 WELL-DONE →BIEN CUIT
先每面各炙燙(sear)3分鐘，每面各3分鐘，再繼續用低一點的溫度加熱6～10分鐘，要翻一次面。肉的質地結實，呈褐色。

炙烤 BARBECUING

這種烹調技巧，適合去骨牛肉排(steaks)、小牛腰肉骨排(veal loin chops)、肉片(cutlets)。請參照第113頁，進行炙烤的前置作業。肉在烤前先用橄欖油、香草植物、自選的調味料醃漬，就可以將肉烤得特別柔嫩，風味絕佳，而且還可以防止肉變得太乾燥。

將牛肉排放在已抹油的炙烤用烤架上，烤到所需的時間(參考左列)，烤的途中要翻一次面，而且要用毛刷，或一束香草植物的枝葉，例如：百里香或迷迭香，將醃醬刷在肉上。

內行人的小訣竅
TRICK OF THE TRADE

格紋牛排
CROSSHATCH STEAKS

炙烤牛排時，運用圖紋，讓牛排的外觀更吸引人。

炙燙(sear)牛排，直到烤架上的紋路清楚地烙印在肉上，再把肉的方向轉90度，再次炙燙同一面。然後，翻面，重複同樣的作業。這樣就可以做出頗具專業水準的炭烤效果了。

慢煮 SLOW COOKING

堅硬而多腱的牛肉分切塊，需要用香郁的湯汁長時間慢煮，來軟化肉的纖維組織(fibrous tissue)，讓風味更濃郁。所有的帶骨大肉塊(joints)與切塊，都可以用這種技巧來烹調。煮好的牛肉，先留在湯汁內放涼，隔天再重新加熱，就會變得更柔軟，更具風味。

鍋燒 POT ROASTING

頂級帶骨大肉塊並不太適合用湯汁慢煮。慢煮能夠軟化肉的肌腱，讓濃郁的風味滲透到肉裡。適合慢煮的分切塊，為牛肉中的去骨捲起的胸肉(brisket)、頭刀(topside)、銀邊三叉(silverside)，與小牛肉的肩胛肉(shoulder)與銀邊三叉(silverside)。1塊1kg去骨捲起的肉塊，需要2又1/2小時來烹調。

1 先用少許油，高溫炙燙肉塊，不斷翻面，直到烤成勻稱的褐色。這樣在最後烹調好時，就會風味濃郁，色澤漂亮。

2 炙燙成褐色後，加入高湯或葡萄酒，或兩者的混合液、洋蔥、韭蔥(leeks)等切過的蔬菜，再加上1個香草束(bouquet garni)與調味料。然後，慢煮，或用烤箱，以170℃加熱到肉變軟。在烹調的最後30分鐘時，再加入根菜類蔬菜。

燉牛肉
MAKING A STEW

燉煮(stewing)與砂鍋燒(casseroling)，是種非常濕潤的烹煮方式，特別適合較不被列為頂級牛肉的腹脅肉(flank)、脛肉(shin)、肩胛肉(chuck)。燉煮前，先切除肉上多餘的脂肪與肌腱，再切成相同大小的方塊狀，放進防火砂鍋內，把表面煎成褐色。然後，注入液體，到剛好可以淹沒肉的高度，放在火爐上，或170℃烤箱內加熱。燉牛肉時，1kg的肉，約需烹調2～2又1/2小時。

1 如果肉先醃漬過，要先用廚房紙巾，徹底瀝乾，再分批放進鍋內，用高溫煎到表面變成褐色，將肉汁封存在肉裡，並加深醬汁的顏色。

2 將小刀的刀尖插入其中1塊肉裡，以確認熟度。如果刀片可以輕易地刺穿肉的纖維，就表示已經好了。

燜煮多腱牛肉分切塊
BRAISING SINEWY CUTS

燜煮用的牛肉或小牛肉，請選擇肉質較硬，多骨少脂的分切塊，例如本食譜中所示的小牛脛肉(shin)。這類肉塊在烹調的過程中，肌腱(sinew)與軟骨(gristle)會被分解，讓湯汁變得更濃郁。

燜煮時只需使用少量的液體，所以，烹調的過程中一定要蓋緊蓋子，以免水分流失。義式米蘭燴小牛肉(osso buco)就是一道運用此種烹飪方法的料理。簡易的食譜作法，請參照右列。

1 用熱油將小牛肉煎成褐色。肉表面上的麵粉，可以因此而形成一層硬的外殼，而且讓湯汁變得更稠。

2 在燜煮的過程中，翻面一或兩次，讓肉塊可以均勻地受熱，並吸收湯汁的風味。

烹調鹽漬牛肉
COOKING SALT BEEF

在以前尚未有冰箱可以使用的年代，通常牛肉會以風乾，或添加了香草植物、辛香料、糖的鹽水醃漬保存。現在，這樣的作法已非絕對必須，但是鹽漬牛肉，由於可以產生特殊風味，呈現出吸引人的粉紅肉色，至今仍很受歡迎。這樣的牛肉，可以在專業肉店或部分超市購得。

烹調前，先用冷水浸泡鹽漬牛肉一整晚，以去除多餘的鹽分。然後，瀝乾，用冷水沖洗後，放進鍋內，加入切塊的蔬菜，例如：紅蘿蔔、防風草根(parsnips)、馬鈴薯、現磨胡椒。再注入可以淹沒食材份量的水，加熱到沸騰，加蓋，慢煮2小時，或到肉變軟。

用砂鍋烹調 COOKING IN A CLAY POT

在中東，肉類常是用砂鍋來燜煮，凝聚在緊密覆蓋的蓋子內的水蒸氣，會滴落在燉肉上，讓肉質保持濕潤美味。下圖所示，附有圓錐形蓋子的砂鍋，為摩洛哥塔吉(Moroccan tagine)，尤其適合用於這種烹調方式。

1 先在平底鍋內，用熱油將牛肉塊煎到變成褐色，再放進塔吉(tagine)內，加入乾燥水果，例如：梅乾(prunes)或杏桃(apricots)等、檸檬或橙皮的薄削片、熱牛高湯、調味料。

2 用塔吉的蓋子蓋緊，可依個人喜好，在表面淋上麵粉與水混合的麵粉糊。放進烤箱，以170℃，加熱2小時。然後，撒上切碎的新鮮香草植物，以熱食來上菜。

義式米蘭燴小牛肉
OSSO BUCO

小牛脛肉(shin of veal，鋸切成5cm的塊狀) 1kg
中筋麵粉(plain flour) 1大匙
橄欖油 2～3大匙
紅蘿蔔(切丁) 2個
洋蔥(切塊) 2個
不甜白酒(dry white wine) 125ml
褐色高湯(brown stock，參照第16頁) 125ml
蕃茄(罐頭) 400g
乾燥綜合香草植物 1小匙
鹽與現磨胡椒
格雷摩拉達(Gremolada，參照第330頁)

將肉表面沾上麵粉。在防火砂鍋內熱油，再把肉放進去，煎到變褐色。然後，取出肉，放入紅蘿蔔與洋蔥，加熱10分鐘，到散發出香味。將肉放回鍋內，加入白酒、高湯、蕃茄、乾燥香草植物，再加入調味料調味。加蓋，用170℃，加熱2小時，或到肉變軟，偶爾要翻一下面。嚐嚐看味道，調味。最後，撒上格雷摩拉達(Gremolada)，以熱食來上菜。這樣可做出4人份。

泰式牛肉
Thai Beef

這可以說是一種堤耶德沙拉(salade tiède)，或溫沙拉(warm salad)。
這道令人驚艷的料理，是用少脂柔軟的牛肉佐亞洲風味調味汁，
加上鮮脆的小黃瓜與香甜的芒果做配菜，配上用椰奶煮的白飯。

4人份
去骨上腿肉排(rump steak，
　切塊，2.5cm厚) 750g
蔬菜油
新鮮芫荽葉 10g
新鮮薄荷葉 10g
檸檬香茅(lemon grass，枝葉，
　修剪後切碎) 3枝

調味汁 FOR THE DRESSING
新鮮辣椒(小，切成兩半，
　去籽，切碎) 2個
大蒜(去皮) 2瓣
新鮮老薑(去皮，切碎) 4cm大小
　的塊狀
萊姆汁 1個的份量
淡色醬油(light soy sauce) 3大匙
蔬菜油 2大匙
黃砂糖(light soft brown sugar) 2小匙

上菜時 TO SERVE
新鮮紅辣椒(縱切成兩半) 1個
小黃瓜(縱向劃切(score)後，
　切成薄片) 1個
芒果(大而成熟結實，去皮，
　切片) 1個
椰奶煮白飯(參照左下)

用介於中火與大火間的火
侯加熱爐用燒烤盤(grill pan)，到
鍋子變成高溫，但未冒煙的程
度。在牛肉表面刷上薄薄的一
層油，放到熱煎鍋內。兩面各
燒烤約3分鐘，就可以從生肉變
成四分熟(medium rare)了(從鍋上
取出後，肉的餘熱還是會再繼
續發揮短暫的加熱效用)。將肉
裝到1個盤子上。靜置片刻，
同時利用這段時間製作調味

汁。將調味汁的材料放進果汁
機內，攪拌到質地變得極為
柔細。

芫荽葉與薄荷葉，留下數
片做裝飾，其餘的全部切碎。

將牛肉切成薄片，放進攪
拌盆內，舀進滿滿幾湯匙的調
味汁，加入切碎的香草植物與
檸檬香茅，拌勻。

將混合好的牛肉疊放在大
淺盤上，擺上紅辣椒，再把小
黃瓜與芒果，花式排列在盤
緣。上菜時，再搭配剩餘的調
味汁與椰奶煮白飯。

椰奶煮白飯
COCONUT RICE

椰奶 600ml
水 300ml
檸檬香茅(刮過) 1枝
鹽 1/2小匙
泰國香米(Thai jasmine rice) 275g

將椰奶與水倒入鍋內，加入檸檬香
茅、鹽後，加熱到沸騰，再加入
米，攪拌。鍋蓋半掩，慢煮20分
鐘。然後，從爐火移開，蓋緊鍋
蓋，靜置5分鐘。丟棄檸檬香茅，用
叉子將白飯翻鬆。

泰式牛肉的烹調與切片
Cooking and Shredding Thai Beef

牛肉在炭烤的過程中，若是不斷地被按壓，肉裡的纖維就會鬆弛，
而變得容易切開。

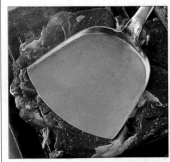

炭烤牛肉時，用中式炒鍋的鍋
鏟不斷地將肉壓平。

用剁刀(cleaver)，逆紋將肉切成
1cm厚的切片。

選擇小羊肉 CHOOSING LAMB

現代化的飼養與農場經營方式，已經改善了小羊肉的味道與質地，
而且可以提供少脂的瘦肉分切塊。羊奶飼育的小羊，肉色很淡，
看起來與小牛肉很像，如果是小於1歲的春羔羊肉(spring lamb)，
則是肉色呈稍微深一點的粉紅色，風味高雅。另外還有不易購得的成羊肉(mutton，
2歲以上的羊肉)，帶有較強烈的野味，肉色較深。

肉的質地細緻緊密，組織
柔軟光滑。

布滿油花(Marbling)，
表示這塊小羊肉多汁。

脂肪應呈白色，質地結
實而呈蠟狀。

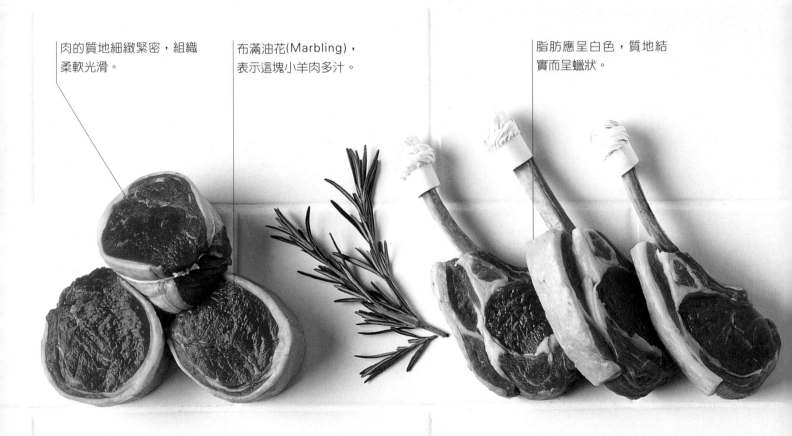

購買小羊肉 BUYING LAMB

小羊肉若能妥善冷凍保存，受到的損害就會非常小。所以，在無
法購買到新鮮的小羊肉時，冷凍肉就是個不錯的選擇。
買肉時，請選擇質地結實，肉色粉紅，油花清楚可見者，避免肉
色較深，潮濕，黏滑者。一般而言，肉色越是呈粉紅色，羊的年
齡就越小。切勿選擇分切肉塊周圍被黃色的脂肪包覆者，請選擇
脂肪呈乳白色，結實而厚度一致者。
市面上販賣的帶骨大肉塊(joints)，通常外皮很薄，應讓人感覺新
鮮，濕潤而柔軟，而非乾燥而起皺。這又被稱為毛皮(fell)，這層
皮應在做為去骨羊肉排(steaks)或骨排(chops)烹調前，就先從肉
上切除。若是要用來爐烤(roasting)，就要留在肉上，以利肉的保
濕，增添濃郁風味。

處理保存小羊肉 HANDLING LAMB

將小羊肉以原包裝，密封的狀態，放進冰箱最冷的地方冷藏(1～
5℃)，遠離煮熟的肉類。一定要檢查確認使用期限(use-by)的日
期。去骨羊肉排(steaks)與骨排(chops)可保存2～4天，帶骨大肉
塊(joints)可保存至5天。小羊肉的絞肉很容易變質，所以，要在
24小時內烹調。
煮好的小羊肉，放在冰箱中，可保存至2天。放進冰箱冷藏前，
一定要先徹底冷卻。煮好後的小羊肉，要用鋁箔紙包好，在2小
時之內就放進冰箱冷藏。
小羊肉可以冷凍保存很久，緊密包好的小分切塊，可以保存3～
4個月，大分切塊則可以保存6～9個月。解凍時，將小羊肉放在
盤子裡，以接住融化的水滴，放在冰箱裡慢慢解凍。每450g，
解凍約需6小時。解凍後，要在2天之內使用。

小羊肉分切塊 LAMB CUTS

小羊肉的等級，從低價，較不含水分，適合用燜煮(braise)、燉煮(stew)、砂鍋燒(casserole)的烹調方式來讓肉變得更濕潤，更柔軟的分切塊，到特殊料理所使用的高價小羊肉分切塊，例如：骨排(chops)、肉片(cutlets)、細緻的皇冠羊排(crown roasts)、羊排拱門(guards of honour)，無論是針對什麼樣的料理，都有適合的小羊肉分切塊可以使用。雖然小羊肉一整年不分季節都有供應，但是，味道最香甜，肉質最柔軟的則為新季羊肉(new-season lamb)。小羊肉料理在中東的許多國家，是春季到來之象徵的傳統料理。

小羊肉分切塊 LAMB CUTS	選擇標準 WHAT TO LOOK FOR	烹飪方法 COOKING METHODS
頸部肋條 BEST END OF NECK	乳白色光滑的外部脂肪層。整塊肉上都有油花。骨頭濕潤，上無裂痕。	爐烤(roast，骨排與肉片)、砂鍋燒(casserole，骨排與肉片)、燒烤(grill，骨排與肉片)
胸肉 BREAST	肉上佈滿油花。肉上的乳白色脂肪含量比例高。帶著一些結締組織(connective tissue)。	爐烤 roast、燜煮 braise
皇冠羊排 / 羊排拱門 CROWN ROAST / GUARD OF HONOUR	肋骨上的脂肪已切除。骨頭乾淨而濕潤，脊骨可能已經鋸開。肉少脂而濕潤。	爐烤 roast
腿肉 LEG	多脂而毛皮完整無損。骨頭的切面呈紅色，濕潤。瘦肉，帶點油花。看得到結締組織(connective tissue)。	爐烤(roast，去骨)、燒烤(grill，去骨)、炙烤(barbecue，去骨)
腰脊肉 LOIN		
腰臀與腰脊骨排 Chump and Loin chops	瘦肉，帶點油花。腰脊的T骨、腰臀的後腿骨/股骨(round bone)之骨頭呈紅色，濕潤。乳白色的脂肪層環繞在骨排的邊緣。	燒烤 grill、炙烤 barbecue、油煎 pan-fry、燜煮 braise
中頸與頸肉 Middle neck and scrag end	肉上的脂肪與骨頭含量比例高。濕潤的瘦肉，帶些結締組織(connective tissue)。	燉煮(stew，肋眼(eye)或頸肉排(neck fillet))、砂鍋燒(casserole，肋眼或頸肉排)、燜煮(braise，肋眼或頸肉排)、燒烤(grill，肋眼或頸肉排)、煎(pan-fry，肋眼或頸肉排)
小塊瘦肉 Noisettes	肉質極瘦，濕潤。乳白色的厚脂肪層緊環外側。	油煎 pan-fry、嫩煎 sauté、燒烤 grill、炙烤 barbecue
鞍狀腰脊肉 Saddle	粉紅色的瘦肉。帶點油花。光滑的脂肪層(可能需要切除)。	爐烤 roast
腿腱 SHANK	白色骨頭。乳白色脂肪。佈滿結締組織(connective tissue)。	燉煮 stew、砂鍋燒 casserole、燜煮 braise
肩肉 SHOULDER	濕潤而粉紅的肉，帶著明顯的油花。白色濕潤的骨頭，周圍被明顯可見的結締組織(connective tissue)環繞。厚的外部脂肪層。	爐烤(roast，去骨，切成塊狀)、燜煮(braise，去骨，切成塊狀)

各種小羊肉料理 LAMB ON THE MENU

小羊肉常被以新鮮香草植物調理成精緻芳香的料理，或用異國風味辛香料調製成濃厚口味的料理，可以說是在各國都很受到喜愛的料理食材。

希臘 GREECE—慕薩卡(Moussaka)，小羊絞肉，用一層茄子薄片(egg-plant)包起來，再沾上肉桂風味的貝夏美醬汁(béchamel sauce)，是道豐盛美味，令人大飽口福的料理。

印度 INDIA—小羊肉咖哩(Lamb curry)，用切成塊狀的肉，加上咖哩、小茴香(cumin)、芫荽等辛香料，或是再加上鷹嘴豆(chick peas)，甚至是堅果，烹調而成的料理。

英國 BRITAIN—牧羊人派(Shepherd's Pie)，用切碎的小羊肉，加上蘑菇蕃茄調味肉汁(mushroom and tomato gravy)，上面再用馬鈴薯泥當做餡料而成的料理，是寒冷季節中的聖品。

法國 FRANCE—羔羊腿(Gigot D'agneau)，是道在法國各地都廣受喜愛的料理。在普羅旺斯(Provence)，典型的作法是用大蒜、迷迭香、百里香調香。在勃根第(Burgundy)，是用杜松(juniper)調香。若是在巴黎的小飯館(Parisian bistro)，有時會用乳白色的豆類鋪在肉的下面來上菜。

摩洛哥 MORROCO—小羊肉塔吉(Lamb Tagine)，是用切成塊狀的小羊肉，加上洋蔥、甜椒、茴香、橄欖、醃漬檸檬(preserved lemons)、堅果、葡萄乾，慢煮而成，是道濃郁美味的燉肉料理，傳統上會搭配古司古司(couscous)，一起上菜。

烹調的前置作業
PREPARING FOR COOKING

下列所示範的技巧，可能需要點特殊的技術。不過，最後在成果上所得到的回饋，絕是值得的。去骨的大肉塊，比帶骨的還容易切開。皇冠羊排 (crown roasts)，令人嘆為觀止，更是個適合特殊場合的料理，必學的技巧。

肩肉去骨 BONING A SHOULDER

小羊的肩肉，是塊難以切開的帶骨大肉塊。先取出肩胛骨與肩骨(blade and shoulder bones)，完成前置作業，讓這些肉塊可以鑲餡或不鑲餡地捲起綁縛，用來爐烤或燜煮。這樣，就會變得容易切開了。去骨時，要同時切除多餘的脂肪。

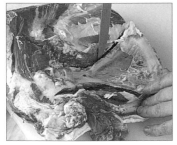   

1 用去骨刀，先從肉與肩胛骨的其中一側間切下去。

2 切穿球窩關節(ball and socket joint)，分離肩胛骨與肩骨。

3 抓緊關節，用力地將肩胛骨從肉上拉開。

4 將肉從肩骨上刮開，鬆脫開後，把骨頭拉出。

腿肉的削掘去骨
TUNNEL BONING A LEG

這個技巧，可以讓小羊腿肉變成像一個形狀整齊的袋子，以便用來裝填餡料。除此之外，也可以讓腿肉變得容易切割。去骨前，先從肉塊的外側切除脂肪，再切穿在小腿(shank)底部上的肌腱(tendons)。

1 沿著骨盆的骨骼(pelvic bone)切，再切穿肌腱。取出骨頭。

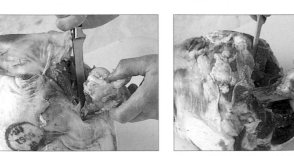 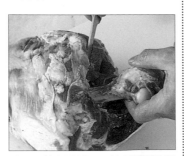

2 將肉從小腿骨(shank bone)上刮開，切開腿關節上的肌腱，取出小腿骨。

3 沿著腿骨切，等到鬆脫開後，就扭斷，拉出。

腿肉的蝴蝶形肉片切法
BUTTERFLYING A LEG

這種技巧，可以將小羊腿肉切割成適合燒烤或炙烤的肉塊。「蝴蝶(butterfly)」這個名稱，就是取自於肉塊在幾乎被完全切開後，所呈現的蝴蝶形狀。腿肉要先完成削掘去骨(tunnel boning，參照左列)後，再進行切割蝴蝶形肉片的作業。

1 將刀子切入腿骨的凹洞，切入其中一側，分開肉塊。

2 打開肉塊，從正中央切下去，不要切太深，讓肉塊可以保持打開的狀態。

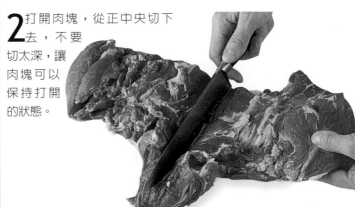

羊排的前置作業 PREPARING A RACK

「頸部肋條(the best end of neck)」或「小羊排(rack of lamb)」，是位於羊胸廓的一側。通常可以從這裡切下6～9塊肉片(cutlets)，用來爐烤。進行羊排的前置作業前，要先切除羊皮與1.25cm厚的脂肪。

名稱逸趣
WHAT'S IN A NAME?

法國料理的專用術語，常讓人覺得很困惑。這種情況，在小羊肉的分切塊名稱上也不例外。下列，為使用頻率最高的分切塊名稱。

- 「Carré d'agneau」，為小羊排(rack of lamb)。
- 「Côte d'agneau」，為從腰脊肉(loin)或小羊排(rack(best end))切下來的骨排(chop)。
- 「Couronne」，為皇冠羊排(crown roast)。
- 「Gigot」，為小羊腿肉(leg of lamb)。
- 「Garde d'honneur」，為羊排拱門(guard of honour)。
- 「Noisette」，為從鞍狀腰脊肉(saddle)上切下的去骨肉，用線綁縛。

1 將羊排放好，切除黑色的脊骨(chine bone)。

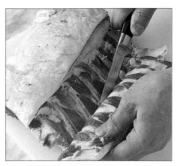

2 從距離骨頭邊緣5cm處，將肋骨上的脂肪切開。翻開，用刀沿著骨頭劃開。

3 將肉與組織從骨頭與骨頭間削切下來。

製作皇冠羊排 MAKING A CROWN ROAST

它的名稱源自於1或2個羊排綁縛在一起後，外觀看起來就像是個皇冠。製作皇冠羊排前，請先完成上列的羊排前置作業步驟1～3。進行爐烤(roasting)前，可依個人喜好，先將餡料填裝在中間的洞裡，或另行烘烤(baking)。

1 切開肋骨間的薄膜(membrane)，讓羊排更容易彎折。

2 將羊排立起，有肉的那面朝外，彎曲成皇冠的形狀。

3 將肋骨彎折成向外，讓皇冠可以豎直站立。用線在中央繞圈，綁好固定。若是自覺需要，可以再將接合處縫合起來。完成後，就可以準備開始爐烤了。

製作羊排拱門
MAKING A GUARD OF HONOUR

將2個羊排骨相扣，做成像刀劍的形狀，就成了羊排拱門。

依照上列的步驟1～3，完成羊排的前置作業。可依個人喜好，切除所有外側的脂肪。兩手各拿著1個羊排，將肉與肋骨朝內，用力推緊，讓骨頭相扣。完成後，就可以開始準備爐烤了(參照第136頁)。

爐烤&燜煮 ROASTING & BRAISING

小羊的腿肉(leg)、肩肉(shoulder)、頸部肋條(best end of neck)，都是適合不加料，直接用來爐烤的帶骨肉塊。其中，頸部肋條與肩肉，很適合與一般的蔬菜一起燜煮(braise)。不過，上述的三種分切塊，若是先鑲餡，或沾料後再烹調，都可以因此而吸取特殊的香味，讓肉質保持濕潤。這些技巧，如下所示，同時還示範解說小羊肉骨頭的切割方式。

鑲餡與爐烤 STUFFING AND ROASTING

下列為小羊腿肉經過削掘去骨(tunnel-boned，參照第134頁)，鑲餡，綁縛後，插上肉類溫度計(meet thermometer)，進行爐烤。相同的爐烤技巧，可以應用在帶骨的小羊腿肉上，但是，使用肉類溫度計時要小心，插入肉內時不要碰觸到骨頭。

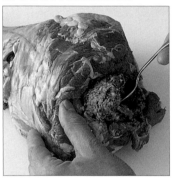

1 將餡料舀入骨頭取出後所空出的袋狀空間，再用手指推入。

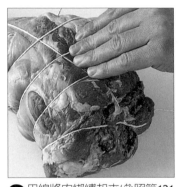

2 用線將肉綁縛起來(參照第121頁)，固定好形狀。然後，將肉放在鋪了網架的烤盤上。

3 將肉類溫度計插入肉裡，肉的表面塗抹上橄欖油與調味料後，就可以爐烤了(參照左列)。

帶骨大肉塊的調香 FLAVOURING JOINTS

炙燙(seared)過的帶骨肉塊，可以在外面塗抹上用香草植物、辛香料、芥末、大蒜、鯷魚(anchovies)等材料所做成的重口味醬料，讓肉塊可以吸收香味，增添美觀。如果是家庭式料理，可以將大蒜，或加上香草植物，鑲嵌在生肉的脂肪與肉上。

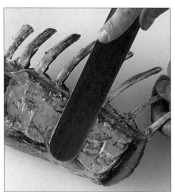

1 先用熱油炙燙小羊肉，放涼，再將1大匙的第戎(Dijon)或其它法式芥末，均勻地塗抹在帶脂肪的那面肉上。

2 用手指將切碎的新鮮香草植物與乾麵包粉的混合料，按壓在芥末上。

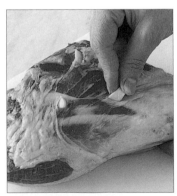

鑲嵌大蒜 INSERTING GARLIC
爐烤小羊腿肉或肩肉前，先在肉上劃切深的刀痕，再把已去皮的大蒜塊嵌進去。

爐烤時間 ROASTING TIMES

在法國，小羊肉通常以三分熟(rare)或四分熟(medium-rare)來上菜。爐烤時，每450g重，先用230℃烤10分鐘，再用180℃烤18分鐘。烤好時，肉的內部溫度應為60℃。

● 放進已預熱到230℃的烤箱，先烤10分鐘，再調降溫度到180℃，依照下列的時間繼續烤：

● 五分熟(MEDIUM)：內部溫度為70℃
每450g烤25分鐘，外加25分鐘。

● 全熟(WELL-DONE)：內部溫度為80℃
每450g烤30分鐘，外加30分鐘。

包裹大肉塊 WRAPPING A JOINT

在法國，去骨的小羊腿肉，有時候會用酥皮包裹起來烹調，這樣既可以讓肉的質地保持多汁，還可以讓外觀看起來更吸引人。皮力歐許酥皮(brioche pastry，參照第243頁)，是最傳統的作法，但是，你也可以購買現成的起酥皮(puff pastry)或薄片酥皮(filo pastry)。先爐烤小羊肉，在鑲餡或不鑲餡的情況下，以200℃烤40分鐘，放涼，拆除綁縛的線。然後，用酥皮將肉包起來，封口朝下，放在一張已塗抹了奶油的烤盤紙上。在表面塗上刷蛋水(egg wash，參照第31頁)，烘烤(bake)約45分鐘，到酥皮變成金黃色。先靜置15分鐘，再上菜。

分切帶骨小羊腿肉
CARVING A LEG ON THE BONE

將小羊腿肉從烤箱取出後，從烤盤上移出，用鋁箔紙稍加覆蓋，靜置約10～15分鐘。切的時候，用叉子輔助固定，但是不要刺進肉裡。

分切小羊排 CARVING A RACK
將羊排的肋骨那面朝下，放在砧板上。用手抓緊羊排，用主廚刀，以鋸東西的方式，從肋骨與肋骨之間分切開來。

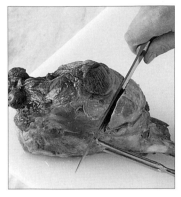

1 將主廚刀伸到腿肉的膝關節末端，再垂直，水平各深切一刀，切出1塊肉。

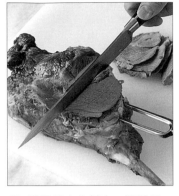

2 從這塊肉的其中一邊開始，切下形狀整齊的切片。將小羊腿肉翻面，用刀片，斜切下肉片。

小羊肩肉的鑲餡與燜煮
STUFFING AND BRAISING A SHOULDER OF LAMB

這種烹飪方法，可以讓去骨肩肉的質地變得更柔軟，更具風味，而且，內部濕潤的餡料，還可以為肉增添香味。製作時，先用肉將餡料捲起來，再依照第121頁的解說步驟，用線綁縛起來，讓形狀保持緊實，利於切片。

1 攤開肉，將餡料均勻地抹在肉上，邊緣空著，不要塗抹。

2 用介於中火到大火間的火侯，將整個肉捲煎成褐色後，加入洋蔥。這樣做，可以讓這道菜在完成時，色澤更漂亮豐富，風味更濃郁。

燜煮香草餡小羊肉
BRAISED LAMB WITH HERB STUFFING

小羊肩肉(shoulder of lamb) 2kg
新鮮香草植物(切碎) 4大匙
大蒜(切碎) 2瓣
紅蔥(切碎) 1個
新鮮麵包粉 100g
鹽與現磨胡椒
蛋(稍微攪開) 1個
橄欖油 2大匙
小洋蔥(去皮) 100g
褐色高湯(參照第16頁) 300ml
紅蘿蔔(切片) 3條

小羊肉去骨(參照第134頁)，把切除下來的部分剁碎。混合碎肉與香草植物、大蒜、紅蔥、麵包粉、調味料，再加入蛋液，增加黏度。將混合料塗抹在肉上，捲起，綁縛好，調味後，放進防火砂鍋，用熱油煎到變成褐色。然後，加入洋蔥、高湯，加蓋，以170℃，燜煮1又1/2～2小時，在最後的30分鐘時，再加入紅蘿蔔。最後，嚐嚐看味道，調味。這樣可以做出4～6人份。

最後修飾 FINISHING TOUCHES

利用可以食用的裝飾，來裝點整塊爐烤過的帶骨肉塊，或牛肉、小牛肉、小羊肉、豬肉的分切塊與切片，可以讓整體外觀變得更漂亮而吸引人。將這些裝飾用食材，擺在上菜用的大淺盤上，圍繞著肉塊排列，或放在單人份的主餐盤(dinner plates)上，排列在切片的肉旁，切勿放在醬汁(sauce)或調味肉汁(gravy)裡。

裝飾肉類 DRESSING UP MEAT

肉類以熱食來上菜時，所有可以食用的裝飾配菜，也要同樣是熱的。傳統式的裝飾與配菜，如下所示。此外，下列還包括了幾項與眾不同的建議，不妨試試看！

- 爐烤豬肉(roast pork)，佐傳統式蘋果醬汁，加上以奶油加上新鮮鼠尾草(sage)枝葉煎過的蘋果圈(apple rings)。

- 爐烤小羊肉(roast lamb)，佐薄荷醬汁(mint sauce)或搭配果凍(jelly)，或者紅醋栗果凍(redcurrant jelly)。傳統式的配菜為新鮮薄荷枝葉。

- 爐烤牛肉(roast beef)，配上芥末或辣根(horseradish)，再以西洋菜(watercress)做配菜。

- 爐烤小牛肉(roast veal)，在傳統法式料理中，是配上與鍋或盤底沉澱物混合而成的湯汁(jus)，以巴西里(parsley)枝葉做配菜。

- 勃根第式配菜(A la bourguignonne)，是種牛肉的傳統式法國配菜。製作時，用奶油嫩煎(sauté)切成四等份的小白蘑菇(button mushrooms)與汆燙過的珍珠小洋蔥(pearl onions)，直到變軟。煎好後，舀到牛肉的周圍放，再配上紅酒醬汁(red wine sanuce)。

- 爐烤小牛肉(roast veal)或燒烤小牛肉骨排(grilled veal chops)，用小型蔬菜餡餅(vegetable fritters)或馬鈴薯煎餅(rösti，參照第190頁)做配菜。

- 任何爐烤肉類，用融化奶油與切細碎的巴西里或薄荷，拌削圓的馬鈴薯(turned potatoes)。

- 使用汆燙過的韭蔥(leek)或蔥(spring onion)的細薄片、細香蔥(chive)的莖、培根切片、或用切成長條狀的柑橘類水果皮來代替紅椒長條(參照右列)，將煮熟的蔬菜綑綁成束。

薯泥擠花 PIPED POTATOES
將蛋黃與奶油加入馬鈴薯泥中混合，以增添風味。然後，用擠花袋擠到烤盤紙上，用200℃，烘烤5分鐘。

削圓蔬菜 TURNED VEGETABLES
水煮已削圓的蔬菜(參照第167頁)，例如：櫛瓜(courgette)、蕪菁(turnip)、紅蘿蔔，直到變軟。可以再將這些蔬菜表面澆糖汁膠化(glaze)。

造型彩飯 RICE MOULDS
將煮熟的熱白飯與切碎的蔬菜、香草植物混合後，裝入內部已塗油的模型內，再脫模。

蔬菜束 VEGETABLE BUNDLES
用汆燙過的細紅椒條，綁住已煮熟的小束菜豆(French beans)或蘆筍頭(asparagus tips)。

小蔬菜 BABY BEGETABLES
留下部分綠色的莖在去皮汆燙過的小蔬菜上，例如：紅蘿蔔、蕪菁(turnip)。

香烤紅蔥 ROAST SHALLOTS
用蔬菜油沾滿未去皮的紅蔥，再用200℃爐烤20分鐘，到外皮變脆。

油封紅蔥 CONFIT SHALLOTS
用少許鵝油或鴨油淋在去皮的紅蔥上，以120℃烤1小時，或直到變軟。

香脆韭蔥 CRISPY LEEKS
將韭蔥的蔥青部分切絲，放進180℃的油裡炸，到剛變脆，就撈起，放在廚房紙巾上瀝乾。

東方式裝飾 ORIENTAL DECORATIONS

利用這些引人目光的蔬菜裝飾，來裝點快炒料理，沙拉或自助餐的菜餚。這些裝飾用的蔬菜，可以事先做好，但是，一定要浸泡在冰水中，以保持鮮脆。製作時，用薄而銳利的刀子，以做出更專業的成果來。

櫛瓜煙火 COURGETTE FIREWORKS
在粗段的櫛瓜上，交叉切劃，下端不要切到底。然後，捲一下，切開的那端朝上，讓它站立起來。

紅蘿蔔花 CARROT FLOWERS
在紅蘿蔔尖端周圍削切四個斜角，做成花瓣。扭一下，就成了一朵紅蘿蔔花。重複同樣的作業。

小黃瓜皇冠 CUCUMBER CROWNS
先切下3mm厚的小黃瓜皮，成為長條狀。然後，切成4cm寬的方形，再切成鋸齒形，做成皇冠的尖端。

櫻桃蘿蔔玫瑰 RADISH ROSES
將櫻桃蘿蔔的尖端切除，再切成細方格狀，不要切到底，下端要連接在莖上。放進冰水中打開。

螺旋蔬菜 VEGETABLE SPIRALS
將一段白蘿蔔(mooli)或櫛瓜(courgette)插在金屬籤上，再沿著它們的長度，邊轉動蔬菜，以螺旋狀一路切過去。

辣椒花 CHILLI FLOWERS
從長辣椒的莖往前端方向，切5刀，前端不要完全切斷。放進冰水中浸泡，直到花瓣打開。

禁衛兵團 GUARDS ON PARADE

這是典型的傳統式法國風味配菜，多汁的小羊排，配上櫛瓜小舟、鑲餡小蕪菁，與填塞了香煎蘑菇餡料(duxelles，參照第170頁)的櫻桃蕃茄(cherry tomato)。這些配菜裝盤後，擺在加蓋的烤盤內，裡面放點熱高湯，放在烤箱中保溫。

鑲餡小蕪菁
STUFFED BABY TURNIPS
用挖球器(melon baller)，將汆燙過的小蕪菁挖空。然後，舀入奶油青花椰菜泥(creamed broccoli purée)。

櫛瓜小舟 COURGETTE BOATS
舀1匙蕃茄丁(concassée，參照第178頁)，到切成兩半汆燙後，挖空的小櫛瓜裡。

快煮 QUICK COOKING

快煮的方式，包括燒烤(grilling)、油煎(frying)、炙烤(barbecuing)，由於肉與高熱的近距離接觸，肉的表面就可以封存住肉汁。瘦的小羊肉分切塊，例如：肉片(cutlets)、骨排(chops)、小塊瘦肉(noisettes)，都可以用這樣的方式烹調。此外，小羊腿肉塊、肩肉、頸肉排(neck fillet)，也可以採用此種烹調方式。

燒烤時間 GRILLING TIMES

下列的燒烤時間，為將小羊肉烤成五分熟(medium)的約略所需時間。烤到一半時，要翻面。烤好後，要稍加覆蓋，靜置5～10分鐘，再上菜。

蝴蝶形肉片 BUTTERFLIED	20～30分鐘
骨排 CHOPS	8～10分鐘
肉片(CUTLETS)	6分鐘
烤肉串 KEBABS	6～8分鐘
小塊瘦肉 NOISETTES	10分鐘

烹調肉片 COOKING CUTLETS

這種源自於法國南部的簡易烹調技巧，可以將柔軟的肉片，烤得既漂亮，又美味。本食譜中，是用炙烤(barbecue)，不過，用燒烤(grill)也行。

1 用主廚刀，切除肉片外圍多餘的脂肪。

2 從脂肪的部分切入肉裡，再將1枝迷迭香插入這個切口內，讓鬆弛的肉質緊實。

3 將肉片放在已先抹油，預熱的炙烤爐上，每一面約烤3分鐘。

醃漬小羊肉 MARINATING LAMB

小羊肉可以在燒烤或炙烤前，在表面簡單地沾上薄薄一層的橄欖油、切碎的香草植物、調味料。但是，如果沾上醃醬，不僅可以增添風味，還具有保濕的功效。只要醃漬1小時，結果就很不一樣了，如果能夠醃漬1整晚最好。

- 用油、葡萄酒醋(wine vinegar)、百里香、牛至(oregano)、茵陳蒿(tarragon)、第戎(Dijon mustard)，製作酸味醃醬。
- 將大蒜、薑黃(turmeric)、茴香籽(cumin seeds)，與研磨過的丁香(ground cloves)、小荳蔻(cardamom)、肉桂(cinnamon)，加入優格裡混合，製作成印度風味醃醬。
- 將匈牙利紅椒粉(paprika)與一點卡宴辣椒粉(cayenne pepper)，加入優格裡混合，再添上萊姆汁(lime juice)提味。

製作烤肉串 MAKING KEBABS

由於小羊肉少脂而柔軟，很快就可以煮熟，非常適合用來製作烤肉串。小羊腿肉就很適合，胸肉(breast)與頸肉排(neck fillet)也很適合，而這些肉上都有細微的油花(marbling)，有助於肉在烹調的過程中，保持濕潤。

1 將修切過的小羊肉，切成3cm的方塊狀，再與自選的醃醬(marinade，參照左列)混合。

2 用已塗油的金屬籤串起沾了醃醬的肉塊，肉塊與肉塊間要留點空間，以利均勻受熱。

3 將烤肉串放在已先抹油，預熱的炙烤爐上烤，翻面，烤6～8分鐘。除此之外，也可以將烤肉串放在熱燒烤爐上，距離熱源5cm處，比照往常慣例的時間來烤即可。

烹調蝴蝶形小羊腿肉 COOKING A BUTTERFLIED LEG OF LAMB

這個烹調技巧的絕妙之處，就在它的烹調所需時間，只要爐烤(roast)一整支小羊腿的1/4。本食譜中為炙烤(barbecuing)，不過，也可用燒烤(grilling)的方式來烹調。蝴蝶形小羊腿肉的準備技巧，請參照第134頁。

1 將調味料與橄欖油抹在小羊肉表面。然後，把肉的那面朝下，放在已先抹油，預熱的炙烤爐上烤。

2 烤20～30分鐘，中途翻面一次，直到表面被烤到有點燒焦，用刀刺穿時，感覺很柔軟。

3 將小羊腿肉放在砧板上，用鋁箔紙稍加覆蓋，靜置10分鐘後，切片。

炭烤 CHARGRILLING

除了燒烤與炙烤，炭烤是另一個非常適合快煮小分切塊的烹調方式。下圖所示為腰臀骨排(chump chops)，也可使用小塊瘦肉(noisettes)。

先在爐用燒烤盤(stovetop grill pan)刷上橄欖油，加熱到高溫，還未冒煙的程度。將骨排放進去，烤10～15分鐘，直到變軟，中途翻一次面。

嫩煎柔軟的小羊肉 SAUTEING TENDER CUTS OF LAMB

運用這種技巧來烹調從小羊腿上切下的薄肉片(escalopes)，如本食譜中所示，或從鞍狀腰脊肉(saddle，參照第142頁)上切下的小塊瘦肉(noisettes)。由於這兩種肉都很瘦，很柔軟，尤其適合用來快煎(quick pan-frying)。煎的時候，薄肉片每一面需時2～3分鐘，小塊瘦肉需時4～5分鐘。

1 將小羊肉放進已加熱到冒泡的油與奶油裡，煎4～6分鐘，中途翻一次面。

網膜包裹油煎 PAN-FRYING IN CAUL

專業廚師會使用豬網膜(pig's caul，參照第153頁)，來煎質地較脆弱的肉，例如下圖所示切成小塊的小羊肉塊(small nuggets of lamb)。網膜可以保護肉塊，在烹調的過程中融入肉裡，達到保濕的效用。

每塊小羊肉塊用約25g的網膜包裹。將油與奶油放進煎鍋內，加熱到奶油冒泡。把小羊肉放進鍋內，每一面煎4～5分鐘。徹底瀝油後，上菜。

爐用燒烤盤 STOVETOP GRILL

這種有凸脊構造的鑄鐵盤(cast-iron pan)，很適合用來放在火爐上烹調肉類。即使是在極度高溫之下，也幾乎不會沾黏。因此，烹調時只需使用極少量的油。盤上的凸脊構造，可以製造出炙燙的烙印痕跡，達到類似炙烤時網架的烙印效果。

2 將小羊肉盛裝在上菜用的盤子上。然後，將濃縮鮮奶油(double cream)與新鮮百里香，加入鍋內，與湯汁一起慢煮，攪拌混合，直到湯汁的量濃縮成1/3為止。最後，舀到小羊肉上。

141

普羅旺斯焗蔬菜百里香小羊肉
Noisettes d'agneau au thym, tian provençale

從小羊的鞍狀腰脊肉(saddle，參照第142頁)上切下的去骨小塊瘦肉
(noisettes)，多汁又柔嫩。本食譜中的小羊肉，是用百里香來增添風味，
另外搭配上焗烤櫛瓜、洋蔥、蕃茄。這道菜的名稱取自於法文的「tian」，
一種傳統上以烘烤的方式來烹調的陶器烹煮料理。

4人份
小羊鞍狀腰脊肉
(saddle of lamb) 1塊
橄欖油 50ml
新鮮百里香(枝葉) 1束
鹽與現磨胡椒
無鹽奶油 50g

製作湯汁 FOR THE JUS
橄欖油 1大匙
小羊骨(lamb bones，切塊)
洋蔥、紅蘿蔔、芹菜切成的
調味蔬菜(mirepoix，
參照第166頁) 150g
大蒜(搗碎) 2瓣
小牛高湯 1公升
蕃茄糊(tomato purée) 1大匙
香草束(bouquet garni，
含大量的百里香) 1個

上菜時 TO SERVE
小焗烤蔬菜
(petits tians，參照右列)
新鮮巴西里枝葉

小羊鞍狀腰脊肉去骨，切
成小塊瘦肉(noisettes，參照下
列)。骨頭要保留下來，不要
丟棄。

將小塊瘦肉放在盤子上，
澆淋上油，加入百里香枝葉與
胡椒。把肉翻面，讓另一面也
沾滿油與百里香，蓋好，放置
在陰涼的地方，醃漬一晚。

製作湯汁(jus)。將油放進
平底深鍋(saucepan)內加熱，把
小羊肉去骨時保留下來的骨頭
煎到變成褐色，再加入調味蔬
菜與大蒜，與骨頭一起煎過
後，再倒入高湯，攪拌均勻。

加入蕃茄糊，混合均勻，加熱
1分鐘後，加入香草束，加熱到
沸騰，撈除表面上的浮渣後，
把火調小，慢煮30分鐘，
過濾，調味。

將奶油放進大的平底鍋
內，加熱融化，調成大火。抖
落小塊瘦肉上多餘的油脂，調
味，放進鍋內。煎4分鐘，中途
翻面一次，煎到肉的兩面都變
成褐色，但內部還是粉紅色。

將肉與焗烤小蔬菜(petits
tians)排列在已先溫過的盤子
上，把湯汁(jus)淋在肉的周圍，
再用巴西里的枝葉做裝飾。

焗烤小蔬菜 PETITS TIANS

用50ml橄欖油，蒸焗(sweat)300g
切碎的洋蔥。將1個7.5cm的金屬圓
模擺在已抹油的烘烤薄板(Baking
Sheets)上，再把1/4量的洋蔥裝進
去。200g的櫛瓜，切片，汆燙。
150g的櫻桃蕃茄切片。將櫛瓜與蕃
茄的切片，排列一點在洋蔥上，交
互相疊成圓形，調味。脫模，再重
複同樣的作業，共製作4個焗烤蔬
菜(tians)。然後，撒上麵包粉、切
碎的百里香、再灑上橄欖油。用
180℃，烘烤10分鐘。

切割小塊瘦肉 *Cutting Noisettes*

沿著小羊脊骨(backbone)切下的雙腰脊肉(double loin of lamb)，稱之為鞍狀腰脊肉(saddle)。鞍狀腰脊肉去骨
後，這雙腰脊肉，就可以切成3cm厚的切片，用來炭烤或油煎。這些切片，在法文中稱為「noisettes」。

將鞍狀腰脊肉的脂肪那面朝下
放，用去骨刀，把脊骨兩側上
的腹脅肉(flaps)切開。

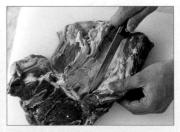

用刀子削切入脊骨的兩側，
讓兩條細長的肉塊從脊骨上
鬆脫。

用主廚刀，將這兩塊肉各切成
6塊一樣厚的切片。用刀子的
側面稍微將每片肉拍平。

142

選擇豬肉 CHOOSING PORK

豬肉曾經被認為是多脂的肉類。然而，由於飼育方式的改變，豬肉已經較以前少脂了。事實上，部分豬肉的分切塊，由於脂肪含量極少，在爐烤(roasting)時，還需要不時地將烤汁澆淋在肉上，以防烤乾。市面上販售的豬肉，有新鮮的大分切塊與小分切塊，也有加工保藏(cured)或煙燻(smoked)過的豬肉。不同的保藏方式(curing methods)，可以製造出多種不同風味的培根與火腿，而且可再進行煙燻。未煙燻的培根，英文中常被稱之為「green」。

通常豬肉上的油花並不多。

這個主要脂肪層包裹著豬肉，在購買前，應該已經被肉販修切整理完畢。

豬肉的淡粉紅色，在腿與肩的分切塊上，肉色會比較深。

購買豬肉 BUYING PORK

較大的烤肉塊(roasts)，通常販賣時，還帶著薄薄的外皮。外皮應讓人感覺新鮮，濕潤，已去毛，有彈性。選購的豬肉，肉一定要光滑，呈粉紅色，濕潤，但看起來不潮濕或油膩。脂肪應結實，呈白色。避免選購豬肉分切塊上，脂肪呈蠟狀，黃色者。

豬的骨頭可能會帶點藍色，任何豬骨的切面應是紅色，富有彈性。骨頭的切面顏色越淡，就表示這隻豬在屠宰前，年齡越大，因此，肉也就比較不那麼柔嫩。

火腿是用豬的後腿肉醃漬而成的，可分為煙燻，或鹽漬加上煙燻火腿。市面上販賣的火腿，有熟的，有生的。若是選購生火腿，例如：帕馬火腿(Parma ham)，請選擇火腿上帶著乳白色脂肪，肉色呈深粉紅色者。若是火腿切片，應選擇看起來濕潤，平坦，不乾燥，邊緣不會捲曲者。

處理保存豬肉 HANDLING PORK

由於豬肉上可能有寄生蟲藏匿其中，因而產生更多的蟲，所以，豬肉在烹調時，一定要徹底煮熟(參照第145頁)。保存豬肉時，以其原包裝，放在冰箱內溫度最低的地方冷藏(介於1～5℃間)，遠離肉類熟食。一定要檢查確認使用期限(use-by)的日期。豬肉可保存2～3天(較小的分切塊，腐敗的速度較快)，煮熟的豬肉可保存4～5天，火腿可保存至10天。

培根通常都以真空方式包裝，並且標示出使用期限(use-by)。一般而言，培根放在冰箱內冷藏，可保存至3星期。

培根與火腿並不適合冷凍保存，因為兩者的鹽分含量高，容易導致變質。然而，新鮮豬肉，若是密封冷凍，可以保存6個月之久，但是，豬絞肉則應在3個月內用畢。豬肉解凍時，要放在盤子上，放在冰箱內解凍，每450g重，約需5小時。

豬肉分切塊 PORK CUTS

所有的豬肉分切塊比較上來說，肉質都算柔軟。不過，豬肉無論是採用何種烹調方式，都應煮到肉汁不再是粉紅色，而且不再滴出為止。雖然現在已經不多見，未煮熟的豬肉，還是存在著讓人感染旋毛蟲(trichinosis)的危險性。烹調肉塊時，請使用肉類溫度計(meet thermometer，參照第124頁)。帶骨豬肉塊煮熟時，肉的內部溫度在肉類溫度計上的讀數應為80℃，以確認所有在肉裡的細菌都已經被消滅了。有些火腿會在表面產生膜狀物，可能令人看了覺得不舒服。不過，這其實是天然脂肪在醃漬的過程中，所產生的正常反應，對人體無害，也不會影響到肉的品質。

豬肉分切塊 PORK CUTS	選擇標準 WHAT TO LOOK FOR	烹飪方法 COOKING METHODS
培根 BACON	肉看起來乾淨，呈粉紅色，濕潤。厚度一致的白色脂肪層。	燒烤 grill、油煎 pan-fry
豬腩肉 或豬腹脅肉，BELLY	肉上到處有清楚可見的脂肪層。肉與脂肪的佔有率相等。豬皮完整無損，表面光滑。	爐烤 roast、鍋燒 pot-roast，燒烤(grill，切片)、炙烤(barbecue，切片)、燉煮(stew，切片)
大肉骨排/去骨豬肉排 CHUMP CHOPS / STEAKS	極少油花。乳白色薄脂肪層。白色骨頭，內部呈紅色的海綿狀。	炙烤 barbecue、燒烤 grill、煎炒炸 fry、爐烤 roast、燉煮 stew、爛煮 braise
薄肉片 ESCALOPE	肉色呈深紅色。肉質平坦，光滑。無外部脂肪或皮膚。	燒烤 grill、煎炒炸 fry、炙烤 barbecue
火腿 HAM	肉聞起來的氣味是甜甜的，看起來濕潤，但不潮濕。	爐烤 roast
豬腿 LEG	肉少脂，濕潤，極少可以看得見的油花。帶著些結締組織(connective tissue)。外皮下之厚度一致的外脂肪層，應無毛，有彈性，已劃切過(scored)。	爐烤 roast、鍋燒 pot-roast、爛煮 braise
豬腿/肩胛去骨肉排 LEG / SHOULDER STEAKS	整塊肉上到處都有一點清楚可見的油花。肉呈深粉紅色，濕潤。無外部脂肪或皮膚。	燒烤 grill、煎炒炸 fry、炙烤 barbecue、燉煮 stew、爛煮 braise
豬腰肉 LOIN	肉極瘦，無看得見的油花。骨頭切口乾淨，無裂痕。薄而平坦的脂肪外層。可能帶皮。	爐烤 roast、鍋燒 pot-roast、爛煮 braise，燒烤(grill，骨排)、煎炒炸(fry，骨排)、炙烤(barbecue，骨排)、燉煮(stew，骨排)
絞肉 MINCE	乾淨的粉紅色肉，帶著些微脂肪。	義大利麵醬汁、餡料 stuffings、烘肉捲 meatloaf
肩胛肉 SHOULDER，(hand and spring)	帶點油花。帶著些結締組織(connective tissue)。平坦的白色脂肪外層。有彈性的皮膚。	爐烤(roast，整塊)、鍋燒(pot-roast，整塊)，燒烤(grill，去骨切成方塊狀)、燉煮(stew，去骨切成方塊狀)
豬肋排 SPARE RIBS	粉紅濕潤的肉，帶著些微油花。骨頭切口乾淨，無裂痕。	燒烤 grill、爐烤 roast、炙烤 barbecue
腰內肉/里脊肉 TENDERLOIN / FILLET	最瘦的豬肉分切塊，看不到任何脂肪。肉濕潤而呈粉紅色。	爐烤 roast、燒烤 grill、煎炒炸 fry、炙烤 barbecue

各種豬肉料理 PORK ON THE MENU

全世界從東方到西方，豬肉都是個多元化的食材，可以組合成各種風味，滿足不同文化背景大眾的口味。

中國 CHINA—糖醋排骨(Sweet and Sour Spare Ribs)，是道非常受歡迎，在國外也頗具知名度的菜餚。肋骨用醬油、海鮮醬(hoisin sauce)、雪莉酒(sherry)、薑、大蒜醬醃漬後，烹調而成的料理。

塞普勒斯 CYPRUS—阿菲力亞(Afelia)，是用紅酒來烹調醃漬過的燉豬肉而成的料理，散發出典型島嶼辛香料，例如：茴香(cumin)、芫荽(coriander)、肉桂(cinnamon)的獨特風味。

德國 GERMANY—德國蒜腸(Knackwurst)，為添加了茴香與大蒜，用豬肉做成的香腸，是種典型而廣受喜愛的豬肉點心。

英國 GREAT BRITAIN—烤豬肉(Roast Pork)，是種表面烤成硬脆外皮，令人懷念的傳統風味料理，常會用鼠尾草(sage)與洋蔥做成的餡料來鑲餡。

美國 UNITED STATES—波士頓烤豆(Boston Baked Beans)，是道用鹽漬豬肉，加上豆子、糖蜜(molasses)、蕃茄、芥末，烹調而成的料理，源自於新英格蘭的清教徒(Puritan)移民。

烹調的前置作業
PREPARING FOR COOKING

正確地完成豬肉的前置作業，對廚師而言，是展現烹調手藝非常重要的一環。因為，豬身上適合用來烹調的部分比例相當高，豬肉料理的種類也是不勝枚舉。下列所示範的技巧，包括：去骨(boning)、鑲餡(stuffing)、捲起整塊豬腰肉(rolling a whole pork loin)、骨排的口袋切割法(cutting pockets in chops)、腰內肉的前置作業與鑲餡。

去骨豬腰肉的餡料
STUFFINGS FOR A BONED LOIN

- 新鮮鼠尾草葉與用少量白酒浸泡過的完整乾燥杏桃。
- 蘋果、洋蔥的切丁，與用蘋果醋(cider vinegar)沾濕的新鮮麵包粉。
- 切成小片的培根、多肉的葡萄乾、用黑胡椒、切碎的巴西里調味的白飯。

豬腰肉去骨 BONING A LOIN

雖然只要提出要求，肉販就會幫你完成豬腰肉的去骨，不過，其實這項作業，可以用去骨刀，輕易地自行完成。先去皮，切除多餘的脂肪，再進行去骨、鑲餡、捲肉、爐烤(參照第148頁)。

1 用手抓好豬腰肉，切入肋骨與肋骨間。切的時候，入刀的深度不要超過肋骨的厚度。

2 用剁刀，從肋骨的背面切開，盡可能把肋骨上的肉刮乾淨。

3 將刀子沿著肋骨切下去，一直到脊骨(chine bone)下方，邊切，邊將骨頭從肉上拉開。

內行人的小訣竅
TRICK OF THE TRADE

削掘鑲餡
TUNNEL STUFFING

這個簡單的技巧，可以將去骨捲起的豬腰肉，挖出一個可以鑲餡的口袋。這樣的方式，可以省掉拆線，重捲肉塊的麻煩。

將小刀的前端插入豬腰肉的中心點，往前移動，挖出一個貫穿的隧道。然後，將餡料舀入通道內。

4 將豬腰肉打開，攤平，在肉上縱切2道，但是不要將肉整個切穿。鑲餡(參照左列)。

5 從邊長較長的其中一側開始捲起，再用料理用繩線緊緊地綁縛起來(參照第121頁)。完成後，就可以開始準備烹調了。

豬肉骨排的鑲餡
STUFFING PORK CHOPS

在豬肉骨排上橫切一刀，就可以做出一個鑲餡用的口袋。這樣做，既可以增添風味，還可以讓肉的味道更鮮美。此外，烹調的時候，肉裡的餡料，也可以發揮保濕的功效。最適合運用這種技巧的骨排，就是從豬腰肉上切下的骨排。適合的烹調方式如下：油煎(pan-fry)、燒烤(grill)、用烤箱爛煮(braise，參照第149頁)。

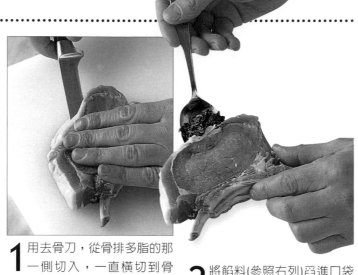

1 用去骨刀，從骨排多脂的那一側切入，一直橫切到骨頭，做成一個口袋。

2 將餡料(參照右列)舀進口袋內，再把開口邊緣壓緊，封好。

骨排的餡料
STUFFINGS FOR CHOPS

用現磨荳蔻調味的切碎菠菜，或用帕馬火腿(Parma ham)拌過的切碎菠菜。

- 切絲的芝麻菜(rocket)與切成小片的風乾蕃茄(sun-dried tomatoes)。
- 切塊的梅乾(prunes)、栗子(chestnuts)、磨成細碎的橙皮。
- 滿匙的水果酸辣醬(fruit chutney)。
- 切碎的烤甜椒(peppers)與拍碎的大蒜。

豬腰內肉的前置作業
PREPARING A TENDERLOIN

無骨的腰內肉，又被稱之為豬里脊，所需的前置作業並不多。由於肌腱(tendon and sinew)的質地很堅韌，所以，必須在烹調前切除。整塊腰內肉可以在不鑲餡或鑲餡(參照下列)的情況下爐烤或爛煮，還可以切成小塊瘦肉(Noisettes)，用來燒烤(grilling)、油煎(pan-frying)，或切成肉絲(strips)，用來炒(stir-frying)。

1 小心地剝除任何腰內肉上的脂肪與薄膜。丟棄脂肪與薄膜。

2 用去骨刀，從肌腱的下方切開，將肌腱從肉上拉開。

切割小塊瘦肉
MAKING NOISETTES
用主廚刀，將腰內肉斜切成1～2cm厚的肉片。

腰內肉鑲餡
STUFFING TENDERLOINS

腰內肉鑲餡，有好幾種方式。第一種方式如本食譜中所示，先從整塊腰內肉中間切入，讓它可以打開來，稍微攤平後，鑲餡，綁縛起來。第二種方式，就是再多切1塊腰內肉，用2塊腰內肉，以夾心的方式，將餡料包起來，綁縛好，變成1個更大更結實的肉塊。以上兩種皆可直接爐烤或爛煮，或先用條狀培根包起來，再綁縛。

1 用主廚刀，縱切腰內肉，刀深至肉的2/3。然後，打開，輕輕地拍平。

2 將自選的餡料放在腰內肉的中央，從邊長較長的那邊開始捲起來，包裹住餡料。然後，用料理用繩線綁縛(參照第121頁)。

兩塊腰內肉鑲餡
STUFFING TWO TENDERLOINS
參照左列的步驟1，切開，拍平2塊腰內肉。然後，像三明治般，把餡料夾在中間，綁縛好。

爐烤&燜煮 ROASTING & BRAISING

用完成前置作業的豬肉分切塊(參照第146～147頁)，只要按照下列的步驟指示與說明，爐烤或燜煮，就可以獲得令人滿意的結果。抹上調味料、鑲餡、膠汁(glazes)，都可以為豬肉增添風味。

爐烤時間 ROASTING TIMES

豬肉通常要烤到全熟，內部溫度要達到80℃。下列所示，皆為約略的所需時間。

• 先用230℃烤10分鐘，再調降成180℃，按照下列的時間繼續烤：

• 帶骨大肉塊(JOINTS ON THE BONE)
每450g，烤30分鐘，
外加30分鐘

• 去骨捲起的肉塊(BONED, ROLLED JOINTS)
每450g，烤35分鐘，
外加35分鐘
(如果有鑲餡，每450g，再加5～10分鐘)

蔓越莓醬汁 CRANBERRY SAUCE

傳統上，通常用水果來搭配豬肉，以平衡它的濃厚口味。蘋果醬汁是最經典的一種，而這種味道濃烈的蔓越莓醬汁，則是非常與眾不同。

225g的蔓越莓，用330ml的水慢煮10分鐘，直到蔓越莓開始裂開。從爐火移開，加入225g的糖與2大匙波特酒(port)，攪拌到糖溶解。放涼，上菜。

爐烤帶骨大豬肉塊 ROASTING A JOINT OF PORK

豬腿肉(leg)、豬腰肉(loin)、肩胛肉(shoulder)這些分切塊，無論是帶骨或去骨，捲起綁縛好，在鑲餡或不鑲餡的情況下，都適合用來爐烤。雖然製作技巧大同小異，爐烤時間卻都不同(參照左列)。如果你喜歡烤脆的外皮(crackling)，就要購買還附著豬皮的帶骨大肉塊，在皮上劃切刀痕(score)，用廚房紙巾拍乾，再抹上油與鹽。而且，烤的時候，不要用烤汁澆淋，才能將皮烤脆。你也可以在皮上劃上深的切痕，塞入去皮的大蒜薄片。

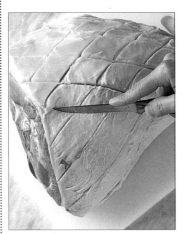

1 如果肉塊已經去皮，如本食譜中所示的豬腿肉，就用去骨刀，在上面劃切鑽石形的交叉花紋。刷上少許油，抹上鹽，與胡椒或肉桂、芥末粉等乾燥綜合辛香料(dry spice mix)，還有紅糖(brown sugar)。

2 將肉塊放在鋪了網架的烤盤上，烤到全熟(well-done，參照左列)。如果上面沒有豬皮需要烤成硬脆的質地，就每隔30分鐘，將烤盤上的油脂澆淋在肉塊上。

爐烤豬腰內肉 ROASTING PORK TENDERLOIN

用豬腰肉將可以形成強烈對比的餡料(參照第147頁)，捲起來，綁縛好，讓它在切片後看起來更吸引人。將豬腰肉捲放在烤盤上，用220℃，烤30～35分鐘，中途要翻轉一次。如果要做成法式風味料理，可以用葡萄酒或波特酒來稀釋烤盤上的烤汁(deglazing)，製作成湯汁(jus)，與烤豬腰肉一起上菜。

1 沿著捲起的豬腰肉長度綁縛好，刷上油，抹上調味料，爐烤(參照左列)。烤的時候，要不時地澆淋上烤汁。

2 用鋁箔紙稍加覆蓋，靜置5分鐘。拆線，切片。

爐烤豬肋排
ROASTING SPARERIBS

千萬不要將本食譜中的肋排與從腹部切下的多肉肋排(sparerib chops)混為一談,後者最好以180℃,每450g,燜煮45分鐘的方式烹調。然而,本食譜中的肋排,是中式用手取食之肋排(Chinese finger-food ribs),需要用爐烤的方式,烤到肉足夠硬脆,可以從骨頭上扳下來。如果買到的是一整張的肋排,就用剁刀或主廚刀,將肋排切開來。

1 將肋排放在烤盤上,排列成一層,塗抹上自選的膠汁(glaze,參照右列)。靜置入味至少1小時。

2 先用220℃烤20分鐘,再調降成200℃,烤40~45分鐘。烤的時候,要經常翻面,均勻烤熟。然後,用烤肉夾夾出。

豬肋排的膠汁
GLAZES FOR RIBS

膠汁可以為肋排增添風味,並在爐烤時形成具有黏性的外層。

- 混合蜂蜜(clear honey)、鳳梨汁、油、葡萄酒醋(wine vinegar)。可以再加上滿滿1匙的辣椒醬(chilli sauce)。
- 混合醬油、油、米酒(rice wine)、五香粉(five-spice powder)。
- 混合芥末子醬(grain mustard)、蜂蜜,再用少許油稀釋。

爐烤豬骨排
ROASTING PORK CHOPS

最適合厚豬腰肉骨排(thick pork loin chops)的烹飪方法,就是爐烤(roasting)。運用這種技巧,可以將肉直接爐烤,或用口袋鑲餡的方式(參照第147頁)烤得很美味。蘋果圈可以增添風味,滋潤豬肉,軟化成果泥與果汁,但是可加可不加,並非絕對必要。

1 將少量油放進平底鍋內加熱,加入肉塊,用中火炙燙(sear)。

2 放在烤盤(baking dish)上,加上鍋內的湯汁,用180℃烤30~40分鐘。

牛奶煮豬肉
PORK IN MILK

去骨捲起的豬腰肉骨排 2kg
橄欖油 2大匙
牛奶 1.5公升
大蒜(拍碎) 5瓣
新鮮鼠尾草葉(切碎) 2大匙
磨碎的檸檬皮與檸檬 2個
鹽與現磨胡椒

將豬肉放進深砂鍋內,用油炙燙(sear)。加入所有其它的材料,加熱到沸騰。加蓋,用180℃,燜煮2~2又1/2小時。切片,澆淋上醬汁,上菜。

用牛奶燜煮豬肉 BRAISING PORK IN MILK

這種特殊的烹調方式,是義大利的傳統式豬肉烹煮法。經過長時間的加熱,牛奶與肉裡的脂肪就會混合,煮成極其美味的醬汁,與多汁的豬肉。請不要在意醬汁稍微凝結的表面,這是正常的,本來就會發生這樣的情況。

1 用熱橄欖油炙燙捲好的豬腰肉。用介於中火與大火間的火侯加熱,不斷地翻面,讓肉的表面被油脂均勻地煎成褐色。用叉子輔助,把肉固定好,但不要刺穿。

2 加入調味料與牛奶,加熱到沸騰,加蓋,燜煮。燜煮時,要不時地攪拌,並將湯汁澆淋在肉上。這樣做,可以增進脂肪與調味料的融合。

快煮 QUICK COOKING

燒烤與油煎是簡單的烹調小豬肉分切塊方法，可以在短時間內將肉加熱成柔軟而美味的食物。使用有凸脊構造，可以放在火爐上燒烤的烤鍋，或放在燒烤爐(grill)裡烤，都是非常適合骨排或烤豬肉串的烹調方式。使用中式炒鍋用高熱來快炒，則是比較適合豬肉絲的烹調方式。

炒豬肉
STIR-FRIED PORK

豬腰肉塊(pork tenderloin，
　切成細長條) 450g
洋蔥(切片) 1個
大蒜(切片) 1瓣
紅辣椒(切絲) 1條
深色醬油(dark soy sauce) 125ml
芝麻油 125ml
蔬菜油 1大匙
甜椒(peppers，切片) 2個
玉米細粉(cornflour) 2小匙

先用醬油與芝麻油，醃漬豬肉、洋蔥、大蒜、辣椒30分鐘。將豬肉與蔬菜取出，分批用蔬菜油快炒。再加入甜椒，炒3～4分鐘。然後，將玉米細粉加入醃漬汁裡混合，再倒入鍋內，炒到鍋內的湯汁變稠。這樣可以做出4人份。

炭烤豬骨排
CHARGRILLING PORK CHOPS

烹調多汁而美味的肉時，用燒烤盤(grill pan)放在火爐上炭烤是最佳的烹調方式之一，尤其是較薄或中等大小的豬肉分切塊。而且，由於這種烹調方式使用的油量較少，所以，比用煎的方式還有益身體健康。同樣的技巧，也可以運用在傳統方式的燒烤爐(grill)上，烤的時候，每一面烤6～8分鐘，距離熱源5cm遠。

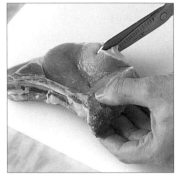

1 用刀在脂肪與薄膜上等距劃切。刷上油，將鼠尾草葉(sage leaves)按壓在肉上，再調味。

2 加熱爐用燒烤盤(stovetop grill pan)到高溫，但還未冒煙的程度。將骨排放上去，加熱12～16分鐘，中途要翻面一次。

快炒 STIR-FRYING

豬腰內肉(pork tenderloin)切片後(參照第147頁)，可以再成肉絲，用來快炒。左列的食譜，就是運用下列所介紹的技巧快炒而成的菜餚。

1 先醃漬豬肉絲，放置室溫下至少30分鐘，或放進冰箱冷藏一晚，再用來快炒。醃醬裡香味濃郁的材料，可以讓肉變得更美味，更柔嫩。

2 炒肉絲時，要先用中火加熱中式炒鍋(wok)到變熱，再加入油，加熱到高溫，但未冒煙的程度。然後，加入1/3已瀝乾的肉絲，拌炒2～3分鐘，用筷子分開肉絲。再重複同樣的作業2次，把所有的肉絲都炒好，再把所有的肉絲全放回鍋內。如果你依照這些指示來烹調，就可以很快地將肉炒好，而且還不會黏鍋。

香腸、培根、火腿
SAUSAGES, BACON & HAM

無論用什麼方式來烹調香腸或培根，一定要運用正確的技巧，才能將這些食材的美味發揮到極致。香腸與培根，以及整塊火腿的烹調前置作業技巧，在款待賓客時，特別重要而實用。

烹調香腸 COOKING SAUSAGES

香腸在加熱後，肉就會膨脹起來。所以，請先在香腸外皮上打洞，再加熱，以防爆裂。香腸內含有極高比例的脂肪，有助於保持濕潤。你可以在香腸上塗抹甜味的混合料，例如：芒果酸辣醬(mango chutney)或蜂蜜，來中和香腸的油膩口感。

外皮打洞 PRICKING THE SKINS
用雞尾酒籤(cocktail stick)或叉子，在香腸皮上到處刺，以防烹調時爆開。

燒烤 GRILLING
大部分的香腸，需要燒烤約10分鐘。將坎伯蘭香腸(Cumberland sausages)圈成圓盤狀，用竹籤固定好。

水波煮 POACHING
將香腸放進滾水中，加蓋，慢煮3～5分鐘。如果是法蘭克福香腸(Frankfurters)，只需要1～2分鐘。

使用培根來烹調 USING BACON IN COOKING

無外皮的條狀培根(rindless streaky bacon rashers)，常被用來鋪在凍派模(terrines)或長型模(loaf tins)內，或用來捲餡料，做為前菜(hors d'oeuvre)來上菜。培根在使用前，要先拉長撐大，以防因為加熱而縮小。培根丁(bacon lardons)在法國料理中，常被當做調香用的材料使用，因為它濃郁，而且大都是鹹味的口味，對許多經典的法式料理，例如：勃根第紅酒燉牛肉(Boeuf Bourguignon)與勃根第紅酒燴雞(法Coq au vin)而言，都是極為重要的元素。

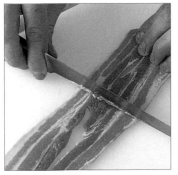

拉長撐大 STRETCHING
將2塊培根排列在一起，用主廚刀的刀背，沿著培根刮過去。

捲起 ROLLING
用已經拉長撐大的培根，將餡料捲起來，再用木質雞尾酒籤固定。

製作培根丁 MAKING LARDONS
先將厚的培根，縱切成長條狀，再疊起來，切成方塊狀。

膠化火腿
GLAZED HAM

格蒙大火腿(gammon joint) 4～5kg
紅糖(brown sugar) 100g
英式芥末醬(English mustard) 4大匙

將格蒙大火腿浸泡在冷水中一整晚。瀝乾，量測重量，以計算烹調所需時間，每450g，需時30分鐘。

放進已裝了冷水的鍋內，加熱到沸騰，用烹調所需時間的一半來慢煮(simmer)。瀝乾，稍微冷卻後，去皮。用刀在脂肪上劃切，加熱糖與芥末醬後，塗抹在脂肪上。然後，放在鋪了網架的烤盤上，用鋁箔紙稍加覆蓋，以180℃，剩餘的一半烹調所需時間，用來烘烤(bake)，在烹調時間的最後30分鐘，移除鋁箔紙。這樣可以做出12人份。

漢堡肉的搭檔
BURGER BUDDIES

你也可以在漢堡肉上加表面餡料，或配上特殊口味的食材，來增添口感與風味。

- 將莫扎里拉起司(mozzarella)的切片或磨碎的藍黴起司(blue cheese)放在煮熟的漢堡肉上，燒烤，讓起司融化。

- 將莎莎醬(salsa)加入切碎爐烤過的甜椒(roasted peppers)裡混合，再舀到漢堡已融化的起司上。

- 油煎紅洋蔥(red onions)切片，到變成麥芽糖色的焦糖化狀態(caramelized)，快要煎好時，再加入少許蘑菇切片。用烏斯特郡醬(Worcestershire sauce)與芥末子醬(grain mustard)調味後，舀到漢堡肉上面。

火腿的前置作業與外觀加工 PREPARING AND PRESENTING A HAM

煮熟的火腿，一定要先去皮，再上菜，否則，會很難切開。然而，若是去皮，皮下的脂肪看起來又很不美觀。左列的食譜「膠化火腿(glazed ham)」，就運用到了下列所示範的劃切(scoring)與膠化(glazing)這樣的簡單技巧。如果你打算以整塊火腿來上菜，這就是個非常重要的技巧，可以讓火腿呈現出吸引人的外觀。

1 用小刀的前端，在煮熟的火腿脂肪上，劃切出鑽石狀的交叉紋路。這樣做，可以讓膠汁滲透到肉裡，增添風味。

2 先加熱膠汁到融化，再用抹刀(palette knife)均勻地塗抹在脂肪上。多花些時間，讓膠汁流入切口內，以滲透進肉裡，增添風味。

使用絞肉 USING MINCED MEAT

使用帶點油花脂肪的瘦肉，就可以製作成味美多汁的絞肉。絞肉的用途極為廣泛，主要就是因為它對調味料有很強的吸收力，還可以用來烹調成從慕薩卡(moussaka)到肉丸(meatballs)等多種料理。不妨嘗試用小羊肉(lamb)、小牛肉(veal)、豬肉，自行製作絞肉(參照第123頁)。

製作漢堡肉 MAKING BURGERS

你可以使用絞肉來製作漢堡肉。不過，下列所示範的食物料理機(food processor)製作法，做出來的粗絞漢堡肉，比較像美式剁肉排(American-style chopped steak)。請使用像是去骨頸肉排(chuck steak)這類20%脂肪的肉，而且不要過度混合絞肉，以免肉質變得堅韌。

1 將牛肉塊放進裝有金屬刀片的食物料理機內，攪拌到肉大致變成粗絞肉的程度。

2 將絞肉放進攪拌盆內，加入洋蔥、大蒜、自選的調味料，混合均勻。

3 先將絞肉的混合料捏成大小相同的圓球狀，再壓成約4cm厚的圓盤狀。

製作成不同的形狀 MAKING DIFFERENT SHAPES

進行絞肉的塑型時,手要先用少量的水沾濕,而且要讓成型的絞肉非常鬆弛,不要過度擠壓絞肉,讓質地太過密實,才不會在烹調後吃起來口感堅韌。

製作烘肉捲 MAKING A MEATLOAF

製作這種傳統的美式菜餚,請用以肩胛肉等絞成,稍微多脂的絞肉。牛、小羊與豬的混合絞肉,無論是在風味,還是濕潤度上,都是上上之選。添加浸泡過牛奶的麵包粉,更可以發揮吸收肉汁的重要功能。

串烤 BROCHETTES

用手握一些絞肉(傳統上使用的是小羊肉),用手指捏,在金屬籤上塑型。

肉丸 MEATBALLS

用手掌將絞肉搓成圓球狀,也可以在工作台上,滾成圓形。可以做成2.5~5cm,各種不同的大小。

自由塑型 FREEFORM

手先用水沾濕,以防肉沾黏,然後,在稍微抹上油脂的烤盤上,將絞肉塑成長方塊的形狀。

模型塑型 MOULDED

將絞肉裝入已稍微抹上油脂的長方形容器內,用湯匙將表面整平,翻面脫模,讓它落在已稍微抹上油脂的烤盤上。

製作網捲肉腸 MAKING CREPINETTES

這種法式精緻料理,可以說是種家庭式香腸,用絞肉,加上麵包粉與調味料後,裝入網膜袋(參照右列)內,烹調而成。傳統式的作法,使用的是豬的香腸絞肉(pork sausagemeat),但你也可以使用小羊,小牛,或家禽的絞肉來製作。網捲肉腸可以用油煎(pan-fry)的方式烹調,如右列的作法所示。此外,也可以燒烤(grill),或用烤箱烘烤(oven-bake),烹調所需時間相同。

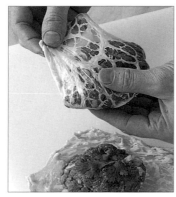

混合絞肉與切碎的洋蔥、麵包粉、調味料。用手塑型成小肉餅,再各放1枝香草植物在上面(烹調後,網膜會融化,香草植物就會露出來,上菜時,看起來就會更吸引人)。用已用水浸泡過,瀝乾的方形網膜包起來,放進已加熱的油與奶油裡,煎3~4分鐘。

網膜 CAUL

這是種包裹著動物胃臟,脂肪所形成的網狀薄膜。豬網膜,是最容易取得的一種。在法國,稱為「crépine」,主要是用來為料理增添風味,保持濕潤,並在烹調的過程中包裹住食材。依照網膜厚度不同,有的可能在烹調時,會完全融化,或在烹調後可能還是完整的,而必須在上菜前取下丟棄。網膜可以在肉店買得到,不過,可能需要先特別預訂。使用前,要先用冷水浸泡1~2小時。

製作韃靼牛排 MAKING STEAK TARTARE

韃靼牛排,是一道用切碎的生牛肉,頂上加1個生蛋黃所成的料理,為最經典的法式料理之一。在法國,通常是搭配小醃黃瓜(cornichons)、酸豆(capers)、塔巴斯哥辣椒醬(Tabasco sauce),附上一壺芥末醬(mustard),一起上菜。製作這種牛排時,只能使用最新鮮,品質最佳的菲力牛排,在即將上菜前,才剁碎。

切除菲力牛排上所有的脂肪、薄膜、肌腱,再用兩把刀,將肉剁碎(參照第123頁),1人份約需125g。然後,與切碎的洋蔥、新鮮義大利巴西里(flat-leaf parsley)、鹽、胡椒混合。塑型成圓盤狀,個別擺在盤子上,用湯匙背在上面中央做出淺淺的凹洞,再把蛋黃倒進凹洞內。立即上菜。

香腸的腸衣與餡料
SAUSAGE CASINGS AND FILLINGS

大部分的肉店，都有販售香腸用的腸衣。除了人工製造的腸衣(man-made casings)之外，也可以使用天然的牛腸或豬腸來製作香腸。

- 若是要製作義大利風味香腸，可以混合肉、切碎的風乾蕃茄(sun-dried tomatos)、大蒜、羅勒(basil)。
- 你也可以試試印度式調香料，例如：咖哩粉、切碎的新鮮芫荽，用芒果酸辣醬(mango chutney)來讓肉保持濕潤，增加黏性。
- 若是較傳統的調香料，可以試試薄荷與洋蔥，加上小羊肉；鼠尾草與蘋果，加上豬肉；辣根(horseradish)或芥末，加上牛肉。

製作香腸 MAKING SAUSAGES

自製香腸的最大好處，就是你可以很清楚裡面到底裝了些什麼東西。豬絞肉是最傳統的材料，但是，牛、小羊、鹿的絞肉，也是不錯的材料。腸衣(casings)可以使用天然或人工製的，你也可以改用其他的調香、調味料(參照左列)。

1 將腸衣放進裝了冷水的大攪拌盆裡，浸泡1～2小時。這樣做，可以去除多餘的鹽分，而且讓腸衣變得更柔軟。

2 將香腸絞肉(sausagemeat)裝入已套上大型圓孔擠花嘴的擠花袋內。然後，把擠花嘴套在腸衣裡，把絞肉壓擠進去。

3 腸衣填滿後，等距扭轉一下，做成一節一節連結在一起的香腸。末端用線綁緊。烹調後，再拆線。

雜碎 OFFAL

雜碎，就是我們所吃的動物內臟與四肢，包括較為人所知的肝臟與腎臟，還有其它比較需要勇氣去嘗試的部分。這些全都頗具營養，只要小心地完成前置作業與烹調，其實與肉同樣美味可口。

安全至上
SAFETY FIRST

雜碎(offal)需要小心地保存與處理，鮮度更是極為重要的一環。請選購濕潤而肉質有光澤，無乾燥的斑點者，避免顏色偏綠，表面有黏液，或氣味濃烈者。將新鮮的雜碎放進冰箱冷藏保存，並在2天之內用畢。烹調前，一定要先徹底清洗乾淨。

肝臟的種類
TYPES OF LIVER

- 小牛肝(calf's liver)的味道柔和，質地柔軟。最好用來燒烤(grill)、嫩煎(sautée)或油煎(pan-fry)。
- 小羊肝(lamb's liver)與小牛肝比較起來，較為乾燥，質地也比較不那麼細嫩，但還是適合用來嫩煎(sautée)。
- 豬肝(pig's liver)的味道較重，適合用來製作肝醬(pâtés)或凍派(terrines)。
- 雞肝(chicken livers)的味道柔和，質地柔嫩，通常用來油煎(pan-fry)，或製作肝醬(pâtés)。

肝臟的前置作業 PREPARING LIVER

雞肝都是整顆完整販售，其它的肝臟通常是已先切片再販售，但是也可預訂購買整顆完整的肝臟。進行整顆肝臟的前置作業時，先分開肝葉，再切除任何暴露在外的導管或締結組織(connective tissue)。切除任何血管，切的時候要小心，不要破壞了肉的部分。下列所示範的為小牛肝(calf's liver)的前製作業。

1 先用手指剝除不透明的外側薄膜，用另一手壓著肝臟，固定好，以免肝臟的肉被扯裂。

2 用主廚刀，將肝臟切成5mm厚的切片，並切除任何內部導管。

浸泡肝臟
SOAKING LIVER

豬肝帶著強烈而明顯的味道。先用牛奶浸泡，讓味道變柔和後，再烹調比較好。

完成肝臟的前置作業(參照左列)。將冰牛奶倒入攪拌盆裡，到足以淹沒肝臟的量，再把肝臟放進去，翻轉，讓表面都沾滿牛奶。然後，靜置浸泡約1小時。

腎臟的前置作業 PREPARING KIDNEYS

牛、小牛、豬的肝臟,應豐滿而結實,被一層光滑的薄膜包裹著。如果買到的腎臟被脂肪包裹著,脂肪應呈米白色(off-white,參照右列)。避免選購帶有強烈氣味者。

1 切除任何脂肪與結締組織,再用手指剝除外側的薄膜。

2 將腎臟縱切成兩半,切過多脂的核心部分。再用指尖捏著核心部分,用去骨刀切除。

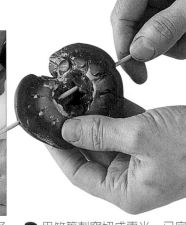

3 用竹籤刺穿切成兩半,已完成前置作業的腎臟,讓它變平。完成後,就可以開始準備燒烤(grilling)或油煎(pan-frying)了。

腎臟與板油
KIDNEYS AND SUET

腎臟買來的時候,有時會帶著脂肪,有時則無,這就稱之為板油(suet)。板油為乳白色而光滑的脂肪層,包裹在腎臟的周圍。必須小心地從腎臟上剝除。

在市面上可以單獨購買到新鮮的板油,需先冷藏後再使用。加工過的板油,用起來便利,味道較淡。新鮮板油,是種好的烹調用脂肪,無論是以它的天然狀態,或融化後的狀態而言。融化版油時,要用小火加熱,來除去任何非脂肪的微粒,再冷藏,來分離水分與雜質。用板油來製作清淡口味的肉派(meat pies)麵糰時,先將新鮮板油弄碎,與份量為板油2倍的中筋麵粉(plain flour)混合,再加入牛奶或水混合,以增加黏合度。

油煎用心臟的前置作業
PREPARING HEART
FOR PAN-FRYING

心臟的質地結實,味道濃郁,如果沒有作好前置作業,可能吃起來就會很硬。進行前置作業時,要先切除任何看得見的脂肪,再切除任何心臟上的管狀器官,然後用料理剪剪除所有肌腱。用水清洗乾淨後,再用廚房紙巾拍乾,切片。

1 用主廚刀,切除心臟頂端的管狀器官。

2 先縱切成兩半,再切片,或切成方塊狀。

心臟的餡料
STUFFINGS FOR HEART

餡料一定要香味夠濃郁,質地夠濕潤,禁得起長時間的烹調。先用鹽與胡椒,在心臟的內外部都塗抹調味後,再鑲餡。

- 混合切片嫩煎好的蘑菇、洋蔥、用新鮮香草植物調味的培根。先用培根包裹心臟,再用木質雞尾酒籤(wooden cocktail sticks)或木籤固定。

- 用煮熟的飯、乾燥水果、異國風味辛香料混合而成的美式混合餡料來鑲餡。

- 混合橄欖、蕃茄、羅勒葉切絲、加了一點大蒜的少量葡萄酒。

- 先將麵包放進牛奶裡浸泡,再加上切碎的洋蔥、新鮮鼠尾草,用叉子混合,製作傳統式餡料。

- 用泰式調味料,例如:薑、檸檬香茅(lemon grass)、萊姆汁、辣椒,與絞肉或香腸肉(sausagemeat)混合調香。

心臟鑲餡
STUFFING HEART

心臟內部所形成的天然凹洞,可以用來填塞各種不同的餡料。所有的心臟都可以用來鑲餡,但是,較大型的牛心,就必須用木籤等刺穿,或用線綁縛的方式固定,以免烹調時變形。由於心臟少脂,所以,需要用燉煮(stewing)或燜煮(braising)等慢煮的方式,來保持濕潤。每1個鑲餡的心臟,為2人份,只有牛心為4人份。

1 先進行上列的步驟1。然後,用一手拿好心臟,再用另一手將餡料舀進洞內,往下緊壓,塞滿。

2 用2～3支木籤(wooden skewers),刺穿心臟頂端的邊緣,以防烹調時漏餡。

舌肉的前置作業與烹調 PREPARING AND COOKING TONGUE

將舌肉浸泡在冷水中2～3小時，中途要換幾次水。這樣做，可以清洗新鮮舌肉裡的血水，或鹽漬舌肉裡的鹽分。將舌肉放進一個大鍋子裡，注入可以淹沒舌肉的冷水，加熱到沸騰。在沸水中汆燙10分鐘後，瀝乾，再沖冷水。

將舌肉放在水中，加入調香蔬菜，例如：洋蔥、紅蘿蔔、芹菜的綜合調味蔬菜(mirepoix)，與1個香草束(bouquet garni)，水波煮(poach)2～4小時，到變軟(烹調所需時間依舌肉的種類而定)。將舌肉留在湯裡冷卻，直到變成微溫，取出，用銳利的刀子，把舌肉根部的骨頭與軟骨切除。用刀縱向剖開皮，再用手指剝除。

完成上述的作業後，就可以將舌肉切片，以熱食來上菜，或用模型切割後，以冷食來上菜。西班牙醬汁(Espagnole sauce，參照第225頁)，是種舌肉以熱食來上菜時的傳統搭配醬汁。

牛尾的前置作業與烹調 PREPARING AND COOKING OXTAIL

先用削皮刀(paring knife)，切除牛尾上多餘的外部脂肪，再用切肉用的剁刀，切除牛尾的根部，丟棄。然後，將牛尾斜切成8cm的長塊。

進行牛尾去骨時，縱向剖開牛尾，讓裡面的骨頭露出來，再用銳利的刀子，將肉從骨頭上刮下，讓骨頭鬆脫，取出，丟棄。從牛尾較寬的那端開始，將牛尾捲起來，再用線綁好。

牛尾塊，無論是帶骨或去骨，都很適合加上具有強烈香味的材料，例如：牛高湯、紅酒、香草束(bouquet garni)、大蒜，慢慢地燜煮(braise)至少2小時。

胸腺 SWEETBREADS

英文中稱為「sweetbreads(直譯為「甜麵包」)」的食材，就是年輕小羊或小牛的胸腺(thymus glands)。由於胸腺非常容易腐敗，所以，應該用水浸泡，並在購買的當天就烹調。完成下列所示範的前置作業後，就可以沾上蛋液與麵包粉，油煎。在傳統的法國料理中，上菜時，要配上布列醬汁(sauce poulette，參照第223頁)。

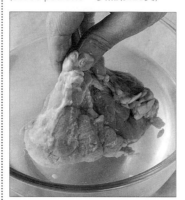

1 先用冷水浸泡2小時，中途要換幾次水。然後，用水清洗，放進鍋內，注入足以淹沒的冷水，加熱到沸騰，在沸水中汆燙3分鐘。

2 瀝乾，沖冷水後，剝除外側的皮與任何薄膜。

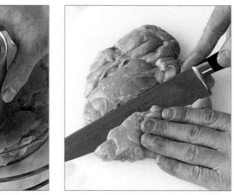
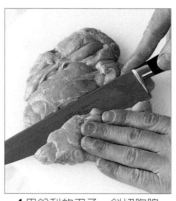

3 用2個盤子將胸腺夾住，再用重物鎮壓，放進冰箱冷藏2小時，直到質地變結實。

4 用銳利的刀子，斜切胸腺。切片後，就可以開始準備烹調了。

牛肚 TRIPE

牛肚，就是牛胃的內層肌肉，呈象牙色，通常在市面上販售時，已經過清理、泡水、沸水燙洗(scalded)的加工處理。儘管如此，烹調前，還是需要再汆燙過，來降低它的氣味。牛肚通常是用燉煮(stew)的方式烹調，可以加牛奶與洋蔥燉煮，或用西班牙醬汁(Espagnole sauce，參照第225頁)燉煮，最後再加入切片的紅蘿蔔。

豬蹄 PIG'S TROTTERS

豬蹄通常都是用燜煮(braise)的方式烹調，或是搭配油醋調味汁(vinaigrette，參照第230頁)，以冷食來上菜。烹調前，要先刮除豬蹄上在腳趾間的毛，再如下列所示，切成兩半，或去骨。然後，用高湯，水波煮1又1/2小時。

切成兩半 HALVING
從豬蹄的正中央，介於骨頭之間，縱切開來。

去骨 BONING
剖開豬皮，切到骨頭的地方，再拉起豬皮，將肉從骨頭上刮下，直到骨頭鬆脫。

用冷水徹底清洗整塊牛肚，去除任何附著的污垢。先用濾鍋(colander)瀝乾，再用布巾(tea towel)拍乾，然後，用主廚刀切成長條狀或方塊狀。將牛肚放在鍋內，加入1片月桂葉、1個插上數個丁香(cloves)的洋蔥、足以淹沒材料的冷水。加熱到沸騰，瀝乾。完成後，就可以開始準備烹調牛肚了。

蔬菜 & 沙拉
VEGETABLES & SALADS

選擇蔬菜 CHOOSING VEGETABLES

花菜類蔬菜 BRASSICAS

葉菜類蔬菜 LEAFY GREENS

莖菜類蔬菜 & 芽菜類蔬菜 STALKS & SHOOTS

球狀朝鮮薊 GLOBE ARTICHOKES

肉質根菜 & 塊根菜 ROOTS & TUBERS

馬鈴薯 POTATOES

蘑菇 MUSHROOMS

豆莢 & 甜玉米 PODS & SWEETCORN

洋蔥家族 THE ONION FAMILY

特殊蔬菜 UNUSUAL VEGETABLES

果菜類蔬菜 VEGETABLE FRUITS

甜椒 & 辣椒 PEPPERS & CHILLIES

沙拉葉 & 新鮮香草植物 SALAD LEAVES & FRESH HERBS

煮沸 & 蒸煮 BOILING & STEAMING

爐烤 & 烘烤 ROASTING & BAKING

煎炒炸 FRYING

製作蔬菜泥 & 塑型蔬菜 MAKING MASH & MOULDS

選擇蔬菜 CHOOSING VEGETABLES

選擇當季的蔬菜，因為這就是這些蔬菜最新鮮，最容易買到的時機，
而且，也是味道最佳，最具營養分的時候。購買時，一定要選擇硬脆、看起來新鮮、
葉片色彩鮮明的蔬菜，避免有褐色斑點、枯葉、葉肉有碰傷，或變成糊狀者。

紅蘿蔔 CARROTS 應外觀看起來很新鮮，頂上的葉片看起來很健康，沒有變色或枯萎。

洋蔥 ONIONS 的薄外皮應是乾燥的，紅洋蔥(red onions)不應變色成褐色。

馬鈴薯 POTATOES 應質地結實，形狀漂亮，無芽眼(eyes)或綠色斑點。

蕃茄 TOMATO 皮應平滑，緊實，無裂痕或傷疤。

肉質根菜 & 塊根菜 ROOTS & TUBERS

紅蘿蔔、馬鈴薯、甜菜根(beet-roots)、瑞典蕪菁(swedes)、根芹菜(celeriac)、蘿蔔(radishes)，應該重而肉質結實，外皮無皺紋。避免選擇肉質柔軟，有斑點或嫩芽者。

蘑菇 MUSHROOMS

選擇質地結實，看起來新鮮，傘狀部分柔軟，聞起來氣味新鮮的蘑菇。而且，蒂頭的末端應是濕潤的，如果是乾燥的，就表示可能沒有那麼新鮮了。

洋蔥 ONIONS

選擇結實的球莖，外皮色澤均勻，無發芽的徵兆者。避免看起來潮濕，或聞起來有霉味者。韭蔥(leeks)與蔥(spring onions)應有深綠色的葉子，與看起來很新鮮的根。

果菜類蔬菜 VEGETABLE FRUITS

蕃茄、圓形茄子(aubergines)、甜椒、鱷梨(avocados)，應該外皮緊實，平滑，有光澤，避免選擇質地柔軟，出現糊狀，或起皺者。

沙拉葉
SALAD LEAVES

萵苣(lettuces)與水芹(cresses)應挑選聞起來氣味新鮮，表面看起來有點潮濕者。檢查芯是否結實完整。葉片不應枯萎或有褐斑。

葉菜類
LEAFY GREENS

苦苣(endive)、瑞士甜菜(Swiss chard)、菠菜(spinach)，應選擇看起來新鮮青脆者。觸摸葉片時，應感覺有彈性。避免選擇看起來毫無生氣，枯萎者。而且，不應有蟲害的痕跡。

莖菜類蔬菜&芽菜類蔬菜
STALKS & SHOOTS

芹菜(celery)、球狀朝鮮薊(globe artichokes)、球莖茴香(fennel)、蘆筍(asparagus)、菊苣(chicory)，應選擇頭部密實，外層看不到褐斑者。

蘆筍 ASPARAGUS 應有豐滿的莖部與密實的嫩芽，大小一致，色澤均勻。

葉菜類蔬菜 LEAFY GREENS 的頭部應形狀飽滿完整，葉片硬脆，頂端顏色鮮綠。

豌豆 PEAS 應看不到任何乾燥跡象或褐斑。

菠菜 SPINACH 葉應小而濕潤，莖很細。

豆莢&種籽
PODS & SEEDS

豌豆(peas)與菜豆(beans)，應選擇豆莢呈鮮綠色，飽滿而鼓起者。甜玉米(sweetcorn)應選擇綠色外殼緊實，玉米粒飽滿，平滑而有光澤者。玉米粒應密實地長在玉米穗軸上。

花菜類蔬菜
BRASSICAS

白花椰菜(cauliflower)、青花椰菜(broccoli)、抱子甘藍(Brussels sprouts)、高麗菜(cabbage)，應選擇頭部密實，毫無損傷者。外側的葉片應很新鮮，無枯萎或變黃的徵兆。莖部應看起來濕潤，切割痕跡很新。

青花椰菜 BROCCOLI 中的紫花椰菜品種，應有深色密實的小花，結實的莖，無變黃的跡象。

花菜類蔬菜 BRASSICAS

這個蔬菜大家族，包括了高麗菜(cabbage)、白花椰菜(cauliflower)、青花椰菜(broccoli)、抱子甘藍(Brussels sprouts)，還有東方綠色蔬菜(Oriental greens)，例如：芥菜(mustard cabbage)、白菜(pak choi)。

紅高麗菜增艷 SETTING THE COLOUR OF RED CABBAGE

紅高麗菜在切過後，可能會產生顏色變得偏藍或偏紫的現象。下列的技巧，可以讓它維持鮮豔的紅色，作法簡單。

1 將熱紅酒醋(red wine vinegar)倒入紅高麗菜絲內(1/2個小高麗菜，用約4大匙的量就夠了)。混合均勻，靜置5～10分鐘後，瀝乾多餘的醋。

高麗菜去芯 CORING CABBAGE

所有的高麗菜中央都有的白色硬芯，質地很硬，不適合食用，所以，要先除去，以利高麗菜葉的切絲，均勻受熱。

先剝除任何外層受損的葉片，再用主廚刀，縱切成4等份。然後，斜切掉每1等份底部上的硬質白芯。完成後，就可以開始切絲了。

高麗菜切絲 SHREDDING CABBAGE

高麗菜切成4等份，去芯後(參照上列)，就可以切絲，做成沙拉，或涼拌高麗菜絲沙拉(coleslaw，參照下列)生食，或者用來快炒(stir-frying)、蒸煮(steaming)、放進像是義式蔬菜濃湯(minestrone)的湯裡慢煮(simmering)。高麗菜可以用手，或放進食物料理機(food processor)切絲。

用手切 BY HAND

將每1等份的高麗菜放在砧板上，切成均勻的細長條狀。

用機器切 BY MACHINE

邊開動機器，邊將各等份的高麗菜放進去，就可以切成絲了。

顏色組合 COMBINING COLOURS

由紅、白、綠色的高麗菜葉絲所組成的多彩組合，不僅賞心悅目，混合了不同的口感與風味，更讓它成為絕佳的冬季沙拉(winter salad)。

用手或機器，將高麗菜切成絲(參照上列)，放進攪拌盆內。然後，加入油醋調味汁(vinaigrette)或煮過型調味汁(cooked dressing，參照第230頁)，還是美乃滋(mayonnaise，參照第228頁)，拌勻。

2 紅高麗菜絲，用油醋調味汁(vinaigrette dressing，參照第230頁)拌勻，撒上切碎的巴西里，以一道生食菜餚，或做為熟食的配菜來上菜。

青花椰菜與白花椰菜的前置作業
PREPARING BROCCOLI AND CAULIFLOWER

由於青花椰菜與白花椰菜的纖細小花(florets)與硬莖,烹調所需時間不同,所以,必須先分開,再烹調。下列所示範的為青花椰菜。

1 將花椰菜拿到濾鍋(colander)的上方,切下有小花的部分,留下莖。然後,再把有小花較大的切塊,分成更小的切塊。

2 先將莖上的葉子切除,再用蔬菜削皮器(vegetable peelers),削掉堅硬的外皮,把莖縱切成兩半。

3 將莖的切面朝下放,切除末端。然後,先把莖縱切成片,再把切片縱切成細條狀。

明星蔬菜
SUPERSTAR VEGETABLE

所有的花菜類蔬菜,都可以提供人類維他命C與礦物質,是極好的營養來源。其中,又以青花椰菜所含的多種重要營養成分(nutrients)最高。

- 100g的青花椰菜,可以提供每日人類建議攝取的維他命C量中超過一半的量。
- 青花椰菜含有大量的胡蘿蔔素(carotene)。人類若攝取大量的胡蘿蔔素,就可以防癌、心臟疾病。
- 青花椰菜含有大量的葉酸(folate or folic acid),是人體用來製造DNA與處理蛋白質的要素。
- 青花椰菜中,含有極高量的礦物質:鐵(iron)、鉀(potassium)、鉻(chromium)。

抱子甘藍的前置作業
PREPARING BRUSSELS SPROUTS

先在大的抱子甘藍底部,切上十字,就可以均勻地煮熟了。如果是小的抱子甘藍,就不需要這樣做。

用主廚刀,在抱子甘藍的底部切上十字。切的時候,只要切入1/4的深度,否則就會在烹調時散開來。修切底部,剝除任何變色的外層葉片。

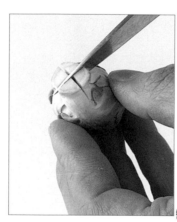

由左至右:
青花椰菜(Broccoli);
抱子甘藍(Brussels sprouts);
白花椰菜(Cauliflower)

內 行 人 的 小 訣 竅　TRICK OF THE TRADE

防止變色
PREVENTING DISCOLORATION

白色蔬菜,例如右圖所示的白花椰菜(cauliflower),在切開,接觸到空氣後,有可能會變色。為了防止變色(prevent discoloration)的情況發生,可以將切好的花椰菜放進攪拌盆內,用冷水浸泡,再加入1大匙檸檬汁或白酒醋(white wine vinegar)。這樣做,可以將水變成酸性,維持蔬菜的原色。

葉菜類蔬菜 LEAFY GREENS

雖然葉菜類蔬菜與其它蔬菜的前置作業大同小異,在風味與質感上,卻更
多樣化。幼嫩的葉菜類蔬菜,通常吃起來口感柔和,而且可以整株生食。
大而質地較硬的葉菜類蔬菜,就必須先切除莖部,再烹調。

其它綠葉蔬菜
OTHER LEAFY GREENS

葉菜類蔬菜依其種類,有各種不同
的口味,從甜味或土味,到刺激或
辛辣,不勝枚舉。所有的葉菜類蔬
菜,應先用水徹底清洗,去除表面
的髒污後,再烹調。

芥菜
CHINESE MUSTARD GREENS:

這種蔬菜吃起來有強烈的辛辣味,
最好煮過再吃。而且,要先修切莖
部,再烹調。

法國蒲公英
FRENCH DANDELION:

這種葉片呈鋸齒狀的蔬菜,需要先
切除硬根,再用。人工栽種的種
類,吃起來的口味比野生的還柔
和。生熟食皆可。

葡萄葉 GRAPE LEAVES:

通常用來包裹其它食物。法國的葡
萄葉,使用前應先汆燙。市面上販
售的鹽漬葡萄葉,只要用水清洗,
就可以用了。

酸模 SORREL:

這種帶著酸檸檬味的綠色蔬菜,要
先修切莖部後,再生食,或烹調成
菜餚。

瑞士甜菜 SWISS CHARD:

先將葉片從白色的主莖上切開。葉
與莖皆可用來烹調。

菠菜的前置作業 PREPARING SPINACH

幼嫩的菠菜葉,由於質地柔軟,所以可以整株生食,或熟食。要葉片放進水中稍微加熱時,因為較成熟的菠菜,
梗比較硬,洗淨後,還是會緊貼著葉片,就必須先修切過,才能順利讓葉片放進水中。下列所示,為做為生食
用,或嫩煎菠菜的傳統切絲(chiffonade)時,所運用之極具風格的前置作業技巧。

1 將菠菜葉沿著正中央的葉脈
縱向對摺,葉脈朝外。然
後,將葉脈撕除。

2 將數片菠菜葉疊在一起,從
邊長較長的一邊開始,捲成
圓筒狀,用一手抓好,固定。

3 用主廚刀切成細長條狀。切
的時候,以自己的指關節抵
住刀子,慢慢移動。

由左至右:
酸模(sorrel):芥菜(Chinese mustard
greens):瑞士甜菜(Swiss chard):法國蒲
公英(French dandelion):菠菜(spinach)

莖菜類&芽菜類 STALKS & SHOOTS

這類蔬菜的質地既多汁，又脆，用途非常廣泛。諸如：芹菜(celery)、球莖茴香(fennel)等，吃起來又甜又脆，可以生食上菜。相較之下，烹調過後，就會展現出極爲濃郁的風味了。

蘆筍的前置作業 PREPARING ASPARAGUS

購買綠蘆筍時，一定要挑選大小一致，莖部平滑，筍尖鱗片緊密者。一般的蘆筍所需之前置作業如下所示。不過，圖中莖部較細，英文被稱之爲「sprue」，以辛辣風味著稱的蘆筍，並不需要削皮，所以，可以省略步驟2。如果是白蘆筍，請參照右列所示。

1 折斷蘆筍末端淡色木質的部分。若是從顏色開始變淡的地方折下去，應該很容易就可以折斷了。用大量的冷水清洗，小心揉搓莖部，以去除所有的污垢。

2 用蔬菜削皮器(vegetable peelers)，從底部往上，削掉莖部一半長度的硬皮。

3 用小刀的前端，切除筍尖末端，連在莖部上的菜鞘。

4 將蘆筍綁成1小束，以利方便處理。請參照第186頁，烹調蘆筍。

其它莖菜類 & 芽菜類 OTHER STALKS AND SHOOTS

刺菜薊 CARDOON：一種地中海沿岸居民喜歡的蔬菜，看起來像芹菜，但其實與球狀朝鮮薊(globe artichoke)是近親，風味也很相近。丟棄外側的葉柄，剝除葉片，削除主莖上的老筋。將切好的莖浸泡在酸性的水中，以防接觸空氣後，會變成褐色。最佳的烹飪方法爲水煮。

瑞士甜菜 SWISS CHARD：瑞士甜菜是甜菜根(beetroot)的近親，有厚的白色葉脈與粗糙的葉片。蒸煮整個莖部，或莖部的切片。葉片要另外分開烹調，常被用來代替菠菜。

白蘆筍 WHITE ASPARAGUS：一種在歐陸很受歡迎的蘆筍，生長在地面下，莖部很厚，筍尖帶爲黃色。烹調前，須先削皮，煮兩次，時間與綠蘆筍一樣長(參照第186頁)。

芹菜的前置作業 PREPARING CELERY

芹菜只使用質地硬脆，容易折斷者。莖部若很柔軟，就表示不新鮮了。無論是用來做生食或熟食，都要先除去粗糙外皮上的老筋。

先切除芹菜的頂部與根部，再切除所有的綠葉，留下來當裝飾用。切割成棒狀，再用蔬菜削皮器，削掉外皮上的老筋。

球莖茴香的前置作業 PREPARING FENNEL

球莖茴香切塊後，要放在冰水中浸泡，以免接觸到空氣後，變成褐色。若是要調香用，就請選擇較成熟的，形狀圓滾，豐滿的球莖。

先切除球莖茴香的頂部與根部，留下任何綠色葉片等，當做裝飾用。用水清洗球莖茴香。先縱切成兩半，再各切成4等份。如果要切片，就先將球莖茴香縱切成兩半，再把切面朝下放，切片。

球狀朝鮮薊 Globe Artichoke

球狀朝鮮薊,是薊(thistle)的家族成員。食用的部分,其實是它的花苞,依前置作業的作法,而可以發揮多種不同的用途。球狀朝鮮薊可以整球烹調,或只烹調它內部的心。

用整顆朝鮮薊上菜 SERVING WHOLE ARTICHOKES

整顆煮熟的朝鮮薊,傳統上是用來做為盛裝醬汁的容器,而醬汁就是用來沾外側葉片的。以下為一些適合的醬汁與較為豐富的餡料配方。

- 油醋調味汁(vinaigrette dressing,參照第230頁)。
- 蟹肉碎片與美乃滋、檸檬汁混合。
- 檸檬奶油醬汁(lemon-butter sauce),用剪碎的細香蔥(chives)調香。
- 荷蘭醬汁(Hollandaise sauce),加上第戎芥末醬(Dijon mustard)與磨碎的橙皮(grated orange zest),混合。
- 橄欖醬(tapenade,即橄欖泥),加上橄欖油稀釋。
- 蒜泥蛋黃醬(Aïoli,參照第229頁)。
- 香草醬(pesto),加上用紅酒醋調味過,切碎的蕃茄,攪拌混合。
- 法式濃鮮奶油(Crème fraîche)或新鮮白起司(fromage frais)製成的調味汁,加上切碎的新鮮蒔蘿(dill)調香。

整顆朝鮮薊的前置作業與烹調 PREPARING AND COOKING WHOLE ARTICHOKES

成熟的朝鮮薊,有多肉的綠色葉片緊密地包住質地柔軟的心,與紫色的毛叢。其中,只有葉片的底部,心,有時候加上莖(stalk,參照下列),是可以食用的。成熟的朝鮮薊,一定是以熟食來上菜。

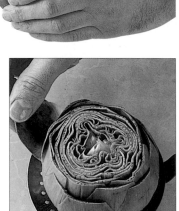

1 用力拿好朝鮮薊,折斷底部的莖,拉出連接著的硬質纖維。

2 切除朝鮮薊頂上1/3的部分,並修切任何硬的外側葉片,丟棄。將朝鮮薊放進加了鹽煮沸的水裡,再加入1個檸檬份量的檸檬汁。放1個盤子進去鍋內鎮壓,慢煮(simmer)20~35分鐘,請依朝鮮薊的大小調整烹調時間。

3 小心地拉下1片葉子,檢查熟度。如果可以輕易地剝下來,就表示已經煮熟了。

內行人的小訣竅 TRICK OF THE TRADE

不浪費,不貪心 WASTE NOT, WANT NOT

幼嫩朝鮮薊的莖,如果經過妥當的處理再烹調,就會變得柔軟可口。

只要用小型削皮刀(small paring knife)輔助,剝除外側的厚纖維層,再縱切成細條狀,就適合用來烹調了。烹調時,放進沸騰的鹽水中,再加入1個檸檬份量的檸檬汁,以防變色。

4 拉出在葉片內部的心,保留。用湯匙除去毛叢,丟棄。

5 將心上下顛倒,放回朝鮮薊內。把自選的餡料舀進去(參照左上列)。

朝鮮薊心的前置作業 PREPARING ARTICHOKE HEARTS

朝鮮薊的心與底部，是最柔軟，也是最可口的部分，通常就吃這些部分，而不吃外側的葉片。在傳統的法式料理中，心通常是放在白色檸檬高湯(blanc，參照第336頁)裡慢煮，以維持它的原色，但這並不是絕對必須的步驟。煮熟後，可以將整個朝鮮薊心，加上醬汁或將餡料填塞在朝鮮薊裡，或者把朝鮮薊心切片後，與調味汁拌勻後，上菜。

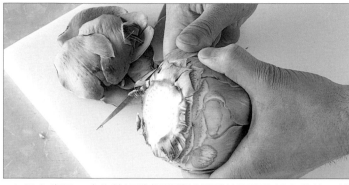

1 用主廚刀，小心地切除朝鮮薊外側質地堅硬的綠色葉片。然後，用手折斷莖，把底部切平。

2 用手抓緊朝鮮薊，切除底部的1/3，注意要連同朝鮮薊心的部分一起切下來，然後丟棄上部的2/3。

3 將朝鮮薊心放進裝了冷水與半個檸檬的攪拌盆裡。這樣可以防止朝鮮薊變色。

4 將朝鮮薊心放進沸騰的鹽水中，放1個盤子進鍋內鎮壓，慢煮(simmer)15～20分鐘。

5 用削皮刀前端刺進朝鮮薊心裡，檢查熟度。如果已煮熟，就瀝乾水分。等冷卻到方便處理的溫度時，就用挖球器(melon baller)，挖出毛叢，丟棄。

幼嫩朝鮮薊 BABY ARTICHOKES

幼嫩朝鮮薊吃起來特別美味可口，包括莖與外側葉片，整顆都可以食用，此時甚至連毛叢都還沒長成。以下為烹調幼嫩朝鮮薊時的一些建議方式。

- 水煮幼嫩朝鮮薊3～4分鐘，直到變軟，再切成4等份，搭配油醋調味汁(vinaigrette dressing，參照第230頁)，以溫熱的熱度來上菜。
- 將生的幼嫩朝鮮薊切成薄片，與橄欖、櫻桃蕃茄(cherry tomatoes)混合，淋上水果味的特級初榨橄欖油(extra-virgin olive oil)，再撒上粗研磨的海鹽(sea salt)。
- 整顆幼嫩朝鮮薊用橄欖油煎，做成義式名菜猶大朝鮮薊(carciofi alla giudea)。
- 將幼嫩朝鮮薊切成兩半，再用新鮮蕃茄、大蒜、橄欖油、羅勒(basil)調製而成的醬汁烘烤(bake)。
- 將幼嫩朝鮮薊放進加了橄欖油、檸檬汁、百里香(thyme)、月桂葉(bay leaves)、芫荽籽(coriander seeds)的水裡，慢煮(simmer)到變軟，做成希臘風味朝鮮薊(artichauts à la grecque)。讓朝鮮薊留在湯汁裡冷卻，再瀝乾，上菜。

肉質根菜&塊根菜 ROOTS & TUBERS

甜菜根(beetroot)、紅蘿蔔、(parsnip)、防風草根(turnip)、蘿蔔(radish)、婆羅門參(salsify)，都是生長在地面下的蔬菜，這也可以從它們的名稱與硬質纖維構造看得出來。有節瘤的蔬菜(knobbly vegetables)，例如：根芹菜(celeriac)、菊芋(Jerusalem artichokes)、球莖甘藍(kohlrabi，又名大頭菜)，也被歸類於此，前置作業的技巧也差不多。

切成細長條 MAKING JULIENNE

大多數根菜類蔬菜，例如下列所示的蕪菁(turnips)，肉值都很結實，適合切成長而細的細條狀，稱之為「julienne」。蔬菜切成細長條後，只需要很短的烹調時間，例如：水煮(boiling)、蒸煮(steaming)、嫩煎(sautéing)，即可煮熟，變成吸引人的裝飾配菜。

1 蔬菜去皮，用主廚刀切成薄片。

2 將薄片疊在一起，一次疊數片，再切成同樣大小的細長條。

滾刀塊 ROLL CUTTING

這種切法，在亞洲非常盛行，可以將蔬菜切成最大表面積的均等塊狀。這樣的切塊，很適合快煮的烹調方式，例如：快炒(stir-frying)、嫩煎(sautéing)。長形的肉質根菜，例如右圖所示的紅蘿蔔，就很適合運用這樣的技巧。

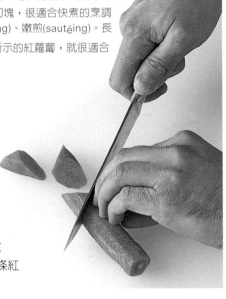

蔬菜先去皮，切除頭尾部。從其中的一端開始，以45度的斜角切下去，滾動紅蘿蔔90度後，再同樣以45度的斜角切下去，就這樣重複相同的動作，直到整條紅蘿蔔切完。

切丁 DICING

將蔬菜切成同樣大小的方塊狀，不但可以很快煮熟，外觀也會很整齊漂亮。蔬菜丁通常用來煮湯或用來燉煮(參照右列)，也可以很容易就磨成泥(puréeing)。已下所示範的為蕃薯(sweet potato)。

1 蔬菜先去皮，再切成相等厚度的切片。將切片疊在一起，一次疊數片，再縱切成同樣大小的棒狀(bâtons)。

2 將這些棒狀蔬菜，切成相同大小的方塊狀。可以切成不同尺寸的方塊(參照右列)。

內行人的小訣竅 TRICK OF THE TRADE

調味蔬菜與蔬菜小丁 MAKING MIREPOIX AND BRUNOISE

這種將蔬菜切成方塊狀的前置作業，是法式料理的傳統作法。調味蔬菜，是種湯、燉煮食物的基本調香用材料。「mirepoix」這個名稱，取自於這種切法的創始者，西元十八世紀的Duc de Lévis-Mirepoix。蔬菜小丁則是澄清湯(consommé)的傳統裝飾配菜。

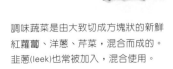

調味蔬菜是由大致切成方塊狀的新鮮紅蘿蔔、洋蔥、芹菜，混合而成的。韭蔥(leek)也常被加入，混合使用。

蔬菜小丁是切成極小方塊狀的新鮮紅蘿蔔、芹菜、韭蔥，或櫛瓜。可以單獨使用1種蔬菜，或混合使用。

削切緞帶蔬菜 MAKING RIBBONS

就是用蔬菜削皮器(vegetable peeler)，將蔬菜削成薄片。這種技巧，非常適合長形的根菜類蔬菜，尤其是紅蘿蔔，或櫛瓜(courgettes)，因為它們的纖維質地較硬。緞帶蔬菜可以用來做為小菜或沙拉，還是用來快炒(stir-fries)。而且，還可以當做漂亮的裝飾配菜用。

蔬菜先去皮，丟棄削下的皮。用一手抓緊蔬菜，另一手用蔬菜削皮器，沿著長度用力削。如果不立刻使用削下的蔬菜，就先用冰水浸泡。

蔬菜處理器 MANDOLIN

質地堅硬的蔬菜，例如：肉質根菜與塊根菜，要切時，可以使用蔬菜處理器(mandolin)，法文稱為「mandoline」。這種專業的器具，是用不鏽鋼製成的(參照下列與第169頁)，上面附有1個平直的刀片，粗刨與細刨的刀片，還有1個波浪形切割刀，用來製作波浪薯片(pommes gaufrettes，參照第169頁)。它的上面還有個滑動架(carriage)，用來保護使用者的手，與固定好蔬菜。簡易類型的蔬菜處理器，為木製材質與金屬刀片組合而成(參照上圖)。使用蔬菜處理器，只要將蔬菜放在滑動架上，在刀片上前後移動，就可以快速地切片。可以調整切片的厚度。

削圓 TURNING

這種傳統的法式技巧，可以將蔬菜變成整齊的筒形或橄欖形，傳統的作法為削成五或七面，做成小蔬菜的樣子。以下為蕪菁(turnips)與紅蘿蔔的削圓，此外，例如：馬鈴薯、根芹菜(celeriac)、櫛瓜(courgettes)、小黃瓜，也都可以運用同樣的方式來完成前置作業。

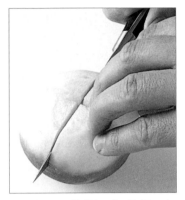

1 將圓形蔬菜切成4等份，紅蘿蔔等管狀的蔬菜，就切成5cm長的塊狀。

2 用小型削皮刀，小心地削除稜角，讓蔬菜變成圓弧形。

3 由頂端往下，一點點地削除切割後所形成的稜角，讓蔬菜的形狀變成筒形。

有節瘤蔬菜的前置作業 PREPARING KNOBBLY VEGETABLES

根芹菜(celeriac)、菊芋(Jerusalem artichokes)、球莖甘藍/大頭菜(kohlrabi)，都是看起來似乎很難處理的有節瘤蔬菜。然而，其實這些蔬菜的前置作業技巧是出乎意料之外的簡單。先用小型削皮刀去皮，再依烹調所需切片，切塊、切絲、或刨絲(參照右列)。切好後，立刻放進酸性水中浸泡，以防變色(參照第161頁)

球莖甘藍(又名大頭菜)切片
SLICING KOHLRABI
先將球莖甘藍縱切成兩半，再把切面朝下，放在砧板上，各切成4等份。

根芹菜刨絲 SHREDDING CELERIAC
將蔬菜處理器(Mandolin，參照右上列)的刀片調整在粗刨，5mm粗。把根芹菜放在刀片上摩擦刨絲。

有節瘤蔬菜 KNOBBLY VEGETABLES

這種蔬菜的外觀雖然比較奇怪，用途卻很廣泛。

- 切片或切塊後，水煮或蒸煮。然後，用奶油或橄欖油，加上切碎的新鮮香草植物拌合。
- 切片或切塊後，先煮成半熟，再加上香草植物與調味料，烘培(bake)。
- 切片或切塊後，水煮，搗成泥狀，加上奶油或橄欖油，與切碎的大蒜、調味料，混合。
- 將新鮮蔬菜切絲或刨絲，用油醋調味汁(vinaigrette)或美乃滋拌合。

馬鈴薯 POTATOES

雖然馬鈴薯有各種外形與顏色(參照第169頁)，大致上可分為兩大類：蠟質(waxy)與粉質 (floury)。選擇適合的種類來烹調，才能讓料理呈現出最佳的成果。蠟質馬鈴薯，水分含量高，澱粉含量較低，適合用來嫩煎(sautéing)、水煮(boiling)，或做成沙拉(salads)。粉質馬鈴薯，澱粉含量較高，所以，質地也較鬆軟，非常適合用來烘烤，搗成泥(purées)或做成焗烤(gratins)，口感都很濕潤柔滑。

外來的蔬菜 EXOTIC VEGETABLE

馬鈴薯在今日雖然已經是再平常不過的蔬菜，但是，曾經有段時間，它們也像現在的蕃薯或芋頭一樣，是種陌生的外來蔬菜。馬鈴薯原來是位於現今祕魯的印加帝國(Peruvian Incas)的主食，於西元十六世紀時，被德雷克·法蘭西斯爵士(Sir Francis Drake)傳到了英格蘭。不過，讓人意想不到的是當初馬鈴薯被認為只適合用來餵養動物，而且還被當作是痲瘋病(leprosy)等疾病的罪魁禍首。

德雷克·法蘭西斯爵士(Sir Francis Drake，1540～1596)

用力擦洗 SCRUBBING

馬鈴薯皮養分極高，風味又佳，所以，最好不要在烹調前去皮。擦洗或刮乾淨，比去皮更好。

將馬鈴薯拿到冷水下邊沖洗，邊用刀尖去除芽眼。然後，用硬毛刷擦洗馬鈴薯皮，清除任何附著在上的泥土。

爐烤的前置作業 PREPARING FOR ROASTING

馬鈴薯可以在去皮或未去皮的情況下爐烤。如果是小馬鈴薯，可以帶皮烤。但是，如果是較大的馬鈴薯，最好切成哈索貝克型(hasselback-style)，或較小的塊狀。城堡馬鈴薯(pommes châteaux)，是經典的法式馬鈴薯形狀。不同的馬鈴薯烘烤技巧，請參照第188頁與189頁。

哈索貝克型 HASSELBACK
先切掉馬鈴薯的底部，以便能夠平坦放穩。然後，由頂上往下，等距平行，切成薄片，但是不要切到底。

城堡馬鈴薯 POMMES CHATEAUX
先用主廚刀，沿著馬鈴薯的長度，切成4等份，再刮掉每一塊平面邊緣的角，變成圓弧形。

打洞烘焙 PRICKING FOR BANKING

大型的粉質馬鈴薯，最好帶皮用烤箱烘烤。烘烤前，必須先用叉子在皮上打洞，以防馬鈴薯在烹調的過程中爆開來。你也可以在馬鈴薯皮上抹油與鹽，讓皮烤過後變脆，或烤馬鈴薯的時候底下鋪一層鹽。此外，也可以將金屬籤穿過再烤，熱度就可以藉著金屬籤導熱，通過馬鈴薯的正中央，更快烤熟。

先用力擦洗馬鈴薯(參照上列)，再用叉子在馬鈴薯上到處打洞，刺穿外皮到肉裡。然後，用220℃，烘烤1～1又1/4小時。

製作巴黎式馬鈴薯 MAKING POMMES PARISIENNES

這是種嫩煎(sautéing)馬鈴薯時的傳統法式前置作業技巧。它的名稱，源自於用來挖馬鈴薯用，法文稱為「cuillère parisienne」或英文稱為「Parisian spoon」的挖球器(melon baller)。挖下的球形馬鈴薯，可以用奶油，或奶油與油混合，加熱成勻稱的褐色。大型粉質馬鈴薯最適合這樣的作法，因為烹調後質地會比用蠟質馬鈴薯還脆。

將挖球器壓入已去皮的馬鈴薯內，挖出馬鈴薯球，越多越好。邊挖，邊將挖出的馬鈴薯球放進冷水中。

油炸馬鈴薯的前置作業 PREPARING POTATOES FOR DEEP-FRYING

用來油炸的馬鈴薯，有很多種不同的前置作業方式，例如：做成一般的薯條，精緻的格子狀或波浪狀。首先，要將馬鈴薯去皮，切成一致的大小與厚度。而且，要邊切，邊放進冷水中浸泡，以防變色。這樣做，還可以去除部分澱粉，讓馬鈴薯變得更脆。然後，倒掉水，徹底瀝乾，再放進熱油裡炸。油炸馬鈴薯的技巧，請參照第191頁。

用手切 BY HAND

用銳利的主廚刀，將馬鈴薯切成厚長條狀，例如右圖所示的新橋薯條 (pommes pont neuf)。法式薯條 (pommes frites)與火柴薯條 (allumettes)也可以用手切，不過，用蔬菜處理器(mandolin)，比較便利，切好的形狀也比較整齊。

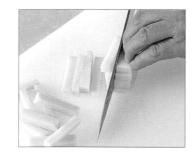

新橋薯條 POMMES PONT NEUF
這個名稱，取自於巴黎最古老的一座橋，新橋(Pont Neuf)，都是以多量來上菜。
先切除馬鈴薯的兩端與側面，成為1個長方形，再切成1cm厚的切片。然後，將馬鈴薯片疊起來，切成1cm寬的長條狀。

用工具切 BY MACHINE

蔬菜處理器(mandolin)，附有可供選擇的刀片與切割器，是最適合用來切割傳統薄片法式薯條的工具。蔬菜處理器的相關介紹，請參照第167頁。

火柴薯條 POMMES ALLUMETTES
將刀片設定在3mm厚度的細刨，切割馬鈴薯。麥稈薯條 (pommes pailles)，也是用同樣的方式切割。切的時候，要將斜坡調整成一直線的角度，用直的刀片來切。

法式薯條 POMMES FRITES
將刀片設定在5mm厚度的粗刨，切割馬鈴薯。

波浪薯片 POMMES GAUFRETTES
將刀片設定在1mm厚度的波浪形切割器，切割馬鈴薯，丟棄第一次切的薯片。將馬鈴薯轉個90度，再切。就這樣重複同樣的動作，每切一次，就把馬鈴薯轉90度，再切。

舒芙雷薯片 POMMES SOUFFLES
這種薯片的厚度比用來當烤野味配菜的薯片(game chips)薄。將直的刀片設定在3mm厚度，切割馬鈴薯。

老馬鈴薯 OLD POTATOES

這些馬鈴薯的產期，介於9月到6月間，越成熟，澱粉含量就會增多。

卡拉 CARA：白皮白肉，質地濕潤。適合水煮(boiling)或烘烤(baking)。

慾望 DESIREE：紅皮，灰白色肉質。適合水煮，油煎(frying)或烘烤。

愛德華國王 KING EDWARD：白皮，帶著粉紅斑點，粉質的肉質。適合搗成泥(mashing)，油煎，爐烤(roasting)，烘烤。

馬力斯派柏 MARIS PIPER：白皮，乳黃色，粉質的肉質。適合水煮，油煎，爐烤，烘烤。

彭特蘭地主 PENTLAND SQUIRE：白皮，乳黃色，粉質的肉質。適合搗成泥(mashing)，爐烤(roasting)，烘烤。

羅馬紅 ROMANO RED：紅皮，乳黃色，柔軟而乾燥的肉質。適合水煮。

新馬鈴薯 NEW POTATOES

這些馬鈴薯的產期，從五月初期，還未完全成熟時就開始了。它們的味道香甜，為蠟質的肉質。

艾斯提瑪 ESTIMA：淡黃色的皮，淡乳黃色，結實而濕潤的肉質。適合水煮，油煎(frying)或烘烤。

澤西 JERSEY：黃皮，乳黃色，蠟質的肉質。適合水煮，或做成沙拉。

馬力斯巴德 MARIS BARD：白皮，白色到乳黃色的肉質。適合水煮，或做成沙拉。

火箭 ROCKET：白皮，白色，結實的蠟質肉質。適合水煮，或做成沙拉。

威爾加 WILJA：黃皮，淡黃色，結實而有點乾燥的肉質。適合水煮，搗成泥(mashing)，油煎，烘烤。

火柴薯條 ALLUMETTES　　法式薯條 FRITES　　新橋薯條 PONT NEUF　　波浪薯片 GAUFRETTES　　舒芙雷薯片 SOUFFLES

蘑菇 MUSHROOMS

「蘑菇(mushrooms)」這個詞,一般而言為所有可以食用菌類植物(fungi)的統稱。蘑菇大致上可以分成三類:一般人工栽培的白蘑菇(white mushrooms),國外栽培的椎茸(shiitake)與蠔菇(oyster mushrooms),及野生的菌類植物,例如:酒杯蘑菇(chanterelles)、牛肝菌(ceps)、松露(truffles)。

人工栽植蘑菇的前置作業 PREPARING CULTIVATED MUSHROOMS

蘑菇可以生食,也可以熟食。一般的白蘑菇,是生長在經過巴氏消毒的堆肥(pasteurized compost)中,所以,只需擦拭乾淨即可。如果很髒,就用水稍加清洗。千萬不要用水浸泡,以免變潮濕。洋菇(button mushrooms)可以整顆,或切成兩半,較大者,可以切片或切塊後,再烹調。

1 用小刀,切除木質的蒂頭。切下的部分,可以留下來煮高湯或熬湯用。

2 用沾濕的廚房紙巾,小心地擦拭,去除任何還沾黏在上面的堆肥。

切片 SLICING
將蒂那面朝下,放在砧板上,再用主廚刀,縱切成薄片。

野生蘑菇的前置作業 PREPARING WILD MUSHROOMS

新鮮的野生蘑菇非常容易變質,所以,一定要儘速使用。如果需暫時保存,就要裝在紙袋內,放進冰箱冷藏。大部分的野生蘑菇,都不需要清洗或削切。不過,這點最好與供應商確認一下。

1 用小刷子或清潔布,小心地刷掉還附著在蘑菇上的污泥。清理時要小心,不要破壞了野生蘑菇脆弱的肉質(例如:牛肝菌(ceps)等)。

2 用小刀,切除木質的蒂頭。儘量保留越多的蘑菇肉越好。大部分的野生蘑菇,都是維持整顆,或簡單地縱切成兩半,以保留它漂亮的原貌。不過,也可以比照人工栽培的蘑菇,切成薄片。

木耳的前置作業 PREPARING WOOD EARS

木耳在英文中除了被稱為「wood ears」，又被稱為「cloud ears」，是種亞洲的食用菌類植物(fungus)，通常是以乾燥的狀態販售。木耳和下列所示的乾蘑菇一樣，使用前必須先浸泡復原。泡過後，木耳會膨脹成像成簇的黑色凝膠狀腦葉，比乾燥時的體積大五倍，通常用來快炒，煮湯，或燜煮。

參照下列的乾蘑菇，用相同的方式浸泡木耳，讓它復原，再用冷水徹底沖洗，清除暗藏在縫隙間的砂礫。使用前，要先用布巾徹底拭乾，切除中心的硬蒂，丟棄。然後，依照各食譜所需，切絲或切塊，再烹調。

野生蘑菇 WILD MUSHROOMS

牛肝菌 CEP：義大利文為「porcini」，原義為「小豬」，外表圓胖，有個球形傘帽。

酒杯蘑菇 CHANTERELLE：金色，外觀呈現凹面，嚐起來味道像杏桃(apricots)。

羊肚菌 MOREL：有個瘦長的傘帽，表面像蜂巢，與松露相較，味道較甜。

卷緣齒菌 PIED DE MOUTON OR HEDGEHOG：呈乳黃色，菌褶下有許多白色的小肉針。

乾蘑菇復原 RECONSTITUTING DRIED MUSHROOMS

很多不同種類的蘑菇，包括亞洲的椎茸(shiitake)、蠔菇(oyster mushrooms)，或野生的羊肚菌(morels)、牛肝菌(ceps)、酒杯蘑菇(chanterelles)，都可以買到乾貨。乾的野生蘑菇，雖然價錢昂貴，但是風味絕頂，烹調時即使只是加入少量，都可以大幅度地提高料理風味的濃郁度與深度。適合用來製作醬汁、湯、蛋捲(omelettes)、義大利燴飯(risottos)、義大利麵醬，或用來快炒。

1 將乾蘑菇放進攪拌盆裡，注入可以淹沒的溫水。浸泡35～40分鐘，或直到變軟。

2 先瀝乾，再用手擰，去除多餘的水分。過濾浸泡水，與蘑菇一起用來烹調。

安全第一 SAFETY FIRST

如果你自行採摘了野生蘑菇，除非你非常確定這是可以食用的，否則絕對不要吃。由於野生蘑菇容易腐壞，所以，應儘速食用。

松露 TRUFFLES

松露有兩個主要品種：法國佩里戈爾(Périgord)的黑松露，還有北義大利皮埃蒙特區(Piedmont)的白松露。黑松露常用來生食，或用來製作餡料或醬汁，燜煮，或烘烤成糕點。白松露通常都用作生食。

由上到下，由左到右
(From top to bottom, left to right)：椎茸(shiitake)；藍斑蘑菇(pied bleu)；酒杯蘑菇(chanterelle)；木耳(wood ears)；卷緣齒菌(pied de mouton)。

清理黑松露
CLEANING A BLACK TRUFFLE
用刷子小心地刷洗松露。你也可以用蔬菜削皮器，削下松露有節瘤的外皮，切碎後，一起用來烹調。

松露切片 SLICING A TRUFFLE
用蔬菜削皮器，將黑松露或白松露，刨成薄片，越薄越好。然後，用這些松露薄片來烹調，或把生的松露薄片撒在義大利麵(pasta)、義大利燴飯(risotto)、義大利玉米糕(polenta)、蛋捲(omelettes)等料理上。

豆莢 PODS

豆莢類可以分成兩大類型：在豆莢還很幼嫩時，連同豆莢一起食用的類型，例如：糖莢豌豆(mangetouts)、花豆(runner beans)、菜豆(French beans)、秋葵(okra)；另一類則是等到種籽成熟，再連同豆莢一起上菜者，例如：豌豆(garden peas)、蠶豆(broad beans)。

豌豆 PEAS

有些豌豆種類，例如：糖莢豌豆(mangetouts)、甜脆豌豆(sugar snap)，栽種後，是在幼嫩時就收成，吃的時候帶莢一起吃。做成沙拉生食或烹調前，只要去老筋即可。其它種類的豌豆，則是在豆莢長滿後，再採摘。這類豌豆就要去莢，丟棄豆莢。兩者的烹調時間都不宜太長，最好以蒸煮(steam)，水煮(boil)或快炒(stir-fry)的方式烹調。

去老筋 STRINGING
如果是糖莢豌豆(mangetouts)、甜脆豌豆(sugar snap)，就捏斷蒂頭，順勢拉除老筋。

去莢 SHELLING
擠壓豆莢底部，以打開豆莢，再用大拇指把豌豆從莢內推出。

青豆 GREEN BEANS

花豆(runner beans)、菜豆(French beans)，是連豆莢都一起吃。花豆的豆莢形狀是寬而平，而每個內都含有數顆帶著斑點的紫色種籽。烹調前，應先修切，撕除老筋，切片。菜豆的形狀為長筒形，只需要簡單地去頭尾即可，剩下的部分全都可以使用，切成小段，或斜切成薄片。

1 捏斷花豆的蒂頭，再順勢撕除老筋。然後，從另一端，重複同樣的動作。

2 用主廚刀將豆莢斜切開來。如果是要用快炒等快煮的方式來烹調，就要切成較薄的切片。

蠶豆 BROAD BEANS

幼嫩的蠶豆，質地很柔軟，可以連同豆莢一起食用。蠶豆一定要先水煮或蒸煮，藉由烹調的方式，來去除部分蠶豆裡可能含有的毒性後，才能食用。成熟的蠶豆，豆莢堅硬，所以，請參照以下的方式，先將蠶豆去莢，去皮，再烹調。

成熟的蠶豆。用與豌豆相同的方式去莢(參照上列)，丟棄豆莢。去皮時，要先汆燙，再用小刀剖開蠶豆一端的皮。然後，用兩根手指擠壓蠶豆的另一端，將蠶豆從皮中擠出。

秋葵 OKRA

秋葵的英文名除了「okra」之外，還有「ladies' fingers(直譯：淑女之指)」與「bhindi」，都是以熟食來上菜，通常是整個用來快炒，或切片後用來煮咖哩或燉肉。秋葵由於本身所具有的天然黏稠特質，在加勒比料理中是使用頻率極高的蔬菜(參照右列)。

烹調整條秋葵時，要先切除尾端部份，再修切周圍，變成圓錐形。這樣做，可以避免秋葵的豆莢被刺破，而導致裡面的黏汁流出(參照右列)。

甜玉米 SWEETCORN

甜玉米的任何部分，都可以使用。傳統上，甜玉米會先去皮，水煮，以「帶穗軸(on the cob)」的方式，加上奶油來吃，或刮下玉米粒後，用來烹調。在墨西哥料理中，玉米皮會被用來製作墨西哥玉米粽(tamale)。

玉米穗軸與玉米粒 COBS AND KERNELS

甜玉米可以帶穗軸(on the cob)的方式，用來水煮(boil)或炙烤(barbecue)，所以，只需要去外皮與鬚，但也可以刮下玉米粒來煮。

1 玉米去皮時，用手抓著葉片，往後用力拉，從穗軸上扯下來。

2 拉除玉米鬚。完成後，就可以帶著穗軸，準備烹調了。

3 如果要刮下玉米粒，就用手抓著，讓穗軸的蒂頭朝下，平直地往下刮。

使用玉米皮 USING CORN HUSKS

在墨西哥，乾玉米皮會被用來製作墨西哥玉米粽(tamale，參照右列食譜)。由於無法取得乾玉米皮，所以在此以新鮮玉米皮來代替。將玉米皮從穗軸取下之後(參照上列的步驟1)，放進烤箱，以150℃，加熱30分鐘，讓它變乾燥。

1 用手指，將玉米粗粉糰(corn-meal dough)按壓在玉米皮較寬的那一端上。然後，舀一點辛辣的餡料上去。

2 將餡料包裹起來，把長的那一端往短的那端摺，再用料理用繩線綁整齊。

天然黏稠劑 NATURAL THICKNER

秋葵含有一種黏液，當豆莢切開後，就會被釋出。這種凝膠狀的物質，可以在辛辣的咖哩或湯裡發揮天然黏稠劑的效果，最著名的例子就是路易斯安那秋葵濃湯(Louisiana gumbo，參照第28頁)。請在進行前置作業時，將秋葵切成片，讓黏液釋出。不過，需特別留意，如果煮太久了，它的黏液就會變得很黏滑。因此，秋葵只要煮到剛變軟即可，而且要避免使用容易導致黏糊，較老或較硬的秋葵。

墨西哥玉米粽 TAMALES

乾燥或新鮮玉米皮 40片
豬油(lard) 175g
玉米粗粉(cornmeal，研磨) 450g
大蒜(切碎) 3瓣
洋蔥(切碎) 1個
丁香(磨碎) 1/4小匙
肉桂(磨碎) 1/4小匙
奶油 2大匙
豬絞肉 450g
紅辣椒(去籽，切碎) 1條
鹽與現磨胡椒

如果使用乾玉米皮，要先用冷水浸泡1小時。將玉米皮攤平，風乾後，再把餡料放上去。將豬油與玉米粗粉，混合成1糰。將1小塊玉米粗粉糰按壓在玉米皮較寬的那一端上，捏成長方形。用奶油把大蒜、洋蔥、辛香料炒香。加入豬絞肉、辣椒，加熱5分鐘，到豬絞肉變成褐色，加調味料調味。然後，將餡料舀到玉米粗粉糰的正中央放。將餡料包裹起來，再用線綁好。蒸煮1小時。拆開後，上菜。吃的時候，打開玉米皮，用手指捏裡面的餡來吃。

洋蔥家族
THE ONION FAMILY

整個洋蔥家族的成員,無論是做爲調香的材料,或是主要材料,都是許多料理不可或缺的重要組成元素。若是依照以下所示範的方法,正確地完成洋蔥的前置作業,就可以讓洋蔥迅速地發揮它的風味,而且吃了之後也比較容易消化。

切洋蔥不流淚
ONIONS WITHOUT TEARS

洋蔥一旦切開後,就會散發出讓人難以忍受的氣味,釋出的揮發性油會刺激眼睛,讓人流淚不已。不過,有幾種歷經時間考驗的妙方,可以緩和這樣的情況。

其中之一,就是在放了水的攪拌盆內,去洋蔥皮,而且,切的時候,要把水龍頭開著,讓水一直沖。

另一個技巧,就是不要切除根部,先留著,把洋蔥切成片(參照下列)。切片或切丁時,邊咀嚼一塊麵包,也有幫助。

洋蔥去皮與切片 PEELING AND SLICING ONIONS

所有的洋蔥,都應該先去除外皮後,再用。以下,為整顆洋蔥切成環狀切片時的技巧示範。若是要切成半月形的小切片,就要先將洋蔥縱切成兩半,把切面朝下放,再垂直切片。

1 切除根部,但不要切進洋蔥肉裡。用小刀輔助,剝除外皮。

2 用主廚刀,切除堅硬的根部。切下後,留著,用來煮高湯。

3 讓洋蔥側面朝下,放好,垂直切下去,切成環狀的薄片。可依個人喜好,再把洋蔥環全部分開來。

洋蔥切丁 DICING ONIONS

很多食譜中,都會指定要將洋蔥切片或切塊。切丁的尺寸大小,取決於切下第一刀的厚度。洋蔥的根部要留著,不要先切掉,以防洋蔥切到一半時,會整個散掉。而且,這樣也可以防止切洋蔥時受到刺激而流淚(參照上列)。

1 先將已去皮的洋蔥縱切成兩半。把切面朝下放,水平切幾刀,但不要切斷根部。

2 垂直切下幾刀,但不要切斷根部。

3 用手將洋蔥緊緊地壓在砧板上,換個方向,垂直切下,成為方塊狀。如果想切成更小的洋蔥丁,就繼續切到想要的大小。切好後,堅硬的根部可以留下來,煮高湯時用。

珍珠小洋蔥的前置作業 PREPARING PEARL ONIONS

這種小洋蔥，英文名稱除了「pearl onions」又被稱為「baby onions」或「button onions」，適合用來整顆燜煮(braising)，或醃漬(pickling)。它的皮很薄，質地像紙，有時不太容易剝除。先用熱水浸泡，讓皮變得鬆弛，就比較好剝了。

1 將洋蔥放進攪拌盆裡，注入足以淹沒的熱水，浸泡數分鐘，直到皮開始變軟。

2 把洋蔥瀝乾，放在水龍頭下，用冷水沖洗，再用小刀剝皮。連接莖部的那端要儘量留長一點，以防洋蔥會從中心爆開，分散。丟棄洋蔥外皮。

切碎大蒜 CRUSHING GARLIC

挑選出質地結實，豐滿的大蒜球，剝開成瓣後，再去皮。

1 將主廚刀的平面放在大蒜瓣上，用拳頭敲。

2 大蒜瓣去皮，縱切成兩半。切除蒜瓣中心的綠芽。

3 將刀子前後來回移動，以擺盪方式(rocking motion)，把大蒜瓣切碎。

切割韭蔥 CUTTING LEEKS

修切好的韭蔥，常常整枝用來烹調，或用高湯以溫和的燜煮(braise)，還是焗烤(baked au gratin)的方式來烹調。韭蔥切片後，可以用來烤法式鹹派(quiches)，加入湯或燉肉裡。切丁的韭蔥，在傳統法國料理中，是被用來做為調香用(參照調味蔬菜(mirepoix)，第166頁)，如果要烹調整枝韭蔥，必須先徹底洗淨任何暗藏在緊貼一起的葉片間的泥土。

1 先剖開綠葉頂端。然後，放在水龍頭下，用冷水沖洗，去除任何髒污。

2 將韭蔥縱切成兩半。把韭蔥平放好，切成厚或薄片。

亞洲式切蔥法 CUTTING SPRING ONIONS ASIAN-STYLE

蔥在亞洲料理中，使用頻率極高，快炒(quick stir-fries)或煮湯的時候，特別常用到。蔥在切片或切絲後，蔥白與蔥青都可以使用，常被用來做為調香的材料，飯或麵等熱食的裝飾配菜，或撒在蒸煮、燜煮過的魚或肉類料理上。

切絲 SHREDDING
先切除深綠色的頂端。然後，將淡綠色的部分縱切成兩半，再切成細絲。

斜切片 ANGLE-SLICING
從蔥的深綠色頂端開始，用指關節輔助，邊移動，邊斜切，一直切到根部那端。丟棄根部。

特殊蔬菜 UNUSUAL VEGETABLES

來自非洲、亞洲、南美洲、中東的蔬菜,已經越來越普遍了。其中,有些其實是早已爲大眾所熟知的蔬菜之外來種類,例如:茄子(aubergines)與蘿(radishes)。不過,還是有部分是完全陌生的種類,其所需之前置作業技巧與烹飪方法也不同。乾燥的海洋蔬菜(sea vegetable),請參照第177頁。

1 茄子 AUBERGINES
茄子的種類,除了較為人所知的地中海(Mediterranean)茄子之外,還有非常多的種類。茄子的前置作業方式皆同(參照第178頁)。

2 白茄 & 黃茄 WHITE & YELLOW AUBERGNES
茄子(aubergine)的英文別稱「egg-plant」,很有可能是源自於這種非洲原產的白茄,因為它的顏色與形狀,與蛋很相似。

3 蓮藕 LOTUS ROOT
中式料理中會用到的蔬菜,可以切成漂亮的花邊狀切片。烹調前,一定要先去皮,再切片,用來蒸煮(steam)或快炒(stir-fry)。

4 豌豆茄子 PEA AUBERGINES
這是種原產於泰國,非常特別的茄子種類,常整顆放進咖哩內烹調,或磨泥後用來做辛辣味沾醬(spicy dipping sauces)。

5 芋頭 DASHEEN
這種熱帶根菜類蔬菜,必須先去除粗糙的外皮,再烹調。去皮後,就可以切成塊狀,用來烘烤(bake)或水煮(boil)。

6 樹薯 CASSAVA
這是種原產於非洲或南美洲,很像馬鈴薯的澱粉質根菜類蔬菜。去皮後,比照馬鈴薯的烹調法來烹調。

7 泰國茄子 THAI AUBERGINE
這種綠色的茄子,前置作業與白茄或紫色茄子相同(參照上述)。切片後,用來油煎或爐烤(roast)。除此之外,也常做成醃菜(pickling)。

8 婆羅門參 SALSIFY
這種蔬菜,因為它的味道被認為與海鮮味很類似,所以,還有個英文別名「oyster plant」。必須先刮除外皮,切成數段後,再水煮烹調。

乾海菜 DRIED SEAWEEDS

1 海帶芽 / 裙帶菜 WAKAME
風味柔和，適合用來做沙拉、湯，或快炒，也可以用來爐烤(toast)或磨碎(crumble)後，撒在飯上吃。

2 黑藻 ARAME
風味細緻，用來加入日本的味噌湯裡。

3 昆布 / 海帶 KOMBU
巨藻(kelp)乾燥後所成，用來製作日式高湯(Japanese dashi(出汁))，參照第18頁。

4 紅藻 DULSE
帶著鹹而辛辣的味道，特別適合用來快炒或加入沙拉裡。

9 白蘿蔔 MOOLI
這種蔬菜，還有其它的英文別稱「white radish(直譯：白色的蘿蔔)」與「daikon(日文「大根」的英譯)」，在亞洲料理中常會用到。可以切絲後生食，或切成薄片，用來快炒(stir-fry)或蒸煮(steam)。

10 稜角絲瓜 LOOFAH
一種可食的葫蘆科蔬菜，通常用在亞洲料理，一定要先去皮，再以蒸煮或快炒的方式來烹調。

11 苦瓜 CHINESE BITTER MELON
原產於遠東地區的可食葫蘆科蔬菜，一定要先鹽漬(dégorgéd)，以去除它的苦汁。最好用來嫩煎(sauté)或快炒。

**12 東印度竹芋
EAST INDIAN ARROWROOT**
一種肉質堅硬，外皮也很硬的根菜類蔬菜，在東南亞常被用來快炒。去皮後，就可以切絲或切丁，用來烹調。

13 青芋 EDDO
這是種原產自西非與加勒比海區的塊莖蔬菜，前置作業與烹飪方法可比照馬鈴薯。

14 冰凌蘿蔔 ICICLE RADISH
又稱為「青蘿蔔(green radish)」，是種味道較苦澀的亞洲蔬菜，常被做成醃菜(pickling)保存，但也可以切成薄片快炒。

15 豇豆 YARD-LONG BEANS
這是種亞洲蔬菜，可以整條烹煮，或像花豆(runner beans)一樣，斜切後再烹調。

16 水芋 TARO
一種堅硬，粗粉質地的根菜類蔬菜，原產於東南亞與印度。烹調前要先去皮，切塊或切片後，水煮。

17 球莖甘藍 / 大頭菜 KOHLRABI
這是種有點特別的歐洲蔬菜，前置作業與烹飪方法與蕪菁(turnip，參照第166頁)相同。

果菜類蔬菜 VEGETABLE FRUITS

果菜類蔬菜，因為果肉裡含有種籽，而被植物學家認為是水果，不過，這個顏色艷麗的族群，在廚房裡就變成了蔬菜。甜椒與辣椒，也帶籽，相關內容請參照第180～181頁。

蕃茄的去皮、去籽、切塊 PEELING, DESEEDING AND CHOPPING TOMATOES

蕃茄雖然常用來生食，或帶皮烘烤(bake)，不過，用來做醬汁、湯、燉肉時，就得先去皮、去籽、切塊，法國的蕃茄丁(concassée of tomatoes)，就是個例子。蕃茄先去核，在底部劃切十字後，再汆燙(blanching)。蕃茄籽味道苦澀，所以，最好去籽。

1 在已去核的蕃茄上劃切十字後，放進滾水中汆燙10秒。撈出，用冰水浸泡。

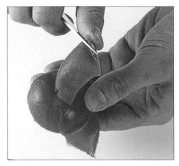

2 將蕃茄從水中取出，用小刀的前端，剝除已變得鬆弛的外皮。

3 將蕃茄切成兩半，用手分別擠壓這兩半，把蕃茄籽擠到攪拌盆內。切除任何還殘留在蕃茄上的芯。

4 將切成兩半的蕃茄，切面朝下放，先切成條狀，再切成塊狀，就變成蕃茄丁了。

愛的蘋果 LOVE APPLES

蕃茄是在西元十五世紀時，隨著西班牙人荷南·科爾蒂斯征服了墨西哥(Cortes' conquest of Mexico)，從新大陸(the New World)，被傳到了歐洲。蕃茄的英文早期名稱之一，就是「love apples」，法文則稱為「pommes d'amour」。這樣的名稱，或許是源自於蕃茄被認為具有催情的效果。早期的蕃茄品種，可能是橙黃色，也正因此，原意為「金色蘋果(golden apple)」的義大利文「pomodoro」，或原意為「摩爾人的蘋果(Moorish apples)」的「pomi di Mori」，諸如此類蕃茄名稱上的訛用，都可以反映出蕃茄是經由西班牙傳到歐洲的。

荷南·科爾蒂斯(Hernán Cortés，1485～1547)

鹽漬茄子 SALTING AUBERGINES

大部分用到茄子的料理，都不需要將茄子去皮。不過，由於茄子可能帶有苦汁，先讓它釋出後再烹調，比較好。這種技巧，稱之為「鹽漬(salting/dégorgéing)」，特別是如果茄子要用油煎時，運用這樣的技巧，就可以讓茄肉變得更結實，以避免吸收太多油脂。

茄子切片。將茄子的切片排列一層在濾鍋(colander)內，把鹽均勻地撒在切面上。靜置30分鐘。然後，放在水龍頭下，用冷水沖洗後，用廚房紙巾拍乾，再烹調。

烘烤茄子的前置作業 PREPARING AUBERGINES FOR BAKING

在切成兩半的茄子切面上，劃切上深的刀痕，以利均勻受熱，煮熟。烘烤前，可以將切得極薄的大蒜片(razor-thin slices of garlic)嵌入刀紋內，以增添風味。

茄子先去梗與蒂(連接在梗的底部的杯狀物)，再用主廚刀縱切成兩半。然後，用刀尖銳利的刀子，在茄肉上劃切交叉的深紋，再撒上鹽(參照上述)。

南瓜的前置作業 PREPARING SQUASH

外皮柔軟的夏季南瓜,可以像櫛瓜(courgettes)、瓠瓜(marrows)一樣生食,通常不去皮。冬季南瓜,例如:南瓜(pumpkin)、白核桃南瓜(butternut),外皮既硬又厚,就必須去皮,而且,由於肉質較硬,必須烹調後再吃。體積較小的品種,可以先切成兩半,再烹調。較大的品種,通常會先切塊,再烹調。

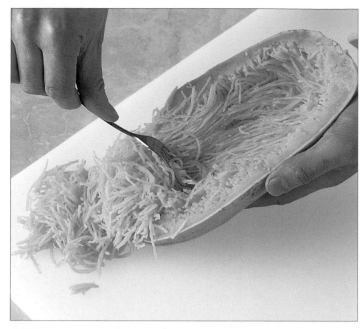

小青南瓜 ACORN SQUASH
將南瓜縱切成兩半,把梗的部分切穿。先用湯匙挖出南瓜籽與纖維質果肉,再削除南瓜皮。

白核桃南瓜 BUTTERNUT SQUASH
將南瓜切成兩半。先分別削或切除南瓜外皮,再把南瓜切成塊。

義麵瓜 SPAGHETTI SQUASH
先縱切成兩半,再挖出籽。在切面刷上橄欖油,加調味料調味。用烤箱以180℃,烘烤30分鐘。然後,用叉子耙出果肉,就會變成像義大利麵般的條狀了。

小黃瓜的前置作業 PREPARING CUCUMBER

小黃瓜大都用來生食,但也可以加工成泥狀,加入湯裡,鑲餡烘烤,或用來快炒。在傳統法國料理中,一定會去皮,再鹽漬(dégorge)。

用刨絲器(canelle knife),縱向等距,刨下細條狀的皮,以做出裝飾效果。然後,切成圓片,鹽漬去水後,再用來上菜。

鱷梨去核 STONING AN AVOCADO

如果鱷梨要切成兩半後,在中間的凹洞裡盛裝醬汁或餡料,就不要去皮。以下所示範的為大廚的去核技巧,你也可以使用小湯匙來去核。

先沿著中心的核,將鱷梨縱切成兩半。以相反方向,扭轉這兩半,直到兩半完全分開。然後,用主廚刀,輕敲果核。再扭一下,取出果核。

鱷梨的去皮與切片 PEELING AND SLICING AN AVOCADO

鱷梨通常是用來生食,不過,也可以稍加烹調後再吃。如果要做成泥(purées)或沾醬(dips),就要把果肉從切成兩半已去核的鱷梨中取出後(參照左列),再搗成泥狀。如果是要用來做沙拉,就要去皮,切片或切丁。用不鏽鋼製的刀子或湯匙來切果肉,在切面刷上檸檬汁,以防果肉變色。

1 在整個鱷梨的皮上,縱向劃切成4等份,再從其中一端,把皮拉起成條狀,朝另一端翻,要儘量讓果肉保持多量完整。

2 沿著果核,將果肉縱切或橫切成薄片,來取出果肉。然後,立即刷上檸檬汁。

番椒 PEPPERS

甜椒(sweet peppers)或紅甜椒(capsicums)，是從辣椒(chillies)演化而成的，但是，它們的風味柔和，不辛辣，成熟後，味道香甜。甜椒可以生食或熟食，爐烤後(參照第189頁)，尤其美味可口。

甜椒的切片與切丁 SLICING AND DICING PEPPERS

甜椒通常只有在鑲餡烘烤時(參照下列)，才會以完整的狀態來烹調，否則，一般都會先切成環狀，條狀或方塊狀，再生食或烹調。甜椒要先去核，切成兩半，去籽後，再切片或切丁。

1 用小刀沿著核切開，拉出，丟棄。將甜椒縱切成兩半，刮除籽與筋，丟棄。

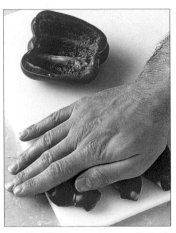

2 將甜椒肉那面朝下，放在砧板上，用力壓平。這樣就會變得比較好切了。

3 用主廚刀，再將兩半的甜椒縱切成相同大小的切片或條狀。

4 如果是要切丁，就用手把已切成條狀的甜椒放在一起，壓緊，再切成相同大小的方塊狀。若是要切成較大塊的切丁，切成條狀時，就要切得寬一點。

色彩繽紛的甜椒 DIFFERENT COLOURS

甜椒有各種不同的顏色，令人目不暇給。其中，紅色與青色，是最普遍的，但是，黃色、橙色、紫色，甚至是白色，在市面上都有販售。其實，不同的顏色，可能只代表甜椒正處於不同階段的成熟度。舉例來說，一般人所熟知的矮胖形甜椒，在最不成熟的狀態時，就是綠色。這個階段的甜椒，帶著新鮮的青草風味。當它變得越成熟時，就會轉變成紅色、黃色、橙色或紫色，味道也會變得更甜。總而言之，小的青椒，無論是甜味或水分，都不及較大之其它顏色的甜椒。

烘烤用整顆甜椒的前置作業 PREPARING WHOLE PEPPERS FOR BAKING

甜椒可以成為絕佳的鑲餡烘烤用容器。甜椒在去核，去籽後，就成了天然的凹洞，而切開的頂部，就可以順便當成蓋子，未去皮的果肉可以在烘烤的過程中，支撐住裡面的餡料。這裡所示範的技巧，在甜椒切片或切成環狀時，也同樣需要運用到。

1 切下青椒連接梗那端的1/4部分，留下來當做鑲餡青椒烘烤時的蓋子用，不要丟棄。

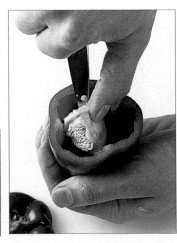

2 用小刀的前端或湯匙，刮出裡面的籽。然後，就可以開始填塞餡料，把青椒蓋子蓋上後，就可以烘烤了。

辣椒 CHILLIES

由於辣椒具有灼辣的特性，所以，更需要妥善小心地處理。無論辣椒是什麼品種，大小或顏色，前置作業技巧，基本上都是相同的。

新鮮辣椒的前置作業 PREPARING FRESH CHILLIES

辣椒一切開，就會對你的皮膚造成刺激(參照右列)，所以，需要格外地小心。切完後，要將自己的手、刀子、砧板，徹底洗淨，而且，需特別留意，千萬不要碰觸自己的眼睛。部分廚師會戴上橡膠手套，以多增加一層保護。

1 將辣椒縱切成兩半。用小刀，刮出籽，同時刮除裡面的薄膜。

2 先用手掌把辣椒壓平，再用主廚刀縱切成條狀。

3 如果要切丁，就把切成條狀的辣椒放在一起，再切成相同大小的方塊狀。

乾辣椒泡水 REHYDRATING DRIED CHILLIES

烹調時，如果沒有新鮮辣椒可用，可以用乾辣椒代替。使用時，可以拍碎，或磨碎(帶籽或去籽皆可)，或者如下所示，泡軟後，研磨成糊狀。

1 將乾燥辣椒散放在烤盤上，用熱烤爐(grill)，烤3～5分鐘。烤的時候，要經常翻面。

2 將辣椒放進攪拌盆內，注入溫水。靜置1小時。

3 瀝乾辣椒，用研磨與杵，磨成糊狀，再將辣椒糊放進過濾器內，按壓摩擦，濾掉辣椒皮。

由左至右，上面(From left to right, top)：蘇格蘭呢帽辣椒(Scotch bonnet)；墨西哥綠色小辣椒(Jalapeño)；索藍諾辣椒(Serrano)。下面(Bottom)：燈籠辣椒(Habañero)；鳥眼辣椒(Bird's-eye chilli)；加勒比辣椒(Caribe chilli)。

瑞耶諾辣椒
Chiles Rellenos

這是道源自於墨西哥的經典料理，它的名稱「chiles rellenos」，直譯爲「鑲餡辣椒」之意。傳統上，是種節慶菜餚。製作時，將辣椒沾上麵糊，油炸，在非正式的自助餐式場合上菜後，用手取食(finger food)。以下，還介紹了未沾麵糊，較爲清淡口味的燒烤作法，以方便各位依個人喜好，自行組合。

6～8人份
各種辣椒(墨西哥綠色小辣椒(jalapeños)、墨西哥深綠色辣椒(poblanos)、紅色與黃色阿納海辣椒(red and yellow Anaheims)、蘇格蘭呢帽辣椒(Scotch bonnets)) 26個

蔬菜油(油炸用)
蒙特里傑克起司(Monterey Jack)或巧達起司(Cheddar cheese)(磨碎) 225g
白蟹肉(white crabmeat)(新鮮，解凍或罐頭) 225g
新鮮芫荽(切碎) 2大匙
萊姆汁 1/2個的份量

進行辣椒的前置作業(參照下列)。將3大匙油放進平底鍋內加熱，油煎辣椒3～5分鐘，要翻面，讓各面都均勻受熱。分批放進去煎，以免鍋子內擠滿了過多的辣椒。煎好後，放在廚房紙巾上瀝乾。

製作起司餡辣椒。用手指，將磨碎的起司，壓進墨西哥綠色小辣椒(jalapeños)與墨西哥深綠色辣椒(poblanos)裡，前者為1大匙的量，後者為3大匙的量。

製作蟹肉餡辣椒。先挑揀出蟹肉裡的任何碎殼或軟骨(若是使用冷凍或罐頭蟹肉，要先徹底瀝乾水分)。用叉子將蟹肉撕碎，再加入切碎的芫荽、萊姆汁混合。然後，將混合料舀進黃色阿納海辣椒(yellow Anaheims)與蘇格蘭呢帽辣椒(Scotch bonnets)裡。

若是用燒烤(全部的辣椒)的烹調方式：將辣椒放在烤盤上，放進熱烤爐(grill)內，烤約2分鐘，剛好到起司融化。

若是用油炸(鑲餡的墨西哥綠色小辣椒(jalapeños)、墨西哥深綠色辣椒(poblanos)、整顆紅色阿納海辣椒(red Anaheims))的烹調方式：先製作麵糊(batter，參照右列)。將油倒進大的平底鍋內，約8mm高的量，加熱到油變得極熱。用手抓著辣椒的蒂頭，放進麵糊裡，沾滿表面，再分批放進熱油內，油炸2～3分鐘，到變成金黃色。炸好後，放在廚房紙巾上瀝乾，再上菜。

辣椒的前置作業
Preparing Chillies

這種技巧，適合運用在墨西哥綠色小辣椒(jalapeños)、墨西哥深綠色辣椒(poblanos)、紅色阿納海辣椒(red Anaheims)。可以讓辣椒保持完整的形狀，以便整顆用來鑲餡。頂端呈圓形的辣椒，例如：黃色阿納海辣椒(yellow Anaheims)與蘇格蘭呢帽辣椒(Scotch bonnets)，就要切下頂端，挖除裡面的核與籽。切下的頂端要留下備用。

用小型削皮刀(small paring knife)，從每個辣椒的蒂頭下方，縱剖一刀。用手指，小心地打開辣椒，讓裡面的籽露出來。

將手指伸進辣椒內，從蒂頭下方開始，把籽推出去。完成後，一定要記得將手徹底洗淨，否則辣椒裡的汁液，會讓你感覺到灼熱的刺激性。

沙拉葉 SALAD LEAVES

一道漂亮的沙拉，不是光把綠色葉片混合在一起，就可以了。這些葉片，必須是鮮脆的，而且非常清潔乾燥。以下，就是達成這些標準的必要技巧。沙拉調味汁(salad dressings)，請參照第230頁。

萵苣的前置作業 PREPARING LETTUCE

萵苣的芯既硬又澀，最好切除。葉片要用水沖洗，去除髒污，再徹底瀝乾。如果有水分留在葉片上，葉片就會變得軟弱，毫無生氣，調味汁也會被水稀釋。

1 丟棄任何外層受損的葉片。用一手抓著萵苣的頂端，另一手抓住硬芯，扭斷。

2 將葉片拿到水龍頭下，用冷水沖洗乾淨後，再放進裝了冷水的攪拌盆內，浸泡一下子。

3 將葉片放在摺起來的布巾內拍乾(或用沙拉脫水器(salad spinner，參照左列)瀝乾)。然後，放進冰箱冷藏至少30分鐘，讓葉片變脆。

外圈，由左下開始，順時針方向：紅橡葉萵苣(red oak leaf)；捲心萵苣/冰山萵苣(Iceberg)；長葉萵苣(Cos lettuce)；紅捲鬚萵苣(lollo rosso)；散葉捲心萵苣(curly leaf)；義大利紫菊苣(radicchio)；綠捲鬚萵苣(frisée)；小寶石萵苣(Little Gem lettuce)。內圈，由左開始，順時針方向：玉米萵苣(lamb's lettuce)；西洋菜(watercress)；綠羅羅畢昂度萵苣(green lollo biondo)。中心：水芹(cress)。

製作油拌沙拉
MAKING A TOSSED SALAD

選擇葉片在風味，顏色，質地上，可以互補的種類。在沙拉碗內(salad bowl)，攪拌調味汁。

將葉片撕開，放進攪拌盆內。不要用切的，以免傷到葉片。將葉片與醬汁稍微拌一下，讓葉片表面均勻地沾上少許調味汁。

新鮮香草植物 FRESH HERBS

新鮮香草植物，被歸類於香料植物(aromatic plants)，可以用來作為生食或熟食的調香料或裝飾配菜。以下，為切碎(chopping)、切絲(shredding)、剪碎(snipping)的技巧示範。其它有關香草植物的使用相關技巧，請參照第328～330頁。

新鮮香草植物的前置作業 PREPARING FRESH HERBS

新鮮香草植物採摘後，要立即使用，以發揮最佳的風味效果。通常使用的部分只有葉片，不過有時也會用到莖。它們的香氣，是源自於本身具有的揮發性油，在切開後，就會散發出來。

切碎 CHOPPING
將葉片從莖上摘下，集中成束，再用主廚刀切碎。

切絲 SHREDDING
這樣的切法，適合葉片較柔軟的香草植物，例如：羅勒(basil)。將數片葉片疊起來，捲好。然後，切絲。

剪碎細香蔥 SNIPPING CHIVES
用手抓著1把細香蔥，下面放著碗或板子接，用料理剪，剪碎。

細碎香草植物 FINES HERBES

這種傳統的混合香草，是用細香蔥、山蘿蔔葉(chervil)、巴西里、茵陳蒿(tarragon)，這4種等量的香草植物組合而成。其中，細香蔥需要剪碎，其它的3種要切碎。切碎的香草植物，一定要在烹調後，最後才加入。

將細香蔥剪碎(參照右上)。將山蘿蔔葉、巴西里、茵陳蒿的葉片放在砧板上，一起切得細碎。加入細香蔥混合後，就可以用了。

製作香草束 MAKING A BOUQUET GARNI

這種用來增添風味的傳統混合香草束，是用韭蔥(leek)的深綠色部分，將百里香、月桂葉、巴西里、芹菜包起來，再用線綁緊。將這種香草束用在慢煮的料理上，它就會慢慢地散發出風味來。

右圖的香草束，是用韭蔥的蔥青部分，包裹住1片月桂葉、1枝迷迭香、1枝百里香、數枝巴西里，再用線綁起來。將線留長一點，把一端綁在鍋子的握柄上，或放進一個濾袋(muslin bag)中，以便在烹調後可以輕易取出。

用新鮮香草植物烹調
COOKING WITH
FRESH HERBS

不同的香草植物，在烹調時，會展現出不同的特性。請參照以下介紹，將各種香草植物的特點，發揮到極致。

- 部分質地較脆弱香草植物，例如：羅勒(basil)、蒔蘿(dill)、薄荷(mint)，加熱後，香味就會減弱。所以，請在烹調完成的階段，再加入。反之，像百里香(thyme)、迷迭香(rosemary)這類質地較結實的香草植物，就經得起長時間的烹調，因為它們的香味可以慢慢地滲透到料理中。

- 香草植物的切割方式，也會影響到它的香味濃度。香草植物用研缽與杵，或用食物料理機(food processor)磨碎，可以提高它們的香味。香草植物若是切絲，刺激味就會變弱，所以，這種切割方式非常適合像羅勒等軟質葉片的香草植物。

- 質地較脆弱的香草植物，切完後若沒有立即使用，過了一段時間後，就會變黑。尤其是薄荷，這種情況特別明顯。所以，香草植物請在即將使用時，再切，以維持它的原色。

水煮 BOILING

水煮的烹調方式，可以讓蔬菜的天然風味充分發揮出來。根菜類蔬菜要用冷水，慢慢地加熱到沸騰。相反地，綠色蔬菜則必須在水沸騰時，再放進去煮。

微波爐加熱時間 MICROWAVE TIMES

使用微波爐來加熱蔬菜時，只要使用極少量的水，就可以很快煮熟，而且還可以充分保留營養，維持原有的質地與顏色。以下的烹調時間，為225g份量的蔬菜，用600～700瓦，設定在100%電力的標準。烹調後，需靜置5分鐘。

- 青花椰菜(BROCCOLI)/白花椰菜 (CAULIFLOWER)(花的部分)3又1/2～4分鐘
- 抱子甘藍(BRUSSELS SPROUTS) 5分鐘
- 紅蘿蔔(CARROTS)(切片)5～6又1/2分鐘
- 菜豆(FRENCH BEANS) 6～7分鐘
- 豌豆(PEAS)(去莢)/荷蘭豆 (MANGETOUTS)4～5分鐘

根菜類蔬菜 ROOT VEGETABLES

根菜類蔬菜在加熱時，必須能夠均勻受熱，到中心部分整個都熟透。如果沒有完全煮熟，質地就會很硬。煮過頭了，又可能會損及質地與風味，還可能會變糊。切成相同的大小，再慢煮，就可以得到最佳的烹調結果。

1 將蔬菜放進鍋內。注入冷水，加入鹽調味。慢慢地加熱到沸騰後，蓋上鍋蓋。

2 慢煮(simmer)12～20分鐘，到變軟。不同的蔬菜，加熱所需時間也不同。檢查熟度時，用刀子的前端刺入蔬菜的正中心，如果可以輕易地穿透，就表示已經熟了。

綠色蔬菜 GREEN VEGETABLES

當綠色蔬菜加熱到剛變軟時，吃起來最硬脆，顏色最鮮豔，營養含量最高，味道最鮮美。如果烹調太久，就會變成黃褐色，軟弱而缺乏生氣。

1 將水注入大鍋內，加熱到沸騰。加鹽調味後，將蔬菜放進鍋內。不加蓋，慢煮1～4分鐘，到剛變軟。

2 瀝乾蔬菜後，放進裝了冰水的攪拌盆內浸泡，恢復生氣。瀝乾，以冷食來上菜，或加油或奶油，稍微熱過後，再上菜。

蘆筍 ASPARAGUS

加熱蘆筍時，要將蘆筍豎直，這樣粗的莖部末端，就會浸泡在熱水中，而柔軟的蘆筍頭則會被蒸氣慢慢蒸熟。圖中的蒸鍋，就是專為這樣的用途而設計的。不過，你也可以將蘆筍平放在一個深炒鍋(deep sauté pan)內加熱。

將整束蘆筍(參照第163頁)，豎直放進蒸鍋的籃內。在鍋內注入10cm高的水，加熱到沸騰後，加鹽調味。將籃子放進蒸鍋內，加蓋，慢煮5～7分鐘，到蘆筍莖變軟。將籃子從蒸鍋內取出，瀝乾蘆筍，搭配融化奶油或荷蘭醬汁(hollandaise sauce，參照第226頁)，一起上菜。

蒸煮 STEAMING

利用慢煮中的水所產生的蒸氣來蒸煮蔬菜,就可以煮成完美的嫩脆口感,而且營養也不會流失。你可以將過濾器放在鍋內來蒸煮,或者使用下列所示的一種專用蒸籠。

傳統方法 CONVENTIONAL METHOD

這種不鏽鋼鍋子,附有一個嵌入式籃子,便於取出,而且可以同時蒸煮不同種類的蔬菜(下圖所示為紅蘿蔔、扁圓南瓜(pattypan squash)、青豆(green beans))。蒸煮時,應該讓水保持在微滾的狀態,而不是翻攪滾動的狀態。切勿將鹽撒在蔬菜上,因為鹽可能會導致蔬菜脫水,或變色。

1 在鍋內注入2.5cm高的水,加熱到沸騰後,再把裝了蔬菜的籃子嵌入鍋內。

2 等到冒出蒸氣後,蓋上鍋蓋,蒸煮蔬菜,直到變軟(參照右表)。

3 取出籃子,放在水龍頭下,用冷水沖,讓蔬菜恢復生氣。然後,再度加熱,調味。

蒸煮時間 STEAMING TIMES

- 青花椰菜(BROCCOLI)/白花椰菜(CAULIFLOWER)/青豆(GREEN BEANS) 8分鐘
- 抱子甘藍(BRUSSELS SPROUTS)/高麗菜(CABBAGE)/紅蘿蔔(CARROTS)/球莖茴香(FENNEL) 10分鐘
- 豌豆(PEAS) 2～3分鐘
- 新馬鈴薯(NEW POTATOES) 12分鐘
- 菠菜(SPINACH) 1～2分鐘
- 南瓜(SQUASH)/扁圓南瓜(PATTYPAN) 5分鐘

竹蒸籠法 BAMBOO STEAMER METHOD

亞洲式竹蒸籠,可以擺進中式炒鍋(woks)或其它的鍋子內,而且可以疊成幾層,分開蒸煮不同種類的食材。如果想要為蔬菜增添細緻的香氣與風味,可以在蒸煮前,在水中加入調味材料,例如:1個香草束(bouquet garni)、混合胡椒粒(mixed peppercorns)、八角(star anise)、檸檬香茅(lemon grass)、芫荽(coriander)。

1 將質地結實的蔬菜放在蒸籠的下層,質地柔軟的放在上層。在中式炒鍋(wok)內注入剛好可以蓋住鍋底的水量,加熱到沸騰。

2 將1個三角鐵架(trivet)放進中式炒鍋底,再把蒸籠擺上去。蓋上蒸籠蓋,蒸煮到蔬菜變軟(參照右上表)。

爐烤&烘烤 ROASTING & BAKING

許多蔬菜，特別是多纖維的肉質根菜(roots)、塊根菜(tubers)、果菜類蔬菜(vegetable fruits)，適合單獨爐烤(roasting)，或加上醬汁烘烤(baking)。長時間的烹調，可以讓這些蔬菜變軟，風味更濃郁。

爐烤時間 ROASTING TIMES

以下所列的時間，為使用橄欖油，以200℃(參照第189頁)，爐烤蔬菜時的標準。所有的時間均為約略所需時間。

- 茄子(AUBERGINES) 30分鐘
- 紅蘿蔔(CARROTS) 45分鐘
- 防風草根(PARSNIPS) 30～45分鐘
- 蕃薯(SWEET POTATOES) 45分鐘
- 蕪菁(TURNIPS) 30～45分鐘
- 冬南瓜(WINTER SQUASH) 30～45分鐘

爐烤馬鈴薯 ROASTING POTATOES

將馬鈴薯烤成表面硬脆，內部柔軟多汁的秘訣，就是先將馬鈴薯水煮到半熟，放涼，再爐烤。熱油與熱烤箱，也是兩項重要的因素。另一種歐陸式爐烤馬鈴薯法，請參照第189頁)。

1 馬鈴薯去皮。體積較小的馬鈴薯，讓整顆保持完整，較大者，就切成大塊。用鹽水加熱10分鐘，煮到半熟的程度，再瀝乾，放涼。

2 用叉子刮馬鈴薯(這樣做可以讓馬鈴薯表面烤脆)。將油倒入烤盤內，約1cm深，用200℃，加熱到高溫。

3 將馬鈴薯放進烤盤內，翻轉，讓表面沾滿油。然後，將烤盤放回烤箱內，烤1～1又1/4小時，中途要翻面2次。烤好後，放在廚房紙巾上瀝乾。

烤大蒜花 ROAST GARLIC FLOWERS

用爐烤的方式，可以讓大蒜的風味變得更濃郁，味道更香甜，變成美味可口的配菜，或調香用材料。烤的時候，將整球大蒜，以帶皮的狀態，像烤帶骨肉塊般地爐烤。如果先修切大蒜球，就可以變成漂亮的花形，用來當做裝飾配菜，特別引人注目。

切除大蒜球的頂端，要切過所有的蒜瓣。切面朝上，放在烤盤內。然後，刷上橄欖油，以180℃，烤50分鐘。

烤甜菜根 ROASTING BEETROOT

爐烤生的甜菜根時，不要去皮，才不會因為汁液流出而褪色。先切除頂端，留著莖部。

甜菜根用鋁箔紙包起來，以150℃，爐烤1～1又1/2小時。稍微冷卻後，去皮。放一點奶油，用黑胡椒與粗研磨海鹽調味後，上菜。

爐烤甜椒 ROASTING PEPPERS

甜椒爐烤後，味道會更甜，還會帶著煙燻的風味。食用前，一定要先去皮。果肉的質地會變得很柔軟，通常要切片或切丁後，以原味來食用，或用在混合食材的料理上。

1 將甜椒放在烤盤上用200℃，烤10～12分鐘，直到皮變焦，中途要翻面1次。

2 將甜椒放進塑膠袋內，打個結，或封好，靜置到冷卻。

3 取出甜椒，去芯。用尖銳的刀子，刮起焦黑的皮，剝除。

內 行 人 的 小 訣 竅
TRICK OF THE TRADE

快速爐烤
QUICK ROASTING

這種省時的烤法，在只需要烤1或2個甜椒時，特別管用。

用1支長柄的叉子叉著甜椒，在瓦斯爐上火烤，慢慢地轉動，直到外皮變黑。

用橄欖油爐烤 ROASTING IN OLIVE OIL

這種迅速便利的烤蔬菜技巧，在義大利與法國非常普遍。爐烤時，可添加高品質的特級初榨橄欖油(extra virgin olive oil)、粗海鹽、現磨黑胡椒、迷迭香(rosemary)或百里香(thyme)等香草植物，以烤出最佳的風味。

馬鈴薯 POTATOES
將已切塊的馬鈴薯(在此所示範的為切成城堡馬鈴薯(pommes châteaux，參照第168頁)的切塊)，放在烤盤上。灑上2～4大匙橄欖油，撒入切碎的香草植物，加鹽與胡椒調味，混合均勻。然後，用200℃，烤約45分鐘，直到變成褐色，中途要翻面1或2次。

蔬菜雜燴 RATATOUILLE
將切片的櫛瓜(courgettes)、甜椒、茄子、洋蔥，放進烤盤內，加入1個香草束(bouquet garni，參照第185頁)。灑上3～4大匙橄欖油，撒入拍碎的大蒜，加鹽與胡椒調味，混合均勻。然後，用180℃，烤約1小時，中途要翻面1或2次。

製作焗烤馬鈴薯 MAKING A POTATO GRATIN

「au gratin」這個詞，就是指任何放在淺盤內，表面放上起司，烘烤成褐色，表皮硬脆的料理。法國傳統的焗烤馬鈴薯(gratin dauphinois，參照右列)中所用的馬鈴薯，要先用牛奶煮到半熟，再烘烤。這樣的作法，可以為馬鈴薯增添濃郁風味，而且可以確保馬鈴薯可以在烹調時被煮到熟透。

大蒜的微香 A HINT OF GARLIC
將大蒜瓣切成兩半，用切面摩擦烤盤內部，以增添淡淡的香蒜味。大蒜的汁液，味道不會像它的本體那麼濃烈。

焗烤馬鈴薯
GRATIN DAUPHINOIS

馬鈴薯　1kg
香草束(bouquet garni) 1個
現磨荳蔻
鹽與白胡椒
牛奶　500ml
大蒜(切成兩半) 1瓣
奶油(軟化) 25g
濃縮鮮奶油(double cream) 150ml
格律耶爾起司(Gruyère cheese，
　磨碎) 100g

馬鈴薯去皮，切成薄片。將牛奶倒入鍋內，加熱到沸騰。加入香草束、荳蔻，用鹽與胡椒調味。再加入馬鈴薯，加熱到沸騰。然後，把火調小，慢煮10～15分鐘。撈出馬鈴薯，瀝乾，牛奶要留下備用。用大蒜摩擦22cmX23cm烤盤的內部。將奶油塗抹在烤盤內，把馬鈴薯疊放在內，每一層都要調味。將鮮奶油加入牛奶內，加熱到沸騰，再倒到馬鈴薯上。最後，在表面撒上磨碎的格律耶爾起司，用200℃，烤約40分鐘。這樣可以做出4人份。

煎、炒、炸 FRYING

蔬菜可以淺煎(shallow-fried)，油炸(deep-fried)，或快炒(stir-fried)的方式來烹調。而且，有時煎、炒、炸蔬菜，只是整個烹調過程中的一環。砂鍋燒(casse-role)就是個很好的例子。所有的蔬菜，一定要先切成小塊後，再用來煎、炒、炸，以防表面燒焦了，內部卻還沒熟的情況發生。

蒸焗與膠化 SWEATING AND GLAZING

這兩種技巧在法國料理中常會運用到。用來增添風味，切成方塊狀的蔬菜(調味蔬菜(mirepoix)，參照第166頁)，一開始先慢慢蒸焗(sweat)，再用來煮湯或燉肉，這樣就可以利用蔬菜本身的汁液來烹調，不需要為了保留風味，而將表面煎成堅硬的褐色外皮。用防油紙做成紙蓋，蓋上後，就可以防止蒸發。製作時，剪成圓形(參照左列)，就可以緊貼覆蓋在鍋內了。膠化(glazing)是種傳統式運用在削圓蔬菜(參照第167頁)上的最後裝飾技巧。這樣做，可以讓蔬菜的表面變得有光澤，漂亮引人。

蒸焗 SWEATING
將1～2大匙奶油放進鍋內融化。加入蔬菜，灑上水，加入調味料。用防油紙覆蓋。用小火加熱3～5分鐘。

膠化 GLAZING
將2大匙奶油放進鍋內融化，並加入1大匙水與1小匙糖。加入汆燙過的蔬菜，用大火加熱2～3分鐘，同時翻轉蔬菜，讓表面沾滿膠汁。

製作蔬菜餡餅 MAKING VEGETABLE FRITTERS

蔬菜切成細長條(julienne)，與麵糊(batter)混合後，就可以煎成香脆的蔬菜餡餅(vegetable fritters)或馬鈴薯煎餅(rösti)。以下的蔬菜餡餅，為馬鈴薯、紅蘿蔔、櫛瓜的組合。

1 混合50g中筋麵粉(plain flour)、1個蛋、調味料，製作麵糊。再加入250g細長條蔬菜。舀滿1湯匙到已放了油加熱的不沾鍋內。

2 用中火煎3～4分鐘，中途要用抹刀翻面1次，煎到兩面都變脆，表面都變成金黃色。將油徹底瀝乾後，再上菜。

快炒 STIR-FRYING

這種亞洲式技巧，非常適合用來烹調蔬菜，因為這樣可以將蔬菜加熱成口感硬脆，營養充足，色澤鮮豔的菜餚。烹調前，將蔬菜切成長條狀(julienne)，或緞帶狀(ribbons，參照第166～167頁)，就可以烹調出最滿意的效果。

將完成前置作業，硬質的蔬菜(在此為紅蘿蔔與荷蘭豆(mangetouts))放進內有少許熱油的中式炒鍋內，用大火翻炒2分鐘，再加入軟質的蔬菜，例如：豆芽(bean sprouts)，翻炒1分鐘。加調味料調味後，立刻上菜。

油炸馬鈴薯 DEEP-FRYING POTATOES

法式油炸馬鈴薯法，就是將馬鈴薯油炸兩次，讓質地變得特別酥脆。製作時，要先將馬鈴薯加熱到變軟，放涼，再用較高溫來油炸。請參考第169頁，製作出不同的形狀。馬鈴薯藍，是種傳統法國料理中，常用來裝切丁或小塊蔬菜的容器。這種像鳥巢般的容器，可以在專門的廚房器具店中購得。

1 將油加熱到160℃，再把馬鈴薯放進油內，浸泡5～6分鐘。從油內取出，放涼，將油溫加熱到180℃，再次油炸馬鈴薯1～2分鐘，直到變脆。

2 將藍子從油內取出，儘量把油瀝乾。然後，把馬鈴薯倒在廚房紙巾上，吸收殘餘的油。撒上鹽後，就可以上桌了。

馬鈴薯藍 POTATO BASKET
將細長的馬鈴薯條 (pommes pailles，參照第169頁)，裝進像鳥巢般的容器內。用180℃油炸3分鐘，直到變脆，變成金黃色。然後，把馬鈴薯瀝乾，倒出。

炭烤 CHARGRILLING

這種技巧，是利用爐用燒烤盤(stovetop grill pan，參照第141頁)，在蔬菜表面烤出條狀烙印，做出吸引人的炭烤效果。

將蔬菜 (在此為球莖茴香(fennel)、櫛瓜、茄子、紅甜椒)切成大塊，再用橄欖油、檸檬汁、切碎的新鮮香草植物、調味料拌過。將燒烤盤加熱到高溫，但未冒煙的程度。將蔬菜擺在燒烤盤上，每一面各烤5分鐘，或烤到變軟。

製作香酥海帶 MAKING CRISPY SEAWEED

這道中式餐廳的招牌菜，雖然菜名為「香酥海帶」，卻是用嫩甘藍(spring greens)切絲，油炸到酥脆，所成的料理。先切除硬芯，洗淨葉片，瀝乾後，再切絲。葉片越乾，就越能炸成酥脆的「海帶」，而且是漂亮的鮮綠色。

1 在中式炒鍋內倒入足量的油，約1/3的高度，加熱到180℃。稍微把火調小，分批將切絲的嫩甘藍放進油內，不斷地用筷子攪拌，將它們分開。

2 當切絲的嫩甘藍炸到開始發出清脆的聲音時，就用溝槽鍋匙(slotted spoon)撈出，徹底瀝乾。撒上鹽與糖調味後，以熱食來上菜。你也可以撒上特殊的中式調味料，如圖中的魚鬆，再上菜。

蔬菜泥 & 塑型蔬菜
VEGETABLE MASH & MOULDS

煮到變軟的蔬菜，很適合用來當做肉類、家禽、魚類的配菜，因為可以為整道菜形成質感與色彩上的對比。蔬菜可以做成細質或粗質的泥狀(purée)，或者進一步裝入鼓形的汀波模(timbale moulds)後，烘烤。

製作蔬菜泥 MAKING PUREES AND MASH

可以使用食物料理機(food processor)或果汁機(blender)，將葉片蔬菜攪拌成泥(參照下列)。如果是煮過的根菜類蔬菜，例如：紅蘿蔔等，可以先用機器攪拌成泥，再用非常細孔的圓筒篩(drum sieve)過濾，讓質地變得更柔滑。用馬鈴薯搗碎器(potato masher)或馬鈴薯壓泥器(potato ricer)，將馬鈴薯加工成泥狀，千萬不要用機器來攪拌馬鈴薯，因為這樣會讓馬鈴薯質地變得像膠質。如果要將馬鈴薯泥做成柔滑鬆軟的質地，就使用圓筒篩(drum sieve)或食物磨碎器(mouli-légumes/food mill)。

圓筒篩 DRUM SIEVE
將圓筒篩放在攪拌盆上，固定好，再用塑膠刮刀(plastic scraper)用力把加熱過的蔬菜壓過網孔。

食物磨碎器 MOULI
將食物磨碎器架在攪拌盆上，再把煮過的馬鈴薯放進去。然後，搖動握柄，將馬鈴薯壓過食物磨碎器，落入攪拌盆內。

製作汀波 MAKING TIMBALES

蔬菜泥，例如下列所示的波菜泥，可以裝入小模型內，烤成一個個漂亮的單品，倒扣在盤中後，上菜。其它蔬菜，例如：紅蘿蔔、青花椰菜(broccoli)、豌豆(peas)，也都適合運用這樣的方式來做成料理。你也可以將汆燙過的菠菜葉鋪在烤模內(參照第77頁)，這樣看起來效果會特別好，因為菠菜葉裡的蔬菜泥，就可以形成對比色了。

1 將300g已煮過的菠菜放進果汁機內，加入3個蛋、250ml濃縮鮮奶油(double cream)、荳蔻攪拌後，加調味料調味。然後，舀入內部已塗抹了奶油的150ml烤模內。

2 放進烤箱，讓烤模以隔水加熱的方式(bain marie)，用190℃，加熱10分鐘，或直到凝固，而且用金屬籤等刺入中心，拔出後，是完全乾淨，沒有任何沾黏物在上。

3 將烤模取出，用刀子沿著烤模的內側劃一圈，以利脫模。然後，倒扣在上菜用的盤上，小心地移除烤模。

馬鈴薯泥
MASH

選擇對的馬鈴薯品種---粉質馬鈴薯(floury potato，參照第169頁)，才能做出最佳的馬鈴薯。馬鈴薯泥做好後，可以選擇下列其中一種方式來混合加工。無論是採用哪一種方式，都可以做出質地柔細而滑嫩的馬鈴薯泥。最後，再加入鹽與現磨胡椒調味，就可以上菜了。

- 熱牛奶與大量的無鹽奶油。此外，也可以再加入鮮奶油。
- 法式濃鮮奶油(crème fraîche)與橄欖油。
- 橄欖油與拍碎的大蒜。
- 熱的濃鮮奶或奶油，加上烤過的大蒜(參照第188頁)。
- 奶油或濃鮮奶，無鹽奶油與磨碎的格律耶爾起司(Gruyère cheese)。

烹調菠菜
COOKING SPINACH

徹底洗淨菠菜，摘下菠菜葉。菠菜雖然可以用大量的沸水來加熱，不過，最好的方式為蒸煮或嫩煎(sauté)，更能夠留住菠菜的維他命、礦物質，及鮮豔的色彩。若是用蒸煮的方式，只需要利用洗完後還沾在葉片上的水分即可，在數分鐘內，就可以煮熟了。若是用嫩煎(sauté)的方式，就用少量的橄欖油，不斷地攪拌，將菠菜迅速煎熟。

豆類、穀物 & 堅果類
PULSES, GRAINS & NUTS

豆類 PULSES

炊米 COOKING RICE

烹調其它穀物 COOKING OTHER GRAINS

堅果 NUTS

椰子 COCONUT

豆類 PULSES

乾燥豆子、豌豆(peas)、扁豆(bentils)，皆為豆莢孕育成的食用種籽，這類植物，被稱之為豆類。豆類的特點，就是含有豐富的礦物質、維他命、纖維質，而且還低脂，是廚房中不可或缺的重要食材。

浸泡與烹調 SOAKING AND COOKING

乾燥菜豆(beans)與豌豆(peas)，需要先泡軟後，再烹調，扁豆(bentils)則不用。除了以下所示的方法之外，還有個快速浸泡法可供參考：先用大量的水煮2分鐘，再加蓋，浸泡2小時。豆類一定要在烹調後再調味，否則豆類的外皮就會變硬。

1 將豆子放進大攪拌盆內，注入冷水，淹沒所有的豆子。浸泡8～12小時。

2 將豆子倒入濾鍋(colander)內，放在水龍頭下，用冷水徹底沖洗。

3 豆子先用水(未加鹽)煮10分鐘，再參照左表的時間慢煮(simmer)。

製作回鍋豆泥 MAKING REFRIED BEANS

將豆子煎兩次後，所做成的豆泥，所以英文被稱之為「refried beans」。製作時，先用油將切碎的洋蔥煎軟，再加入已煮過的斑豆(pinto beans)，還有少許用來煮斑豆的液體，一起煎，再用馬鈴薯搗碎器(potato masher)，把斑豆搗成豆泥。然後，將豆泥冷藏一整晚，再用油煎一次，直到變得酥脆。

第一次油煎 FIRST FRYING
將煮過的豆子加入洋蔥與油內煎，再搗成豆泥。

第二次油煎 SECOND FRYING
邊用大火加熱，邊攪拌豆泥，直到變得酥脆。

由外圈的左下開始(Outer circle from bottom left)：黃豆(soy beans)；眉豆(black-eye beans)；黑豆(black beans)；白鳳豆(butter beans)；大紅豆(red kidney beans)；黃豌豆(yellow split peas)；綠豆(mung beans)。由內圈的左下開始(Inner circle from bottom left)：紅豆(aduki beans)；鷹嘴豆(chick peas)；加納立豆(cannellini beans)；四季豆(haricot beans)。

烹調時間 COOKING TIMES

以下為約略所需時間，而且是以已經浸泡過的豆類(參照右列)為標準。

- 紅豆(ADUKI BEANS)
  30～45分鐘

- 黑豆(BLACK BEANS)
  1～1又1/2小時

- 眉豆(BLACK-EYE BEANS)
  1小時

- 白鳳豆(BUTTER BEANS)
  1小時

- 蠶豆(BROAD BEAN)
  1～1又1/2小時

- 加納立豆(CANNELLINI BEANS)
  1又1/4小時

- 鷹嘴豆(CHICK PEAS)
  1又1/2～2小時

- 四季豆(HARICOT BEANS)
  1又1/2小時

- 綠豆(MUNG BEANS)
  45分鐘

- 斑豆(PINTO BEANS)
  1小時

- 大紅豆(RED KIDNEY BEANS)
  1～1又1/2小時

- 黃豆(SOY BEANS)
  1又1/2～2小時

安全第一 SAFETY FIRST

許多豆類含有對人體有害的毒素。所以，烹調所有的豆類時，一定要先煮10分鐘。這樣做，可以破壞豆類裡的毒素，讓它變得無害。

製作小餡餅 MAKING PATTIES

豆類是製作小餡餅的完美材料。原因就在於豆類很容易做成泥狀,又可以與大蒜、洋蔥、香草植物、辛香料等調香料均勻混合,而且還容易塑型。豆泥球(falafel,參照右列),就是一種以色列的傳統豆類食物,你也可以用其它的豆類來製作。本食譜中,是用鷹嘴豆(chick peas)與乾蠶豆(dried broad beans)一起製作。

1 浸泡,水煮自選的豆子,瀝乾豆子,保留煮豆水。將豆子與少許煮豆水放進食物料理機(food processor)內,攪拌成泥。倒入攪拌盆內,加入調香料,混合均勻。

2 把雙手沾濕(以防沾黏),先將混合料塑型成相同大小的球狀,再壓平成橢圓形,每個約2.5cm厚。

豆泥球 FALAFEL

鷹嘴豆(chick peas,已經浸泡,水煮,做成豆泥) 200g
大蒜(切成細碎) 5瓣
洋蔥(切成細碎) 1個
新鮮芫荽(切碎) 4大匙
中筋麵粉(plain flour) 1大匙
小茴香(cumin,研磨) 1小匙
多香果(allspice,研磨) 1小匙
鹽、胡椒、卡宴辣椒粉(Cayenne)
蔬菜油(油煎用)

混合材料,做成球狀。用熱油煎3～4分鐘,到表面都變成金黃色。放在廚房紙巾上瀝乾。這樣可做出4人份。

製作豆泥 MAKING PULSE PUREES

豆子煮過後,與橄欖油、大蒜一起攪拌成泥狀,可以做成芳香沾醬(aromatic dips),塗抹用醬料,或乳狀質地的小菜(side dishes)。本食譜中,是用鷹嘴豆(chick peas)製作成中東的鷹嘴豆泥沾醬(hummus)。其它像是加納立豆(cannellini beans)、黑豆(black beans)、大紅豆(red kidney beans)、扁豆(bentils),也都是不錯的選擇。若加入一些拍碎的乾辣椒,就可以調成香辣刺激的風味了。

1 將煮過的鷹嘴豆,放進食物料理機(food processor),加入少許煮豆水,再加鹽、拍碎的大蒜調味,攪拌成泥狀。

2 邊繼續攪拌,邊從輸送口倒入橄欖油。然後,加入檸檬汁調味,最後加入1～2大匙熱水混合。

製作扁豆湯 MAKING DHAL

「dhal」是個讓人容易混淆的名稱,因為它既是辛辣的印度扁豆料理,也是製作這種料理豆類的名稱,而可以用來製作的豆類,又多達數百種。本食譜中使用的是黃扁豆(yellow lentils/channa dhal),不過,你也可以用其它的豆類代替。最後,可以在表面添上傳統的塔達卡(tadka),即用印度酥油(ghee)煎大蒜片與卡宴辣椒粉(Cayenne)所成的醬料,做裝飾。

1 將洋蔥與大蒜放進鍋內,用印度酥油(ghee),加上印度綜合辛香料(garam masala)、辣椒粉(chilli powder),油煎。然後,加入扁豆(lentils),快炒1～2分鐘。

2 注入高湯或水,慢煮(simmer)到扁豆變軟。中途要常常攪拌,如有需要,就再加些高湯或水進去。

烹調時間 COOKING TIMES

以下為約略所需時間。扁豆在烹調前,不需要浸泡。

- 褐/黃/綠(墨綠色法國普依)扁豆 (BROWN/YELLOW/GREEN(PUY) LENTILS) 30～45分鐘

- 紅扁豆(RED LENTILS) 20分鐘

上排,由左到右(Top row, from left to right):墨綠色法國普依扁豆(puy lentils);綠扁豆(green lentils);褐扁豆(brown lentils)。下排(Bottom row):紅扁豆(red lentils);黃扁豆(yellow lentils)。

炊米 COOKING RICE

從芳香的匹拉夫(pilafs)到濕潤的義大利燴飯(risottos)，米可以說是許許多多料理的最基本。由於穀物的烹調方式不盡相同，所以，針對所要烹調的料理，選擇對的米，用對的烹飪技巧，是非常重要的。

米的種類
TYPES OF RICE

美國長粒米 AMERICAN LONG-GRAIN：
適用於所有的用途。用熱水法(hot water method)煮。白色米需時15分鐘，褐色米需時30～35分鐘。

阿波里歐米 ARBORIO：
一種義大利的短粒米(short-grain)，質地濕潤，咬起來有堅果的口感。用燴飯法(risotto method，參照第198頁)，煮15～20分鐘。

巴斯馬提米 BASMATI：
味道芳香，用來煮匹拉夫(pilafs)與印度料理。必須先浸泡(參照第197頁的步驟1)，再用吸收法(absorption method)，煮15分鐘。

易炊米 EASY-COOK：
經過加工，可以保持顆粒分明不沾黏的米，依照包裝上的指示，煮10～12分鐘。

日本米 JAPANESE：
一種顆粒飽滿，有光澤，具黏性的短粒白米。煮法請參照第197頁)。

布丁米 PUDDING：
一種煮好時會變得很軟的短粒米(short-grain)。白色米需時15～20分鐘，褐色米需時30～40分鐘。也可以用烤箱烘烤1～1又1/2小時，方法請參照第278頁)。

泰國米 THAI：
帶有茉莉香的米(jasmine fragranced)，用吸收法(absorption method)，煮15分鐘。

野米 WILD：
不是真正的米，而是種帶著堅果香味的水生草本植物，用熱水法(hot water method)，煮35～40分鐘。

熱水法
HOT WATER METHOD

白色或褐色的美國長粒米(American long-grain)，可以用大量的滾水(水量沒有特定的限制)煮。煮好後，把水倒掉，再用水沖洗飯粒。進行沖洗，可以去除飯粒上多餘的澱粉質，讓飯粒分離、乾燥。讓飯粒冷卻後，再加熱時，就不會沾黏在一起了。

1 將一鍋水加熱到沸騰。加入鹽，再加入米，不加蓋，慢煮到變軟(參照左列)。

2 將飯粒倒進濾鍋(colander)或過濾器內，用滾水沖洗。然後，用奶油或油，再度加熱，混合。

吸收法
ABSORPTION METHOD

這種方式，比較適合巴斯馬提米(Basmati rice)與泰國米(Thai rice)，用事先量好的水量來煮米，等到煮好時，水分會完全被飯粒吸收。用水量與米為2又1/2：1的比例，以小火加熱，鍋蓋蓋緊，讓米被鍋內的蒸氣悶熟。

1 將水、米、鹽，放進鍋內，加熱到沸騰。攪拌，把火調小，加蓋。

2 慢煮(simmer)15分鐘後，靜置15分鐘，再用叉子翻鬆飯粒。

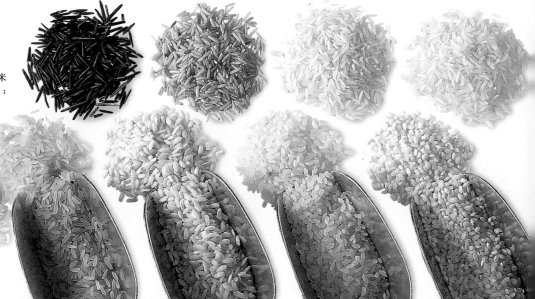

上排，由左到右(Top row, from left to right)：野米(wild rice)；褐色巴斯馬提米(brown basmati rice)；白色色巴斯馬提米(white basmati rice)；泰國米(Thai(jasmine)rice)。下排，由左到右(Bottom row, from left to right)：美國長粒米與易炊米(American long-grain and easy-cook rice)；阿波里歐米(arborio or risotto rice)；日本米(Japanese rice)；布丁(pudding rice)。

製作匹拉夫 MAKING PILAF

匹拉夫在中東與印度，是非常普遍的料理，在兩地的作法也大同小異，通常都是採用吸收法(absorption method)來煮米。若要做成主菜(main dish)，可以在烹調最後加入切過煮熟的肉、家禽肉、或海鮮與蔬菜混合。調味料可依個人喜好任選。

1 用冷水浸泡米，靜置1小時，中途要換水數次，直到水變清澈。最後，用水洗淨。

2 將切好的洋蔥放進平底鍋內，用油煎到軟，再加入米，邊用中火加熱，邊攪拌到米開始飛濺。

3 倒入熱高湯(米的兩倍量)，攪拌。加入鹽，把火調小，加蓋。慢煮(simmer)15分鐘。

日本壽司飯 JAPANESE VINEGARED RICE

這種日本米，有種特別的黏性，為短粒白米(short-grain white rice)。煮成飯後，在每一餐的最後才上桌，也是用來捏成壽司(sushi)的壽司米。煮這種具有黏性的日本米時，要用水洗淨，到水變得清澈，再放入鍋內，用水浸泡30分鐘。煮的時候，若是400g米，就加600ml的水，以這樣的比例為標準。先加熱到沸騰，加蓋，用極小火，慢煮15分鐘，再靜置15分鐘。若是要如以下所示，拌成壽司飯，就要先冷卻成室溫。

1 將4大匙米醋(rice vinegar)與4大匙糖、1小撮鹽，放進鍋內，邊加熱，邊攪拌到糖完全溶解。從爐火移開，放涼。

2 將煮熟冷卻的日本白飯(參照左列)，放進木碗內，再均勻地淋上甜味壽司醋。

3 用飯匙(rice paddle，參照右列)或木匙混合白飯與壽司醋。邊用硬紙板將白飯稍微搧涼，邊用飯匙翻鬆。拌好壽司飯後，要立即使用，或蓋上濕布巾(tea towel)保濕，在數小時內使用。

請參照第64頁的壽司(sushi)食譜，用以上所拌好的壽司飯，製作壽司。

請參照第64頁的壽司(sushi)食譜

各種米料理 RICE ON THE MENUE

米，是許多國家的主食，長久以來被視為是主要營養來源，中文中稱米煮熟後為「飯」，甚至為「餐」的同義詞。對素食者而言，將飯與豆類一起食用，就可以攝取到與肉類等同的完整蛋白質。

香料飯 BIRYANI：由印度的香米巴斯馬提米(basmati rice)，與芳香的辛香料(spices)、香草植物(herbs)、肉類或蔬菜，所組成的佳餚。

醬肉飯 DIRTY RICE：一種重口味的凱真(Cajun)風味匹拉夫，為飯與稍微煎過的雞肝、洋蔥、大蒜、青椒(green pepper)，所組合成的料理。

印度燴飯 KEDGEREE：這是種英國的傳統料理，用咖哩烹調過的長粒米(long-grain rice)，加上煙燻黑線鱈(smoked haddock)、帶殼煮過的水煮蛋(hard-boiled eggs)，混合而成的料理。

西班牙海鮮飯 PAELLA：色彩鮮豔的西班牙料理，混合了番紅花飯(saffron-stained rice)、雞肉、海鮮、火腿、西班牙臘腸(chorizo sausage)、蕃茄，所成的佳餚。

青豆燉飯 RISI BISI：一種味道清淡的義大利料理，用阿波里歐米(arborio rice)、火腿、豌豆(peas)、帕瑪森起司(Parmesan cheese)，烹調而成。

炒飯 STIR-FRIED RICE：一種中式飯食，用豬肉、海鮮、蔬菜、蛋，烹調而成。

飯匙 RICE PADDLE

在日本，這個用木頭或竹子做成，小而平坦的器具，是用來將煮熟具黏性的飯翻鬆時所使用的器具。這種技巧，除了可以讓飯粒變得鬆軟不沾黏之外，還可以讓飯粒的外觀看起來更漂亮。

飯匙也是用來將飯盛裝到容器內，以個別端給客人食用時所使用的器具。按照日本的習俗，無論是煮了多少飯，每一個人都是盛2飯匙的飯到碗內。

將飯翻鬆時，要用飯匙，以切東西般的動作來翻動。

義大利海鮮燴飯
Seafood Risotto

義大利燴飯(risotto)，是道受到大眾喜愛的義大利米料理，
用海螯蝦(langoustines)、扇貝(scallops)、墨魚(squid)、蝦子(prawns)
烹調而成，再淋上香濃的醬汁，整體外觀精緻漂亮。
若想做出更濃稠的醬汁，請使用燴飯專用的短粒米，
例如：阿波里歐米(arborio rice)或卡納羅利米(carnaroli rice)。

4人份
新鮮海螯蝦(langoustines，帶殼)
12隻
海鮮料湯
(court bouillon，參照第66頁)
墨魚(squid，已完成前置作業，
軀幹切成環狀，參照第86頁)
200g
扇貝(scallops，去殼) 8個
打發鮮奶油(whipping cream) 250g
蝦子(prawns，去殼，煮熟) 125g
帕瑪森捲片(Parmesan curls，
參照第236頁，裝飾用)

製作海鮮高湯
FOR THE SEAFOOD STOCK
橄欖油 1大匙
奶油 20g
調味蔬菜(mirepoix，洋蔥、紅蘿
蔔、芹菜，參照第166頁) 30g
干邑白蘭地(cognac) 50ml
蕃茄糊(tomato purée) 1大匙
熟蕃茄(ripe tomato，切塊) 1個
大蒜(拍碎) 1瓣
魚高湯(fish stock) 1.5公升
香草束(bouquet garni) 1個
鹽與現磨胡椒

製作燴飯 FOR THE RISOTTO
橄欖油 2大匙
洋蔥(切成細碎) 1/2個
燴飯專用米(risotto rice) 200g
不甜白酒(dry white wine) 50ml
法式濃鮮奶油(crème fraîche) 50ml
現磨帕瑪森起司
(Parmesan cheese) 2大匙

將海螯蝦(langoustines)放進海鮮料湯(court bouillon)裡，水波煮7～8分鐘，先留在湯汁內冷卻，再撈出，去頭與殼。壓碎蝦頭與蝦殼。

製作海鮮高湯(seafood stock)。將油與奶油放進平底深鍋(saucepan)內，用大火加熱，加入壓碎的蝦頭與蝦殼、調味蔬菜(mirepoix)，一起炒。加入一些海螯蝦高湯(langoustines stock)與干邑白蘭地(cognac)，稀釋鍋底黏漬(deglaze)。加入蕃茄糊，攪拌1～2分鐘，再加入切塊的蕃茄、拍碎的大蒜，繼續加熱數分鐘。再加入魚高湯與調味辛香草束(bouquet garni)，加熱到沸騰。然後，把火調小，慢煮

(simmer)到液體濃縮成1.25公升。過濾高湯，稍加調味。

將900ml的高湯倒回平底深鍋內，用小火慢煮(simmer)。將剩餘的高湯倒入另一個鍋內，備用。

製作燴飯(risotto)。將油放進寬而厚重的鍋內加熱，把洋蔥炒到變軟。再加入米，攪拌1～2分鐘，讓米粒的表面沾滿油，開始倒入慢煮過的高湯，每次倒約150ml(參照下列)。高湯全部倒入後，就加入白酒。烹調時間總共為20～25分鐘。

趁著燴飯(risotto)還在煮的時候，將另一鍋的高湯，先加熱到沸騰，再把火調小。加入墨魚(squid)、扇貝(scallops)，慢

慢地水波煮3～5分鐘，再用溝槽鍋匙(slotted spoons)撈出。

倒出高湯，只留下約半量在鍋內，加入打發鮮奶油，攪拌混合。再加入海螯蝦、墨魚、扇貝、蝦子，慢慢加熱整鍋的材料。然後，加調味料調味。

將法式濃鮮奶油(crème fraîche)加入燴飯裡，攪拌混合，再磨碎一些帕瑪森起司(Parmesan cheese)進鍋內，用調味料調味。將燴飯堆在已溫過的餐碗(serving bowls)正中央，整理成漂亮的圓頂狀，或先裝入鼓形的汀波模(timbale)內塑形，再脫模。

用海鮮與醬汁將燴飯圈起來，擺上帕瑪森捲片(Parmesan curls)做裝飾後，立刻上菜。

製作燴飯
Making Risotto

要將燴飯煮得美味可口，就必須把高湯慢慢地倒入，這樣米就可以一直維持在濕潤的狀態，但又不用被大量的液體浸泡著。義大利廚師在煮燴飯時，會全程站在鍋子前，一開始先不斷地攪拌，等到米煮熟後，再逐漸減少攪拌的次數。這種攪拌的技巧，有助於將燴飯煮得質地濕潤而完美。

先加入150ml高湯，調整火侯，讓燴飯維持微滾的狀態。等到高湯幾乎被完全吸收後，再加入150ml高湯。

燴飯煮好後，飯粒應是分開而結實，卻又柔軟(像義大利麵pasta的「彈牙(al dente)」狀態)。從飯粒中釋出的澱粉質，可以為煮好的燴飯增添濃稠度。

烹調其它穀物
COOKING OTHER GRAINS

穀物是草本植物的種籽，以各種不同的狀態販售，可以用來做成各式各樣的食物，呈現出不同的風貌。採用正確的烹調技巧，是非常重要的，因為不同的烹調方法，會影響到穀物煮好後的口味與質感。

義大利玉米糕 POLENTA

英文中又稱為「cornmeal」，可以加入奶油與磨碎的帕瑪森起司(Parmesan cheese)攪拌混合，讓味道更香濃，以濕潤的狀態，當做小菜(side dish)吃，或者用油煎或炭烤(chargrill)的方式，做成質地結實而酥脆的塊狀來上菜。上菜時，通常會將炭烤的蔬菜放在玉米糕上，或在上面澆淋上新鮮蕃茄醬汁(fresh tomato sauce)。

1 將加了鹽的1.8公升水加熱到沸騰。調降成極小火，慢煮。慢慢地加入300g玉蜀黍粉，不斷地攪拌混合。

2 繼續加熱，攪拌20分鐘，直到開始飛散噴濺。然後，就可以加入奶油與磨碎的帕瑪森起司，攪拌混合後，上菜。

3 義大利玉米糕若是要做油煎或炭烤的方式烹調，就不需要加入奶油與帕瑪森起司，將玉米糕抹勻在工作台上，約2cm厚，放涼。

4 用主廚刀，先切除不平整的邊緣部分，變成矩形。然後，從矩形的中央，縱切成兩半，再切成如圖所示的等邊三角形。

5 將等邊三角形的玉米糕分開。在朝上那面，刷上橄欖油。油煎或炭烤時，中途要不斷地翻面，刷上更多的橄欖油，直到變成金褐色，約需6分鐘。

古司古司 COUSCOUS

大部分市面上販售的古司古司，都已經是煮過的，購買後，只需要按照包裝上的指示，用蒸煮等方式讓它變得濕潤即可。以下所示範的方法，可以讓古司古司的風味變得更香郁。混合切成細碎的堅果、乾燥水果或新鮮香草植物後，就可以當做小菜吃了。

1 將250g古司古司放進稍微塗抹了奶油的鍋內，再加入500ml熱水，用叉子攪拌，混合均勻。

2 古司古司用中火加熱5～10分鐘，再把火調小，加入50g奶油，攪拌混合。

3 用叉子翻鬆，讓古司古司顆粒分開，表面沾上融化奶油。

布格麥粉 BULGAR

又名「bulghur wheat」、「pourgouri」、「burghul」，將麥子煮到裂開後，再乾燥而成。這種麥子很好處理，重點就在於浸泡後，要盡可能地擠乾水分。布格麥粉(bulgar)最常被用來製作中東風味的匹拉夫(pilafs)，還有塔博勒沙拉(tabbouleh)與碎肉麵餅(kibbeh)，如果布格麥粉很潮濕，就會使這些料理變得清淡無味了。

1 將布格麥粉放進攪拌盆裡，倒入足以淹沒的冷水，靜置浸泡15分鐘。

2 將細孔徑的過濾器架在另一個攪拌盆上，把布格麥粉倒入，用手一把一把地擰掉多餘的水分，放進其它的攪拌盆內。

爆米花 POPPING CORN

熱騰騰的爆米花，味美可口，無論是混合了鹽(如本食譜所示)，或糖、辛香料(spice)，還是保留原味，風味都是獨一無二，無可比擬。製作時，一次只加熱少量的玉米，約為覆蓋鍋底一層的量。玉米爆開後，整個體積會膨脹成超乎想像的程度。先量好玉米的量，再加入玉米量之半量的油，加熱。

1 將油倒入大鍋子內，用中火加熱到高溫，但未冒煙的程度。加入玉米，蓋緊鍋蓋。

2 在爐上搖晃鍋子，直到不再發出玉米爆開的聲音為止。從爐火移開，倒入大碗中。撒上鹽。

古司古司燉鍋 COUSCOUSIERE

在北非，古司古司(couscous)的名稱，源自於一種用特殊的球根形容器，來煮肉與蔬菜所成的辛辣菜餚。這種容器，被稱為「couscousière」，可以分成兩個部分。燉肉是在容器的下層加熱，而古司古司則是在上層，被穿過孔洞的蒸氣煮熟，同時薰染下層燉肉所散發出的香氣。煮好後，燉肉與古司古司，就可以這樣一起端上桌了。

各種穀物的用途 DIFFERENT GRAINS AND THEIR USES

大麥 BARLEY：帶有堅果風味的穀物，最常被用來當做湯或燉肉的稠化劑用。

蕎麥 BUCKWHEAT(GROATS/KASHA)：這種被當做穀物來使用的果實，在東歐與中歐，是非常普遍的食材。蕎麥可以用來做餡料，早餐的熱麥片，或小菜。此外，蕎麥粉可以用來做布利尼餅(blinis)與布列東可麗餅(Breton crêpes)。

玉米渣 HOMINY：在美國南部，被當做粗麵粉來使用。它是將黃玉米或白玉米放在鹼液中浸泡而成。烹調前，一定要先用水浸泡一晚。

粟 / 小米 MILLET：小米由於質地硬脆，帶著堅果的香味，所以很受到大眾的喜愛。小米片與小米穀粒，常被用來煮燉肉，做餡料或咖哩。

燕麥 OATS：滾壓燕麥與燕麥片，是製作穆茲利(muesli)與燕麥粥(porridge)的基本原料。

昆諾阿藜 QUINOA：一種帶有草味的藜。可以用來煮湯，做沙拉或麵包，還可以代替米使用。

黑麥 / 裸麥 RYE：市面上可以買得到黑麥穀粒，黑麥片，黑麥粉。黑麥可以用來製作麵包或威士忌酒。

麥仁 WHEAT BERRY：未經加工的麥仁。製作匹拉夫(pilafs)時，可以代替米使用。此外，也可以用來製作麵包或餡料。

堅果 NUTS

堅果，是內含可食果仁的水果種籽，被包裹在硬殼裡，可以為眾多的甜味或鹹味菜餚，增添硬脆的口感，絕佳的風味與豐富的色彩。以下，就是部分較常會用到堅果的去殼，去皮與前置作業技巧的介紹。

開心果去殼
SHELLING PISTACHIOS

開心果要購買外殼微開者。如果是緊閉的，就表示還未成熟，就會很難去殼。

用指甲撬開外殼，露出綠皮的堅果。殼上的絞合部一旦斷裂，堅果就會彈出來。開心果去殼後，就可以準備汆燙，去皮了(參照右列)。

上排，由左到右
(Top row, from left to right):
花生(peanuts)：開心果(pistachio nuts)：核桃(walnuts)：松子(pine nuts(pignoli))。

下排(Bottom row)：榛果(hazelnuts)：山胡桃(pecan)：杏仁(almonds)：巴西栗(brazil nuts)。

汆燙與去皮
BLANCHING AND SKINNING

杏仁(almond)與開心果(pistachio)的皮帶著苦味，如果留著，就會破壞了堅果細緻的風味。以下，為杏仁的汆燙去皮技巧。這個技巧，同樣適用於帶殼的開心果(參照左列)。堅果皮，在汆燙後還是熱的情況下，最容易剝除。所以，汆燙瀝水後，要盡快去皮，不宜留置太久。

1 用煮滾的水浸泡堅果。靜置10～15分鐘，倒掉水，放涼。

2 用拇指與食指，捏住變軟的堅果皮，拉除。

烘烤與去皮
TOASTING AND SKINNING

榛果(hazelnuts)與巴西栗(Brazil nuts)去皮時，與其用汆燙的，倒不如用烘烤的方式較佳。以下的去皮法，是先將榛果放進烤箱內烤，不過，你也可以直接放在火爐上乾烤(dry-frying)。就是把榛果放在質地厚重的不沾鍋裡，邊用小火加熱2～4分鐘，邊攪拌，直到表面都稍微烤過。

1 將堅果均勻地散放在烘烤薄板(baking sheet)上，用175℃，烤10分鐘，偶爾搖晃一下烘烤薄板。

2 用布巾將烤過的堅果包起來，讓堅果在裡面蒸數分鐘，再用摩擦的方式去皮。

堅果切片與切碎 SHREDDING AND CHOPPING NUTS

雖然大部分的堅果，可以買到已切碎，切片，切成長條狀者，不過，並不一定隨時都可以買到正在需要的產品。此外，堅果在使用前才切割，味道較新鮮，質地也比較濕潤。

切成長條狀 SHREDDING
將堅果的平面朝下，放在砧板上，縱切成長條狀。

切片 FLAKING
將堅果較薄的那面朝下，放在砧板上，拿穩，切成長長的薄片。

切碎 CHOPPING
將切成長條狀的堅果放在砧板上，拿穩刀子，將刀片前後來回移動，切碎。

栗子去殼 PEELING CHESTNUTS

這種帶有澱粉質的甜味堅果，有著硬脆的外殼與乾皮，所以，無論是要使用生栗子或用來烹調，都必須先去殼，去皮。由於栗子皮常會緊貼在栗子上，不容易剝除，所以，最好預計多留點時間來去殼與去皮。以下為3種不同的技巧。

切割 CUTTING
用手指抓緊栗子，再用銳利的刀子，切開栗子殼與皮。

烘烤 TOASTING
用刀尖在栗子殼上打洞。燒烤(grill)到殼裂開。冷卻後，剝殼。

汆燙 BLANCHING
將栗子放進水中，加熱到沸騰。倒掉水，趁熱去殼，去皮。

製作堅果奶油 MAKING A NUT BUTTER

冷藏過的堅果奶油，放在熱食的表面上，風味絕佳。只要使用食物料理機(food processor)，製作起來既快速，又簡單。杏仁奶油與魚肉很對味，榛果或開心果奶油，很適合用來搭配家禽肉或其它肉類(meat)。堅果奶油若是再與糖與辛香料(spice)混合，就很適合添加在炙烤(barbecued fruits)過的熱水果上了。

將烤過的堅果放進裝了金屬刀片的食物料理機內攪拌，再加入堅果量2倍的奶油，按脈衝按鈕(pulse button)，來攪拌混合。將堅果奶油倒在烤盤紙上，塑成圓筒狀，捲起來，放進冰箱冷藏。使用時，再切片即可。

其它的堅果切割法 OTHER WAYS WITH NUTS

用食物料理機切碎 CHOPPING IN A FOOD PROCESSOR： 最好自己動手來切堅果，因為大小碎度較容易控制。不過，你也可以使用裝了金屬刀片的食物料理機，以節省時間。使用食物料理機時，千萬不要攪拌太久，以免堅果釋出內含的油脂，而且會變成糊狀。

磨碎 GRINDING： 部分食譜中，若需要使用像是杏仁糊(almond paste)等柔細質地的堅果，就需要先磨碎，再使用。你可以使用食物料理機(food processor)，咖啡磨豆機(coffee mill)或堅果磨碎機(nut grinder)來磨碎。

烘烤 TOASTING： 將堅果散放在燒烤盤(grill pan)上，不需要再放網架(rack)。距離熱源15cm，烤3～5分鐘，要常常搖晃一下烤盤。或者，你也可以用烤箱，以180℃，烤7～10分鐘。

保存堅果 STORING NUTS

堅果雖然含有豐富的纖維質，但也含有大量的脂肪，因而在接觸到熱度，光線，潮濕後，很容易就會腐壞。所以，堅果，尤其是已去殼，很快就會變質者，必須存放在陰涼而乾燥的地方。去殼的堅果，可以放在冰箱冷藏，保存至6個月，或是放在冷凍庫，保存至1年。

椰子 COCONUT

椰子，有異國式的外觀，熱帶風的口味，在亞洲、加勒比海、拉丁美洲這些地區，是種主要的食材。椰子可分為三層：堅硬帶毛的外殼，下面為濕潤的白椰肉，中間為清淡的椰子水。購買椰子時，請挑選感覺起來比看起來的大小還重，而且裡面充滿椰子水者。

使用椰肉與椰奶 USING COCONUT AND COCONUT MILK

將椰子內的椰子水當做飲料喝，或當做清淡的高湯使用。

- 將新鮮椰肉切成塊，與新鮮水果一起用來當做熱巧克力風杜 (chocolate fondue)的材料用。
- 椰肉絲烘烤過後，可以做為咖哩、蛋糕、點心的表面餡料用。
- 將椰奶加入泰式或印度咖哩內，增添香濃的風味。
- 製作自製冰淇淋(參照第286頁)所需的英式奶油醬(crème anglaise)時，可以用椰奶來代替牛奶。
- 用椰奶為奶油醬汁(cream sauce，參照第268頁)與飯(參照第130頁)增添風味。

整顆椰子的前置作業 PREPARING A WHOLD COCONUT

你必須先用鐵鎚敲破椰子堅硬的外殼，才能處理裡面的椰肉。以下所示範的技巧，可以說是最簡單的方式了。將包圍在椰肉外的褐色薄外殼除去後，就可以依照各食譜的需求，把椰肉切絲或磨碎使用。

1 將1支金屬籤從椰子殼上的凹陷處，或蒂頭處刺入，讓裡面的椰子水從這個洞口流出。

2 用鐵鎚，沿著椰子殼的腰身處一圈，輕敲。邊敲，邊轉動椰子，直到椰子裂開成兩半。

3 用小刀插入椰肉與椰殼間，把椰肉撬出殼外。用蔬菜削皮器(vegetable peeler)，把黑色的外皮削掉。

其它的椰奶 OTHER TYPES OF COCONUT MILK

可以使用脫水椰肉來代替剛磨碎的新鮮椰肉，只要依照相同的技巧來製造椰奶即可。

- 用椰油(creamed coconut)塊來製造椰奶，效果也很不錯。先用主廚刀將椰油切碎，再用沸水溶解。這種方式，就不需要進行擠壓的步驟了。
- 椰奶粉(coconut milk powder)用起來非常便利，可以用沸水混合成糊狀使用，或直接撒進醬汁或咖哩內。
- 罐頭椰奶的表面有一層厚的乳脂狀物質，舀出後，可以另做他用。

製作椰奶 MAKING COCONUT MILK

椰子裡的椰子水，並不是烹調時所用的「椰奶」，而是將椰肉浸泡在水中，再擠壓出來的椰子風味「椰奶」。你可以重複浸泡擠壓椰肉，取得椰奶，不過，每重複一次，味道就會變淡。

1 將椰肉放在盒形磨碎器(box grater)的粗孔上摩擦，或放進裝了金屬刀片的食物料理機(food processor)內攪碎。

2 將磨碎的椰肉放進攪拌盆內，倒入沸水浸泡。攪拌混合均勻，靜置浸泡30分鐘，直到水分被椰肉吸收。

3 將椰肉裝入紗布濾袋，讓擠壓出的椰奶可以滴到下方的攪拌盆內。擠壓時要用力，儘可能擠出多一點的椰奶。

義大利麵
PASTA

自製義大利麵 HOMEMADE PASTA

擀麵 & 切麵 ROLLING & CUTTING

製作新鮮義大利餃 MAKING FRESH STUFFED PASTA

製作義大利麵疙瘩 MAKING GNOCCHI

煮義大利麵 COOKING PASTA

亞洲麵食 ASIAN PASTA

春捲 SPRING ROLLS

自製義大利麵 HOMEMADE PASTA

雖然市面上有數百種販售的義大利麵，自製義大利麵，絕對可以獲得獨一無二，無與比擬的滿意度。以下，爲各位介紹的是用手或機器製作義大利麵糰的技巧，與調香的建議範例。擀麵與切麵相關技巧，請參照第208～209頁。

用手製作 BY HAND

自己動手製作義大利麵，其實技巧很簡單，只不過是需要較充裕的時間而以，但是製作的成果絕佳。輕柔的揉麵技巧與手的熱度，都有助於做出容易擀開與成型，彈性豐富的麵糰。本食譜為450g義大利雞蛋麵(英egg pasta/義pasta all'uovo)的作法，若是用來做前菜(first course)，為6～8人份，若是做主菜(main course)，則為4人份。

1 將300g高筋麵粉(strong plain white flour)過篩到工作台上，用手在中央做出一個很大的凹槽，再加入3個稍微攪開的蛋液、1小匙鹽、1大匙橄欖油。

2 用指尖將周圍的麵粉邊撥入中央，邊與放在中央的材料混合。

3 繼續混合材料與麵粉，將麵粉從周圍往裡撥，再用刮板(pastry scraper)混合成糰。

4 繼續混合到蛋液完全被麵粉吸收。這時候的麵糰，應該是濕潤的，如果還很黏，就再撒些麵粉混合。

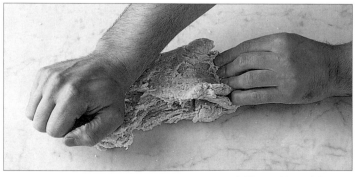

5 開始揉麵。用一手按住一端，另一手手腕將另一端往外推。不斷地揉和到麵糰的質地變得光滑有彈性，約10～15分鐘。

6 將麵糰蓋住，靜置1小時，再進行擀麵與切麵。

用機器製作 BY MACHINE

如果你有食物料理機(food processor)，可以裝上金屬刀片，用來做義大利麵糰。使用機器，可以在混合的階段節省下時間與力氣，不過，接下來還是要靠自己用手揉麵糰，這是非常重要的步驟。用機器混合時，一次最多只放入450g的麵粉，以免機器超載，導致混合不均。

1 將已過篩的300g高筋麵粉(strong plain white flour)與1大匙鹽放進食物料理機內。再加入1大匙橄欖油與1個蛋，攪拌到蛋混合均勻。

2 讓機器繼續攪拌，再從漏斗加入2個蛋，一次加入1個，攪拌到開始形成麵糰為止。

3 將麵糰倒出，開始揉麵，直到變得光滑有彈性(參照第206頁的步驟5)。然後，將麵糰蓋好，靜置1小時，再開始擀麵，切麵。

製作義大利麵的注意事項 TIPS FOR MAKING PASTA

- 依照使用的麵粉種類而定，有時可能需要另外加點油來為麵糰加強黏合度。
- 確認中央的凹槽完整無缺，以免蛋放進去後從缺口流出。
- 除了橄欖油之外，也可以用核桃油(walnut oil)或榛果油(hazelnut oil)代替，來增添風味。
- 加入潮濕的調香料，例如：切碎的菠菜時，如有需要，可再加些麵粉進去，以吸收多餘的水分。
- 揉麵時，要不斷地在自己的雙手，還有工作台上，撒上手粉，以防麵糰沾黏。
- 如果你必須自己動手，而不是要使用義大利麵製麵機(pasta machine)來擀薄麵糰，就千萬別縮短揉麵的時間。你越是多花時間跟心力去揉麵，麵糰就會變得越有彈性，也就更容易擀薄。
- 麵糰揉和好後，應該會很有彈性。此時，用手指按麵糰看看，如果還很黏手，就要再加些麵粉揉和。

添加風味 ADDING FLAVOURS

你可以為自製的義大利麵增添不同的風味，讓它變得與眾不同。無論你選擇添加何種調香料，一定要與其它材料混合均勻，此為唯一的法則。

如果要加入的是乾燥的材料，例如：搗碎的胡椒粒，或乾燥香草植物，就要與已過篩的麵粉混合。如果是潮濕或水分含量較高的材料，例如：切碎的菠菜、新鮮香草植物，或墨魚汁，就要在加入最後1個蛋時，再一起加入。

用手製作 BY HAND

菠菜 SPINACHI
將2大匙已煮過，徹底瀝乾，切成細碎的菠菜，加入放在中央凹槽中的潮濕材料裡，徹底混合。

用機器製作 BY MACHINE

蕃茄 TOMATO
將1大匙風乾蕃茄糊(sun-dried tomato purée)，與油、第一個蛋同時加入乾燥的材料裡。

名稱逸趣 WHAT'S IN A NAME?

菠菜蛋義大利麵 PAGLIA E FIENO： 直譯為「稻草與乾草(Straw and hay)」之意，代表菠菜與蛋這兩種製作材料。

義大利雞蛋麵 PASTA ALL'UOVO： 北義大利最受歡迎的義大利麵，用雞蛋做成的義大利麵。

黑義大利麵／墨魚義大利麵 PASTA NERA： 一種黑色的義大利麵，顏色與特殊的風味，來自於墨魚汁。

紅義大利麵 PASTA ROSSA： 通常是指偏橙色的蕃茄義大利麵，也可以用甜菜根(beetroot)，做成較紅的顏色。

綠義大利麵 PASTA VERDE： 一般指的是用菠菜做成的綠色義大利麵，也可以用瑞士甜菜(Swiss chard)或羅勒(basil)來做。

三色義大利麵 TRICOLORE： 直譯為「三色」之意，代表菠菜、蕃茄、蛋，這三種材料的顏色。

番紅花絲 SAFFRON STRANDS

新鮮香草植物 FRESH HERBS

碎胡椒粒 CRUSHED PEPPER

擀麵 & 切麵 ROLLING & CUTTING

義大利麵可以自己動手擀成麵皮，或用義大利麵製麵機(pasta machine)，快速地擀薄。經過短時間的乾燥後，義大利麵皮就可以用手，或義大利麵製麵機的附加裝置，依照各食譜所需，切成各種不同形狀與尺寸的義大利麵。

內行人的小訣竅
TRICK OF THE TRADE

剪影義大利麵
SILHOUETTE PASTA

將香草植物的葉片，例如巴西里(parsley)，夾在兩層薄義大利麵皮間。用擀麵棍擀，讓兩層麵皮緊貼在一起，再沿著香草葉周圍，切開成方形或圓形。然後，放進加了鹽的沸水中，煮2分鐘。

用手擀麵 ROLLING PASTA BY HAND

手擀麵比機器擀麵厚。用手擀麵時，必須有足夠大小的作業空間。先將每一個義大利麵糰擀成一張大的麵皮。為了作業方便，你也可以先將每個麵糰切成兩半，分開擀成厚度相同的麵皮。

 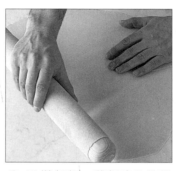 

1 將靜置過的麵糰(參照第206與207頁)切成兩半。其中一半蓋好，先將另一半壓成平坦的圓形。然後，再擀成薄的圓麵皮。

2 用擀麵棍，將麵皮的邊緣儘量往離你最遠的方向拉，如圖所示。然後，將麵皮轉45度，重複同樣的作業7次。

3 等到麵皮擀成像紙般的薄時，用一支撒上了手粉的掃帚桿懸掛起來。重複同樣的作業，擀好其它剩下的麵糰。然後，懸掛風乾，約15分鐘。

義大利麵製麵機
PASTA MACHINE

如果你常自製新鮮的義大利麵，購買一台手動式不鏽鋼義大利麵製麵機，絕對是非常划算的投資。你可以使用這種機器，將義大利麵糰擀成薄麵皮，以便於切成長方形或正方形，用來做成義大利千層麵(lasagne)與義大利圓筒麵(cannelloni)，或者，切成方形或圓形，用來做成枕形義大利餃(ravioli)或半月形義大利餃(tortellini)。除此之外，還可以用這種機器將義大利麵皮切成寬麵(ribbons)或細麵(noodles)等各種不同寬度的麵條。機器上有3種可供調整，將麵皮擀成不同厚度的滾筒。機器上還附有一個固定夾，以確保機器能夠緊貼在工作台上，固定好。

用機器擀麵 ROLLING PASTA BY MACHINE

義大利麵製麵機(pasta machine)，可以將義大利麵糰擀成平滑有彈性，而且厚度相同的麵皮。使用時，用手搖操縱桿，並將義大利麵糰送進輸送槽口，通過已設定好之不同滾筒的寬度。每次只能設定一種寬度。擀麵前與正在擀麵時，要在義大利麵皮上與機器內都撒上手粉。

1 將靜置過的麵糰(參照第206與207頁)，切成4塊。用手將麵糰壓平成長方形，寬度大約與機器相同。

2 將1塊麵糰送進義大利麵製麵機內，滾筒要設定在最寬的程度。重複同樣的作業，將剩餘的麵糰都擀薄。

3 將每一塊麵皮摺成三折，再用機器擀薄一次。再重複3或4次，但不用摺疊，每次都要將槽口的寬度調小。懸掛風乾，如上列的步驟3所示。

用手切麵 CUTTING PASTA BY HAND

自己動手擀薄的義大利麵，一定要用手切。擀薄的義大利麵皮，懸掛風乾15分鐘後，質地應該像皮革般稍帶韌性，卻又柔軟，切開時不會黏在一起。如果義大利麵皮太乾了，就會變得容易碎裂，難以切開。開始切割前，你可以先將麵皮分切成較容易處理的大小。切的時候，要用主廚刀，而且下刀要乾淨俐落，不要拖扯到麵皮。

1 將1張已乾燥的義大利麵皮，捲成頭尾大小相同的圓筒狀，但不要捲太緊。然後，放在砧板上。

2 將圓筒狀的義大利麵，垂直切下，切成10mm寬的長條狀(如圖)。解開捲起的長條狀麵條，比照本頁下列步驟3來乾燥麵條，或讓麵條變成一捆捆(參照右列，寬麵(tagliatelle))。

乾燥義大利麵 DRYING PASTA

新鮮的雞蛋義大利雞蛋麵(英egg pasta/義pasta all'uovo)，一定要先徹底乾燥後，才能收起保存。保存時，先在義大利麵條上撒上一點手粉，再裝入密閉式容器內，放進冰箱冷藏可保存2天。

寬麵 TAGLIATELLE
取數條義大利麵條，繞在手上，但不要繞太緊，做成一捆一捆。然後，並排放在撒了手粉的盤子上，讓麵條乾燥1～2小時。

千層麵 LASAGNE
將長方形或方形的千層麵，排列在撒了手粉的布巾上，再用另一塊撒了手粉的布巾覆蓋起來。讓麵條乾燥1～2小時。

用機器切麵 CUTTING PASTA BY MACHINE

義大利麵製麵機(pasta machine)的最大優點，就是將義大利麵皮切成寬麵(tagliatelle)時，可以切得既整齊，均勻，又快速。只要調整滾筒裝置，就可以切成不同寬度的義大利麵條。記得在麵皮與滾筒上撒上一點手粉，以防沾黏。

1 將義大利麵皮切成30cm長，因為這個麵皮是通過調整成最薄程度的滾筒，擀得很薄。將麵皮放在撒了手粉的布巾上，直到所有的麵糰都已擀薄。

2 將每塊30cm長的麵皮送進已調整好切割尺寸的機器內。

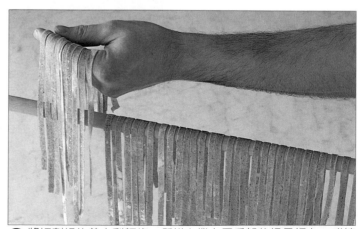

3 將切割好的義大利麵條，懸掛在撒上了手粉的掃帚桿上，或椅背上，還是平放在撒上了手粉的布巾上，約1～2小時，讓麵條乾燥。

製作新鮮義大利餃
MAKING FRESH STUFFED PASTA

用來製作義大利餃的麵皮，質地不能太乾燥，一定要有容易成型，足以黏合的濕潤度。義大利餃有各種不同的形狀，從方形到半月形都有。裡面所包的餡料種類也很多，不過，大部分都含有起司，並用蛋來當做黏合劑。義大利餃通常都用水或高湯來煮，或者與醬汁一起烘烤(BAKE)。

製作枕形義大利餃 MAKING RAVIOLI

製作枕頭狀的包餡義大利餃時，可以用2層義大利麵皮將餡料夾起來(參照第216頁食譜)，或將1大塊的義大利麵皮對摺成兩半，如以下所示。除此之外，還可以使用一種特殊的模型來製作(參照左列)。還未使用的義大利麵皮，需用沾濕的布巾覆蓋保濕。餡料不要包太多。以下的技巧示範，使用的是手擀麵的義大利麵皮(參照第208頁「用手擀麵(ROLLING PASTA BY HAND)」)。

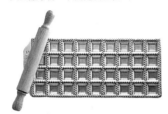

1 用主廚刀，將義大利麵皮切割成25cm X 50cm 的長方形。將切割下的多餘麵皮，用來製作寬麵(tagliatelle，參照第209頁)。

2 將16小匙塑成圓球狀的餡料(參照第211頁)，舀到半面的義大利麵皮上放，間隔要相等。

3 在餡料與餡料之間，刷上一點水，讓折疊起來的麵皮可以黏在一起。

4 將空著的另外半面麵皮摺過來，覆蓋住餡料，邊緣一定要對齊。用手掌的側面，在餡料與餡料間按壓，讓兩層麵皮黏貼起來，同時將空氣擠壓出去。

5 在有溝槽的滾輪刀(pastry wheel)上撒上一點手粉。用滾輪刀，先在麵皮邊緣切割，讓整塊形狀變成整齊的方形，再從餡料與餡料之間切開，就成了枕形義大利餃(ravioli)。

6 將枕形義大利餃放在2塊已撒上手粉的布巾之間。靜置乾燥約1小時，中途要常翻面。然後，趁著這段時間，用第二塊義大利麵皮與餡料，製作另一批枕形義大利餃(ravioli)。

製作半月形義大利餃 MAKING TORTELLINI

半月形義大利餃(tortellini)，為義大利波隆那的特產，據稱它的形狀是要模仿維那斯女神的肚臍。製作這種義大利餃，需要多一點的時間與練習，不過，你可以在前一天就做好，放在冰箱冷藏保存。

1 製作義大利麵糰，擀薄(參照第206～208頁)。用已撒上手粉的7.5cm圓枕形義大利餃切割器(ravioli cutter)或圓餅乾模(Pastry Cutter)，切割出圓形的麵皮。切好的圓麵皮要覆蓋起來，以免變乾燥。將1小滿匙餡料，舀到圓麵皮的正中央(參照右列)。

2 用沾了點水的小毛刷，在邊緣刷一圈。用手拿起來，對摺成兩半，小心地按壓邊緣，讓在餡料周圍的麵皮緊貼成新月形。

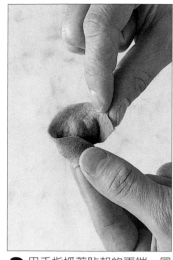

3 用手指抓著貼起的兩端，同時朝上翻，讓尖端相接，捏緊。每做好1個，就放在2塊撒了手粉的布巾間，覆蓋好。靜置乾燥約1小時。

雞肉鼠尾草餡料 CHICKEN AND SAGE FILLING

去皮去骨雞胸肉　125g
小洋蔥　1個
大蒜　2瓣
義大利平葉巴西里(flat-leaf parsley)
　的葉片　1枝
鼠尾草葉片　1枝
鹽與現磨胡椒
蛋(稍微攪開)　1個

雞胸肉切塊。洋蔥與大蒜去皮，洋蔥切成4等份。放進裝了金屬刀片的食物料理機(food processor)內，攪拌到切割成粗塊，再加入剩餘的材料，再度攪拌到切割成細碎的狀態。倒入攪拌盆內，覆蓋好，放進冰箱冷藏，直到要用時再取出。這樣可以做出150g的餡料，可以用來做32個枕形義大利餃(raviolis)或半月形義大利餃(tortellinis)，或者4個義大利圓筒麵(cannelloni)。

製作義大利圓筒麵 MAKING CANNELLONI

市面上可以買得到現成的義大利圓筒麵管，不過，本食譜為拿坡里傳統式作法(Neopolitan tradition)，麵皮要先煮過後，再用來捲餡料。

1 製作義大利麵糰，擀薄(參照第206～208頁)，再切成10cm X 7.5cm的長方形。將1大鍋的水加熱到沸騰，在1個大攪拌盆裡裝半量的冷水。將1大匙油與1小匙鹽，加入沸水中，然後，再放幾塊義大利麵皮進去，煮到剛變軟，約1分鐘。

2 用魚鏟(fish slice)小心地撈出義大利麵皮，立即放進攪拌盆的冷水裡浸泡。等到義大利麵皮冷卻到可以用手碰觸時，就從冷水中取出，放在布巾上，瀝乾。重複相同的作業，把所有的義大利麵皮都煮過。

3 將餡料(參照本頁右上)裝入套上了大圓形擠花嘴的擠花袋內，擠到長方形義大利麵皮較長邊的一側上，擠成一直線。除此之外，你也可以用湯匙小心地舀到麵皮上。用義大利麵皮將餡料捲起來，捲成兩端大小相同的圓筒狀。將捲好的圓筒麵，封口處朝下，放在已塗抹了奶油的烤盤上，表面澆淋上自選的醬汁。新鮮蕃茄醬汁(fresh tomato sauce，參照第331頁)，還有貝夏美醬汁(béchamel sauce，參照第222頁)，是最傳統的義大利圓筒麵(cannelloni)搭配醬汁。最後，撒上磨碎的帕瑪森起司(Parmesan cheese)，用200℃，烤20～30分鐘。

製作義大利麵疙瘩
MAKING GNOCCHI

「gnocchi」在義大利文中，原意為「小餃子」，可以用各種不同的材料製作。最普遍的兩種為羅馬式(alla Romana)義大利麵疙瘩，是用謝莫利那粉(semolina)做的，還有鼓脹立體型的義大利麵疙瘩，是用馬鈴薯做的。製作這兩種義大利麵疙瘩，是一大挑戰，因為必須將質地做得既鬆軟可口，又要夠結實，才能成型，而且不會在烹調的過程中破裂。

謝莫利那義大利麵疙瘩 SEMOLINA GNOCCHI

將謝莫利那粉(semolina)倒入鍋內時，要不斷地攪拌，保持流動的狀態，以便與空氣混合，並防止結塊產生。可依個人喜好，先用牛奶浸泡過，或直接在牛奶裡加入調味料，例如：洋蔥、丁香(cloves)、月桂葉(bay leaves)，加熱到沸騰後，加蓋，靜置1小時。使用前，先倒掉牛奶。

1 將1公升牛奶放進大鍋子內，加熱到沸騰。將火調小，邊倒入175g莫利那粉(semolina)，邊用木匙不斷地攪拌，保持流動的狀態，以防結塊產生。

2 加熱到沸騰後，繼續煮約5分鐘，並不斷地攪拌，直到質地變稠，變柔滑。

3 攪拌3個蛋黃。然後，將鍋子從爐火上移開，加入攪開的蛋黃混合。一次加一點，直到全部混合均勻。

4 將鍋內的謝莫利那粉混合料，塗抹在已稍微抹上油脂的淺盤內。然後，用1塊奶油，在表面上摩擦，以防表面變硬。放涼，最好可以擱置1整晚。

5 用稍微刷上油的圓形餅乾模(pastry cutter)，切割出圓形，或用主廚刀切割出自己喜歡的形狀(參照左列)。將切好的義大利麵疙瘩，部分重疊地排列在已刷上油脂的烤盤上，再刷上融化奶油，撒上現磨帕瑪森起司(Parmesan cheese)，用230℃，烘烤15～20分鐘，直到變成黃褐色。趁熱上菜。

菱形 ROMBI

星形 STELLE

花形 FIORI

三角形 TRIANGOLI

馬鈴薯義大利麵疙瘩 POTATO GNOCCHI

製作馬鈴薯義大利麵疙瘩並非易事。根據義大利人的說法，你必須去「感覺」麵糰的正確硬度，這比量測使用精確的材料份量更切實際。使用的馬鈴薯品種，也是重要的一環。如果使用粉質馬鈴薯，例如：愛德華國王(King Edward)，就要再添加麵粉與蛋，來增加濕潤度。如果使用蠟質馬鈴薯，例如以下所示的慾望(Desirée)，就只需要再添加麵粉即可。麵粉的用量越少越好，只要足以讓馬鈴薯黏合的程度即可。因為，如果麵粉加太多了，就會讓義大利麵疙瘩變得很硬實。煮馬鈴薯時要帶皮，以免吸收過多的水分。

名稱逸趣
WHAT'S IN A NAME?

義大利麵疙瘩(gnocchi)因為地區性的關係，而有各種不同的餡料與名稱。

- Canederli，發源自特倫蒂諾(Trentino)，是種大型的義大利麵疙瘩，每個裡面都包著1個梅乾(prune)。
- Gnocchi di riso，為瑞吉歐埃米利亞鎮(Reggio Emilia)的名產，是用煮好的米飯、蛋、麵包粉混合而成。
- Gnocchi di zucca，發源於倫巴底(Lombardy)，是用煮過的南瓜(pumpkin)做成的。
- Gnocchi verdi，發源於艾米利亞羅馬涅地區(Emilia-Romagna)，將菠菜、瑞可塔起司(ricotta cheese)、帕瑪森起司(Parmesan cheese)、蛋，加入馬鈴薯裡混合而成。

1 將650g馬鈴薯帶皮，用沸騰的鹽水煮20分鐘，或直到變軟。倒掉水，靜置冷卻到已經可以用手碰觸的熱度，剝除馬鈴薯皮。

2 將馬鈴薯放在大攪拌盆裡，搗碎後，再加入175g中筋麵粉(plain flour)，用鹽、現磨胡椒調味。用刮刀(spatula)混合均勻，整合成糰。

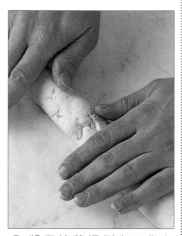

3 將馬鈴薯糰倒在工作台上，用雙手揉和到質地變得平滑後，切成兩半，各滾成長條香腸的形狀，約為直徑2cm的大小。

4 再將長條分切成小塊，用手指揉搓成橢圓形。如果覺得質地還很濕潤黏手，就讓手指沾點手粉，切記不要沾太多，否則義大利麵疙瘩就會變得很硬實。你也可以用叉子，在表面做出脊狀紋路來(參照右列)。

5 將義大利麵疙瘩分批投入未加鹽的沸水中，加熱到浮出水面為止，約1～3分鐘。然後，繼續加熱20秒鐘，再用溝槽鍋匙(slotted spoon)撈出。搭配融化奶油與帕瑪森起司(Parmesan cheese)，以熱食上菜。

內 行 人 的 小 訣 竅
TRICK OF THE TRADE

用叉子輔助製作
MAKING WITH A FORK

這種在義大利麵疙瘩(gnocchi)上做出脊狀紋路的技巧，它的功用並不單只是為了裝飾用而已，還有助於緊實表面，保持形狀。上菜時，溝槽還可以發揮吸貯留醬汁的效用。

將義大利麵疙瘩(gnocchi)，放在大叉子上，用手按壓，一路滾出叉子外，讓它掉在砧板上。重複同樣的作業，將剩餘的全部做好。

煮義大利麵 COOKING PASTA

了解如何正確地煮好義大利麵，是非常重要的事。因為，沒有煮熟的義大利麵，不僅吃起來質地堅韌，而且還帶著半生不熟的味道。若是煮過頭了，又會變糊。所以，為了煮出完美的義大利麵，一定要在快要煮好時，頻繁地檢查熟度。

義大利麵器具 PASTA EQUIPMENT

購買1套義大利麵鍋(pasta cooker)，是非常划算的投資。你不但可以用它來煮大量的義大利麵，還可以運用在其它的烹調用途上，例如：製作與保存果醬。這種鍋子，為不鏽鋼材質，附有1個有孔的內鍋，可以嵌入1個實心的外鍋內。當義大利麵煮好後，可以直接舉起裝著義大利麵的有孔內鍋，讓水流到外鍋裡。然後，就可以安全而簡單地把義大利麵倒入上菜用的餐盤內了。

將長條狀的細麵條(spaghetti)或寬麵(tagliatelle)從煮義大利麵的水中撈出時，有個簡單的方法，就是使用義大利麵杓(metal tongs)。這種杓子可以抓住麵條撈起，而不用切斷麵條，而且，很適合用來撈起1或兩條，以檢查熟度。

煮短型義大利麵 COOKING SHORT PASTA

用大鍋子煮，讓義大利麵可以在沸水中自由地浮動。一般的參考標準為：5公升水，加1大匙鹽，煮450g義大利麵。在水中添加少許油，可以防止義大利麵在烹調的過程中，互相沾黏。

1 將1大鍋水煮滾，再加入鹽與1大匙橄欖油。

2 將義大利麵一次全倒進鍋內，再度煮滾，開始計算時間(參照第215頁)。

3 不加蓋，繼續滾煮(rolling boil)，到義大利麵變成「彈牙(al dente)」狀態(參照第215頁)，要不時地攪拌。

4 將義大利麵倒入濾鍋(colander)內，用力地搖晃，把水徹底瀝乾。然後，倒回鍋內，加入1小塊奶油或1～2大匙橄欖油，再度加熱。或者倒入已溫過的餐碗內，用醬汁拌過。

左邊由上到下(Left from top to bottom)：全麥細麵條(wholewheat spaghetti)；原味細麵條 (plain spaghetti)；千層麵皮(lasagne sheets)。中間由上到下(Middle from top to bottom)：貝殼麵(conchiglie)；小圓管麵(ditalini)；耳朵麵(orecchiette)。右邊由上到下(Right from top to bottom)：全麥尖管麵(wholewheat penne)；管麵(rigatoni)；圓筒麵(cannelloni)。

煮長型義大利麵
COOKING LONG PASTA

煮長型乾燥義大利麵，例如：細麵條(spaghetti)、細扁麵(linguine)、寬麵(tagliatelle，除了在乾燥前已捲成鳥巢狀的之外)時的技巧，就是將麵條慢慢地鬆開，放進水中。義大利麵條浸泡在滾水中後，就會變軟，彎曲，盤繞在鍋內，這樣就不需要將麵條折斷了。煮義大利麵專用的義大利麵鍋(pasta cooker/pasta pot，參照第214頁)，很適合用來煮長型義大利麵。等到義大利麵放進滾水中，全都浸泡在水中，又再度煮滾後，就可以開始計算烹調時間了(參照右表)。

1 將1大鍋水煮滾。加入鹽與油，作法與煮短型義大利麵相同(參照第214頁)。然後，用手抓1把義大利麵條，伸入水中的一端。等到麵條變軟了，就盤繞起來，浸泡在水中。煮到彈牙(al dente)的狀態(參照右列)。

2 將義大利麵條徹底瀝乾。洗淨鍋子後，加熱鍋子，放進1小塊奶油或1～2大匙橄欖油。然後，把煮過的義大利麵條放回鍋內，邊用大火加熱，用油拌到光滑晶亮。

烹調時間
COOKING TIMES

以下所列的烹調時間，是指所有種類的義大利麵放進水中後，水再度煮滾時，開始計算的所需加熱時間。最後，一定要檢查熟度，確認已煮好了，再瀝乾(參照下列)。如果義大利麵還要再另行烹調(例如：烘烤成千層麵(lasagne))，就要稍微縮短以下的烹調時間。

- 新鮮義大利麵(FRESH PASTA)
  1～3分鐘
- 新鮮義大利餃
  (FRESH STUFFED PASTA)
  3～7分鐘
- 乾燥義大利麵條
  (DRIED PASTA NOODLES)
  8～15分鐘
- 乾燥花式義大利麵
  (DRIED PASTA SHAPES)
  10～12分鐘

煮亞洲麵條 COOKING ASIAN NOODLES

大部分中國與日本的麵條，必須先煮過後，再用來炒。只有冬粉(cellophane)與米粉(rice noodles)例外，只需先浸泡過即可(參照第218頁)。先用加了鹽的滾水，將麵條煮到剛變軟，瀝乾，放在水龍頭下，用冷水沖洗冷卻，以免麵條加熱過度。然後，再次瀝乾麵條，徹底瀝除多餘的水分。完成後，就可以搭配自選的調香料，用來炒了。

加熱中式炒鍋(wok)，直到變熱，但未冒煙的程度。加入1～2大匙蔬菜油，加熱到高溫。將麵條與調香料放進鍋內，用大火炒2～3分鐘，翻炒麵條，直到變得油亮，熟透。

檢查義大利麵的熟度
TESTING PASTA FOR DONENESS

無論義大利麵是用水煮或烘烤的方式來烹調，都必須加熱到義大利人所說的「al dente」，意即「彈牙」的狀態。如果煮過頭了，就會變糊。

當義大利麵煮到上述的建議時間快要結束時，用義大利麵杓，從水中撈出1塊(條)義大利麵，咬看看，檢查熟度。如果義大利麵已經煮好了，應該感覺柔軟，一點都不會感到還是半生不熟的狀態，但是，咬下時應該又帶著點韌度。義大利麵一旦煮好了，就要從爐火移開，馬上瀝乾。如果還沒煮好，就繼續每隔30～60秒鐘，檢查熟度一次，直到煮好。

由左下方開始，順時針方向(Clockwise, from bottom left)：螺旋麵(fusilli)；貝殼麵(conchiglie)；蝴蝶麵(farfalle)；大蒜香草寬麵(garlic and herb tagliatelle)；半月形義大利餃(tortellini)；菠菜瑞可塔起司餡枕形義大利餃(ravioli filled with spinach and ricotta)；菠菜香草寬麵(spinach and herb tagliatelle)。

蝸牛餡枕形義大利餃佐香草奶油醬汁
Ravioles d'escargots au beurre d'herbes

柔嫩可口的鍋牛,通常是帶殼,而且將香草大蒜奶油填入殼內,烘烤(bake)或燒烤(grill)後,上菜。而本食譜中剛好相反,是以茴香酒(pastis)調香過的蝸牛做為餡料,做成枕形義大利餃,搭配熱香草奶油醬汁與紅蔥醬汁,一起上菜。

4人份開胃菜
SERVES 4 AS A FIRST COURSE

製作義大利麵糰
FOR THE PASTA DOUGH
高筋麵粉(strong plain white flour) 400g
鹽 1小匙
蛋 4個
橄欖油 1大匙

製作餡料 FOR THE FILLING
橄欖油 4大匙
紅蔥(切成細碎) 40g
茴香酒(pastis,例如:Pernod Anise或Ricard Pastis) 50ml
罐頭蝸牛(徹底瀝乾) 12隻

製作香草奶油醬汁
FOR THE HERB BUTTER SAUCE
紅蔥 (切成細碎) 80g
不甜白酒(dry white wine) 200ml
白酒醋(white wine vinegar) 2大匙
奶油(切成小塊) 400g
新鮮羅勒(basil,切絲) 1束
新鮮山蘿蔔(chervil,切絲) 1束
新鮮巴西里(parsley,切碎) 2大匙
鹽與現磨胡椒

裝飾配菜 TO GARNISH
紅蘿蔔與櫛瓜的細長條
(julienne,參照第166頁,汆燙)

製作義大利麵糰:將麵粉與鹽放進食物料理機(food processor)。將蛋打進攪拌盆內,加入橄欖油,稍微攪拌。當食物料理機正在運轉攪拌時,將蛋液與油慢慢地從輸送口倒入,直到變成微濕,像麵包粉般質地的麵糰。將麵糰倒出,用手掌揉和,延展(參照第206頁的步驟5),直到麵糰變得光滑有彈性。將麵糰置於室溫下,用倒扣的攪拌盆蓋好,靜置約1小時。

製作餡料:將油放進小鍋子內加熱,把紅蔥炒香。加入茴香酒,攪拌均勻,加熱到沸騰。將鍋子從爐火移開,加入鍋牛,放涼。

將麵糰切成2等份。如果有的話,用義大利麵製麵機(pasta machine),將各麵糰擀成麵皮,越薄越好,做成15cm X 50cm的長方形麵皮。

將1塊麵皮放在工作台上,切成兩半。將6匙的蝸牛餡料,間隔相等地舀到半塊麵皮上,每1匙上都要有1隻蝸牛。在餡料與餡料間的麵皮上,刷一點水,沾濕的程度即可。將另外半塊麵皮覆蓋上去,壓緊。然後,切割成鋸齒邊的圓形(fluted rounds,參照下列)。重複相同的作業,用剩餘的麵糰與蝸牛餡料,做好另外6個義大利餃。將做好的義大利餃覆蓋好,備用。

將1大鍋水煮滾。利用這段時間,製作醬汁。將紅蔥、白酒、白酒醋,放進鍋內,加熱濃縮到幾乎所有的液體都被蒸乾。分批將奶油加入攪拌,一次只加幾塊,混合成乳狀的醬汁。再加入香草植物,用鹽與胡椒調味。讓醬汁保持在熱的狀態。

將1大匙鹽與少量的橄欖油加入滾水中,再把枕形義大利餃放進去,煮3~4分鐘,或到彈牙(al dente)的程度。煮好後,用溝槽鍋匙(slotted spoon)撈出,放進濾鍋(colander)裡瀝乾。

先在4個已溫過的餐碗內,各放入3個義大利餃,再用湯匙把香草奶油醬汁澆淋上去。最後,擺上紅蘿蔔與櫛瓜的細長條,做裝飾。立刻上菜。

切割枕形義大利餃 *Cutting Ravioli*

枕形義大利餃切割器(ravioli cutter),或枕形義大利餃模(參照第210頁),是用來切割鑲餡義大利餃用的傳統器具。不過,你也可以使用鋸齒邊或一般非花邊的餅乾模(biscuit cutter)。

用手指緊壓每個餡料的周圍,擠出麵皮裡面的空氣。

用切割器切出枕形義大利餃,切的時候要小心,讓餡料維持在正中央的位置。

亞洲麵食 ASIAN PASTA

麵條，這種用粉類與水混合成麵糰後，所做成的食物，在世界各地的料理中都很常見。目前已證實，亞洲國家有比義大利還悠久的製作麵食歷史。亞洲的麵食，無論是在使用的粉類、形狀或大小上，都與義大利的大異其趣。然而，在製作與使用的技巧上，卻與歐洲的方式極為相似。

亞洲的麵條 ASIAN NOODLES

亞洲的麵條，是用各種不同的粉類所製成，有極多種不同的形狀、顏色、尺寸。

冬粉 CELLOPHANE NOODLES：綠豆粉(ground mung bean flour)做成，透明的細條狀。市面上可買到乾燥的冬粉，食用前只需要浸泡即可。冬粉也可以乾燥的狀態，用來油炸。

雞蛋麵 EGG NOODLES：外觀看起來很像整束壓縮過的寬麵(tagliatelle)，是用麵粉(wheat flour)與蛋做成的。市面上可以買得到新鮮或乾燥，不同粗細度的雞蛋麵，可以用來水煮，或水煮後快炒，還是做成湯麵。

米粉 RICE NOODLES：以各種稻米粉(rice flour)為原料，切製成粗或細條狀。市面上可以買到乾燥的米粉，食用前只需要浸泡即可。米粉也可以乾燥的狀態，用來油炸。

河粉 RICE STICKS：用稻米粉做成，切製成像義大利寬麵(fettuccine)的條狀。市面上可以買得到新鮮或乾燥的河粉，食用前只需要浸泡即可，通常用來煮成湯麵或做成沙拉。

蕎麥麵 SOBA NOODLES：這是種日式麵條，形狀像義大利細扁麵(linguine)，用蕎麥粉(buckwheat flour)做成。市面上可以買得到新鮮或乾燥的蕎麥麵，主要是用來做成湯麵。

春捲皮 SPRING ROLL WRAPPERS：用麵粉與水做成的方形薄麵皮。由於質地脆弱，容易破裂，所以使用時要格外小心。市面上可以買得到新鮮或冷凍的春捲皮。

餛飩皮 WONTON WRAPPERS：市面上販售的為7.5cm的正方形，用麵粉與蛋做成，可以買得到新鮮或冷凍的。

浸泡乾燥的麵條 SOAKING DRIED NOODLES

質地較脆弱的亞洲麵條，例如右列所示的白色米粉(white rice noodles)，與冬粉(translucent cellophane noodles)，如果是要用來快炒(stir-fries)或做成沙拉，就只要先用熱水泡軟即可，並不需要再煮過。

將米粉放進大攪拌盆裡，倒入熱水，浸泡約5～10分鐘，直到變軟，變滑順(較細的種類，浸泡的時間要比較粗的種類短一點)。浸泡完後，放進濾鍋(colander)內瀝乾，依食譜指示烹調。

製作鑲餡點心 MAKING PURSES

新鮮的餛飩皮(wonton wrappers，參照左列)，可以用來包可口的餡料，做成中國的港式點心(dim sum)。可以使用與第219頁的餃子相同的餡料來製作。

1 將1大匙餡料舀到餛飩皮的正中央，在餛飩皮的邊緣稍微刷上水。把餛飩皮往上翻，包裹住餡料，捏緊，扭一下，變成袋狀。

2 將數片綠色白菜葉(Chinese cabbage)鋪在竹蒸籠(bamboo steamer)內，把蒸籠放進裝了1公升水的中式炒鍋(wok)內，將水煮滾。然後，把包好的餛飩，間隔地放在白菜葉上，蓋上蓋子，蒸煮約15分鐘，到變軟。

製作中式餃子 MAKING CHINESE DUMPLINGS

中式小餃子，又稱為鍋貼(pot stickers)，只煎單面，再蒸煮到變軟。以下的製作技巧，參照的是右列的食譜，麵糰做起來非常簡單。餃子要以熱食上菜，煎的那面要朝上放，沾醬油與熱辣椒油吃。切勿將餃子切成兩半，要整個吃，讓肉汁留在餃子裡，才會好吃。

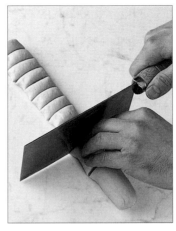

1 將麵糰放在已稍微撒上手粉的工作台上。開始揉麵，用一手按住麵糰的一端，用另一手的手腕把另一端往外推。將麵糰從工作台上剝離，翻面，再像之前一樣，把麵糰往外推，以這樣的方式繼續揉和約5分鐘，直到麵糰變得光滑有彈性。麵糰揉和好後，用濕布覆蓋，再蓋上倒扣的攪拌盆，靜置約20分鐘。

2 將麵糰揉搓成直徑約2.5cm的圓筒狀。用剁刀(cleaver)或主廚刀，切成相同大小的塊狀。用雙手，將每塊搓成球狀，再用擀麵棍擀成直徑10cm的圓形。

中式餃子 CHINESE DUMPLINGS

中筋麵粉(plain flour) 350g
蔥(spring onions，切成細碎) 3支
新鮮老薑(root ginger，去皮，切成細碎) 1.5cm塊狀
新鮮蝦子(raw prawns，去殼，切成細碎) 450g
玉米細粉(cornflour) 2小匙
醬油 4小匙
米酒或不甜雪莉酒(dry sherry) 4小匙
蔬菜油(油煎用) 1大匙

將150ml滾水慢慢地倒入麵粉中混合，做成濕潤而不沾黏的麵糰。如有需要，可再多加些麵粉混合。混合好後，蓋好，靜置1小時。然後，揉和麵糰，蓋好，靜置20分鐘。混合剩餘的材料，做成餡料。用麵糰做成16塊餃子皮，包好餡料，捏成餃子。放進中式炒鍋(wok)內，油煎後，倒入125ml冷水，加蓋，蒸煮10分鐘。這樣可以做出16個餃子。

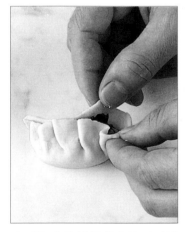

3 將1大匙鮮蝦蔬菜餡舀到餃子皮的正中央，邊緣稍微刷點水。先在餃子皮的半圓上捏出4或5個皺摺，再把兩側的半圓往上翻，包住餡料，捏緊，把餡料密封起來。加熱中式炒鍋(wok)，變熱後，加入1大匙蔬菜油，加熱到高溫，但未冒煙的程度。

4 將餃子小心地放進鍋內，平面朝下，放在熱油上。用中火煎約2分鐘，到底部變成黃褐色。把火調小，將約125ml的冷水倒入鍋子中央，用鍋蓋蓋緊。讓餃子蒸煮約10分鐘，直到用器具刺時，感覺柔軟的程度。如有需要，就再多加些水進去。

內 行 人 的 小 訣 竅　TRICK OF THE TRADE

使用餃子模 USING A DUMPLING PRESS

小型的塑膠餃子模，在大部分的烹飪用具店都可以買到。有了餃子模，一旦餃子皮與餡料做好後，就可以輕易地把餃子做好了。

打開餃子模，在模內的溝槽上稍微刷上蔬菜油。先做好麵糰，再做成直徑10cm的圓形餃子皮（參照上列）。將1塊餃子皮放在模內，舀1大匙餡料到正中央，再稍微刷點水在餃子皮的邊緣上。

將餃子模闔起來，抓緊模上的握柄，讓餃子皮邊緣緊貼，把餡料密封起來。打開餃子模，取出餃子。
繼續用其它的餃子皮與餡料，包好餃子，如有需要，再多刷點油在餃子模的溝槽上。將餃子放進中式炒鍋(wok)內，先油煎，再蒸煮，如左列的步驟4所示。

春捲 SPRING ROLLS

油炸成金黃色的香酥外皮,內包著可口芳香的餡料,春捲可以說是亞洲料理的精髓。春捲的薄皮,可以在亞洲食材的超市中買到,有新鮮與冷凍兩種,可供選擇。若有春捲皮尚未用完,必須立刻密封好,冷凍保存,以備日後使用。

春捲
SPRING ROLLS

紅辣椒(去籽) 1條

小紅蘿蔔 2條

紅甜椒(red pepper,去芯,去籽)
　1個

蔥(spring onions) 1束

蔬菜油(油炸用)

豆腐 (tofu(bean curd))175g

新鮮芫荽(切碎) 3大匙

醬油與米酒(Chinese rice wine)
　各數滴

春捲皮(spring roll wrappers) 8張

辣椒切成細碎。紅蘿蔔、紅甜椒、蔥切成細長條(julienne)。將1大匙油放進中式炒鍋(wok)內加熱,加入蔬菜,快炒1~2分鐘。炒好後,倒入攪拌盆內,放涼。將豆腐切成2cm的塊狀,加入攪拌盆內,再加入芫荽、醬油、米酒,拌勻。將餡料舀到春捲皮上,包好,分批放進180℃的油內,炸約4分鐘,到變成金黃色。這樣可以做出8個春捲。

製作春捲 MAKING SPRING ROLLS

春捲皮非常脆弱,處理時需要特別小心。使用春捲皮時,要用濕布覆蓋,以防乾燥。

1 將1張春捲皮放在工作台上,擺成像鑽石的樣子,其中一角朝著自己。然後,放一點餡料在中間。

2 將朝著自己這一角,往餡料的上面摺,尖端對準中央,再把左邊的角往內摺,把右邊的角往內摺。輕壓。

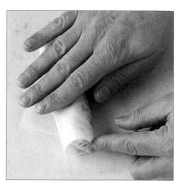
3 將春捲往前捲到底,用一點蛋白把末端黏起來。然後,將封口朝下放,靜置。

迷你春捲 MINI SPRING ROLLS

這種春捲,是將1張春捲皮,切成4等份的小春捲皮後做成的。你可以使用與以上食譜相同的餡料,或左列建議餡料的其中一種,來做迷你春捲。

其它的春捲餡料
OTHER FILLINGS FOR
SPRING ROLLS

●白蟹肉片、磨碎的檸檬皮屑(grated lemon zest)、檸檬汁、醬油、拍碎的大蒜、蔥與新鮮薑的切絲。

●豬絞肉、切碎的新鮮芫荽、豆芽(bean sprouts)、青椒切絲、米酒、芝麻油(sesame oil)。

●切碎的蝦肉、荷蘭豆(mangetouts)切絲、新鮮薑的磨泥、拍碎的大蒜、醬油。

1 比照以上食譜的步驟,將春捲包好。用來做餡料的材料,一定要切成細絲,而且不能放太多在春捲皮上,以免爆開來。

2 先將一批春捲放進油炸鍋(deep fryer)的籃子內,再慢慢地放進180℃的油內。油炸2~3分鐘,直到變得酥脆,變成金黃色。

3 將籃子從油炸鍋內取出,搖晃一下,瀝除多餘的油。將春捲倒在廚房紙巾上。徹底瀝乾後,再上菜。

醬汁 & 調味汁
SAUCES & DRESSINGS

白色系醬汁 WHITE SAUCES

褐色系醬汁 BROWN SAUCES

奶油系醬汁 BUTTER SAUCES

美乃滋 MAYONNAISE

調味汁 DRESSINGS

油糊製醬汁 ROUX-BASED SAUCES

就是將等量的麵粉，與奶油或油，煮成油糊(roux)後，用來稠化調製成許多不同的醬汁。油糊裡，加入各種不同的液體混合，就可以調製成不同的醬汁。若是加入牛奶，就可以調製成白色系醬汁(white sauce)，加入浸漬牛奶(infused milk)，就可以做成貝夏美醬汁(béchamel sauce)，加入高湯，就可以製成絲絨醬汁(velouté sauce)。「roux」在法文中，為黃褐色之意，一般指混合物的顏色。

製作白色系醬汁 MAKING A WHITE SAUCE

如果是要製作成淋醬(pouring sauce)，就用各15g的奶油與麵粉，加上300ml牛奶。如果是要製作成沾醬(coating sauce)，就用各22g的奶油與麵粉。將麵粉加熱到澱粉顆粒開始彈濺的程度，以免吃起來會感覺半生不熟。加熱的過程中，要不斷地攪拌整鍋的油糊，以防產生結塊，讓色澤勻稱。

1 將麵粉加入已融化的奶油內，邊以小火加熱，邊用木匙攪拌，約1～2分鐘，做成白色油糊(white roux)。

2 將鍋子從爐火移開。然後，將熱牛奶慢慢地倒入鍋內，邊不斷地攪拌，與油糊混合。

3 邊加熱到沸騰，邊不斷地攪拌。然後，把火調小，繼續慢煮(simmer)，直到醬汁變成所需的稠度。

浸漬牛奶 INFUSING MILK

傳統的貝夏美醬汁(béchamel sauce)，就只是一種用調香料浸漬過的牛奶，所製成的白色系醬汁。更精確而言，調香料應該使用洋蔥、丁香(cloves)、月桂葉(bay leaves)、現磨荳蔻(nutmeg)、鹽、胡椒。不過，除此之外，還有很多種不同的作法。

1 加熱牛奶與調香料，偶爾攪拌一下。然後，從爐火移開，用盤子蓋好，靜置10分鐘。

2 用過濾器過濾浸漬牛奶，丟棄調香料。然後，將熱浸漬牛奶倒入油糊內，如以上步驟2所示。

油糊的種類 TYPES OF ROUX

油糊依所需的顏色，加熱所需時間也不同。

白油糊 WHITE ROUX：用來製作白色系醬汁(white sauce)與貝夏美醬汁(béchamel sauce)。製作時，要加熱1～2分鐘，足以讓粉味消失，又還不會變色。

金油糊 BLOND ROUX：可以用來製作天鵝絨醬汁(velouté sauce)，即一種加了雞、小牛(veal)或魚等白色高湯(參照第16～17頁)的，所製成的醬汁。製作時，要加熱2～3分鐘，就可以成為淡金色。

褐油糊 BROWN(BRUN)ROUX：是種風味極為濃郁油膩的油糊，為經典法國醬汁---西班牙醬汁(espagnole sauce)的基本材料。製作時，要用小火，加熱約5分鐘，到變成褐色。如果是要用來製作紐奧良(New Orleans)名湯秋葵濃湯(gumbo，參照第28頁)的油糊，就要加熱至少15分鐘，到變成深褐色。

名稱逸趣 WHAT'S IN A NAME?

貝夏美醬汁(béchamel sauce)的名稱，是源自於法國國王路易十四(Louis XIV)的管家路易·德·貝夏美(Louis de Béchamel)。然而，這種醬汁不太可能是出自他手，倒比較可能是國王的廚師之一所創，而獻給貝夏美的。

原始的貝夏美醬汁，是用大量的鮮奶油，來搭配濃稠的天鵝絨醬汁(velouté sauce)。不過，現代的貝夏美醬汁，則是將牛奶加入油糊內混合而成。

內行人的小訣竅 TRICK OF THE TRADE

防止醬汁表面形成薄膜 PREVENTING A SKIN FORMING

可以用保鮮膜(cling film)或塗抹了奶油的防油紙，覆蓋醬汁表面，或者採用以下的方式。

用1塊奶油，摩擦熱醬汁的表面，形成被覆。再度加熱前，要先攪拌，讓這層被覆與醬汁混合。

製作天鵝絨醬汁 MAKING A VELOUTE SAUCE

天鵝絨醬汁，是基本白色系醬汁的其中一種，而且，也是可以用來調製成眾多其它醬汁的基底醬汁。金油糊(blond roux)煮好後，加入已調香過的高湯，再撈除浮渣，就可以做出如天鵝絨般柔細的醬汁了。製作時，用各50g奶油與麵粉，與1公升的高湯混合。

1 將麵粉加入已融化的奶油裡，邊用木匙攪拌，邊以小火加熱2～3分鐘，做成金油糊。

2 將鍋子從爐火移開，放涼。然後，邊慢慢地倒入熱雞、小牛或魚高湯，邊不斷地攪拌。

3 邊不斷地攪拌，加熱到沸騰後，把火調小，繼續慢煮(simmer)10～15分鐘，並不時地撈除浮渣。

天鵝絨醬汁的調香 FLAVOURING A VELOUTE SAUCE

許多經典的法國料理，都是用天鵝絨醬汁來烹調的(參照右列)。部分天鵝絨醬汁，作法非常複雜，那些就交給專業廚師去發揮吧！以下所介紹的，則為簡化版，讓你可以在自家廚房，簡單而迅速地完成。

蕃茄紅 TOMATO BLUSH
將2～3大匙的蕃茄糊(tomato purée)加入油糊裡，一起煮。最後，再加入切成細碎的蕃茄。

模仿磨坊女主人 MOCK MEUNIERE
將3大匙檸檬汁與2大匙切碎的巴西里(parsley)加入醬汁裡，再上菜。

陽光柑橘 SUNNY CITRUS
等到高湯加入油糊裡後，再加入200ml鮮榨柳橙汁。

蕃茄 TOMATO

檸檬與巴西里
LEMON AND PARSLEY

柳橙 ORANGE

名稱逸趣
WHAT'S IN A NAME?

傳統法國料理中，很多醬汁，都有著不尋常的名稱。天鵝絨醬汁(velouté sauce)也不例外。

阿勒曼德醬汁 SAUCE ALLEMANDE：用小牛高湯製成，加了蛋黃，以增添濃郁度。

歐荷依醬汁 SAUCE AURORE：用魚高湯做成的天鵝絨醬汁，由於添加了蕃茄糊(tomato purée)，而呈粉紅色。

卡丁那醬汁 SAUCE CARDINALE：用龍蝦卵(coral)做成，而呈紅色，加了鮮奶油，以增添香郁風味，加了卡宴辣椒粉(Cayenne)，以增添辛辣度。

布列醬汁 SAUCE POULETTE：用阿勒曼德調味汁，加上蘑菇高湯、檸檬汁、切碎的巴西里(parsley)製成。

南托醬汁 SAUCE NANTUA：用淡水螯蝦(crafish)、鮮奶油、白蘭地酒製成。

褐色系醬汁 BROWN SAUCES

這種醬汁，通常是用來搭配烤肉或烤野味，無論是哪種褐色系醬汁，都是用自製之褐色牛高湯或小牛高湯製成，而這也是做出深色而濃郁風味的褐色系醬汁所需具備的要件。各種不同的調香材料，例如：切碎的蔬菜、烏斯特郡醬(Worcestershire sauce)、葡萄酒、芥末、蕃茄糊(tomato purée)等，都可以為醬汁增添風味。

稠化劑 THICKENING AGENTS

除了山芋(arrowroot)之外，也可以使用以下的材料來增加基本褐色系醬汁的稠度。

- 玉米細粉(Cornflour)
- 蛋黃聯結劑(egg yolk liaison)與鮮奶油聯結劑(cream liaison)
- 切碎的鵝肝(foie gras)
- 芶芡奶油(kneaded butter，參照第128頁)
- 馬鈴薯澱粉(potato starch)

名稱逸趣 WHAT'S IN A NAME?

西班牙醬汁 ESPAGNOLE：這種經典醬汁，可以追溯至西元18世紀的法國料理。這種醬汁作法複雜，傳統上包含了巴詠納火腿(Bayonne ham)與鷓鴣(partridge)，通常需要幾天的時間來完成。然而，現在只要使用濃郁的肉類高湯，就可以做出細緻而風味香郁的西班牙醬汁了。製作時，一定要小心地撈除浮渣，或過濾，以做出這種醬汁獨特的光澤來。

濃縮醬汁 DEMI-GLACE：製作這種醬汁時，有許多因素必須列入考量，例如：使用何種材料來製作，必須濃縮到怎樣的程度，是要當做醬汁用，或用來調製其它的醬汁用。有些專業廚師使用褐色肉類高湯，加上馬德拉葡萄酒(Madeira)，其它廚師則是用白色肉類高湯，與葡萄酒。濃縮醬汁，就是一種用西班牙醬汁做成，非常濃郁的褐色系醬汁，質地濃稠到可以附著在湯匙背上。為了增添濃郁風味，常會加點肉類膠汁(meat glaze)到醬汁裡混合。

製作基本褐色系醬汁 MAKING A BASIC BROWN SAUCE

有些高湯本身就很濃稠，所以，通常只要再進一步濃縮成更濃郁，深色的液體即可。然後，不用油糊，而用以下所示的竹芋(arrowroot)或其它的稠化劑(參照左列)，來增添濃度。無論你選擇哪種材料來做稠化劑，都必須慢慢地加入混合，以防結塊產生。依照以下的作法，可以做出約750ml的褐色系醬汁。

1 加熱1公升牛高湯或小牛高湯(參照第16頁)15～20分鐘，到湯汁減少，濃縮成相郁的風味。

2 將2又1/2大匙山芋，加入120ml冷水中，混合成糊。倒入正在沸騰的高湯中，用攪拌器不斷地攪拌。

3 把醬汁煮到濃稠，將鍋子從爐火移開，用溝槽鍋匙(slotted spoon)，撈除浮渣或雜質。

褐色系醬汁的調香 FLAVOURING A BROWN SAUCE

醬汁經過濃縮，撈除浮渣雜質後(參照以上的步驟3)，就可以加入液態調香料，例如以下所示的 馬德拉葡萄酒(Madeira)，或其它葡萄酒、烏斯特郡醬(Worcestershire sauce)。

固態調香料，可以加入切碎的洋蔥、香草植物，或骨髓(bone marrow)。骨髓要先水波煮2分鐘，瀝乾後，再加入醬汁裡。煮過後，骨髓就會溶化在醬汁裡了。

使用液體 USING LIQUIDS
將約75ml的液體調香料，加入750ml醬汁內。攪拌混合均勻，慢煮2分鐘。

使用水波煮骨髓
USING POACHED MARROW
用湯匙挖出水波煮後骨頭裡的骨髓，加入醬汁裡，慢煮，攪拌，約5分鐘。

製作西班牙醬汁
MAKING AN ESPAGNOLE SAUCE

這種極為經典的醬汁,製作起來手續非常繁複。以下,為極度簡化的現代版作法,只使用了3種材料:基本褐色系醬汁、蘑菇、蕃茄糊(tomato purée)。撈除裡面的浮渣等,可以讓醬汁變得更顯現出光澤。

1 以中火加熱750ml褐色系醬汁(參照第224頁),直到開始微滾,再加入150g切碎的蘑菇。攪拌到混合均勻。

2 加入1大匙蕃茄糊,攪拌到與醬汁混合均勻,再繼續用小火慢煮。

3 共慢煮15分鐘,要常常撈除浮渣。過濾後,再使用。

名稱逸趣
WHAT'S IN A NAME?

西班牙醬汁(espagnole sauce),是以下各種醬汁的基本醬汁,在傳統法式料理中,也常用到。

不列塔尼醬汁 SAUCE BRETONNE:洋蔥、奶油、不甜白酒(dry white wine)、蕃茄醬(tomato sauce)或蕃茄糊(tomato purée)、大蒜、巴西里。

夏爾居蒂埃醬汁 SAUCE CHAR-CUTIERE:不甜白酒、紅蔥、醃黃瓜(gherkins)、第戎芥末醬(Dijon mustard)。

獵人醬汁 SAUCE CHASSEUR:紅蔥、奶油、蘑菇、不甜白酒、蕃茄醬、巴西里。

魔鬼醬汁 SAUCE DIABLE:不甜白酒、白酒醋(white vine vinegar)、紅蔥、蕃茄糊、卡宴辣椒粉(Cayenne)。

佩里格醬汁 SAUCE PERIGUEUX:松露汁(truffle juce)、松露切丁、馬德拉葡萄酒(Madeira)、奶油。

胡椒油醋醬汁 SAUCE POIVRADE:洋蔥、紅蘿蔔、芹菜的綜合調味辛香蔬菜(mirepoix)、不甜白酒、醋(vinegar)、搗碎的胡椒粒(peppercorns)、奶油。

羅伯爾醬汁 SAUCE ROBERT:洋蔥、奶油、不甜白酒、白酒醋、第戎芥末醬(Dijon mustard)。

內行人的小訣竅
TRICK OF THE TRADE

褐色系醬汁保溫
KEEPING A BROWN SAUCE HOT

褐色系醬汁如果沒有要立刻使用,以下為防止醬汁表面形成薄膜的最佳方式。

在烤盤內注入一半高度的滾水,再把裝了醬汁的鍋子放進烤盤內,偶爾攪拌一下,保持質地滑順。

製作肉凍裝飾 MAKING CHAUDFROID

這種經典的法式技巧,取名為「chaudfroid(chaud:熱;froid:冷)」,就是因為它是指用煮過冷卻的醬汁,澆淋在冷食的表面上,冷藏後,再以冷食來上菜。你可以用貝夏美醬汁(béchamel sauce,參照第222頁)澆淋在蛋或魚肉上,或用濃縮過的褐色肉類高湯(參照第16頁)與肉凍汁(liquid aspic,參照第19頁),澆淋在鴨肉、野味或紅肉上。凝固後,就可以發揮漂亮的裝飾效果了(參照第105頁)。

添加肉凍
ADDING ASPIC
先慢煮500ml濃縮高湯,再加入250ml調味過的液態肉凍,攪拌混合均勻。靜置到冷卻,但未凝固的狀態。

塗層 COATING
將鴨胸肉片排列在架在盤子上的網架上,再把肉凍混合液,澆淋在鴨胸肉片上,冷藏到凝固,重複同樣的作業3～4次。

奶油系醬汁 BUTTER SAUCES

用奶油做成的淡味醬汁，例如：荷蘭醬汁(hollandaise)與貝阿奈滋醬汁(béarnaise)，需要用蛋黃與奶油來做出乳化的效果。白色系醬汁則是其中的例外，使用的是鮮奶油(cream)。這些醬汁，一定要現做，趁熱使用。

荷蘭醬汁 MAKING HOLLANDAISE

以下所示範的技巧，非常簡單。它的訣竅就在步驟1中，就是要將蛋黃與水打發到緞帶狀態(ribbon stage)。然後，通常就可以輕易地與澄清奶油(clarified butter)，混合成濃稠的乳狀液體了。製作時，不需要用到雙層坐融鍋(double boiler)，但是，一定要用質地厚重的鍋子。

用手攪拌 BY HAND

1 邊用極小火加熱，邊將3個蛋黃與3大匙熱水，打發到緞帶狀態，約3分鐘。

2 將175g微熱的無鹽澄清奶油，一次加一點進去，每次加入後，就迅速地攪拌一下子。

3 將已過濾的檸檬汁(1/2個檸檬)，慢慢地倒入，攪拌混合。加入鹽與白胡椒調味。這樣可以做出250ml的醬汁。

用機器攪拌 BY MACHINE

將蛋黃與水，放進已暖機運作過，乾燥，裝上了金屬刀片的食物料理機(food processor)內，開動機器，加入微熱的澄清奶油，以細流般往下倒。最後，加入檸檬汁與調味料。

內行人的小訣竅 TRICK OF THE TRADE

荷蘭醬汁與貝阿奈滋醬汁的補救法 FIXING HOLLANDAISE AND BEARNAISE

奶油系醬汁，在鍋子過熱，加入奶油的速度過快，或完成後靜置太久的情況下，都容易產生油水分離或凝結的現象。以下，為2種補救法。

將鍋子從爐火上移開，加入1塊冰塊，快速地攪拌，讓冰塊融化在醬汁裡。

將1個蛋黃與1大匙熱水，慢慢地加入凝結的荷蘭醬汁內混合，裝著荷蘭醬汁的攪拌盆下要隔水加熱(bain marie)。

製作貝阿奈滋醬汁 MAKING BEARNAISE

荷蘭醬汁(hollandaise)的風味柔和而細緻，然而，另一種近似的貝阿奈滋醬汁，風味卻是濃郁而辛辣，共通處則是兩者都有著如天鵝絨般的光滑質地。貝阿奈滋醬汁的辛辣味，來自於黑胡椒粒、紅蔥、茵陳蒿(tarragon)、紅酒醋(red wine vinegar)，所濃縮成的濃烈風味，還有最後加入調味用的卡宴辣椒粉(Cayenne pepper)。

1 將胡椒粒、紅蔥、茵陳蒿、紅酒醋，放進鍋內，煮到湯汁濃縮減少。

2 加入蛋黃，把火調得極小，打發成緞帶狀態(ribbon stage)。

3 將澄清奶油(clarified butter)，一次加一點進去，每次加入後，就迅速攪拌。

貝阿奈滋醬汁
BEARNAISE SAUCE

黑胡椒粒(black peppercorns，搗碎) 4粒
大紅蔥(切碎) 1個
新鮮茵陳蒿(tarragon，切碎) 2大匙
紅酒醋(red wine vinegar) 3大匙
蛋黃 3個
無鹽奶油(澄清) 175g
鹽與卡宴辣椒粉(Cayenne pepper)

將黑胡椒粒、紅蔥、茵陳蒿、紅酒醋，放進質地厚重的鍋子裡，加熱到汁液濃縮成1/3量。將鍋子從爐火移開，加入蛋黃。再放回爐上，邊用極小火加熱，邊攪拌3分鐘，再加入奶油攪拌，每次只加一點。最後，加入鹽與卡宴辣椒粉調味。這樣可以做出250ml貝阿奈滋醬汁。

白奶油醬汁
BEURRE BLANC

這個法文名稱直譯後，就是「白色奶油(white butter)」之意。這種香郁的醬汁，濃縮的過程與以上的貝阿奈滋醬汁相同，不過，並不是加入蛋黃，而是加入法式濃鮮奶油(crème fraîche)，以加強醬汁的穩定性，然後，再加入奶油勾芡(參照右列)。等到醬汁變得濃稠而柔滑時，再嚐嚐看味道，加調味料調味。白奶油醬汁，一定要在即將上菜前，才製作。

1 參照以上的步驟1，加熱材料，再加入175ml法式濃鮮奶油，繼續加熱到濃縮成約1/3量。

2 將鍋子從爐火移開，加入85g冷藏無鹽奶油混合，一次只加入1塊。這樣可以做出約250ml的白奶油醬汁。

用奶油勾芡醬汁
MOUNTING A SAUCE WITH BUTTER

這種專業技巧，可以讓醬汁的質地變得柔滑有光澤，增添清新香郁的奶油風味。

勾芡醬汁時，使用冷藏過的無鹽奶油塊，在鍋子從爐火上移開的狀態下，利用醬汁本身的熱度，加入鍋內，融化混合。將奶油1塊塊地加入醬汁裡，要等到加入的奶油完全融化後，再加入另1塊。

製作澄清奶油 CLARIFYING BUTTER

澄清奶油的英文別名為「drawn butter」，在印度料理中稱為「ghee(印度酥油)」，就是無鹽奶油去除了所含的牛乳固形物(milk solids)後，所得的奶油。它的質地非常純淨，可以用於多種特殊用途上(參照右列)。

1 用極小火，慢慢融化奶油，不要攪拌。將鍋子從爐火移開，撈除表面的浮沫。

2 用湯匙，小心地將奶油舀到小碗內，讓乳狀沉澱物留在鍋內。

澄清奶油
CLARIFIED BUTTER

由於澄清奶油已經去除了牛乳固形物(milk solids)，所以，不僅可以保存得較久，而不易酸敗(rancid)，而且，因為發煙點(smoke point)較高，所以，即使用較高的溫度加熱，也不用擔心會像一般的奶油一樣，容易燒焦。因此，澄清奶油非常適合用來嫩煎或油煎食物。製作醬汁時，它更能夠為醬汁增添光澤與細緻風味，是不可或缺的材料。

製作美乃滋 MAKING MAYONNAISE

質地柔軟，乳狀的美乃滋，是混合了蛋黃、醋、調味料、油，所成的單純乳狀物質。無論選擇自己動手，或使用機器來攪拌，都可以輕易地獲得滿意的成果。一旦對製作技巧駕輕就熟了，你將會建立起自信心，從此就會對自製美乃滋樂此不疲了。製作美乃滋的秘訣，就在於讓使用的材料與器具維持在室溫下，製作時要不急不徐。

美乃滋
MAYONNAISE

大蛋黃 1個
第戎芥末醬(Dijon mustard) 1大匙
鹽與現磨胡椒
橄欖油與蔬菜油 各150ml
葡萄酒醋(wine vinegar) 約2小匙

讓所有的製作材料恢復成室溫。將蛋黃、芥末、調味料，放進攪拌盆內攪拌。加入油，一開始是1滴滴地倒入，再以細流的狀態倒入，不斷地攪拌，直到稠化，乳化。加入葡萄酒醋混合，調味。蓋好後，放進冰箱冷藏，可保存3～4天。這樣可以做出375ml的美乃滋。

用手攪拌 BY HAND

自己用手攪拌，就可以在將油加入美乃滋內時，「感覺」到質地開始變濃。把油倒入時，速度要非常緩慢，一開始是用一滴滴的方式倒入，等到開始乳化了，再將剩餘的部分，以小水柱般的細流倒入。如果油加入得太快了，就會導致美乃滋油水分離。芥末與醋，有助於安定及乳化美乃滋。

1 在1個較深的攪拌盆下，墊塊布巾，以增加穩定性。攪拌蛋黃等材料，直到混合均勻。

2 將橄欖油1滴滴地倒入混合，直到變稠。然後，將剩餘的油，以細流的狀態倒入。

3 加入醋，每次只加一點，每次加入後就要攪拌，到確定完全混合均勻，乳化了，再繼續加入。最後，加調味料調味。

用機器攪拌
BY MACHINE

用食物料理機(food processor)製作美乃滋,既迅速,又簡單。雖然使用機器,可以降低美乃滋產生凝結或油水分離現象的風險,不過,由於機器的轉速很快,因而也會加速蛋與油的乳化速度。所以,必須使用全蛋,而不是只有蛋黃而已,利用蛋白來增加穩定性。使用機器攪拌時,蛋白與快速攪拌的特性,可以讓美乃滋做好後,比用手攪拌的風味更清新爽口。

1 將1大匙第戎芥末醬與1個全蛋,放進食物料理機內,攪拌到混合均勻。

2 在機器還在攪拌的狀態下,以細流的狀態,倒入250ml橄欖油。

3 等混合到質地開始變稠時,加入2小匙醋,鹽與胡椒,調味。繼續攪拌到混合均勻。

4 在機器還在攪拌的狀態下,倒入250ml蔬菜油,等到美乃滋的顏色開始變淡時,再以較大水柱的流量倒入。嚐嚐看味道,加調味料調味。這樣可以做出650ml的美乃滋。

蒜泥蛋黃醬 AIOLI

安達魯司醬 ANDALOUSE

香堤伊醬 CHANTILLY

青醬 HERB

加味美乃滋
FLAVOURED MAYONNAISE

蒜泥蛋黃醬 AIOLI:加入4瓣拍碎的大蒜,來代替芥末,再加入1/2小匙粗鹽(coarse salt)。可以用來搭配冷食的魚肉與蛋料理,或油醋醃蔬菜(crudités)。

香堤伊醬 CHANTILLY:加入2瓣拍碎的大蒜,與2大匙切成小丁的紅甜椒與青椒。可以用來搭配炭烤魚(chargrilled fish)或當做漢堡的表面餡料。

安達魯司醬 ANDALOUSE:加入4大匙結實的打發鮮奶油(stiffly whipped cream)混合。可以用來搭配冷食蔬菜,或水波煮魚。

青醬 HERB:加入切成細碎的新鮮巴西里(parsley),茵陳蒿(tarragon)或山蘿蔔(chervil)。可以用來搭配炙烤家禽或肉類(barbecued poultry and meat)。

內行人的小訣竅 TRICK OF THE TRADE

美乃滋補救法
FIXING MAYONNAISE

如果製作美乃滋時,材料或器具溫度過低,或油加入混合的速度太快,都可能會導致美乃滋產生油水分離,表面凝結的現象。一旦發生這樣的情況,千萬不要丟棄,可以用下列的任何一種方式來補救。

用手攪拌 BY HAND
加入1大匙冷水或葡萄酒醋,先與少量的美乃滋混合,再慢慢地與更多量的美乃滋混合,到全部都混合好。

用機器攪拌 BY MACHINE
將1個蛋黃,加到表面凝結的美乃滋上,再按脈衝按鈕(pulse button),攪拌到美乃滋再度乳化。

調味汁 DRESSINGS

調味汁，是種可以提升沙拉與其它許多菜餚風味的重要材料，通常都含油，所以，一定要使用最頂級的油來製作。油醋調味汁(vinaigrette dressings)的典型用法，就是用來拌葉菜類蔬菜(leafy green)或混合式沙拉(例如：義大利麵、豆類、海鮮)。煮過型調味汁(cooked dressings)，可以爲蔬菜、魚類、家禽、肉類，增添濃郁的口感，還有讓外觀形成天鵝絨般的光滑質感。

製作油醋調味汁
MAKING A VINAIGRETTE

這種經典的調味汁，傳統的作法是用油與醋爲3:1的比例製作。其它風味的油醋，請參照左列。製作時，一定要讓所有的材料維持在室溫下，以確保材料可以混合均勻。你可以依照以下示範的方法來混合油醋，或裝進有螺旋蓋的罐子(screw-top jar)內，再用搖的方式混合。請參考第184頁，製作油拌沙拉(tossed salad)。

1 將2大匙醋、2小匙第戎芥末醬(Dijon mustard)、鹽、現磨胡椒，放進攪拌盆內。攪拌混合，讓質地變稠。

2 將6大匙油慢慢地倒入，邊不斷地攪拌，直到質地變得光滑，濃稠，完全混合均勻。嚐嚐看味道，加調味料。

煮過型調味汁 MAKING A COOKED DRESSING

這種調味汁，在美國非常盛行，原本是用調酒用的雪克杯(shakers)來製作，用來搭配涼拌高麗菜絲沙拉(coleslaws)或其它生菜沙拉(raw vegetable salads)。它是種材料單純的乳狀調味汁，混合了蛋黃、酸奶油(sour cream)，再加入粉類，讓質地變稠。製作這種調味汁時，熱度非常重要。爲了防止凝結現象產生，加熱的方式一定要溫和，因此，必須採用隔水加熱(bain marie)的方式來加溫。

1 將2個蛋黃、125ml蘋果醋(cider vinegar)、30g融化奶油，放進耐熱攪拌盆內。攪拌到混合均勻，再加入2大匙酸奶油，攪拌到質地柔滑。

2 將攪拌盆擺在一鍋微滾的水上。加入1大匙乾芥末(dry mustard)、1大匙中筋麵粉(plain flour)、70g細砂糖(caster sugar)、1/2小匙鹽。攪拌到調味汁的質地變得柔滑，濃稠，完全混合均勻。

麵包 & 酵母的烹飪
BREAD & YEAST COOKERY

製作麵包 MAKING BREAD

義式麵包 ITALIAN BREADS

扁麵包 FLAT BREADS

加味麵包 ENRICHED BREADS

快速麵包 QUICK BREADS

麵包的前置作業 BREAD PREPARATIONS

製作麵包 MAKING BREAD

製作整條發酵吐司，可以說是在廚房中最能夠獲得成就感的工作之一。只要按照以下所示的技巧，使用基本的白麵包食譜(basic white loaf，參照第233頁)，就一定可以得到完美的成果。

(basic white loaf，參照第233頁)

不同的粉類
DIFFERENT FLOURS

麵包的風味與質感，依使用的粉類而有所不同。這些粉類，各是用不同的穀類磨製而成。高筋小麥麵粉(strong wheat flours)，例如：白麵粉(white)或全麥麵粉(wholemeal)，由於麩質(gluten)含量高，可以將清淡口味的麵包做得鬆軟可口，所以，大部分麵包都會用這類粉類來製作。質地較紮實的麵包，就要混合小麥麵粉(wheat flours)與麩質含量較低的粉類來製作。你可以嘗試用下列的其中一種粉類，來取代原食譜上的部分高筋麵粉(strong flour)。

大麥粉 BARLEY FLOUR：可以讓麵包變成乳灰色，嚐起來帶有土味。
麥麩(BRAN WHEAT)：米麩與燕麥麩(rice and oat brans)，可以增添堅果風味。先烤過再用，風味更佳。
蕎麥粉 BUCKWHEAT FLOUR：可以讓麵包的質地更結實，風味更濃郁。
布格麥粉 BULGAR WHEAT：通常用來製作雜糧麵包(multi-grain loaves)，以做出顆粒狀的質感。用量不宜太多。
玉米粗粉 CORNMEAL：可以為麵包增添一點顆粒的質感，黃色的色澤，還有些微的特殊風味。
燕麥 OATS：可以使用磨碎的燕麥，燕麥片(oat flakes/rolled oats)或燕麥粉(oat flour)。加入後，可以為麵包增添一點顆粒的質感，與燕麥風味。
裸麥粉 RYE FLOUR：因為不含麩質(gluten)成分，所以，一定要與麵粉混合使用。通常是與全麥麵粉(wholemeal flour)混合使用。
黃豆粉 SOY FLOUR：這種質地細緻的粉，不含麩質(gluten)成分，但是，被用來製作麵包，以增添風味與營養份。
斯佩特小麥粉 SPELT FLOUR：麩質(gluten)含量高，可以單獨使用。帶點甜味，呈黃褐色(golden-brown colour)。

酵母的前置作業 PREPARING YEAST

在各食譜中，新鮮酵母與乾酵母，可以互換使用。一般而言，15g新鮮酵母，等同於1大匙乾酵母粒。這兩種酵母的溫度極限最高為30℃，若是超過這個溫度，就會死亡。速溶酵母(easy-blend yeast)的處理方式則不同。

新鮮酵母 FRESH
將新鮮酵母放進攪拌盆內，加入食譜中指示已量過的少量溫水，搗碎混合。蓋好，靜置到表面開始冒泡。

乾酵母 DRIED
將食譜中指示已量過的少量溫水放進攪拌盆內，把乾酵母粒撒進去，再加入1/2小匙糖，攪拌混合。蓋好，靜置到開始冒泡。

速溶酵母 EASY-BLEND
將速溶酵母直接加入乾燥的材料裡，攪拌混合。然後，加入溫熱的液體，混合。請確認包裝上的說明，因為部分廠牌的產品，只需要發酵一次。

用手揉麵 MAKING DOUGH BY HAND

所有粉類對液體的吸收力不同，所以，請參考食譜指示的份量，再針對使用的粉類，多加點或少加點，視情況來做調整。

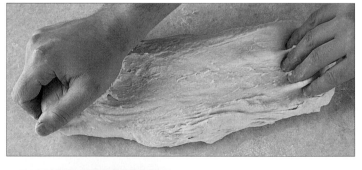

1 將粉類與鹽，過篩到工作台上。然後，在中央圍出凹槽，加入已完成前置作業的酵母與混合酵母的水，將粉類撥入，混合成麵糰。

2 將麵糰放在已撒了手粉的工作台上，用一手往前推，另一手往後拉。

3 將麵糰摺疊起來，轉90度。重複這樣的揉和10分鐘，直到麵糰變得光滑有彈性。將麵糰塑成平滑的圓球狀。

用機器揉麵 MAKING DOUGH BY MACHINE

使用機器來混合，揉麵糰，可以讓製作麵包變得更輕鬆，更節省時間，特別是在混合的麵糰是要用來做成好幾條吐司時。使用的機器，以附有勾狀拌打器(dough hook)的重載桌上型攪拌機(heavy-duty tabletop mixer)為佳。

1 粉類與鹽過篩。將3/4粉類放進攪拌槽內，裝好攪拌器(beater)，開機。然後，加入已完成前置作業的酵母，與混合酵母的溫水。

2 關機，將攪拌器換下，裝上勾狀拌打器。將剩餘的粉類，一次加一點進去，讓機器運轉到麵糰成形。

3 繼續攪拌，直到混合的材料從攪拌槽的周圍往拌打器上集中，形成球狀的麵糰。將拌打器連同麵糰一起從攪拌機中取出。小心地將麵糰從拌打器上取下，要儘量不讓麵渣殘留在拌打器上，放在已撒了手粉的工作台上，揉和2～3分鐘。將麵糰塑成平滑的圓球狀。

基本白吐司
BASIC WHITE LOAF

新鮮酵母(已弄碎) 15g 或乾酵母 1大匙

溫水 450ml

高筋麵粉(strong plain white flour) 750g

鹽 2小匙

完成酵母的前置作業，用手或機器製作，揉麵糰。將麵糰放在已塗抹了油脂的攪拌盆內，蓋好，放在溫暖的地方，進行發酵1～2小時，讓麵糰膨脹到2倍大。發酵完成後，將麵糰壓平，再稍微揉和，蓋好，靜置5分鐘。然後，將麵糰分割成兩半，把這兩塊麵糰各自整型，裝入900g的長型模(loaf tin，參照第234頁)內，用塗抹了油脂的保鮮膜輕輕覆蓋，靜置溫暖的地方30～45分鐘，直到模內變滿。可依個人喜好，在表面上膠汁(glaze)或放上餡料(topping)。然後，先以220℃，烘烤20分鐘，再調降成180℃，繼續烤15分鐘。烤好後，脫模，放在網架(rack)上冷卻。這樣可以做出2條900g的吐司。

發酵與壓平 RISING AND PUNCHING DOWN

麵糰揉和好後，需要靜置溫暖而不通風的地方，進行發酵，直到膨脹成2倍大。若是用手指按壓麵糰後，壓痕還會留著，就表示已經發酵完成。發酵好後，將麵糰壓平，再稍微揉和後，靜置5分鐘，再進行整型(shaping，參照第234頁)。

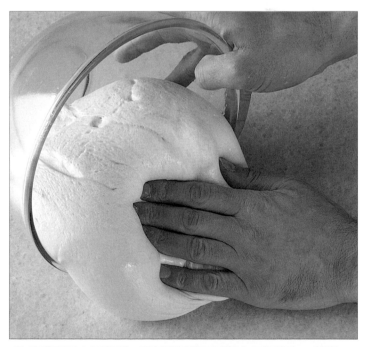

1 將揉好塑成圓球狀的麵糰，放進已稍微塗抹了油脂的攪拌盆內，以防表面變硬。用濕布巾覆蓋，保濕。

2 將麵糰放置在溫暖的地方1～2小時，直到膨脹成2倍大。如果是放置在較低溫的地方，就需要較長的時間來進行發酵。

3 用拳頭用力壓麵糰，再倒到已撒了手粉的工作台上。揉和2～3分鐘。藉由壓平(punching)與揉和(kneading)，可以將麵糰內的空氣排出，讓麵糰可以膨脹得更均勻，做好的麵包質地更鬆軟。

膠汁 GLAZES

麵包(loaves)與餐包(rolls)，可以做成有光澤或無光澤的表面，厚或薄的脆皮，端看是用什麼材料來膠化，還有是在何時塗抹上去的。千萬不要塗抹得太厚，以免麵糰會緊縮，而且，不要讓放在模內烤的麵糰上的膠化材料，滲到模上，因為這樣會導致麵糰沾黏在模上，而無法均勻地膨脹起來。

- 烤焙前，把刷蛋水(egg wash，參照第31頁)刷在麵糰上，以烤出表面呈閃亮金黃色的麵包。烤焙時間結束前10分鐘，再刷一次。
- 烤焙前，把牛奶刷在麵糰的頂上，以烤出淡褐色，質地柔軟的外皮。
- 烤焙後，將麵包放在網架上，再塗抹上奶油，用布巾覆蓋，放涼。這樣就可以做出外皮柔軟的麵包了。
- 烤焙前與烤焙時，刷上橄欖油，就可以烤出無光澤而柔軟的外皮了。這種方式很適合鄉村麵包(country-style loaves)。

表面餡料 TOPPING

輕巧的表面餡料，例如：罌粟花籽(poppy seeds)，只要輕壓，就會黏附在麵糰表面。厚重的表面餡料，就需要上光材料的輔助，才能黏附在麵糰上。

- 適用的種籽，包括：茴香(fennel)、葛縷子(caraway)、罌粟花(poppy)、芝麻(sesame)、向日葵(sunflower)。
- 如果麵糰內含有燕麥粉(oat flour)或大麥粉(barley flour)，就在麵糰表面也撒上同類的薄片。
- 切碎的山胡桃(pecans)、核桃(walnuts)、榛果(hazelnuts)，是風味絕佳的表面餡料。烤焙時要特別留意，以免烤焦了。
- 烤焙前，在麵糰表面撒上磨成細碎的巧達起司(cheddar)或格律耶爾起司(Gruyère cheese)。
- 在發酵過的麵糰上，撒上少許中筋麵粉(plain flour)或全麥麵粉(wholemeal flour)，做成鄉村麵包的外觀。

麵糰整型 SHAPING DOUGH

麵糰稍微靜置後，就可以開始整型，以便烤焙。你可以選擇做成傳統的吐司形狀，將麵糰放在長型模內烤，或者做成各種花式，放在撒了手粉的烘烤薄板(baking sheets)上烤。另外還有個選擇，就是做成餐包(dinner rolls，參照第235頁)。

長型模整型 SHAPING FOR A LOAF TIN
將麵糰拍平成橢圓形。將較短的一側往中央摺，另一側也往中央摺。然後，將封口朝下，放進已塗抹了油脂的長型模內。

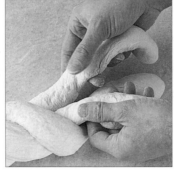

辮子麵包 PLAITED LOAF
先從中間開始編到底，再將另一側編到底，就可以編成整齊的辮子形了。最後，將末端捏緊，固定好。

原味圓麵包 PLAIN ROUND LOAF
將平滑的圓球狀麵糰的邊緣幾處，往上拉到頂端的正中央，捏緊，固定好。翻面。

麵包的裝飾 FINISHING LOAVES

麵包可以只簡單地撒一點粉在頂上烤焙，不過，大部分還是會在烤焙前或後，在表面上膠汁(glaze)或放上餡料(topping，參照左列)。另外一種最後修飾，就是在麵糰上剪切，讓它在烤的時候，可以打開成漂亮的形狀。如果要同時運用到數種裝飾法，進行的先後順序為：膠化(glazing)，表面餡料(topping)，剪切(cutting)。

十字形 CRISS-CROSS TOP
用料理剪，在麵糰頂上剪出1個大「X」，深度應達約1cm。

劃切 SLASHING
用小刀，在麵糰表面劃切間隔4cm，深5mm的紋路。下刀要乾淨俐落，避免拖扯麵糰。

膠化 GLAZING
將自選的膠化材料(參照左列)，稍微刷在麵糰的表面。薄薄地刷上兩層，比厚厚地刷上一層好。

檢查麵包熟度 TESTING FOR DONENESS

麵包如果沒有完全烤熟，就會帶著難吃的生麵糰味道。由於確切的烤焙時間很難拿捏，所以，麵包一定要檢查熟度，確認已烤好後，再放涼。

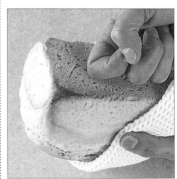

將麵包從長型模或烤盤取出，用摺起來的布巾拿著。用指關節，輕敲麵包底部。如果麵包已完全烤熟，聲音應該是空洞的。如果聲音聽起來是混濁的，就要再放回烤箱烤5分鐘。然後，再檢查一次。到了這個階段，就不需要再將麵包放回長型模內了。確定烤好後，就放在網架上冷卻。

將麵糰整型成餐包 FORMING DOUGH INTO ROLLS

將基本麵包麵糰變成各種吸引人的餐包外型，其實很簡單。餐包可以做成簡單的球形，也可以做成更複雜的辮子形等形狀。麵糰壓平，靜置後(參照第233頁)，就可以開始進行整型了。製作1個餐包所需的麵糰為30～60g。整型完畢後，排列在撒了一點手粉的烤盤上，間隔距離要夠大，因為麵糰會再膨脹成2倍大。

棕櫚餐包 PALMIER
將麵糰揉搓成粗細均勻的繩狀。從兩端往中央盤繞起來，做成螺旋狀。

塔樓餐包 TOURELLE
從麵皮上切出3塊圓形，要1個比1個還小。然後，把3個圓形疊起來。

蝸牛餐包 SNAIL
將麵糰揉搓成粗細均勻的長繩狀，從其中一端開始，盤繞成螺旋狀的圓盤。

波士頓派 PARKER HOUSE
將麵糰壓成直徑6.25cm的圓形。然後，用撒了手粉的湯匙柄，在中央劃出1道摺線，再把麵糰折疊起來，用力壓，黏好。

豐禾餐包 HARVEST ROLL
將麵糰揉搓成長7cm的長條狀，每一條的中央比兩端還粗一點。然後，在表面上剪出三道切紋。

烘焙花結 BAKER'S KNOT
將麵糰揉搓成長15cm的長條狀，打1個結，把兩端拉出結外。

名稱逸趣 WHAT'S IN A NAME?

質地膨鬆，帶著香濃的奶油味，特殊的形狀，這就是波士頓派(Parker House rolls)的特徵。它的名稱取自於哈維派克(Harvey Parker)，西元18世紀中葉的波士頓一家知名旅館的主人。傳說這個旅館的大廚，生性易怒，因為被一個客人惹惱了，無法集中注意力，而將部分未完成的餐包麵糰放進烤箱內烤。結果，就成了頂頂大名的波士頓派，一種美國有史以來最經典的餐包。它的麵糰配方與奶油醬汁的作法，因廚師而異。不過，形狀還是原始傳統的，末曾改變。

內 行 人 的 小 訣 竅
TRICK OF THE TRADE

分割麵糰大小一致 DIVIDING DOUGH EQUALLY

專業麵包師傅，會量測每塊麵糰的重量，以確保同一批麵糰，可以均勻地烤焙好。

如果要在不使用磅秤的情況下，將麵糰分割成相同的大小，可以先將麵糰揉搓成長條狀，切成兩半，再各切成兩半。然後，繼續同樣的技巧，直到分割成想要的份數為止。

布其塔 & 垮司堤尼
Bruschetta & Crostini

這些義式香烤麵包，可以做成絕佳的開胃菜(first courses)與美味可口的點心(snacks)。
請參照第246頁的作法，用法國棍子麵包(baguette)的切片或
西亞巴塔(ciabatta)切成兩半後的切片，製作布其塔(bruschetta)或稍微薄一點的垮司堤尼(crostini)。
以下的表面餡料，皆為6人份。選擇其中的一種來上菜，為每人準備2或3塊的份量。

虎蝦與櫻桃蕃茄
Tiger Prawn and Cherry Tomato

紅櫻桃蕃茄(切片) 3個
黃櫻桃蕃茄(切片) 3個
橄欖油
鹽與現磨胡椒
虎蝦(去殼，去沙腸，煮熟) 6隻
新鮮芫荽葉(裝飾用)

將蕃茄片擺在布其塔(bruschetta)或垮司堤尼(crostini)上，滴上少許橄欖油，撒上鹽與胡椒，調味。最後，擺上虎蝦，用芫荽葉做裝飾。

核桃、洋梨與山羊奶起司
Walnut, Pear and Goat's Cheese

軟質山羊奶起司 60g
芝麻菜(rocket) 1小束
洋梨(去核，縱切成薄片) 1個
新鮮檸檬汁 少許
現磨胡椒
核桃(切成兩半)

撒一點山羊奶起司在每片布其塔(bruschetta)或垮司堤尼(crostini)上，用幾片芝麻菜葉，再擺上洋梨片。然後，灑上檸檬汁，撒上胡椒，再各擺上半個核桃。

帕馬火腿與無花果
Parma Ham and Fig

帕馬火腿 6片
無花果(成熟而質地結實，縱切成角塊) 2個
現磨胡椒
新鮮細香蔥(chives，裝飾用)

放1片帕馬火腿，在每片布其塔(bruschetta)或垮司堤尼(crostini)上，將火腿稍微折疊起來。再擺上無花果角塊，撒上胡椒。最後，用長細香蔥做裝飾。

炭烤蔬菜與松子
Chargrilled Vegetable and Pine Nut

紅甜椒(red pepper) 1個
黃甜椒(yellow pepper) 1個
小紅洋蔥(red onions，切成4等份) 1個
橄欖油
黑橄欖(black olives，去核)
松子(烤過) 30g

裝飾(TO GARNISH)
新鮮羅勒葉
帕瑪森起司捲片(Parmesan curls，參照左列)

爐烤(roast)甜椒與洋蔥(參照第189頁)。將甜椒切成薄長條狀，丟棄芯與籽。擺在布其塔(bruschetta)或垮司堤尼(crostini)上，將洋蔥稍微撥散開來。然後，滴上少許橄欖油，再擺上橄欖、松子、羅勒、帕瑪森起司捲片。

製作帕瑪森起司捲片
Making Parmesan Curls

新鮮帕瑪森起司的薄削片，可以成為漂亮而可口的裝飾，用來搭配布其塔(bruschetta)或垮司堤尼(crostini)，還有沙拉、義大利麵食、義大利燴飯(risottos)。使用室溫下的新鮮帕瑪森起司，效果最佳。乾硬類的帕瑪森起司，因為無法捲起來，所以不適用。除此之外，也可以使用羅馬佩克里諾起司(Pecorino romana)。

用尖銳的小刀，從帕瑪森起司較長的一側，切下1塊呈圓弧邊的三角形。

用蔬菜削皮器(vegetable peeler)，從凹口削下捲片。如果想要削成更大的捲片，只要把三角形切得更大塊即可。

義式麵包 ITALIAN BREADS

義式麵包的製作技巧與基本麵包相同。由於風味絕佳，種類繁多，因而名聞於世，可以說是實至名歸。各種不同義式麵包的獨特性，源自於其添加的各種傳統義式材料。

基本披薩 BASIC PIZZA

高筋麵粉(strong plain white flour) 175g
鹽 1/4小匙
速溶酵母(easy-blend yeast) 1小匙
溫水 150ml
橄欖油 1大匙

麵粉與鹽過篩到攪拌盆內，加入酵母攪拌混合，在中央做出1個凹槽，再加入溫水與橄欖油，混合成柔軟的麵糰。

揉和5分鐘，到質地變得光滑有彈性。蓋好，進行發酵1～1又1/2小時。然後，壓平，揉和2～3分鐘後，在已撒上一點手粉的工作台上，把麵糰塑成圓球狀。讓麵糰在雙手間轉動，以這樣的方式，將麵糰整型成直徑約25cm，厚1cm的圓形。然後，放在已撒了一點手粉的烤盤上。將自選的餡料放在表面上，邊緣要留下1cm的空間。用220℃，烤15～20分鐘，到外皮變成金黃色。這樣可以做出4人份。

製作披薩 MAKING PIZZA

披薩的麵糰，與白麵包的極為相似，然而，它所添加的橄欖油，可以讓麵糰烤出薄脆的外皮。本食譜中所用的是速溶酵母(easy-blend yeast)，以加速製作速度，結果非常令人滿意。不過，你也可以使用新鮮酵母或乾酵母粒來製作。

1 將橄欖油倒入凹槽內的溫水中。這樣做，可以讓油更容易徹底地混合均勻。

2 將麵糰擀薄成圓形時，要從中央往邊緣擀，才能擀成均勻的厚度。邊擀，要邊轉動麵糰。

3 雙手沾上手粉，來回拍打麵糰，還要邊轉動，直到變成直徑25cm，厚1cm的程度。

4 將表面餡料的材料整齊對稱地排列上去，烤的時候就會受熱均勻，烤好的披薩也會很漂亮。

製作加納頌尼 MAKING CALZONE

披薩麵糰，可以用來製作大型或小型加納頌尼，即包餡的對摺披薩。完成整型後，要在上面切出2條縫，讓烘烤時產生的蒸氣可以竄出。

將餡料放在半面的麵糰上。用水沾濕邊緣。然後，將另外半面摺起來，蓋住餡料，按壓邊緣，封好。

製作新鮮迷迭香佛卡夏 MAKING FRESH ROSEMARY FOCACCIA

這種上面有凹洞的麵包，比披薩還厚，取名自拉丁文「focus」，為「窯爐(hearth)」之意，因為它原本是用平爐(open hearth)烤焙而成的。佛卡夏麵糰(參照右列)的作法與披薩的極為相似，但是，添加了更多的橄欖油。剛烤好時，可以再滴上2大匙油。

1 將麵糰壓平，加入3大匙新鮮迷迭香葉，揉和2～3分鐘。靜置5分鐘。

2 用稍微撒了點手粉的手指，將麵糰拍入已撒了一點手粉的瑞士捲模(Swiss roll tin)内。然後，蓋好，進行發酵30～45分鐘，到麵糰膨脹成2倍大。

3 用手指在麵糰上打洞，再撒上粗海鹽(coarse sea salt)。以220℃，烤30～35分鐘。

製作風味佛卡夏圈 MAKING A FLAVOURED RING

義大利的麵包師傅，會用佛卡夏麵糰(參照右上列)來製作許多不同種類的知名麵包，例如以下所示，内包芳郁香草醬(pesto)的麵包圈。除此之外，你也可以用任何典型的義大利材料(參照右列)來做為餡料，而且將佛卡夏切成容易處理的形狀與大小。你可以自行調配香草醬(參照第330頁)，或使用現成的產品。

1 壓平麵糰。揉和2～3分鐘，靜置5分鐘。先將麵糰擀成40cm X 30cm的長方形，再把餡料均勻地抹上去，邊緣要留下1cm的空間。

2 從較長的一側開始，捲成圓筒狀。將封口處捏緊，封好，但是兩邊的末端不用。然後，將封口處朝下，放到已撒上手粉的烤盤上，整型成圓圈的形狀，末端捏緊，封好。

3 在圓圈的外圍上，每隔5cm切一刀，靠近中心的部分要留下2cm，不要完全切斷。先小心地拉開切口處，再將每1塊扭一下，讓切面朝上翻。然後，蓋好，進行發酵30～45分鐘，到膨脹成2倍大。以190℃，烤30～40分鐘，到變成金黃色。冷熱食皆宜。

佛卡夏麵糰 FOCACCIA DOUGH

新鮮酵母(弄碎) 25g 或乾酵母粒 1又2/3大匙
糖 1/2小匙
溫水 300ml
高筋麵粉(strong plain white flour) 900g
鹽 2小匙
橄欖油 4大匙

完成酵母的前置作業(參照第232頁)。將麵粉與鹽過篩到攪拌盆内，在中央做出凹槽。加入酵母，還有混合酵母用的溫水，與橄欖油，混合成麵糰。將麵糰放在已撒上一點手粉的工作台上，揉和10分鐘後，塑型成圓球狀，放進已塗抹了油脂的攪拌盆内。用濕布巾覆蓋，放置在30℃的地方，進行發酵1～2小時，到麵糰膨脹成2倍大。

義式調香料 ITALIAN FLAVOURINGS

以下所列的任何一組調香料，都可以用來替代香草醬(pesto)，做為風味麵包圈的餡料。

- 切碎的新鮮鼠尾草、拍碎的大蒜、粗海鹽、初榨橄欖油(virgin olive oil)。
- 切碎的黑橄欖或綠橄欖。
- 切成粗塊的辣味薩拉米(salami)，或帕馬火腿(Parma ham)。
- 用橄欖油醃漬的切碎風乾蕃茄(sun-dried tomatos)、刨絲的莫扎里拉起司(mozzarella)與新鮮羅勒。
- 嫩煎洋蔥與切碎的新鮮香草植物。

扁麵包 FLAT BREADS

這種麵包，是用極少量，或甚至不用酵母所製成的，聞名全世界，由於外觀扁平，而被統稱為扁麵包。它們有各種不同的形狀與風味，可以用一般的中筋麵粉(plain flour)或全麥麵粉(wholemeal flour)製作，不像發酵麵包(yeast breads)，需要高筋小麥麵粉(strong wheat flour)中所含的麩質(gluten)來發酵。

墨西哥餅皮 MAXICAN TORTILLAS

中筋麵粉 175g
鹽 1/2小匙
白油(vegetable lard)或固態起酥油
　(solid shortening)切塊 2又1/2 大匙
水 5大匙

先混合麵粉與鹽，再加入油混合。然後，加入水混合，做成麵糰。揉和3分鐘，到質地變光滑。分割成6等份，稍加覆蓋，靜置30分鐘。加熱未抹油脂的煎爐(griddle)，直到潑上的水發出嘶嘶聲的熱度為止。將每份麵糰擀薄成圓形。每次只烤1片，每面各烤15～30秒鐘。烤好後，立即上菜，或用鋁箔紙包起來，放進烤箱，以微熱保溫。

製作墨西哥餅皮 MAKING FLOUR TORTILLAS

就像大部分的扁麵包一樣，墨西哥餅皮也很好製作，只要先讓豬油與麵粉完全混合均勻，再加入水，確實掌握這個要領即可。加入水時，要一點點地加入混合，直到形成柔軟的麵糰。請依麵粉的吸收力，來調整實際的用水量，可以多加一點，或甚至少加一點進去。麵糰完成時，應該柔軟而有彈性，但是又不會黏手。

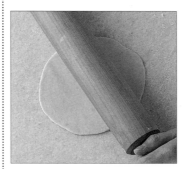

1 將麵糰擀薄。擀的時候，要邊轉動麵糰，力道一致，從中央往外擀。這樣做，就可以更容易地擀成形狀漂亮的圓形了。

2 烤墨西哥餅皮15～30秒鐘，烤到邊緣開始捲起，底部開始出現褐色的斑點。用夾子(tongs)翻面，再烤15～30秒鐘。

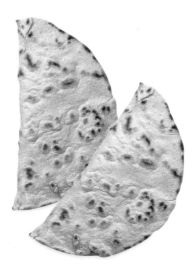

中式荷葉餅麵糰 DOUGH FOR CHINESE PANCAKES

滾水(boiling water) 175ml
中筋麵粉(plain flour) 250g
黑芝麻油(dark sesame oil) 1大匙

慢慢地將水倒入凹槽內，混合，冷卻。放在已撒了手粉的工作台上，揉和5分鐘，到質地變光滑。覆蓋，靜置15分鐘。將麵糰分割成12等份，各擀成直徑7.5cm的圓形後，用濕布覆蓋。取2片荷葉餅，在其中1片的單面，刷上芝麻油，再把另1片疊上去。再擀成直徑12.5cm的大小，再次覆蓋。重複同樣的作業，擀好另外10片，共做好6對荷葉餅。

製作中式荷葉餅 MAKING CHINESE PANCAKES

這種薄餅，是東方烤鴨(Oriental roast duck，參照第106頁)的傳統配菜。製作時，將2片擀好的麵皮疊在一起烤，以保濕，再趁熱分開來。如果麵皮很乾，可以加點滾水進去。擀的時候，邊緣不要擀得太薄，以免將2片分開時，會撕破。

1 將少許油放進中式炒鍋(wok)內加熱到高溫，再將疊在一起的2片荷葉餅放進去。兩面共煎15～30秒，用筷子翻面。

2 等到荷葉餅開始起泡，就從鍋內取出。趁熱，將小心地剝開來。

製作印度薄餅 MAKING CHAPATIS

這種印度薄餅，是乾烤後，再配上融化的印度酥油(ghee)或澄清奶油(參照第227頁)，一起吃。烤的時候，要用煎爐(griddle)或質地厚重的平底鍋，加熱到非常高溫，讓薄餅可以膨脹起來，迅速烤好。

印度扁麵包的麵糰 DOUGH FOR INDIAN FLAT BREADS

阿塔麵粉(ata flour)或
　全麥麵粉(wholemeal flour) 225g
溫水　約150ml

將粉類放進攪拌盆內，在中央做出1個凹槽。把水一點點地加入混合，做成柔軟的麵糰。如有需要，可以在最後階段再另加水進去，一次加入1大匙。將麵糰放在已撒了一點手粉的工作台上，揉和約8分鐘，直到變得光滑有彈性。將麵糰放進已塗抹上油脂的攪拌盆內，蓋上濕布巾，靜置30分鐘。

若是要製作印度薄餅(chapatis)與印度抓餅(parathas)，就把麵糰分割成6等份，各塑成圓球狀。將各圓球放在已撒了一點手粉的工作台上，擀平後，放在兩手間，來回拍打，延展成直徑18cm的圓形。用濕布覆蓋。

若是要製作全麥炸餅(pooris)，就把麵糰分割成8等份，放在已撒了一點手粉的工作台上，擀成直徑12.5cm的圓形。用濕布覆蓋。

1 雙手沾上手粉，來回拍打已擀薄的麵皮，讓麵皮延展。這樣做，可以讓麵皮保持柔軟。

2 加熱煎爐到非常高溫，將薄餅擺進去，烤30秒，直到底部開始出現褐色斑點。翻面。

3 繼續烤另一面30～60秒，直到膨脹起來，變成金黃色，再用魚鏟(fish slice)按壓，以確保受熱均勻。

製作全麥炸餅 MAKING POORIS

雖然全麥炸餅使用的麵糰與印度薄餅(chapatis)相同，但是，因為是用熱油炸，而不是用煎爐乾烤，所以，尺寸較小，膨脹得較大。可依個人喜好，另外添加1大匙融化印度酥油(ghee)或奶油，與麵糰混合。

將蔬菜油放進深鍋內，約5cm的高度，加熱。放1個進去炸約10秒，直到膨脹起來。用湯匙到處輕拍，壓平，再炸10秒，直到膨脹起來，而且變成金黃色。然後，瀝乾，立刻上菜。

製作印度抓餅 MAKING PARATHAS

這是印度扁麵包中，最厚也最油膩的一種。它所使用的麵糰，與印度薄餅(chapatis)、全麥炸餅(pooris)相同(參照右上列)，不過，融化印度酥油(ghee)要在烤前先塗抹上去。

1 將約1又1/2小匙融化印度酥油或澄清奶油，薄薄地塗抹在每一塊抓餅上。

2 將邊緣折疊起來，做成正方形。撒上手粉，放在已撒了手粉的工作台上，擀成18cm的正方形。

3 平放進已加熱的煎爐內。刷上融化印度酥油或澄清奶油，烤到出現褐色斑點。翻面，再次刷上油脂，烤到變成黃褐色，膨脹成好幾層。以熱食上菜，撕成一片片來吃。

加味麵包 ENRICHED BREADS

這種麵包在製作時，麵糊裡添加了奶油與蛋，所以，烤好後，與只使用麵粉、酵母、水製作成的基本麵包相較之下，有著更像蛋糕般的質地，較柔軟的外皮，還有更豐富的味道。可可洛夫(kugelhopf)與皮力歐許(brioche)的麵糰，非常的柔軟，所以，需要用特殊的技巧來揉和。添加了蛋的貝果(bagels，參照第244頁)，質地密實，外皮結實而光滑。

可可洛夫
KUGELHOPF

牛奶 250ml

無鹽奶油(切丁) 150g

糖 1大匙

新鮮酵母(弄碎) 20g

高筋麵粉(strong plain white flour)
　450g

鹽 1小匙

蛋(攪開) 3個

核桃(切成兩半) 約7個

將牛奶煮滾。舀4大匙牛奶，到攪拌盆內，稍加冷卻。將奶油與糖加入留在鍋內的牛奶裡，攪拌融化。將溫牛奶加入酵母內，進行酵母的前置作業(參照第232頁)。將麵粉與鹽過篩到大攪拌盆內，在中央做出1個凹槽。加入酵母、蛋、加了糖已冷卻的牛奶，混合成麵糰。用手將麵糰混合到變得有彈性。覆蓋好，進行發酵1～1又1/2小時，直到麵糰變成2倍大。將融化奶油，塗抹在1公升的可可洛夫模(kugelhopf mould)內，再放進冷凍庫冷藏約10分鐘，直到奶油凝固。然後，再塗抹上更多融化奶油，以確保塗抹上的奶油分佈均勻，再把核桃擺進模內。將麵糰壓平，排氣後，放進模型內。蓋好，進行發酵30～40分鐘，直到麵糰剛好膨脹到模型表面的程度。然後，以190℃，烤40～50分鐘，直到膨脹起來，變成褐色，而且開始從模型內冒出來。讓可可洛夫留在模型內冷卻5分鐘，再倒扣在網架上。這樣可以做出16人份。

製作可可洛夫 MAKING KUGELHOPF

這種像蛋糕的麵包，是德國、澳洲、法國的阿爾薩斯(Alsace)地區的名產，用同名的花式模型烤焙而成。請參照右列的食譜，與以下所示範的重要技巧來製作。

1 用手將麵粉逐漸撥入攪拌盆中央，凹槽的液態材料內混合，做成非常柔軟，很有黏性的麵糰。

2 用一手將麵糰舉起，再摔回攪拌盆內，以這樣的方式，混合5～7分鐘，直到麵糰變得有彈性。

3 麵糰發酵後，用手拍打15～20秒，讓裡面的空氣完全排出後，再放進模型內。

4 將奶油塗抹在模型內，再把切成兩半的核桃，圓形的那面朝下，放進模底的凹槽內。這樣一來，麵包脫模後，核桃就會嵌在頂上了。

5 將麵糰放進模內，小心不要把擺好的核桃弄亂了。用刮板(pastry scraper)，將麵糰壓入模型裡所有的摺縫內，讓麵糰均勻地填滿模型。

6 烤好後，先讓可可洛夫留在模型內，冷卻5分鐘後，再脫模。這樣做，有助於讓核桃黏附在麵包上，避免沾黏在模型上。

製作皮力歐許 MAKING BRIOCHE

皮力歐許,是法式麵包中,最為人喜愛,也是味道最濃郁的其中一種麵包,用大量的奶油與蛋來製作。烤好後,質地柔軟細緻,帶著香濃的奶油味。使用特殊的荷葉邊狀模型來製作,讓皮力歐許的形狀更具特色。由於製作皮力歐許時,添加了大量油脂,讓質地變得非常柔軟,所以,它所需要的液體材料,比其他非加味麵包還少。

1 先將蛋與酵母的混合料,慢慢地倒入麵粉中央的凹槽內,再用手指慢慢地把粉撥入混合。

2 在工作台上撒一點手粉,將麵糰舉起,再扣打在工作台上。重複這樣的技巧8～10分鐘,直到麵糰變成光滑的球狀。

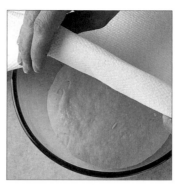

3 將麵糰放進已塗抹了油脂的攪拌盆內,翻轉到麵糰表面均勻地沾上油脂。進行發酵時,要用濕布巾蓋好。

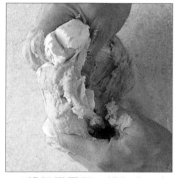

4 將麵糰壓平,排氣後,把軟化奶油放在麵糰上。用捏擠的方式,將奶油與麵糰混合均勻。

5 食指先沾上手粉,再插入麵糰內,幾乎到模底。轉動食指,讓洞變大。

6 手指先沾點手粉,再把淚滴狀的麵糰,尖端朝下,推入洞內。壓緊,將洞口密封起來。這樣就可以做出皮力歐許獨特的頭髻(top-knot)造型了。

凸頂皮力歐許
BRIOCHE A TETE

新鮮酵母(弄碎) 15g

溫牛奶 2大匙

高筋麵粉(strong plain white flour) 375g

糖 2大匙

鹽 1又1/2小匙

蛋 6個

無鹽奶油(軟化) 175g

將溫牛奶加入酵母內,進行酵母的前置作業(參照第232頁)。將乾燥的材料過篩到工作台上,中央做出1個凹槽。將5個蛋稍微攪拌後,與酵母混合,倒入凹槽內。再把粉撥入混合,做成既柔軟又黏的麵糰,再將麵糰舉起,扣打在工作台上,直到麵糰變成光滑的圓球狀。將麵糰放進已塗抹了油脂的攪拌盆內,翻轉到麵糰表面均勻地沾上油脂。蓋好,進行發酵1～1又1/2小時,直到麵糰膨脹成2倍大。

將麵糰倒出,壓平排氣後,蓋好,靜置5分鐘,再加入軟化奶油,揉和3～5分鐘,直到表面變光滑。蓋好,靜置5分鐘。將大量的融化奶油塗抹在2個17.5cm皮力歐許模(brioche moulds)內。

將麵糰分成2等份,再從這2塊上捏下1/4的麵糰。將捏下的小麵糰塑成淚滴狀,大麵糰塑成圓球狀。把圓球狀麵糰,封口處朝下,放進模型內,中央打個洞,再把淚滴狀麵糰塞入。

蓋好,進行發酵約45分鐘,直到模內幾乎塞滿麵糰。將剩餘的1個蛋攪開,刷在表面上,用來膠化。然後,以200℃,烤25～30分鐘。烤好後,脫模,放在網架上冷卻。這樣可以做出2個大型皮力歐許。

貝果的麵糰
BAGEL DOUGH

水與牛奶的混合液(相同比例混合)
　250ml
新鮮酵母(弄碎) 15g
高筋麵粉(strong plain white flour)
　450g
鹽 2小匙
糖 1小匙
融化奶油 30g
蛋(蛋黃與蛋白分開) 1個

加熱4大匙牛奶與水的混合液,用來進行酵母的前置作業(參照第232頁)。將乾燥的材料放進攪拌盆內混合,在中央做出1個凹槽。加入酵母、浸泡酵母的液體、融化奶油,混合。再加入稍加攪拌過的蛋白,混合成柔軟的麵糰。然後,揉和10分鐘,直到變得光滑有彈性。

將麵糰放在已塗抹了油脂的攪拌盆內,翻滾,讓表面沾上油脂。蓋好,靜置發酵約1小時,到麵糰變成2倍大。

在已撒了點手粉的工作台上,將麵糰壓平,排氣後,分割成20等份。

製作貝果 MAKING BAGELS

傳統猶太貝果,密實而有嚼勁的質地,是源自於它的獨特製作技巧,就是先水煮或慢煮整型好的貝果麵糰,再進行塗抹膠汁與烤焙。煮過後的濕潤度,可以防止麵糰的外皮在烤箱內烤得太脆。

2 將1大鍋水煮滾。然後,把火調小,將貝果分批放進鍋內,水波煮約15秒,到貝果膨脹起來。

1 在工作台上撒點手粉,再把已分割成等份的各麵糰,揉搓成15cm長的繩狀。在每一條的末端刷上水,連接起來,做成圓圈狀,再輕柔地按壓,封好。用濕布巾蓋好,靜置發酵約10分鐘。

3 用溝槽鍋匙(slotted spoon),撈起貝果,並搖晃一下,甩掉多餘的水分,再放到已塗抹了油脂的烘烤薄板(baking sheet)上。刷上蛋黃,讓表面呈現光澤。最後,以220℃,烤25～30分鐘。

快速麵包 QUICK BREADS

快速麵包,不像用酵母來發酵的麵包,需要進行揉和與發酵,而是利用泡打粉(powder)或小蘇打(bicarbonate of soda),來達到與發酵類似的效果。由於快速麵包的質地密實,所以,常會添加混合蔬菜或水果。

蘇打麵包
SODA BREAD

全麥麵粉(wholemeal flour) 500g
鹽 2小匙
小蘇打(bicarbonate of soda) 1小匙
白脫牛奶(buttermilk) 250ml
溫水 約100ml

將乾燥的材料過篩到攪拌盆內。加入液態材料,混合成柔軟的麵糰。然後,揉和到變得光滑,再塑成直徑20cm的圓形。用刀在上面劃切後,以220℃,烤30～40分鐘。這樣可以做出4人份。

製作蘇打麵包
MAKING SODA BREAD

傳統愛爾蘭蘇打麵包(Irish soda bread),製作時並不使用固體脂肪(solid fat)。本食譜中,是使用全麥麵粉(wholemeal flour)來製作,不過,你也可以使用白麵粉(white flour),讓質地更細緻。混合材料時,加入白脫牛奶(buttermilk),再加入剛好足夠份量的水,做成柔軟但不黏的麵糰。混合時,要動作迅速,但是又很輕柔,否則,做好的麵包就會很硬。

1 將麵糰放在已撒了手粉的工作台上,揉和到變得光滑。然後,放在兩手間,塑成表面平滑的圓形。

2 將麵糰放在烘烤薄板上,用主廚刀,在上面切個深約2cm的十字。

製作玉米麵包 MAKING CORNBREAD

這種麵包，是用典型的美國南方烹調法，把玉米粗粉(cornmeal)與玉米粒(corn kernels)混合後，放進鑄鐵平底鍋(cast-iron frying pan)內，用烤箱烤成的。這種方法的特點，就是可以將麵包的外皮烤成香脆的金黃色。鍋子內一定要先塗抹上大量的油脂後，再烤，以免麵包黏在鍋子上。玉米麵包最好趁熱食用。

1 在乾燥的材料中央，做出1個凹槽。加入玉米粒，攪拌混合均勻。混合時，用刮刀(spatula)或叉子，一定要讓玉米粒分佈均勻。

2 將3/4量的蛋混合液，加入乾燥的材料裡，攪拌混合均勻。然後，再加入剩餘的1/4，攪拌到麵糊剛剛變得柔滑即可，注意切勿混合過度。

3 先在表面刷上融化奶油，再放進烤箱烤，就可以將外皮烤成香脆的金黃色，風味香郁。檢查熟度時，將金屬籤插入麵包的中央，如果抽出後很乾淨，沒有任何沾黏物，就表示已經烤熟了。

製作蔬菜混合麵包 MAKING BREAD WITH VEGETABLES

這類麵包在美國非常普遍，質地非常濕潤可口。本食譜中使用的是刨成絲的櫛瓜(courgettes)，不過，也可以用紅蘿蔔、蘋果，或攪拌成均勻糊狀的南瓜肉(pumpkin flesh)。

1 用刮刀，混合刨絲櫛瓜、蛋液、磨碎的檸檬皮、檸檬汁、油。輕柔地攪拌，徹底混合到材料都混合均勻。

2 將櫛瓜等混合料，加入粉類混合料中央的凹槽內，輕柔地攪拌，慢慢地將周圍的粉撥到中央混合。慢慢地攪拌，到粉類剛好混合均勻。

3 在模型內塗抹油脂，撒上手粉。將麵糊舀入模型內，用湯匙的背面，把表面整平後，在工作台上輕敲模型，以排出所有麵糊內的空氣。

玉米麵包 CORNBREAD

中筋麵粉(plain flour) 175g
玉米粗粉(cornmeal) 75g
鹽 1小匙
泡打粉(baking powder) 1 1/2小匙
新鮮玉米粒或罐頭玉米粒(瀝乾) 100g
牛奶 250ml
蛋(攪開) 2個
蜂蜜(clear honey) 75g
融化奶油 65g

將麵粉、玉米粗粉、鹽、泡打粉過篩到攪拌盆內。加入玉米粒混合。攪拌混合牛奶、蛋、蜂蜜後，將3/4量倒入乾燥的材料內。攪拌混合後，再將剩餘的1/4加入混合。然後，倒入已塗抹了油脂的20cm平底鍋內。在表面刷上融化奶油後，以220℃，烤25～30分鐘。這樣可以做出6人份。

櫛瓜麵包 COURGETTE BREAD

櫛瓜(courgettes，刨絲) 375g
蛋(攪開) 3個
檸檬皮(磨碎)與檸檬汁 1個
蔬菜油 125ml
中筋麵粉 375g
泡打粉(baking powder) 2小匙
鹽 1小匙
細砂糖(caster sugar) 100g
松子(pine nuts) 75g

混合櫛瓜刨絲、蛋液、磨碎的檸檬皮、檸檬汁、油。將麵粉、泡打粉、鹽，過篩到攪拌盆內。加入糖，攪拌混合。在中央做出1個凹槽，再把櫛瓜混合料加入，最後加入松子。
在900g的長型模內塗抹上油脂，撒上手粉。將混合好的材料舀進模內，以180℃，烤55～60分鐘。烤好後，脫模，放在網架上冷卻。這樣可以做出6～8人份。

麵包的前置作業
BREAD PREPARATIONS

世界各地的料理中，有各種不同的方式，利用乾麵包來為許多菜餚增添豐富性。例如：麵包丁(croûtons)，可以成為香脆可口的裝飾配菜，而烤過的麵包片，可以用來放餡料吃，還有麵包粉(crumbs)，可以包裹在食材的表面，發揮硬脆外皮的效果。

製作麵包粉
MAKING BREADCRUMBS

麵包粉，可以為油炸或烘烤的食物提供保護層。除此之外，還可以用來增加湯的稠度，或做為餡料的黏合劑。如果要製作乾燥麵包粉，先將新鮮麵包粉，以190℃，烤3～5分鐘。如果要製作用來搭配野味(game)用的油炸麵包粉，就先用熱油與奶油，油炸新鮮麵包粉3～5分鐘，直到變成金黃色。

1 製作新鮮麵包粉時，將已去了麵包皮的麵包撕成塊，放進食物料理機內，按脈衝按鈕(pulse button)，攪拌成細碎的麵包粉。

2 用細孔的金屬過濾器，將麵包粉過濾到大攪拌盆內，以去除所有結塊，讓質地變得更均勻。

麵包丁與麵包塊
CROUTONS AND CROUTES

麵包丁(croûtons)，就是極小的方形麵包，可以用來為湯或沙拉增添特殊口感。麵包塊(croûtes)比較大，可以用來做為湯的配菜，或吸收野味或肉類的煮汁，還是讓它浮在法式洋蔥湯(French onion soup，參照第20頁)等湯的表面來上菜。法國的廚師，通常都使用已存放了1天的麵包，以做出最香脆的麵包丁與麵包塊。以下的作法示範，麵包丁是用油炸的，而麵包塊是用烤的。

油炸 FRYING
將橄欖油(1cm深的量)與1小塊奶油放進鍋內加熱，直到冒泡。把麵包丁放進去，以大火油炸2分鐘，直到變脆。瀝乾。

烘烤 TOASTING
將棍子麵包(baguette)，切成一般厚度的切片，放在熱的燒烤爐(grill)上烤約2分鐘，到變成黃褐色。然後，翻面，烤另一面。

梅爾巴吐司
MELBA TOAST

這種三角形的捲曲薄吐司片，是傳統的英式配菜，可以塗抹上質地柔細的肝醬(pâtés)或鹹味慕斯，還是用來搭配濃湯，或沙拉。運用這種技巧時，若使用已存放了1天以上，稍微烤過兩面，切成薄片的白吐司，效果更佳。

1 用鋸齒刀(Serrated Knife)，平行切開烤吐司片。然後，將沒有烤的那面朝上，放在烤盤上。

2 以190℃，烤5～10分鐘，到吐司變成金黃色，末端捲曲起來。烤好後，放在網架上冷卻。

布其塔與垮司堤尼
BRUSCHETTA AND CROSTINI

義大利人用許多種不同的餡料，來搭配這種麵包吃(參照第236頁)。布其塔與垮司堤尼，容易讓人混淆不清。簡單地說，前者較厚，感覺較質樸，而後者較薄脆，感覺較精緻。你可以使用任何種類的麵包來製作。其中，西亞巴塔(ciabatta)與普里耶舍(pugliese)很適合用來做布其塔，棍子麵包(baguette)很適合用來做垮司堤尼。

大蒜布其塔 GARLIC BRUSCHETTA
將麵包切成2cm厚的切片。用已去皮切成兩半的大蒜瓣的切面，磨擦麵包的兩面後，再烤。

橄欖油垮司堤尼
OLIVE OIL CROSTINI
先將5mm厚的麵包片烤過，趁熱，在每片的單面刷上初榨橄欖油(virgin olive oil)。

水果
FRUITS
•

硬質水果 HARD FRUITS
•

鳳梨 PINEAPPLE
•

核果類水果 STONE FRUITS
•

柑橘類水果 CITRUS FRUITS
•

漿果類水果 BERRIES
•

外來水果 EXOTIC FRUITS
•

水波煮 & 保存 POACHING & PRESERVING
•

燒烤 & 煎炸 GRILLING & FRYING
•

烘烤 BAKING

選擇水果 CHOOSING FRUIT

這是從眾多平常較容易接觸到的水果中，擷選出的部分種類，用以為各位介紹如何挑選產品。首先，就以其中的一些水果，例如：葡萄(grapes)與櫻桃(cherries)來說吧！這類水果，應挑選上面無碰傷，發霉者，而且，應避免看起來潮濕，聞起來帶霉味者。由於成熟的水果，腐壞的速度較快，所以，最好將移動碰觸水果的次數降到最低，還有，只購買在數天之內即可用完的數量。

甜瓜 MELON 的外皮上應無任何疤痕或碰傷的痕跡，應比它的外觀大小感覺起來還要沉重者。

蘋果 APPLES 應聞起來帶有香甜味，果肉結實，外皮平滑而有光澤。

甜瓜類 MELONS
加利亞甜瓜(gallias)、香蜜瓜(honeydews)、羅馬甜瓜(cantaloupes)、夏朗德甜瓜(charentais)、西瓜(watermelons)，最好在產季時購買，以確保買到的是新鮮的水果。選擇感覺沉重，輕壓底部時，可以感覺到一點彈性，聞起來帶著清新的芳香氣味者。

檸檬 LEMONS 的外皮應平滑有光澤，色澤勻稱，比它的外觀大小感覺起來還沉重。

硬質水果 HARD FRUITS
蘋果與洋梨的外皮應平滑有光澤，上無任何疤痕，色澤漂亮。不過，色澤的勻稱度因品種而異。果肉應結實，無任何碰傷的跡象。購買洋梨時，應挑選尚未成熟者，用紙袋鬆弛地包裹起來，在室溫下放到成熟。

核果類水果 STONE FRUITS

桃子(peaches)、油桃(nectarines)、李子(plums)、櫻桃(cherries)、杏桃(apricots)，應挑選果肉結實，又不硬者。這類水果在完全成熟時，輕壓時，可以感覺到果肉有點彈性。請選擇外型豐滿，圓滾，上有明顯凹縫，感覺沉重者。光滑的外皮，不應有任何碰傷或傷口。

藍莓 BLUEBERRIES 應外觀豐滿，表面有藍灰色的薄層粉衣(bloom)，果肉應結實而不柔軟。

油桃 NECTARINES 的外皮應平滑，呈金黃與紅色，帶點光澤。避免挑選果肉很硬，呈綠色者。油桃應散發出濃郁的香氣。沿著凹縫輕壓，以檢查熟度。

金柑 KUMQUATS 應外觀豐滿，果肉結實，外皮呈有光澤的深橙色。避免挑選外皮乾癟或無光澤者。

櫻桃 CHERRIES 應呈現出平滑有光澤的外皮，外觀圓滾豐滿。櫻桃梗應是綠色的。

草莓 STRAWBERRIES 應挑選形狀漂亮，有光澤，整顆都是深紅色者。草莓蒂應是綠色的，而且看起來很新鮮。

柑橘類水果 CITRUS FRUITS

柑橘類水果，例如：檸檬(lemons)、萊姆(limes)、柳橙(oranges)、金柑(kumquats)、葡萄柚(grapefruit)、蜜橘(satsumas)、克萊門氏小柑橘(clementines)，應選擇外觀豐滿，感覺果肉結實多汁者。外皮應色澤勻稱，有光澤，甚至看起來有點濕潤，不應有任何傷痕與裂痕，或呈現乾癟的狀態。一般而言，外皮越平滑者，就表示皮越薄。

漿果類水果 BERRIES

漿果類水果，例如：黑莓(blackberries)、藍莓(blueberries)、草莓(strawberries)、覆盆子(raspberries)、洛干莓(loganberries)，應選擇色澤明亮，外觀豐滿，帶有香氣者。購買前，應檢查果肉是否太柔軟或發霉了，確認盛裝水果用的扁平藍是否乾淨，無任何髒污或顯得潮濕，因為這樣代表放在藍底的水果可能已有損傷了。這類水果應儘可能地降低搬移的次數。只有在絕對需要的時候，才清洗水果，以免加速了發霉的速度。

硬質水果 HARD FRUITS

蘋果與洋梨,可以說是所有的水果中,最多功能的兩種。兩者用來生吃,都很美味可口,跟起司也很對味,尤其是巧達起司(Cheddar cheese)與蘋果,戈根索拉起司(Gorgonzola)與洋梨。除此之外,蘋果與洋梨可以用來製作家庭風味派,或精緻的點心,而且,還可以與肉、家禽、野味一起烹調。

選擇蘋果 CHOOSING APPLES

蘋果應挑選果肉結實,無瑕疵,散發出香甜味,外皮緊繃,無破損者。蘋果即使是成熟了,果肉還是很硬。

布瑞姆里 BRAMLEY'S SEEDLING:只用做烹調。適合用來做派(pies),醬汁,還有果泥(purées)。

寇克斯 COX'S ORANGE PIPPIN:一種聞起來帶著酸味的生食用蘋果(dissert apple)。不過,也可以用來烹調。

探險 DISCOVERY:一種質地硬脆的生食用蘋果(dissert apple),帶著香甜的風味。

金冠 GOLDEN DELICIOUS:一種萬用蘋果。其中,黃皮的品種,比較適合用來生食。

史密斯奶奶 GRANNY SMITH'S:一種美味的生食用蘋果。但是,也很適合用來烘烤(baking)或燉煮(stewing)。

選擇洋梨 CHOOSING PEARS

購買未成熟的洋梨,再放置室溫下成熟。一旦成熟了,就要即早食用。

科米斯 COMICE:一種大而圓的,味道很甜的洋梨,成熟後會變成黃色。最好用做生食。

康佛倫絲 CONFERENCE:外觀長而呈弧形的洋梨,成熟後會帶著香甜的風味。適合用來水波煮(poaching)。

佩克漢 PACKHAM'S:淡綠色的甜味洋梨,成熟後會變成黃色。用來做生食。

紅巴特利 RED BARTLETT:一種呈玫瑰色,果肉香甜的洋梨。用來做生食。

威廉 WILLIAMS:黃色帶有斑點的洋梨。可生食或用來烹調。

去皮 PEELING

即將使用水果前,才用削皮器或小刀來削皮,以防果肉變色。去皮可用不同的方式:例如以下的方法,沿著水果周圍以螺旋狀來削皮,或是先削掉水果頭尾的皮,再以垂直方向,削除剩餘的果皮。

一般削皮 PLAIN
蘋果先去核,再沿著蘋果以繞圈的方式,從頭向底,將皮削除。

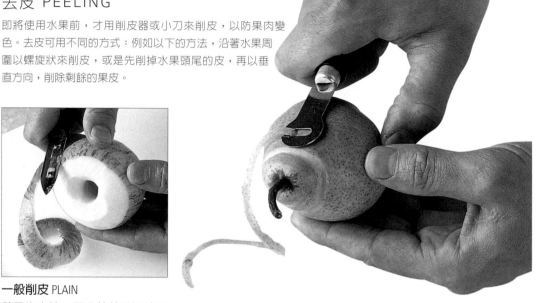

花式削皮 DECORATIVE
用刨絲器(canelle knife),從水果梗開始往底部的方向,以螺旋狀的方式,刨除一條細長的果皮。

去核 CORING

使用水果削核器(fruit corer),最能夠迅速地去除蘋果或洋梨的果核。不過,蔬菜削皮器(vegetable peelers),使用起來也很便利。去除切成兩半水果的果核時,使用挖球器(melon baller)最方便。請依水果的用途,無論是去皮或不去皮,再決定是否需要去核。

削核器 CORER
將削核器從蘋果梗的地方推入,一路推到底。然後,扭轉一下,讓果核鬆脫,再將削核器拉出,就可以取出果核了。

蔬菜削皮器 VEGETABLE PEELER
將蔬菜削皮器的尖端,從洋梨的底部插入,扭轉一下,沿著果核周圍切開。然後,小心地將果核拉出。

挖球器 MELON BALLER
用一手拿好切成兩半的水果,再用另一手用挖球器,沿著果核與籽周圍扭轉,挖除。

蘋果與洋梨切片 SLICING APPLES AND PEARS

硬質水果，可以依個人喜好切片。不過，如果是做成塔(tarts)、糕點(pastries)時，欲呈現精緻的外觀，或用來水波煮(poaching)時，就必須要學習特殊的切片技巧了。以下，為各位介紹3種最普遍的切片形狀，及示範如何巧面地在最不浪費的情況下，切成整齊的水果塊。

蘋果圈 APPLE RINGS
蘋果去皮，去核，保持整顆完整。將蘋果的側面朝下立著，垂直切片。

洋梨螺旋片 PEAR FANS
洋梨去皮，切成兩半，去核，梗要留著，不要切除。將切面朝下放，從梗的下方開始，往末端切開成片。用手將切片壓散開來。

新月形蘋果 APPLE CRESCENTS
蘋果去皮，去核，保持整顆完整。縱切成兩半。然後，將各塊的切面朝下放，垂直切片，就成了新月形的切片了。

切塊 CHOPPING
先將蘋果切成厚的蘋果圈(參照左列)，疊在一起。用手將蘋果圈壓好，往下垂直切開，就成為塊狀了。

內行人的小訣竅 TRICK OF THE TRADE

防止變色
PREVENTING DISCOLORATION

蘋果與洋梨的果肉，一旦暴露在空氣下，就會很快變色。所以，在去皮或切開後，就要塗抹上酸性液體，以防止這種情況發生。以下的示範，使用的是柑橘類水果汁。不過，你也可以用切成兩半的柑橘類水果的切面，來摩擦暴露出來的果肉表面。蘋果或洋梨完成前置作業後，一定要立即使用。可能的話，最好使用不鏽鋼製器具。

將檸檬、萊姆或柳橙搾汁，放進攪拌盆內。當果肉一暴露在空氣下，就立刻用毛刷沾上果汁，刷滿在果肉上，連同縫隙內也要刷上。

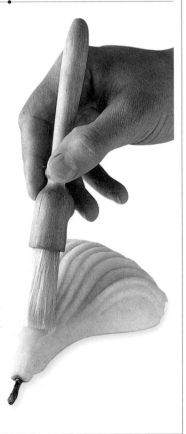

大黃 RHUBARB

在產季開始時購買的大黃，肉質柔軟，不需要進行太多前置作業。但是，等到盛產期時，顏色就會變深，而且果肉上的纖維會變多，就必須去皮。如果大黃還帶著葉片，一定要切除丟棄，因為大黃葉具有毒性。因為大黃質地堅硬，味酸，所以從來不做生食用，而是用大量的糖，或與其它水果一起烹調。

1 切除葉片，丟棄。然後，用蔬菜削皮器(vegetable peeler)，縱向削皮。切除末端部分。

2 用主廚刀，將大黃斜切成整齊的塊狀。完成後，就可以準備開始烹調了。

鳳梨 PINEAPPLE

這種體積龐大的水果，可以用各種不同的方式來進行前置作業。整顆鳳梨可以挖空，外殼可供利用，果肉取出後，去芯，可以再切成三角塊，圓圈塊或大角塊。鳳梨可以生食，或用來烹調。可以烹調成甜點，或做為肉類，特別是豬肉與鴨肉的配菜。

小鳳梨 BABY PINEAPPLES

迷你型的鳳梨可以成為漂亮的容器，用來盛裝水果沙拉，或冰淇淋，做為1人份的單品來上菜(如下圖所示)。

如果要用整顆小鳳梨來上菜，請參照右列步驟1～4，完成前置作業，留下鳳梨頭備用。然後，將鳳梨丁、夏季的漿果類水果、蘋果片、柳橙片，裝進鳳梨殼內。水果可以先用櫻桃白蘭地(kirsch)、白蘭姆(white rum)，或糖漿(sugar syrup)浸泡過。

如果是要用切成兩半的小鳳梨來上菜，就先將鳳梨縱切成兩半，挖出中央堅硬的芯，再放上1球冰淇淋。立刻上菜。

製作鳳梨殼碗 MAKING A SHELL CONTAINER

鳳梨殼，可以成為令人驚艷的天然上菜容器，用來盛裝鳳梨與其它水果的綜合水果丁，或冰淇淋。只要參照下列的技巧，就可以將整塊鳳梨肉，完整地取出，進而再切成整齊漂亮的圓圈塊。請參照第253頁，為鳳梨片去芯。

1 讓鳳梨平躺在砧板上，用主廚刀，切下鳳梨頭，留下備用。

2 用刀子切入鳳梨的外皮與果肉間，沿著堅硬的外皮切一圈。

3 將鳳梨翻面，尾端朝上放，切除尾端，成為可以平放的容器，同時讓果肉可以更容易取出。

4 用一手捧著鳳梨，另一手將叉子深插進果肉的中央，將果肉整塊拉出。然後，把果肉切片，去芯(參照第253頁)，切丁，再放回鳳梨殼內。

鳳梨去皮 REMOVING PINEAPPLE SKIN

如果不需要用鳳梨殼來上菜，或將果肉切成漂亮的圓圈塊(參照第252頁)，那取得果肉的最快速方式，就是將整顆鳳梨的外皮切除。鳳梨削皮，去芯後，果肉就可以切成大角塊或小丁了。

1 切除鳳梨的頭尾。讓鳳梨豎直放好，再用主廚刀，由上往下，把外皮削除。

2 用小刀尖，挖除殘留在果肉上所有的褐斑或鳳梨眼。用主廚刀切片。

去芯 CORING
讓鳳梨片平躺，再用小圓模，切除鳳梨芯。

鳳梨圈的變化式樣 RING THE CHANGES

鳳梨的切片或圓圈塊，可以用自選的調香料，燒烤(grill)或嫩煎(sauté)。

若是要做出加勒比風味(Caribbean flavour)，可以使用烤過的椰子絲、蘭姆酒、新鮮柳橙汁、肉桂或丁香。若是要做出亞洲口味(Asian taste)，可以使用八角(star anise)或磨碎的萊姆皮(grated lime zest)。

切割三角塊 MAKING WEDGES

新鮮的三角鳳梨塊上菜時，有個非常吸引人的盛裝方式，就是把鳳梨塊擺成凹凸的鋸齒狀，如下圖所示。另外，還有傳統法式料理中常用到的方式，就是將果肉切成三角塊，但鳳梨核仍保持完整未切斷，以便上菜時，還可以整齊地擺在一起。

1 連同鳳梨頭一起，將鳳梨縱切成4等份。把各等份中央部位的鳳梨核切除。

2 將各等份，用鋸東西般的切法，從鳳梨頭開始向著尾端，沿著果肉與外皮間切開。

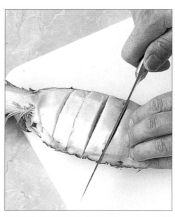

3 將果肉切成厚度一致的切片。將切片推離鳳梨殼外，以交替不同的朝向，把三角塊擺回殼內。

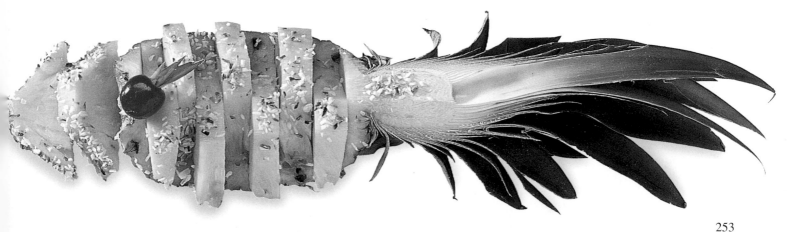

核果類水果 STONE FRUITS

許多甜味菜餚，還有各式各樣的鹹味菜餚，都是藉由甜美多汁，色彩鮮豔，香味濃郁的核果類水果，來增添特色獨具的風味。這類水果在使用前，必須先去核。這雖然是個簡單的技巧，卻必須作法正確，才能讓果肉維持漂亮的形狀。核果類水果，可以保留著薄皮，或去皮後，再使用。

提煉杏仁風味 EXTRACTING THE ALMOND FLAVOUR

杏桃核內的小核仁，帶著獨特的杏仁風味。杏桃與杏仁非常對味，所以，可以將核仁加入杏桃果醬，或果凍內，或者用來為杏桃利口酒(apricot liqueurs)增添風味。

在砧板下墊一塊布，以免滑動。將果核放在砧板上，用小鐵鎚敲破，取出核仁。汆燙核仁1分鐘，再放進冷水中浸泡。然後，用廚房紙巾拍乾。切成薄片，或切碎。

安全第一 SAFETY FIRST

除了杏桃以外，切勿使用其它核果類水果的核仁。因為它們含有毒性的酸性物質，所以，在從水果中取出後，就應立即丟棄。

去核 STONING

杏桃(apricots)、桃子(peaches)、李子(plums)、油桃(nectarines)去核時，有些果肉可能會緊黏在果核上，即使這些水果已經成熟了。以下的技巧，有助於克服這樣的問題。如果去核後，果皮還會留著，不需去皮，就可以對果肉發揮支撐的效果。

1 用小刀，沿著表面的凹縫切開，深度要及果核。

2 用手抓著水果，以相反的轉向，俐落地扭轉切開的兩半，讓果核露出來。

3 用刀子的前端，將果核撬出果肉，再用手指取出。

去皮 SKINNING

核果類水果的外皮極難去除，可以說是眾所皆知的事。截至目前，最簡單的去皮法，還是用滾水汆燙去皮。不過，進行時要小心，切勿加熱水果，特別是已經熟透的水果。汆燙前，先用刀子，在每顆水果的底部劃切十字。將一大鍋水煮滾，再用溝槽鍋匙(slotted spoon)，把水果1個個地舀到滾水中，讓水果留在溝槽鍋匙上汆燙。如果是很成熟的水果，就汆燙10秒，較不成熟的就汆燙最久到20秒，直到果皮剛開始翻捲起來為止。

1 水果用滾水汆燙後，再用溝槽鍋匙舀入冰水中浸泡。這樣做，可以防止殘留的熱度繼續加熱果肉。

2 先用小刀的刀尖，小心地鬆開水果梗那端的果皮，再用刀子輔助，將果皮剝除。

櫻桃去核 PITTING CHERRIES

使用機械式去核器(stoner)，可以輕易地去櫻桃核。這種器具上的鈍金屬管，可以將果核推出果肉，而不破壞櫻桃的形狀，或導致美味的果汁流失。除此之外，也可以使用蔬菜削皮器的尖端，從櫻桃梗的那端插入，在核的周圍轉一圈，再挖出。

拔出櫻桃梗，丟棄。將櫻桃梗那端朝上，抵住去核器的管子。用手將櫻桃拿好，再用力按壓去核器的雙臂，直到果核被推出。這種去核技巧，也可以運用在橄欖的去核上。橄欖去核後留下的洞，可以用來鑲餡。

芒果切丁 DICING A MANGO

由於多纖維的芒果肉，緊黏在中央的果核上，所以，較難去核。以下示範的技巧，就是一般所熟知的「刺蝟法(hedgehog method)」，先將果肉從果核多肉的兩側切下，再把兩塊分開切丁。

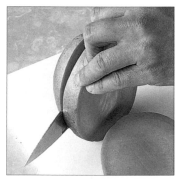

1 沿著扁平的果核，將兩側的果肉切下。切的時候，要盡量貼著果核。

2 將切下的兩塊不帶核果肉，切成格狀，深及芒果皮，但不要切穿皮。

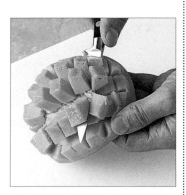

3 用兩手的拇指，將芒果皮往上推，讓果肉朝上翻。用小刀切下芒果丁。重複同樣的作業，切好另一塊。

芒果切片 SLICING A MANGO

將芒果切片的最簡單方式，就是先用削皮刀(paring knife)，把皮削掉。這種方式，最好用在剛成熟的芒果上，如果芒果已熟透，拿在手上時就會濕滑，果肉可能會變得黏糊，而難以抓牢。你可以簡單地先切下果肉，再切片或切成大角塊。除此之外，也可以用以下的技巧，將果肉切成形狀整齊漂亮的三角形。

1 將芒果放在手掌上，用削皮刀縱向削皮，削掉的皮要盡可能薄一點。沿著芒果周圍削過去，維持漂亮的形狀。

2 先在芒果上切下一塊V字型果肉，再從V字型的地方開始，一路切片切過去。

芒果的用途 USES FOR MANGOES

芒果可以直接生吃，或加入甜味料理，還是鹹味料理內。芒果的風味，與煙燻或鹽漬的食物特別對味。而且，還具有抑制辛辣材料的效用。

- 用來做清新開胃菜(first course)，用芒果切片，搭配煙燻肉或魚，再淋上香草調味汁(herb dressing)。
- 用成熟芒果做成的芒果泥(purées)，來製作慕斯(mousses)、冰沙(sorbets)、冰淇淋，或與少量覆盆子利口酒(raspberry liqueur)混合後，用來做甜點的醬汁。
- 加入熱帶水果沙拉內，再搭配用少許椰子調香的法式濃鮮奶油(crème fraîche)。
- 加入紅甜椒醬(red pepper sauce)或辣椒醬(chilli sauce)內，以緩和辣度。
- 可以做成重口味的莎莎醬(salsa)，就是混合切丁的芒果、紅洋蔥、鱷梨(avocado)，與萊姆汁。用來搭配烤魚或法士達(fajitas)。
- 未成熟的芒果，是醃菜(pickles)與酸辣醬(chutneys)的絕佳添加材料。

柑橘類水果 CITRUS FRUITS

這類水果，有帶刺激味的外皮，甜味的瓣片，清新酸味的果汁，各自具有不同的獨特味道。以下，就是要為各位介紹如何正確地使用柑橘類水果的果肉，以充分發揮其優點。

柑橘類水果的特殊品種 UNUSUAL CITRUS FRUITS

阿瑪菲檸檬 AMALFI LEMON：這種義大利南部特產的檸檬，體積比一般的品種還大，平均重量高達225g。產季為五月到九月，在果樹上熟透後再採收。果肉多汁，風味濃郁。

血橙 BLOOD ORANGE：這種柳橙，有獨特的紅寶石般的紅色果肉與果汁，稍帶刺激味，風味比一般的柳橙更濃郁。口味清爽的果汁，用來製作冰沙(sorbets)或葛拉尼塔(granitas)，效果奇佳。

香櫞 CITRON：這種水果，有著芳香而厚層的外果皮與中果皮，這也是唯一被使用的部分。通常用來做糖漬果皮(candied peel)或碎果皮果醬(marmalade)。

明尼歐拉 MINEOLA：為柑(tangerine)家族的雜交後代成員之一，無論是大小或顏色，都跟橘子一樣，最大的區別，就是它在靠近梗的部分呈膨脹的圓凸形。果皮容易剝除，果肉帶著清新的風味。

歐塔尼克 ORTANIQUE：甜橙(sweet orange)與柑(tangerine)的雜交種，把它當做橙(orange)來使用即可。歐塔尼克無論是生食，或用來烹調，都很美味可口。它的皮很薄，正顯示出其果肉既甜又多汁。

柚子 POMELO：這種外觀看起來像大洋梨的葡萄柚，果皮很厚，呈黃綠色。把柚子酸甜的果肉，當做葡萄柚果肉般使用即可。

橘柚 UGLI FRUIT：葡萄柚、橙、柑，這3種柑橘類水果的雜交種，外皮凹凸不平，鬆垮地貼在多汁的果肉上。

去皮與切片 PEELING AND SLICING

將柑橘類水果的果皮切下時，一定要連同苦澀的白色中果皮也一起削下來，讓果肉保持完整。你可以使用鋸齒刀(serrated knife)，或如下所示的主廚刀，讓切面更平滑漂亮。

1 先切除頭尾的果皮，讓果肉露出來。讓水果豎立站好，沿著水果外型的弧度，切下果皮與白色中果皮。

2 將水果側面朝下放，用一手抓牢，另一手拿刀子，以慢慢鋸東西般的方式，垂直地將果肉切成約3mm厚的切片。

固定數片切片
KEEPING SLICES TOGETHER
有些菜餚，例如焦糖柳橙(oranges in caramel)，需要將水果重組成漂亮的外觀。此時，請將切片疊在一起，再用雞尾酒籤固定好即可。

分瓣 SEGMENTING

這種非常簡單的技巧，就是將柑橘類水果，切成整齊的瓣片，去除堅韌的薄皮。切割時，下面要放著盤子或碗，用來盛接滴落下的果汁。

1 用一手抓著已去皮的水果。用小刀，從果肉兩側的白色薄膜間切下，一直切到核的部分。切的時候，要盡量貼著薄膜，讓殘留在薄膜上的果肉越少越好。

2 沿著水果周圍，繼續將果肉從薄膜間切開，再把薄膜像翻開書頁般的往旁邊翻，讓果肉鬆脫開來。

3 用手抓著果核與薄膜，從果肉的分瓣上方，用力握拳搾汁。這樣做，可以從剩餘的果肉上，盡可能地搾取出果汁來。

削磨外果皮 ZESTING

柑橘類水果的外果皮(citrus zest)，為果皮上有顏色的部分，芳香而風味濃郁，而非苦澀的白色中果皮(pith)。請依食譜中的指示，刨成長條狀或磨碎後使用。以下所示的極細柑橘皮絲，是使用一種稱為「果皮削刮刀(zester)」，削切下來的。切記要先用力擦洗水果，以去除所有表皮上的蠟層。

若是要切成長條狀，就以相同的力道，用果皮削刮刀(zester)，朝自己的方向刮。

若是要磨碎，就用水果在磨碎器(grater)的小孔那側磨擦，再用刷子刷下殘留在磨碎器上的碎果皮。

切割成細長條 CUTTING JULIENNE

「julienne」，是傳統法國料理用語，意指將材料，例如以下所示的萊姆皮，切成非常細的條狀。如果是要用來做為裝飾配菜，必須先用滾水汆燙1～2分鐘，軟化，瀝乾，放進冷水中回復硬脆，用廚房紙巾拍乾。

1 用蔬菜削皮器，縱向削下長條狀的果皮。

2 用主廚刀，將果皮縱向切成細長條。

搾汁
EXTRACTING JUICE

搾汁前，先讓整顆水果在工作台上滾動一下，軟化水果質地。這樣做，有助於搾出更多的果汁。搾汁時，可以使用傳統式的木質搾汁器，或以下所示的果汁壓搾器(reamer)，用來搾汁特別便利，可以用在整顆水果，或切成兩半的水果上。搾好的果汁，要先過濾掉小核籽與薄膜後，再使用。

由上，順時針方向(Clockwise from top)：萊姆(lime)；檸檬(lemon)；橙(orange)；金柑(kumquat)；蜜橘(satsuma，整顆與切開)。由左到右，前方(From left to right in foreground)：檸檬(lemon)；紅寶石葡萄柚(ruby grapefruit)；金柑(kumquat)。

將水果橫切成兩半。用手抓著其中一半，下面放著攪拌盆，另一手用力將壓搾器推入果肉內。然後，邊轉動，邊前後移動，讓果汁流出。重複同樣的作業，完成另一半的搾汁。

漿果類水果 BERRIES

無論是否是產季，一籃香甜成熟的漿果類水果，總是讓人覺得是一大享受。漿果類水果，由於外型漂亮，風味絕佳，可以用來烹調，做成美味可口的果泥(purées)或醬汁(sauce)，也可以簡單地澆淋上鮮奶油，當做速成的甜點來吃。

草莓過敏
ALRIGHT FOR SOME

草莓，是對人體健康非常有益的水果。它含有豐富的維他命C、鐵、鉀，有助於控制血壓，還有鞣花酸(ellagic acid)，被認為對於特定癌症具有抗癌作用的物質。

可惜的是，有的人對草莓過敏，食用後，皮膚會長出紅疹子，或手指會有腫脹的情況發生。

上面，由左至右(Top, left to right)：草莓(strawberries)。中間(Middle)：黑醋栗(blackcurrants)；覆盆子(raspberries)；紅醋栗(redcurrants)。下面(Bottom)：洛干莓(loganberries)；黑莓(blackberries)。

草莓的前置作業
PREPARING STRAWBERRIES

草莓，無論是野生或人工栽種的，通常在使用前都要先去蒂。不過，如果草莓是要用來做為裝飾，或是需要用草莓蒂輔助，用來沾融化巧克力(參照第282頁)，就可以保留，不需要去蒂。

去蒂 REMOVING THE HULL
用小刀的前端，撬出帶著葉子的草莓蒂。

裝飾用草莓蒂
HULLS FOR DECORATION
用主廚刀，將整顆草莓縱切成兩半。

葡萄的去皮與去籽
PEELING AND PIPPING GRAPES

葡萄若是要搭配醬汁，或當做裝飾配菜來上菜，就必須先去除韌皮與小核籽。以下所示範的技巧，適用於所有品種的葡萄。從切成兩半的葡萄上去除小核籽時，用尖銳小刀的前端，把籽撥彈出即可。

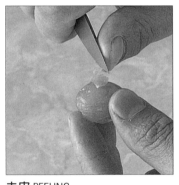

去皮 PEELING
先汆燙10秒，再用削皮刀，從梗的那端，開始剝皮。

去籽 PIPPING
將消毒過的迴紋針撐開，用有勾的那端拉出小核籽。

醋栗去梗
STRIGGING CURRANTS

醋栗必須先去梗，再使用。這種方法稱之為「strigging」，而「strig」為西元16世紀的用語，即現在的「stalk(梗)」。

這種巧妙的去梗法，只需要使用一般的廚房內的叉子，就可以了。

用叉子的前端，沿著梗滑過去，就可以輕易地將醋栗從梗上卸下了。

製作漿果泥 MAKING A BERRY PUREE

草莓與覆盆子最好是在生的狀態下做成果泥(質地結實的水果,例如:醋栗(currants)與櫻桃(cherries)就必須先煮過後,再做成果泥)。一般果泥要做好後,再加糖。不過,這也還是要依果泥的用途而定(參照右列)。約250g水果,可以做成250ml的果泥。

1 將去蒂,切成兩半的草莓,放進果汁機內,攪拌成泥。如果是覆盆子,就不需要去蒂,切成兩半了。

2 將細孔的濾網架在攪拌盆上,把果泥壓通過濾網,濾掉籽。若是即將要使用,就加入糖粉(icing sugar),攪拌到溶解。

製作漿果庫利 MAKING A BERRY COULIS

如果要製作速成的庫利,可以將利口酒(liqueur),加入已加了糖的漿果泥(berry purée,參照左列)內混合。庫利的裝飾用法,請參照下列。

將2大匙利口酒,加入已調成甜味的漿果泥內混合。用康圖酒(Cointreau)搭配草莓泥,櫻桃白蘭地(kirsch)搭配覆盆子泥。

漿果泥的用途 USES FOR BERRY PUREES

風味濃郁的漿果泥,可以用來製作非常多種類的甜點。

- 用加糖的漿果泥,來製作甜味的冷舒芙雷(cold sweet soufflés)、慕斯(mousses)、芙爾(fools,一種果泥與打發鮮奶油混合而成的英式甜點)、冰淇淋(ice creams)、冰沙(sorbets)、葛拉尼塔(granitas)。
- 質地較稀,未加糖的漿果泥,添加不甜白酒(dry white wine),冷藏後,表面澆上漩渦狀的鮮奶油或希臘優格(Greek yogurt),當做提神的水果湯來上菜。
- 將加糖的漿果泥,攪入凝乳狀起司(curd cheese)內,呈漩渦狀,做成水果風味起司蛋糕。
- 將加糖的熱漿果泥,淋在瑞可塔餡可麗餅(ricotta-filled crêpes)上。

用食物磨碎器製作果泥 PUREEING IN A MOULI

使用食物磨碎器(Mouli / food mill)來製作果泥時,水果的種籽會留在磨碎器上,就不需要再使用過濾器過濾了。

將細孔的圓盤裝入食物磨碎器內,再架在1個大攪拌盆上。將自選的漿果類水果(上圖所示為去梗煮熟的紅醋栗)放進槽內(食物磨碎器的上方)。用手抓緊握柄,轉動曲柄,刀片就會將水果推入攪拌盆內了。

內 行 人 的 小 訣 竅　TRICK OF THE TRADE

使用漿果庫利,創造出最佳的效果 USING BERRY COULIS TO GOOD EFFECT

專業廚師常用庫利來為單品菜餚營造出有品味的外觀。這樣的作法,特別適合用在甜點的切片、塔(tarts)、蛋糕上,視覺效果奇佳。以下為2種作法範例。

羽毛 FEATHERS
將庫利舀到冰過的餐盤上,在盤內流佈成一大塊。用紙製擠花袋(pepper piping bag,參照第318頁),在庫利的兩端上,各擠出1排點狀鮮奶油,這2排鮮奶油點要平行。然後,用刀尖劃過每1個鮮奶油點,做成羽毛形狀的拉花。

陰陽 YIN AND YANG
舀一點庫利在冰過的餐盤上。用湯匙尖,將其中一端拉出,做成淚滴的形狀。然後,用不同顏色的庫利,以同樣的方式,做成淚滴的形狀。兩者的朝向要顛倒,這樣就可以位在盤子的正中央了。

羅馬甜瓜驚喜
Cantaloupe Surprise

這是道口味清新的沙拉，將用辛辣糖漿醃漬過的甜瓜(melon)、
芒果(mango)、鳳梨(pineapple)、奇異果(kiwi)，分別裝在每個甜瓜杯中，
再擺上甜瓜冰沙而成。甜瓜的邊緣，切割成漂亮的鋸齒狀，
為典型的法式烹飪技巧的展現。

4人份
成熟結實的小羅馬甜瓜
(cantaloupe melons) 4個
成熟芒果 2個
成熟的中型鳳梨 1個
奇異果 3個
水 150ml
細砂糖(caster sugar) 150g
檸檬皮與檸檬汁 1/2個
橙皮與橙汁 1/2個
肉桂棒(cinnamon stick) 1支
八角(star anise) 1個
茴香籽(fennel seeds) 1/4小匙

上菜時 TO SERVE
新鮮薄荷葉 數片
瓦片餅與鬱金香餅(tuiles and
tulipes，參照第326頁)

進行甜瓜的前置作業(參照下列)，將挖好的甜瓜球放好，備用。把甜瓜杯(melon cup)放進冰箱冷藏，準備上菜時再取出。製作甜瓜冰沙(melon sorbet，參照右列)。運用刺蝟法(hedgehog method，參照第255頁)的技巧，將芒果切成與甜瓜球相同大小的芒果丁。奇異果先去頭尾，豎立放好，順著它的形狀，沿著果皮，切下果肉，再切成奇異果丁。

將鳳梨果肉從殼內取出(參照第253頁)，再切成大致與芒果丁相同大小的方塊狀。

將水、糖、檸檬皮與橙皮、檸檬汁與橙汁、辛香料，放進鍋內混合，邊攪拌到糖溶解，邊加熱到沸騰。然後，從爐火移開，加入甜瓜球、芒果丁、奇異果丁、鳳梨丁。放涼後，放進冰箱冷藏，準備上菜時再取出。

將醃漬成辛辣口味的水果，舀入冷藏過的甜瓜杯中。每1杯上再擺1球冰沙，用薄荷做裝飾，立刻上菜。同時，另外再搭配瓦片餅(tuiles)與鬱金香餅(tulipes)。

甜瓜冰沙
MELON SORBET

甜瓜果肉(melon pulp，參照下列)
 200g
檸檬汁 1/2個
細砂糖(caster sugar) 30g
水 2大匙

甜瓜果肉，加入檸檬汁，攪拌成果泥。用糖與水，製作糖漿(參照第280頁)，放涼，再與果泥混合。放進冰沙機(sorbetière)內冷凍，或是放在冷凍庫4小時，並常常攪拌，破壞冰晶(ice crystals)，以防結成冰塊。

羅馬甜瓜
CANTALOUPE

果肉為橙色的羅馬甜瓜，以香甜的風味著稱，外皮凹凸不平，佈滿凸脊，交錯成格狀，為其特徵。這種甜瓜一定要成熟後再吃，所以，請購買輕壓靠近梗的地方時，會凹陷下去，而且，散發出新鮮的甜瓜芳香者。如果無法買到羅馬甜瓜，可用歐根甜瓜(ogen)或夏朗德甜瓜(charentais)代替，這兩種甜瓜都隸屬於同一家族。

甜瓜的前置作業
Preparing Melons

小甜瓜，可以用來當做漂亮的容器，盛裝水果沙拉或其它甜點，還有用來搭配芳香的水果或家禽、魚。
你可以將甜瓜邊緣切割成V字形，或如下所示的Z字形，平直形，或者荷葉邊形。

先用刀尖，在甜瓜外皮的中央線上方，劃上Z字形的斜線，做記號。每次插入刀子時，都要深及甜瓜的中心，沿著記號線切開。

小心地分開上下兩半的甜瓜。用小湯匙，挖出種籽與纖維狀的果肉，丟棄。將比較小的上半邊的果肉取出，用來製作甜瓜冰沙(參照右上列)。

用挖球器(melon baller)，從甜瓜的下半邊，挖出球狀的果肉。挖的時候，將挖球器朝下壓，扭轉一下，直到果肉被完整挖下來。挖完後，取出剩餘的果肉，用來製作甜瓜冰沙。

外來水果 EXOTIC FRUITS

這類水果，大多來自於亞洲、南美、非洲，這些熱帶地區。其它，例如：無花果(figs)與棗子(dates)，來自於地中海一帶，以往都只能買到乾燥的，直到最近，市面上才開始買得到新鮮的水果。外來水果，能夠爲起司盤(cheese board)或新鮮水果沙拉，增添新奇感，而其中有些更是冰淇淋與冰沙的絕佳材料。

1 **棗子 DATE** 新鮮棗子，可以整顆或去核(參照第263頁)，還是切成兩半後，去核，再填塞甜味或其它味道的餡料，或者切碎後使用。

2 **奇異果 KIWI FRUIT** 含有豐富的維他命C，熟透後生食最佳。吃的時候，先切除上面，再用小湯匙挖出果肉(就像吃水煮蛋一樣)，也可以先去皮後，再切片。

3 **人心果 SAPODILLA** 這種亞洲的水果，除非已經變軟，過熟，否則不能食用。去皮後，生吃，丟棄中央的種籽。

4 **無花果 FIG** 可以生食，水波煮，或用糖漿醃漬保存。可以切割成花形(參照第263頁)使用，還可以用來鑲餡。

5 **百香果 PASSION FRUIT** 發源地為巴西，以其香味濃郁的果肉著稱。使用時，先切成兩半，再挖出果肉與可食用的種籽。可以就這樣吃，或加入水果沙拉，還是甜味醬汁裡。

6 **枇杷 LOQUAT** 英文別名為「Japanese medlar」。這種稍帶樹脂味的甜味地中海水果，是先剝皮後，生吃。

整顆棗子去核 STONING DATES WHOLE

整顆棗子用來做沙拉,看起來很美觀。不過,先去核,吃起來較方便。去核時,用一手抓緊棗子,另一手用小刀尖輔助,將梗連同核,一起拉出。

製作無花果花 MAKING A FIG FLOWER

用小刀,修切無花果帶梗的那端。在無花果的頂端,深切十字,再用手指輕壓下端的側面,將無花果打開來。無花果花,可以就這樣使用,或將餡料用舀的或擠花到中間後,再上菜。

7 **柿子 PERSIMMON** 這種水果,在過熟,而且果肉的質地像果醬時,是最適合食用的狀態。莎隆果(sharon fruit)是它的近親,則可以在稍早的階段食用。

8 **費約果/斐濟果 FEIJOA** 發源地為南美洲,與番石榴(guava,參照以下第14項)類似,可以用與番石榴相近的方式食用。

9 **樹蕃茄 TAMARILLO** 英文別名為「tree tomato」,生的時候為酸味,常加糖烹調,或切片做成蔬菜沙拉。

10 **香瓜茄/香瓜梨/人參果 PEPINO** 有時會被形容成甜瓜(melon),其實是更接近蕃茄(tomatoes)與茄子(aubergines)的植物。將味道苦澀的外皮削除,丟棄,果肉切成薄片,用來做成水果沙拉。

11 **洋木瓜 BABACO** 這種水果,與木瓜(pawpaw,參照以下第15項)為近親,果肉呈略帶橙色的粉紅色。可用湯匙挖著吃,或切塊後,做成水果沙拉。

12 **香蕉瓜 CURUBA** 原產地為南美洲,是百香果(參照第262頁第5項)的一種,使用方法也差不多。

13 **苦蘵/燈籠果 PHYSALIS** 英文別名「cape gooseberry」,這種甜味的橙色漿果,是被包裹在不可食的乾葉狀萼片內。可以生食,或煮食,還是當做花飾使用。

14 **番石榴 GUAVA** 原產地為南美洲,可生食或煮食。適合用來醃漬成蜜餞等,或製作成冰淇淋。

15 **木瓜 PAWPAW/PAPAYA** 綠色未成熟的木瓜,被當做蔬菜使用,通常切絲做成沙拉。粉橙色的成熟木瓜,用來當做水果生食。先去皮,切成兩半,去籽後,再吃。

山竺的前置作業 PREPARING A MANGOSTEEN

用削皮刀，從中間切過厚的外皮，不要切到結實的果肉，將山竺切成兩半。用小湯匙，小心挖出白色瓣瓣。瓣瓣中含有不可食的果核。

石榴的前置作業 PREPARING A POMEGRANATE

先將石榴切成兩半。將過濾器架在攪拌盆上，把半個石榴切面朝下，對著過濾器，按壓圓形的底部。用手指將種籽從中果皮與薄膜內分開。搾汁時，用湯匙的背面，在過濾器上按壓種籽即可。

1 山竺 MANGOSTEEN 這種外皮堅硬的圓形熱帶水果，雖然英文名稱為「mangosteen」，其實跟芒果(mango)可是一點關係都沒有。山竺味甜多汁的瓣片，風味清淡，帶點討喜的微酸味。最好用來生吃。

2 石榴 POMEGRANATE 原產地為地中海沿岸地區，光滑的紅色外皮，有如皮革般地堅韌。石榴內有種籽，被極為香甜的深粉紅色果肉包覆著，緊密地鑲嵌在果皮間。可以使用它的種籽來做水果沙拉，或放在過濾器內按壓搾汁，用來為冰淇淋或慕斯增添風味。丟棄味道極為苦澀的外果皮，中果皮，還有薄膜。

3 仙人果 PRICKLY PEAR 這是種地中海仙人掌(cactus)的果實，可以生食或煮食。它的果肉呈黃色或桃紅色，而易碎可食的種籽散佈其中。如果將新鮮的檸檬搾汁澆淋在這種水果上，就可以讓果肉變得更甜，風味更柔和。請戴上手套去皮，然後丟棄。

4 格瑞那迪羅 GRENADILLO 這是百香果(參照第262頁)的一種，外皮堅硬如殼，不可食。果肉可以用湯匙直接舀著生吃，或加入水果沙拉內，還是加入冰沙或冰淇淋內，以增添風味。

5 楊桃 STAR FRUIT 原產於亞洲。這種蠟質的水果，可以切成漂亮的星形，用來做水果沙拉，或當做裝飾用。楊桃的風味清新，但稍嫌清淡。

楊桃的前置作業 PREPARING A STAR FRUIT

用小刀,先將未去皮的楊桃切成片,再去除中間的種籽。由於楊桃的甜度因品種而異(有些品種的味道很酸),所以,請先嚐嚐看,再加入沙拉裡,並適度地調整調味汁(dressings)的用量。

荔枝的前置作業 PREPARING A LYCHEE

用小刀,從荔枝靠近梗的那端開始,小心地切開粗糙易裂的外皮,就可以輕易地剝乾淨了。它的果肉為珍珠般的白色,內有不可食的褐色長種籽。成熟的荔枝外皮會轉變成粉紅或紅色。

6 & 7 芒果 MANGO 芒果的種類多達數千種,而其中,光是在泰國就有數百種。芒果的外皮,有各種不同的顏色(如圖所示,左邊為紅色的芒果,右邊的長形芒果則為黃色)。成熟的芒果,應會散發出濃郁的香味,輕壓時,可以感覺出彈性。未熟的芒果,被當做蔬菜使用,用來做酸辣醬(chutney)或咖哩(curries)。美味香甜的成熟芒果,最好搭配少許萊姆或檸檬汁,或是做成水果沙拉,還是莎莎醬(salsas),用來生食。除此之外,芒果還可以做成美味的冰沙或慕斯。請參照第255頁的2種不同的前置作業技巧,來處理芒果。

8 荔枝 LYCHEE 荔枝芳香多汁的果肉,被不可食的易裂外殼包裹在裡面。它的外殼,在成熟時會變成深粉紅色。荔枝可以生食,或用糖漿水波煮。

9 角胡瓜 KIWANO 這種引人注目的水果,有不可食的釘狀橙色外皮,還有綠色水狀的內部,可以用湯匙舀來吃。

10 紅毛丹 RAMBUTAN 這種亞洲水果,看起來就像毛茸茸的荔枝,吃起來味道也很像。

11 火龍果 PITAHAYA 這是種南美洲仙人掌的果實,外皮有黃色,象牙色或深粉紅色等不同的顏色。吃的時候,先切成兩半,再用湯匙舀出綠色或粉紅色果肉即可。

12 榴槤 DURIAN 這種印尼的水果,以其在熟透後,會散發出難聞的氣味而聞名。它的果肉多汁,帶著濃郁的甜味。可以生食,或用來製作蛋糕。丟棄種籽。

水波煮 & 保存
POACHING & PRESERVING

用來水波煮的水果，應選擇沒有過熟，質地較結實者，才不會在加熱的過程中變形。用酒來醃漬水果，是個極佳的保存水果方式，讓你可以在產季過後，仍可以品嘗到喜愛水果的美味。

水波煮水果用的調香料
FLAVOURS FOR POACHING FRUITS

水波煮水果，可以用來當做簡單的甜點，或做成果泥(purée)後，做為慕斯(mousses)、舒芙雷(soufflés)、芙爾(fools，一種果泥與打發鮮奶油混合而成的英式甜點)等甜點的製作材料。調香料有很多種，有的味道較淡，有的味道較濃，可以在一開始烹調時就加入，為糖漿增添風味。

- 橙皮切絲、磨碎的檸檬或萊姆外皮。
- 所有的辛香料類，例如：丁香、八角、肉桂棒。
- 剖開的香草莢(參照第331頁)。
- 新鮮薰衣草枝。
- 1片新鮮老薑(root ginger)。
- 1支刮過的檸檬香茅(lemon grass)梗。

用糖漿水波煮
POACHING IN SUGAR SYRUP

將含有自然甜味的水果，浸漬在芳香的液體中，進行水波煮。糖漿中的糖用量，依要進行水波煮的水果量而定。硬質或核果類水果，適合用糖度較低的糖漿，因為這類水果比較不會在加熱後變形。然而，柔軟的漿果類水果，就比較適合糖度較高的糖漿，才比較能夠維持水果的形狀不變。糖漿的配比等，請參照第281頁。糖漿的調香料，請參照左列。

1 將核果類水果(在此為李子(plums))，放進微滾的糖漿內，要讓水果完全浸泡在糖漿裡。

2 煮10～15分鐘，直到水果變軟。用溝槽鍋匙(slotted spoon)把水果撈起。繼續加熱糖漿，到水量變少，濃縮。然後，過濾，再澆淋在水果上，上菜。

用葡萄酒水波煮 POACHING IN WINE

水果若是用葡萄酒水波煮，不僅可以沾染上酒香，而且，如以下所示，如果用的是紅酒，還可以染上紅酒的顏色。以下的示範，就是運用經典的法式烹飪技巧，來煮整顆洋梨。洋梨進行水波煮前，要先去皮，去核(參照第250頁)，但是要保留梗。這樣做，不僅可以輕易地切片，而且還可以呈現出漂亮的形狀。

1 加熱葡萄酒與調香料(參照左上)、糖，直到糖溶解。然後，加入已完成前置作業的洋梨，慢慢加熱到微滾的狀態。水波煮15～25分鐘。

2 將鍋子從爐火移開，加蓋，讓水果留在鍋內，放涼。然後，用溝槽鍋匙(slotted spoon)把水果撈起。繼續加熱鍋內的液體，到水量變少，濃縮，放涼。然後，將洋梨切片，擺在盤內的一片糖漿上，上菜。

製作糖煮乾燥水果 MAKING A DRIED FRUIT COMPOTE

糖煮水果，就是混合多種水果一起水波煮，變成一種顏色與風味的美味什錦組合。以下的作法，是先將乾燥水果浸漬在液體與調香料(參照右列)中一整晚後，再進行水波煮。由於糖對水果的加熱會產生阻礙，所以，要在最後才加入。

1 將水果與浸漬液放進鍋內，再加入水，讓水果剛好可以完全浸泡在液體中。加熱到微滾的狀態，攪拌混合。

2 水波煮水果15～25分鐘，到剛好變軟。然後，用溝槽鍋匙(slotted spoon)把水果撈起。

3 把糖加入鍋內，繼續加熱濃縮，到變成1/3量。上菜時，將湯汁澆滿在水果上。

用酒來保藏與保存完整的水果 PRESERVING AND STORING WHOLE FRUITS IN ALCOHOL

水果可以用酒醃漬，無限期地保存，不過，建議你還是在1年之內用畢，以免開始產生發酵。

請挑選剛成熟，狀況良好的水果。水果種類與酒的建議組合，以及上菜時的建議事項，請參照右列。

將完成前置作業的水果放進消毒過的基爾諾罐(Kilner jars，保存食物的一種密閉式玻璃容器)內，可依個人喜好，再加入自選的辛香料。將酒倒入鍋內，煮滾。加入糖，攪拌溶解後，將鍋子從爐火移開，放涼。然後，將冷卻後的酒倒入罐內，讓水果被完全淹沒。蓋緊罐蓋。存放在陰涼的地方，至少2～3週，讓水果有足夠的時間可以醃漬入味。

內行人的小訣竅 TRICK OF THE TRADE

製作蘭托夫 MAKING RUMTOPF

「rumtopf字面上的意思為蘭姆罐(rum pot)」，是種傳統的德式酒漬水果保存方式。從夏季到秋季，都可以將成熟的水果與糖，一層層地疊在石罐或玻璃罐內，注入蘭姆酒浸泡，加蓋密封。

先將糖撒在水果上，醃漬一整晚。再把水果(在此為藍莓與切片的草莓)放進消毒過的基爾諾罐(Kilner jars)內，每疊一層水果，就要注入一層高度的蘭姆酒。就這樣將水果一層層地疊上去，直到距離罐口約2cm為止。蓋上蓋子密封後，靜置入味，至少1個月。

糖煮水果的組合 COMPOTE COMBINATIONS

先浸泡乾燥水果一晚，就可以讓水果膨脹起來，以便吸收更多的風味。建議組合如下：

- 一種經典的組合，即乾燥的杏桃(apricots)、無花果(figs)、桃子(peaches)、棗子(dates)，加上白酒與蜂蜜。
- 混合乾燥熱帶水果：芒果(mango)、鳳梨(pineapple)、木瓜(pawpaw)，再加上蘭姆酒(rum)、椰奶(coconut milk)、肉桂棒(cinnamon sticks)。
- 先用茶浸泡乾燥的蘋果、洋梨、杏桃、梅乾(prunes)，再用添加了丁香的橙汁烹煮。

酒漬水果 FRUITS IN ALCOHOL

以酒漬水果的方式來保存水果，就可以製造出一年到頭，隨時都可以品嚐的美味甜點。以下，為水果與酒的建議組合，還有上菜時的建議方式。如果是要用柑橘類水果，就必須先去皮。硬質水果，例如洋梨等，就必須先去皮，有時還要進行水波煮才行。

- 櫻桃，搭配白蘭地(brandy)或櫻桃白蘭地(kirsch)。舀到香草冰淇淋上吃。
- 葡萄，搭配威士忌酒(whisky)。加上打發奶油與壓碎的蛋白餅(meringues)。
- 克萊門氏小柑橘(clementines)，搭配蘭姆酒(rum)、八角(star anise)、肉桂棒(cinnamon sticks)、丁香(cloves)。與法式濃鮮奶油(crème fraîche)或熱巧克力醬一起上菜。
- 李子(plums)，搭配波特酒(port)。舀到榛果冰淇淋上吃。
- 芒果，搭配白蘭姆酒(white rum)。與蘭姆酒葡萄乾冰淇淋一起吃。
- 洋梨，搭配伏特加酒(vodka)。舀上酸奶油(sour cream)後，再吃。
- 夏季漿果，搭配櫻桃白蘭地(kirsch)。舀上打發鮮奶油(whipped fresh cream)後，再吃。

燒烤&煎炸 GRILLING & FRYING

燒烤或炭烤(chargrilled)水果，可以製作出簡單而迅速的熱水果甜點。水果也可以沾上麵糊後油炸，製作成水果餡餅(fritters)，或用嫩煎(sahtéed)，還有澆酒火燒(flambéed，火焰)的方式烹調。

異性相吸 OPPOSITES ATTRACT

冷藏過的甜味醬，是熱水果甜點的絕佳夥伴。打發奶油是最傳統的搭配方式，而你也可以參考以下的各種選項：

● 香堤伊奶油醬(crème chantilly，參照第292頁)或冷藏過的英式奶油醬(crème anglaise，參照第276頁)。

● 等量的打發奶油(whipped cream)與希臘優格(Greek yogurt)或新鮮白起司(fromage blanc)。

● 用利口酒(liqueur)、甜葡萄酒(sweet wine)或柑橘汁(citrus juice)，添加切碎的薄荷或磨碎的肉桂，所製成的糖漿(sugar syrup)。

● 椰子奶油醬(如上圖)，依照英式奶油醬(crème anglaise，參照第276頁)的作法製造，但是，使用椰奶(參照第204頁)來代替一般的牛奶。冷藏後，撒上烤椰子絲或椰子屑，立即與熱帶水果一起上菜。

炙烤 BARBECUING

將水果切片，或切成三角塊，就像右圖中的鳳梨、木瓜、芒果，或切成大角塊，再用抹了油的金屬籤串起來，做成水果串(kebabs)來烤。有些水果，例如香蕉，可以整條炙烤。烤的時候，先在炙烤架(barbecued grid)上刷油，再把水果擺上去。你也可以在水果上刷上調香料，例如：檸檬汁與蜂蜜，不過，如果要用辛香料，因為容易燒焦，就要小心一點了。

未包裹炙烤 UNWRAPPED
如果要做出炭烤的效果，就把水果直接放在刷了油的烤架上，烤3～5分鐘，中途要翻面一次。

包裹炙烤 WRAPPED
如果水果是要在包裹(en papillote)的狀態下上菜，就可以用鋁箔紙包起來，放在炙烤架上，烤5～10分鐘。

用薩巴雍燒烤 GRILLING EN SABAYON

新鮮的軟質水果(soft fruits)，例如本食譜中的草莓與藍莓，澆滿薩巴雍醬(sabayon sauce，參照第292頁)後，放在熱烤爐(grill)上，烤成黃褐色。薩巴雍醬可以在表面做出焦糖的效果，保護底下香甜多汁的水果。請使用禁得起高溫的耐熱碗來盛裝。

1 將已完成前置作業的水果，在耐熱碗內，排列成漂亮的花式。

2 將薩巴雍醬舀到水果上，在烤的過程中，就會融化，均勻地佈滿水果上。把碗放在熱烤爐上，直到表面稍微變成褐色，約1～2分鐘。

用糖汁來膠化 COATING IN A SUGAR GLAZE

這種技巧，可以讓水果表面變得像是裹了一層焦糖般，最適合質地結實，不易變形的水果，例如以下所示的橙瓣，還有葡萄、櫻桃、末成熟的桃子、洋梨切片或三角塊、蘋果大角塊。

煮糖漿時，即尚未將水果加入前，要特別小心。糖漿應煮到淡金黃色，而非褐色，否則，加入水果後，煮好的水果就會吃起來帶苦味。將水果放進鍋內時，只能放一層，而且不要太擠，否則水果就會被燉煮熟透，而顯得潮濕。

若是用來煮約250g已完成前置作業的水果，就將50g糖，加入100ml水中，以小火加熱溶解。再加入15g奶油，慢慢加熱，直到融化，變成淡金黃色。然後，把火調大，慢煮到糖漿開始冒泡，變成糖汁，再加入水果。搖晃鍋子，直到水果都均勻地沾上了糖汁。

澆酒火燒 / 火焰 FLAMBEEING

用澆酒火燒的方式烹調後的水果，就成了一道令人驚艷的甜點，而且風味獨特，香郁。葡萄或櫻桃，最適合這種烹飪技巧，酒類則以高酒精度的白蘭地酒、蘭姆酒，或馬德拉葡萄酒(Madeira)等強化酒(fortified wine)，還有水果類利口酒(fruit-based liqueur)，比較適合。

1 將奶油放進鍋內加熱融化，再加入已完成前置作業的水果，煎1～2分鐘。在另一個鍋內加熱酒，點火燃燒，再把燃燒中的酒澆在水果上。

2 不斷地將燃燒中的醬汁澆淋在水果上，直到火焰熄滅。進行時，為了安全起見，請使用長柄大金屬湯匙。完成後，立刻上菜。

製作亞洲式餡餅 MAKING ASIAN FRITTERS

水果沾上亞洲的天婦羅麵糊(tempura batter)油炸，就可以變成外部口感酥脆，纖薄，內部香甜多汁的甜點了。由於外層的麵糊很薄，水果的顏色甚至還可以透過麵糊，顯現得一清二楚。質地結實的水果，例如：蘋果、洋梨，都很適合這種烹飪技巧。除此之外，熱帶水果中，例如以下所示的鳳梨、芒果、木瓜、奇異果，也都很適合。記得要先將水果徹底瀝乾，否則麵糊會很難黏附在水果表面。

天婦羅麵糊 TEMPURA BATTER

中筋麵粉(plain flour) 50g
玉米細粉(cornflour) 50g
泡打粉(baking power) 1又1/2小匙
蛋(攪開) 1個
冰水 200ml

將乾燥的材料放進攪拌盆內混合。先攪拌蛋與水，再加入混合好的乾燥材料內，混合成質地柔滑的麵糊。

1 水果先去皮，切片，或分瓣，還是切成大角塊，儘量讓水果維持在一致的大小。然後，用廚房紙巾，將水果徹底拍乾。

2 準備天婦羅麵糊(參照右列)。然後，用一雙筷子或雙尖叉子，將水果放進麵糊裡，沾滿，讓多餘的麵糊滴回攪拌盆內。以190℃油，炸2～3分鐘，到麵糊變得酥脆，變成金黃色。瀝乾，上菜。

烘烤 BAKING FRUITS

烘烤的烹飪方式，可以將水果的天然香甜味發揮得淋漓盡致，讓水果的質地變得更柔軟，美味多汁。用來烘烤的水果，除了去芯、去核之外，幾乎不太需要進行其它的前置作業。使用結實成熟的水果，烘烤後的效果最好。大型的水果，可以成為最佳的容器，用來填塞甜味的餡料。

烤水果的餡料 FILLINGS FOR BAKED FRUITS

新鮮或乾燥水果、堅果、辛香料，可以組合成美味的餡料或表面餡料，用在烤水果上。請先將水果的底部切平，讓水果可以平穩地擺在盤內。

- 洋梨切丁、切成兩半的覆盆子(raspberries)、磨碎的檸檬皮。
- 壓碎的杏仁餅(amaretti biscuits)、磨碎的杏仁、乾燥櫻桃。
- 糖漬水果、烤過的開心果。
- 切碎的核桃(walnuts)或榛果(hazelnuts)、紅糖(brown sugar)、蜂蜜。
- 剪碎的棗子、乾燥杏桃(dried apricots)、用白蘭地酒浸泡過的蛋糕屑(cake crumbs)。
- 穆茲利(muesli)，滴上鮮奶油。
- 用少量糖漿與數滴橙花水(orange flower water)浸濕麵包粉、葡萄乾(raisins)、松子(pine nuts)。

烤整顆蘋果 BAKING WHOLE APPLES

寇克斯(Cox's Orange Pippin)與史密斯奶奶(Granny Smith's)，是最適合用來烤的品種。請參考左列，製作餡料，每個蘋果舀1～2大匙鑲餡。蘋果去芯後，在內部灑上檸檬汁，以防變色。將蘋果放進較淺的耐熱烤盤內烤，以接住烤汁。

1 用小刀在蘋果中間，劃切一圈，讓果肉在烤的過程中，可以膨脹起來。

2 將鑲餡蘋果放進烤盤中，在上面擺1小塊奶油，以200℃，烤45～50分鐘。

烤半個水果 BAKING HALVED FRUIT

這種烹飪方法，特別適合用在核果類水果上，例如以下所示的桃子。製作時，先將水果切成兩半，去核(參照第254頁)，灑上檸檬汁，以防變色。然後，將切成兩半的水果，切面朝上，放進烤盤內，擺一層，小心不要擺太多，太擠。

1 將自選的餡料(參照左列)，舀到水果的凹洞內，稍微堆高一點。

2 用180℃，烤15分鐘，直到用刀刺果肉時，感覺已變軟了。

包裹烘烤用水果 FRUITS FOR BAKING EN PAPILLOTE

- 鳳梨、香蕉、橙。
- 無花果(figs)與李子(plums)，加上一小塊奶油，滴上薰衣草蜂蜜(lavender honey)。
- 洋梨(pear)、木梨(quince)、用白蘭地酒泡脹的乾燥蔓越莓(cranberries)，撒上小荳蔻(cardamom)。
- 草莓、奇異果、桃子。

包裹烘烤 BAKING EN PAPILLOTE

將水果包裹(en papillote)起來烘烤，可以讓水果被自身所含的果汁，以及添加的糖與調香料蒸熟。此外，還可以加少量的奶油進去，以增添香郁度。包裹水果時，可以用烤盤紙(baking parchment)或鋁箔紙(foil)。以下所示的香蕉葉(banana leaf)是種不同的選擇，充滿亞洲風情，饒富趣味。水果包好後，用180℃，烤15分鐘。

1 將水果放在正中央。撒上糖調味，再灑上自選的酒或利口酒。

2 往餡料上折疊起來，包成包裹的樣子，再用料理用繩線綁好，固定。

甜點
DESSERTS

—————•—————

蛋白霜 MERINGUES

•

冷慕斯、舒芙雷、果凍 COLD MOUSSES, SOUFFLES & JELLIES

•

卡士達 & 奶油醬 CUSTARDS & CREAMS

•

熱布丁 HOT PUDDINGS

•

糖 SUGAR

•

巧克力 CHOCOLATE

•

冰淇淋甜點 ICE-CREAM DESSERTS

•

冰沙 & 葛拉尼塔 SORBETS & GRANITAS

•

甜味醬 SWEET SAUCES

蛋白霜 MERINGUES

蛋白霜，是不斷地打發蛋白與糖，或糖漿後，所成的混合物，為無數的甜點與西點的基本製作材料。雖然製作蛋白霜的器具，依蛋白霜的種類而定，但是，製作時的基本技巧與原則，則是大同小異。

蛋白霜的種類 TYPES OF MERINGUE

法式 FRENCH：作法最簡單，質地最輕柔的蛋白霜，通常用來擠花或做成花式形狀，或者做成雪花蛋奶(oeufs à la neige)，還有烤成維切林(vacherin)與鳥巢蛋白餅(nests，參照第273頁)。材料配比為115g糖，加上2個蛋白。

義式 ITALIAN：這是種質地結實，又像絲絨般光滑的蛋白霜，添加了熱糖漿，利用這種熱度來「加熱」蛋白。通常用來製作不需加熱的甜點，例如：冷慕斯(cold mousses)、舒芙雷(soufflés)與冰沙(sorbets)。由於義式蛋白霜不易變形，所以，也適合用來擠花(piping)。若是要製作出400g義式蛋白霜，就先用250g糖與60ml水，煮成軟球狀態(soft-ball stage，118℃)的糖漿，再慢慢地加入質地結實的打發蛋白(5個蛋白打發成的)內打發。

瑞士式 SWISS：打發後的質地，比法式蛋白霜還結實。通常用來擠花，或做裝飾適用。材料配比為125g糖，加上2個蛋白。

帕芙洛娃 PAVLOVA

蛋白 3個
細砂糖(caster sugar) 175g
覆盆子醋或葡萄酒醋(raspberry or
   wine vinegar) 1小匙
玉米細粉(cornflour) 1小匙

將烤盤紙鋪在烤盤上。將蛋白打發到結實，加入1/2量糖繼續打發，再加入剩餘1/2量糖、醋、玉米細粉，繼續打發。將蛋白舀到烤盤紙上，做成直徑20cm的圓形，以150℃，烤1小時。關掉烤箱，讓蛋白霜留在烤箱內冷卻。這樣可以做出6人份。

製作蛋白霜 MAKING MERINGUE

務必先檢查所有的器具，確認完全是乾淨的，無任何油脂附著在上。此外，要讓蛋白先裝在加蓋的容器中，置於室溫下1小時，以打發出最多量的蛋白霜。以下，為3種製作蛋白霜的方法，請依照食譜與用途，決定採用何種方式來製作。

法式 FRENCH
用攪拌器，打發蛋白到質地結實，可以做出角狀。然後，慢慢地加入1/2量的糖，攪拌混合好後，再加入剩餘的1/2混合。

義式 ITALIAN
用桌上型攪拌機(mixer)，邊從攪拌機槽的邊緣，慢慢地將熱糖漿以穩定的水柱注入打發蛋白內，邊以低速混合。

瑞士式 SWISS
將蛋白與糖放進攪拌盆內打發，同時下面墊著一鍋微滾的熱水，而且要不斷地轉動攪拌盆，以防蛋白局部被加熱到變熟。

製作帕芙洛娃 MAKING A PAVLOVA

這種著名的甜點，名字取自於俄國的芭蕾名伶帕芙洛娃(Anna Pavlova)，以紀念她到訪紐西蘭。這是種獨特的蛋白霜西點，質地濕軟，極像棉花糖(marshmallow)，是將醋(vinegar)與玉米細粉(cornflour)加入打發蛋白與糖內，混合而成的。它還有另外一個特點，就是因為它的保濕情況較佳，烹調所需時間就相對減短了。

蛋白霜整型 SHAPING MERINGUE
用大金屬湯匙，將蛋白霜塗抹成圓形，中間做出個凹洞。

撕除烤盤紙 PEELING PARCHMENT
小心地將烤盤紙從冷卻的蛋白霜底部撕除。

填裝擠花袋 FILLING A PIPING BAG

專業廚師在填裝擠花袋時，會邊用一手抓著擠花袋，邊填裝，如圖所示。另一個作法，則是將擠花袋套在罐子的邊緣上，當做支撐，再填裝。

1 裝上擠花嘴，套牢，在擠花嘴的上方，扭緊擠花袋，以防漏餡。

2 將擠花袋的上端像翻領子般往下翻，蓋住手，再把餡舀入，裝填。

3 扭轉擠花袋的末端，直到可以看到餡從擠花嘴冒出。這樣做，是為了要清除袋內的空氣。

蛋白霜的吃法 SERVING MERINGUES

可以用調味過的奶油來填塞蛋白霜，或做為夾心餡料，做成夾心餅吃。你也可以嘗試以下的幾種吃法。

● 用貝殼形蛋白餅，夾著甘那許巧克力(chocolate ganache，參照第282頁)，撒上巧克力捲片(chocolate curls，參照第322頁)，再撒上糖粉(icing sugar)與可可粉(cocoa powder)。

● 用少許康圖酒(Cointreau)，拌自選的數種當季水果，再疊放在鳥巢形蛋白餅內。

● 將圓盤形蛋白霜用來作為巧可力或水果慕斯間的夾層，製作成蛋糕(gâteau，參照第315頁)。

塑型
MAKING SHAPES

蛋白霜可以打發成各種不同的硬度，從柔軟到可以用來擠花或塑型，到硬度足以用來疊層與支撐其它的材料，這樣的特性，讓蛋白霜成為用途極為廣泛，呈現手法非常多樣化的材料。你可以將簡單的法式蛋白霜，塑型後，以100℃，至少烤1小時，做成蛋白餅。瑞士式蛋白霜，先經過一晚的乾燥後，以60℃烤，烤好後的顏色較為雪白。

貝殼 SHELLS

使用中型或大型擠花嘴，將蛋白霜擠到烤盤紙上，成小圓形。

鳥巢 NESTS

先在烤盤紙上，畫上直徑5cm的圓形記號。使用星形擠花嘴，先從中心開始，以螺旋狀的方式擠花，做成圓形底座。然後，再沿著邊緣擠，做成鳥巢狀。

大圓盤 LARGE DISC

先在烤盤紙上，畫上所需大小的大圓形記號。使用小型一般圓形擠花嘴，從中心開始，以螺旋狀的方式擠花，做成圓盤狀。

冷慕斯、舒芙雷、果凍
COLD MOUSSES, SOUFFLES & JELLIE

質地輕盈的乳狀慕斯(mousses)，與甜味的舒芙雷(soufflés)，可以成為令人驚艷的漂亮甜點。打發奶油(whipped cream)、吉力丁(gelatine)、義式蛋白霜(Italian meringue)，則是以各種不同的組合方式，被用來做為兩者的成形劑。不過，其中的吉力丁，則是果凍(jelly)水嫩彈性效果的重要來源。

溶解吉力丁
DISSOLVING GELATINE

無論是吉力丁粉(gelatine powder)或吉力丁片(leaf gelatine)，都要先浸泡過再使用，才能與其它需要凝結的材料混合均勻。加熱吉力丁時，絕對不能讓它沸騰，否則就會變成黏稠狀。

吉力丁粉 POWDER
將4大匙冷的液體灑入吉力丁粉中。靜置5分鐘，到膨脹成海綿狀。然後，將攪拌盆放在熱水上，直到液體變得清澈。

吉力丁片 LEAF
將吉力丁片放在冷水中泡軟，5分鐘。用手擠壓出多餘的水分。放入熱的液體中溶解。

製作簡易水果慕斯 MAKING A SIMPLE FRUIT MOUSSE

果泥(purées)，是多種慕斯的製作基本材料。最好選擇風味濃郁的果泥，例如以下所示的杏桃(apricot)，此外，黑醋栗(blackcurrants)與黑莓(blackberries)，也很適合，都可以做出最佳風味的慕斯。如果要做出更膨鬆的慕斯，可以在加入奶油醬後，再加入2個質地結實的打發蛋白 (參照第31頁)混合。

1 用水浸泡**15g**吉力丁粉(參照左列)，冷卻至微溫的程度。加入**450ml**加糖的果泥內攪拌。靜置室溫下**15～30**分鐘，直到開始變稠。

2 稍微打發**300ml**濃縮鮮奶油(double cream)後，先舀2大匙進去果泥混合料內混合。然後，再加入剩餘的打發鮮奶油，用刮刀混合。至少冷藏4小時，再上菜。

巧克力慕斯
CHOCOLATE MOUSSE

這種速成式慕斯，是用巧克力、奶油、蛋白組合而成的，未使用吉力丁當做凝固劑。若是要做成6人份，就一起融化450g無糖巧克力、100g細砂糖、2大匙奶油。放涼，加入6個蛋黃。打發6個蛋白(參照第31頁)，直到剛成形，再加入巧克力混合料裡混合。蓋好，冷藏至少4小時。

加入蛋黃 ADDING EGG YOLKS
一定要等到融化巧克力混合料已冷卻後，再加入蛋黃。如果還是熱的，蛋黃就可能會被煮熟，凝固。

加入蛋白混合
FOLDING IN EGG WHITES
先加入2大匙打發蛋白混合，再慢慢地加入剩餘的打發蛋白，混合到均勻。

製作水果舒芙雷 MAKING A FRUIT SOUFFLE

這種技巧，組合了3種材料：果泥、蛋白霜、鮮奶油，裝入用烤盤紙圍成一圈的容器內，做成像烤舒芙雷般的外觀。以下為覆盆子舒芙雷(raspberry soufflé)，用350ml果泥、400g義式蛋白霜(參照第272頁)、400ml 濃縮鮮奶油，裝入1個1.5公升舒芙雷模，製作而成。

1 將對摺過的烤盤紙，圍在舒芙雷模外，高度超過3～5cm，用膠帶黏好，固定。

2 用橡皮刮刀，慢慢地將義式蛋白霜加入果泥內混合，再加入打發鮮奶油混合。

3 用湯杓，將舒芙雷混合料舀入模型內，一直到烤盤紙圈的高度。

4 先把抹刀伸進溫水中沾濕，再用來將表面整平。

5 將舒芙雷放進冷凍庫，冷藏2小時，直到凝固。等到距離上菜不超過20分鐘前，小心地拆除圍住的烤盤紙，用抹刀將邊緣整平，進行裝飾。

製作水果凍
MAKING A FRUIT JELLY

新鮮水果漂浮在果凍中，看起來特別吸引人。尤其，若是水果被擺成花式的層次，包裹在果凍內，就更漂亮了。製作技巧很簡單，只是需要時間，等待每一層的果凍凝固後，才能再繼續進行下一層。最快速的作法，就是將水果無特定形式，隨機地擺進模型內，再倒入液態果凍，將水果淹沒即可。

1 用水浸泡15g吉力丁粉(參照第274頁)。用150g糖與150ml水，煮成糖漿。然後，將溶解的吉力丁加入熱糖漿內。

2 將熱糖漿加入500ml未加糖的新鮮果汁內混合，再加入3大匙自選的利口酒(liqueur)或蒸餾酒(spirit)，攪拌混合。放涼。

3 將500g水果放進1.5公升的模型內，擺成一層。再把液態果凍舀進去，淹沒水果。冷藏15分鐘，或直到凝固。然後，一直重複同樣的作業，直到模型頂端。

卡士達&奶油醬
CUSTARDS & CREAMS

牛奶、糖、蛋，這3種材料的豪華組合，是質地如絲綢般的醬汁、香草風味奶油醬、濃稠光滑的卡士達的基本製作材料。以下所介紹的各種方法，雖然使用的材料都差不多，但是，由於運用技巧、烹調時間、添加材料的不同，就會產生不同的口感與質地。

英式奶油醬 CRÈME ANGLAISE

用火爐來加熱蛋卡士達(egg custard)時，必須就近照顧，隨時留意，才不會讓蛋煮熟，而且此時也不能讓牛奶被加熱到沸騰。加熱時要用小火，不斷地攪拌鍋子的側面與底部，以防可能會燒焦黏鍋。

1 將1/2香草莢(參照第331)，放進500 ml牛奶內浸漬。將5個蛋黃與65g細砂糖放進攪拌盆內打發。將香草莢從牛奶中取出，把牛奶煮滾。將牛奶加入蛋黃內攪拌，再倒入乾淨的鍋子內。

2 慢慢地加熱卡士達，並用木匙不斷地攪拌，直到變稠。然後，用手指刮過木匙背面的卡士達，檢查濃度。如果留下一條清楚的痕跡，就表示已經可以了。

帕堤西耶奶油醬
CREME PATISSIERE

帕堤西耶奶油醬做好後，如果沒有要立即使用，就用奶油摩擦表面，以防形成一層薄膜。

將6個蛋黃與100g細砂糖放進攪拌盆內打發，再加入40g中筋麵粉(plain flour)與40g玉米細粉(cornflour)混合。將600 ml牛奶煮滾，再倒入蛋黃混合料裡，攪拌混合。然後，倒入鍋子內，煮滾，邊攪拌到大泡泡冒出表面。把火調小，繼續加熱到變得很濃稠。

烘烤卡士達
BAKING CUSTARDS

英式卡士達，是裝在大烤盤內烤，以熱食上菜。製作時，先混合3個蛋黃、50g糖、25g玉米細粉(cornflour)、中筋麵粉(plain flour)，再加入500ml牛奶，邊慢慢加熱，邊攪拌，直到變稠後，倒入盤內。在法國，卡士達則是裝入極小的壺形容器內烤，以冷食上菜。法式卡士達與英式的作法差不多，但是，使用的材料為300ml濃縮鮮奶油(double cream)與200ml牛奶，加上2個蛋黃。

傳統英式卡士達
TRADITIONAL ENGLISH
在裝了卡士達的烤盤上磨碎荳蔻(nutmeg)，撒在表面上，用隔溫水加熱的方式(bain marie)，以170℃，烤20～25分鐘。烤好後，以熱食上菜。

法式小壺 FRENCH PETITTS POTS
將裝了濃郁風味卡士達的個別小壺，放進冷水中，用隔水加熱的方式(bain marie)，以170℃，烤15～20分鐘。烤好後，放涼，冷藏，以冷食上菜。

製作巴伐露 MAKING A BAVAROIS

這種經典法式模型甜點,又被稱為「巴伐利亞奶油醬(Bavarian cream)」,是用英式奶油醬(crème anglaise,參照第276頁),加入吉力丁做為凝結劑,再混合打發鮮奶油,讓質地變得更膨鬆,而製成的甜點。烤好後的成品,質地如絲絨般光滑,而且夠結實,脫模後上菜,也可以維持漂亮的形狀。

1 用水浸泡15g吉力丁粉(參照第274頁)。然後,用3大匙康圖酒(Cointreau)與吉力丁混合,再加入625 ml溫的英式奶油醬內,攪拌混合。

2 將卡士達倒入攪拌盆內,蓋好,放涼。等到開始凝固時,加入225 ml濃縮鮮奶油,稍微打發一下。

3 用冷水將1.5公升夏綠蒂模(charlotte mould)沖洗乾淨,再把巴伐露(bavarois)舀進去。然後,放進冰箱冷藏4小時,或直到凝固。脫模,上菜。

布蕾表面的脆焦糖 BRULEE TOPPING

法國的布蕾(brûlée),是種內含濃郁奶油醬,表面覆蓋著脆焦糖的甜點。吃的時候,再用湯匙敲破脆焦糖層。

將1又1/2大匙砂糖(granulated sugar)撒在每個耐熱皿上。然後,放在熱烤爐(grill)下2～3分鐘,越接近熱源越好。烤好後,放涼,在2小時內上菜。

焦糖奶油醬 CREME CARAMEL

砂糖(granulated sugar) 100g
水 60 ml
蛋 2個
蛋黃 4個
細砂糖(caster sugar) 115g
香草精(vanilla essence) 數滴
牛奶 500 ml

用砂糖與水,製作焦糖(參照第281頁)。做好後,立刻倒入4個125ml耐熱皿內,讓底部與側面都沾滿焦糖。將全蛋、蛋黃、糖、香草精,放進攪拌盆內,小心地攪拌混合。加熱牛奶,直到用手探時可以感覺到熱度,倒入蛋的混合料內,攪拌混合。

將卡士達過濾到1個壺內,再等量地倒入4個耐熱皿內。不加蓋,用熱水隔水加熱的方式(bain marie),以170℃,烤40～50分鐘,直到凝固。然後,放涼,冷藏一晚。這樣可以做出4人份。

製作焦糖奶油醬 MAKING CREME CARAMEL

將這種法式卡士達做成漂亮的乳狀光滑質地,秘訣就在於要用隔水加熱的方式(bain marie),溫和地烘烤。烤的過程中,必須特別留意水的狀態,不應該讓它熱到冒泡,否則卡士達就會烤得到處都是坑洞。請參照以下的技巧,右列的食譜,製作焦糖奶油醬。

1 將熱焦糖小心地倒入耐熱皿(ramekin)內,動作迅速地讓焦糖沾滿每個耐熱皿的底部與側面。

2 將卡士達過濾後,倒入準備好的耐熱皿內,到快要滿的程度。然後,放在烤盤上,將熱水倒入烤盤內,到耐熱皿一半的高度。

3 用小抹刀的刀片,在每個耐熱皿與卡士達間繞一圈。然後,將點心盤(dessert plate)蓋在耐熱皿上,翻轉,變成上下顛倒,讓耐熱皿倒扣在點心盤上。抓起耐熱皿,脫模,讓焦糖醬在卡士達周圍流佈成一片。

熱布丁 HOT PUDDINGS

這類令人滿意，製作起來不費時的美味甜點，例如：濕潤的米布丁(rice puddings)，美味的甜舒芙雷，塑型製作的水果夏綠蒂(fruit charlottes)，都可以輕易地學會，令人躍躍欲試。

製作火爐加熱米布丁
MAKING A STOVETOP RICE PUDDING

製作時，一定要用慢煮的方式，讓布丁米可以慢慢地吸收牛奶，變成濕潤的質地。此外，最好使用質地厚重的鍋子，讓米能夠均勻地受熱，煮熟，並防止燒焦。製作時，先將550 ml牛奶煮滾，加入115g布丁米(pudding rice)、60g細砂糖(caster sugar)、1/2香草莢(vanilla pod)。慢煮30分鐘，直到變稠，變成乳狀。

加熱的過程中，要常常攪拌，讓布丁米均勻地分佈在牛奶內。這樣做，有助於布丁米均勻地受熱，並防止黏附在鍋底。

製作烤米布丁
MAKING A BAKED RICE PUDDING

這種受到大眾喜愛的英式甜點，有金黃色的薄脆外殼。製作時，將50g布丁米、60g細砂糖、1小匙磨碎的檸檬皮、1撮鹽、600 ml溫牛奶，放進已塗抹了奶油的烤盤內。撒上荳蔻(nutmeg)，散放小塊奶油。不加蓋，以150℃，烤1～1又1/2小時，在烤了30分鐘時，攪拌1次，而且從頭到尾就只需要攪拌1次。

進行烘烤前，將小奶油塊散放在米布丁上，以增添濃郁風味，烤成香脆的外皮。加入磨碎的荳蔻，也可以增添色彩與風味。

製作熱的甜舒芙雷 MAKING A HOT SWEET SOUFFLE

烤香草舒芙雷
BAKED VANILLA SOUFFLES

奶油 125g
中筋麵粉(plain flour) 60g
牛奶 500 ml
香草精(vanilla essence) 1/2小匙
細砂糖(caster sugar) 125g
分蛋 8個

用奶油、麵粉、牛奶，製作白色系醬汁(white sauce，參照第222頁)。加入香草精、2大匙糖，攪拌混合。然後，將鍋子從爐火移開，稍微冷卻後，加入蛋黃攪拌。將蛋白打發到可以做出柔軟的角狀，再慢慢地加入剩餘的糖，打發成柔軟的蛋白霜。用大金屬湯匙，慢慢地將蛋白霜舀入白色系醬汁內混合。然後，將混合好的材料，舀入6個已準備好的125ml耐熱皿(ramekins)內，以190℃，烤15～20分鐘。烤好後，撒上一點糖粉(icing sugar)，立刻上菜。這樣可以做出6人份。

烤舒芙雷的基本材料，就是簡單的白色系醬汁(white sauce)，而糖與香草，則是它的經典調香料。糕點師傅在製作這種舒芙雷時，有個秘訣，就是分成幾個來烤，而非烤成1個大型的尺寸。因為這樣做，比較容易看得出來是否已烤好，而且也比較不會烤到塌陷。以下，為其它2種製作時的專業技巧。

三種塗層 TRIPLE COATING

先在耐熱皿的內部，從底部往上，刷上軟化奶油，讓舒芙雷能夠均勻地受熱，烤熟。冷藏到奶油凝固，再重複同樣的作業。然後，將細砂糖倒入耐熱皿內，到半滿的程度，轉動，讓糖沾滿內部，再把多餘的糖倒入另一個耐熱皿內，以同樣的方式，沾滿內部。

清理耐熱皿
CLEANING RIMS

如果側面是垂直的，就用大拇指沿著內側滑過，清理。

製作熱夏綠蒂 MAKING A HOT CHARLOTTE

這種夏綠蒂(charlotte)，是以抹了奶油的麵包來當做外皮，甜美多汁的水果餡填塞內部，所搭配而成的甜點。傳統上，與同名的冷藏甜點(參照右列)相同，都是裝入像桶子般的同名模型中，塑形製作而成。使用較不新鮮的麵包，比較能夠防止水果的水分滲透，維持形狀，不易變形。

1 先斜切4～5片麵包，成為三角形，再用圓形餅乾模，如圖所示，將邊緣切成圓形，以便配合模型底部的形狀，可以鋪在底部。

2 將剩餘的麵包切成兩半，成為長方形，如圖所示。將所有的麵包片伸進融化奶油內，沾上奶油，再以重疊的方式，排列在模型內。

3 將餡料舀到中央，用湯杓的背面壓平後，用剩餘已沾了奶油的麵包蓋上去。這樣做，可以防止餡料在脫模時漏出。

蒸布丁 STEAMING A PUDDING

傳統式布丁，是包裹在布丁布(pudding cloths)內蒸。然而，現代則是用鋁箔紙包裹。由於在蒸布丁的過程中，容器與鋁箔紙都會變得極高溫，所以移動時，一定要非常地小心。以下所示範的技巧，有助於降低燙傷的危險性。

1 將1片烤盤紙與1片鋁箔紙摺疊在一起，大小要足以整個覆蓋住大碗開口。

2 將烤盤紙與鋁箔紙蓋在碗上，用線綑綁好蓋子的下方，還有碗的上方，做成可以提的把手。

3 用這個線做成的把手，將布丁放進鍋內，還有取出。放1個三角鐵架(trivet)在鍋內，有助於導熱更均勻。

名稱逸趣 WHAT'S IN A NAME?

夏綠蒂(charlotte)是兩種不同甜點的名稱：一種是熱的(參照左列)，另一種是冷的俄羅斯夏綠蒂(charlotte russe)。熱的布丁，是英國最著名的瘋狂國王喬治三世(George III)在位期間，一位廚師的創作。這個名稱，就是為了向夏綠蒂，也就是喬治三世的妻子與皇后，表達敬意而取的。冷的俄羅斯夏綠蒂，則是源自於西元19世紀時，一位受僱於俄國沙皇亞歷山大(Tzar Alexander)的知名法國糕點師傅卡瑞蒙(Carême)的靈感。它是種不需要加熱的精緻甜點，將香濃的奶油醬倒入排列著手指餅乾(sponge finters)的模型內，製作而成。

夏綠蒂皇后(Queen Charlotte，d.1818)

蘋果夏綠蒂 APPLE CHARLOTTE

煮熟的蘋果與史密斯奶奶蘋果(切塊) 各500g

無鹽奶油 100g

糖 250g

核桃塊(walnut pieces) 50g

白麵包(大片) 10～12片

杏桃果膠(apricot glaze，參照第319頁)

用25g奶油，以小火，煎蘋果15分鐘，到變軟。加入糖、核桃，攪拌混合，到蘋果開始變得鬆散。加熱融化剩餘的奶油。先切除麵包的外皮，再切成可以擺進1.5公升夏綠蒂模(charlotte tine)內的大小。讓麵包沾上奶油，再排列在模型內。用糖煮水果(compote)填塞內部，再用剩餘的麵包蓋上。然後，蓋上鋁箔紙，以190℃，烤1小時，或直到質地變結實。烤好後，脫模，放在餐盤上，刷上熱果膠。以熱食上菜。這樣可以做出6人份。

糖 SUGAR

在烹飪的領域中，糖的作用不單只是調成甜味而已。糖與水一起加熱後，就可以做成糖漿，成爲許多甜點不可或缺的材料。糖在焦糖化後，就會變成琥珀色，可以用來製作帕林內(praline)與奴軋汀(nougatine)。

煮糖用溫度計
SUGAR THERMOMETER

這是個非常實用的器具，可以用來量測加熱後糖漿的精確溫度，還有果醬、果凍、糖果的凝固點。使用時要小心，讓溫度計的前端只接觸到液體，不要碰觸到鍋子。

製作糖漿
MAKING SUGAR SYRUPS

將糖漿煮得清澈無顆粒，最重要的兩項技巧，就是糖一定要先徹底溶解後，再加熱，煮滾。另外，就是糖漿一旦煮滾後，就絕對不要再攪拌。不同濃度的糖漿與其用途，請參照第281頁。

1 將糖與冷水放進質地厚重的鍋內，邊以小火加熱，邊攪拌到溶解。

2 如果是要做成簡單的糖漿，就讓它滾1分鐘。如果是要做成其它的煮沸糖漿(boiled syrups)，請參照下列。

煮沸糖漿 BOILED SUGAR SYRUPS

如果糖漿一直處於加熱狀態，水分就會蒸發，溫度就會升高，糖漿就會變得越來越濃稠。加熱糖漿的過程中，要不斷地在鍋子的側面刷上水，以防結晶產生(參照以上步驟2)。如果你沒有溫度計可以使用，就用手指來測試：先將手指浸在冰水中，再浸到糖漿中，然後再浸到冰水中。關於何時應停止加熱，請參照第281頁的焦糖(CARAMEL)，步驟2。

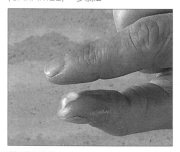

軟球狀態
SOFT-BALL，**116～118°C**
第一個飽和點(saturation point)階段。糖漿已可成形，按壓時感覺柔軟。

硬球狀態
HARD-BALL，**125°C**
糖漿可以形成結實而有柔軟的球狀，感覺質地帶著韌性。

軟脆狀態
SOFT-CRACK，**134°C**
糖漿是脆的，質地柔軟稍帶彈性，感覺會黏牙。

硬脆狀態
HARD-CRACK，**145°C**
糖漿非常脆。一旦高於這個溫度，糖漿很快就會焦糖化。

上面，由左到右(From top, left to right)：冰糖(sugar crystals)、紅砂糖(light muscovado)、黑砂糖(dark muscovado)、金砂糖(demerara sugar)。
下面，由左到右(From top, left to right)：糖粉(icing sugar)、方糖(sugar cubes)、細砂糖(caster sugar)、砂糖(granulated sugar)。

焦糖 CARAMEL

琥珀色的焦糖，通常被當做醬汁或脆糖使用，在濃度高的糖漿加熱到超過硬脆狀態(hard-crack stage)的溫度，所有的水分都蒸發後形成，此時的糖漿就會變成深褐色。淡度焦糖(light caramel)的風味溫和，中度焦糖(medium caramel)為深黃褐色，嚐起來有堅果的味道。加熱時要小心，切勿讓焦糖加熱到超過190℃，否則就會燒焦。如果焦糖凝固得太快了，就再度加熱一下子。

1 將高濃度的焦糖放在質地厚重的鍋子內，加熱到沸騰。然後，把火調小，以漩渦狀的方式搖晃鍋子一或兩次，讓糖漿色澤均勻。切勿攪拌。

2 當焦糖加熱到所需的色澤時，就把鍋底浸泡在冰水中，以降低溫度，防止繼續加熱。然後，在焦糖開始凝固前，將鍋子從冰水中移開。

帕林內 PRALINE

帕林內，是用焦糖與堅果混合而成，為冰淇淋或其它甜點的調香料。杏仁帕林內(almond praline)是最傳統的一種，其它還有用榛果(hazelnuts)或以下所示的山胡桃(pecans)所做成的帕林內，都是不錯的選擇。製作時，通常是用等量的堅果與糖，再用擀麵棍敲成塊，或放進食物理機(food processor)，按脈衝按鈕(pulse button)，攪碎。如果帕林內要用擀麵棍擀平，堅果就要用少一點。

1 將去殼的全粒堅果，放進煮滾的金黃色焦糖內，加熱到堅果開始爆開，聞起來有烤過的味道。

2 將烤盤紙鋪在烤盤上，立刻把帕林內倒上去，抹平，放涼。

糖漿與其用途 SUGAR SYRUPS AND THEIR USES

加熱糖與水後所需達到的溫度，依其用途而定，例如：做成簡單的糖漿，或柔軟的凍(fondants)，還是脆焦糖(brittle caramel)，應達到的溫度標準都不同。

淡度糖漿 LIGHT SUGAR SYRUP：250g糖配500ml水，可以用在水果莎拉，或水波煮水果上。

中度糖漿 MEDIUM SYRUP：250g糖配250ml水，可以用來做蜜餞(candying fruits)。

濃度糖漿 HEAVY SYRUP：250g糖配225 ml水，可以用來做焦糖(參照左列)，或冰淇淋。

軟球狀態 SOFT-BALL，116〜118℃：可以用來做義式蛋白霜(Italian meringue)或奶油霜飾(buttercream icing)。

硬球狀態 HARD-BALL，125℃：可以用來做瑪斯棒(marzipan)、風凍(fondant)、糖果(sweets)。

軟脆狀態 SOFT-CRACK，134℃：可以用來做牛軋糖(nougat)、部分焦糖、太妃糖(toffee)。

硬脆狀態 HARD-CRACK，145℃：可以用來做拉糖(pulled sugar)或棉花糖(spun sugar)、冰糖(rock sugar)、straw sugar、糖衣水果(glazed fruits)。

焦糖 CARAMEL：液態焦糖，可以用來調香醬汁，或製作焦糖奶油醬(crème caramel)等甜點。固態扳碎或敲碎的焦糖，可以用來做脆糖(brittles)，或表面裝飾(toppings)。

奴軋汀 NOUGATINE

奴軋汀是糕點師傅的最愛之一。經典的奴軋汀，是用焦糖與杏仁混合而成，就像帕林內(praline)，不同的是，它還添加了葡萄糖(glucose)，讓質地變得更易塑形，而且堅果是先切片，烤過後，再與焦糖混合。奴軋汀主要是被當做裝飾造型使用(參照第300頁的法國泡芙塔(croquembouche))，或是做為甜點餡料的容器使用。除此之外，也可以敲碎後，裝飾在冰淇淋或其它甜點的表面。以下的作法，可以製作出2kg的份量。

1 將1kg糖加入100 ml水中溶解，煮滾，再加入400g液態葡萄糖。加熱到變成焦糖色。將500g烤過的杏仁片散放進鍋內，搖晃鍋子，讓杏仁表面沾滿焦糖。然後，倒在已刷上油的工作台上，稍微冷卻後，用已刷上油的熱金屬擀麵棍，擀平。

2 奴軋汀擀成5cm厚，用已刷上少許油的熱主廚刀，先切成條狀，再切成所需的形狀。

巧克力 CHOCOLATE

巧克力的處理方式一定要正確，特別是它在甜點製作上扮演了非常重要的角色。使用可可奶油(cocoa butter)含量至少32%以上的優質巧克力，才能得到最佳的成果。

巧克力的種類
TYPES OF CHOCOLATE

專業糕點師傅常常會使用家庭料理中所用的不同種類的巧克力。這是因為他們常常需要巧克力，不僅在複雜的造型上可塑性要高，而且還要不易變形。可可奶油在巧克力裡的含量，關係到巧克力的切割與塑形能力，以及巧克力的風味。

烘焙巧克力
BAKER'S CHOCOLATE：

別名「baker's covering」、「pâte à glacer」，是種已去除所有可可奶油，以氫化蔬菜油(hydrogenated vegetable oil)取代而成，容易使用的巧克力，具有容易凝固，與切割的特質，但是，缺點就是風味油膩，成品較粗糙，缺乏光澤。所以，比較適合用來製作彎曲靈活形狀的裝飾，例如：第284頁的緞帶(ribbons)，而且，不需要經過調溫(tempering，參照第283頁)，也可以使用。

考維曲巧克力
COUVERTURE CHOCOLATE：

製作任何需要用到巧克力的糕點時，這種巧克力就成了糕點師傅的最愛。它的可可奶油(cocoa butter)含量很高(32%)，所以可以散發出漂亮的光澤，而且風味細緻。因為在使用前一定要先經過調溫，所以，使用起來比烘焙巧克力困難。不過，它的成品無論是在外觀或口味的質感上，都遠超過烘焙巧克力。如果你無法取得考維曲巧克力(couverture)，可以用無糖巧克力(unsweetened chocolate)或半甜巧克力(semisweet chocolate/ bittersweet or plain chocolate)，加上你可以取得的可可奶油含量最高的巧克力，做為替代品。使用前，要調溫。

巧克力 CHOCOLATE

巧克力在既冰又硬的情況下，最容易切碎或磨碎。如果是在氣候溫暖的情況下，巧克力就一定要先放進冰箱冷藏，而且要用烤盤紙或鋁箔紙包裹，做好保護措施。所有接觸巧克力的器具，都應徹底保持乾燥。

切碎
CHOPPING
用主廚刀的刀片，以前後移動的方式，將巧克力切碎。

磨碎 GRATING
抓牢巧克力，用磨碎器的粗孔，磨碎巧克力。

融化 MELTING

巧克力最好是用隔水加熱的方式(bain marie)，以非常低的溫度來融化。如果加熱溫度太高，巧克力就會變成粒狀，燒焦。如果巧克力內濺到水，就會變硬，或失去光澤。

將巧克力切成大小一致的粗塊，放進乾燥的耐熱攪拌盆內，再把攪拌盆放在一鍋熱水(不是微滾狀態)上。等到巧克力開始融化了，就用木匙攪拌到均勻柔滑。

製作甘那許
MAKING GANACHE

這種鮮奶油巧克力，可以用來做蛋糕的霜飾(icing)或餡料(filling)，而且，可以依個人喜好，添加幾滴利口酒(liqueur)或咖啡，以增添風味。使用優質的巧克力，例如：可可奶油(參照左列)含量高的考維曲巧克力(couverture)，就可以做出成功的甘那許。

1 切碎，融化300g巧克力。加熱150 ml濃縮鮮奶油(double cream)，倒入巧克力內。

2 用木匙攪拌混合鮮奶油與巧克力。

3 混合均勻後，攪拌到柔順有光澤。

調溫 TEMPERING

這種技巧，適用於可可奶油含量高的巧克力(參照第282頁)。運用這種技巧，可以讓巧克力的硬度與光澤，得以因應許多裝飾用途的要求。巧克力經過融化，冷卻，再度加熱的程序，就可以破壞脂肪，讓質地變得有光澤，不會產生條紋，而且可以凝固得很堅硬。

1 將巧克力裝入攪拌盆內，下面墊著一鍋熱水(非微滾狀態)，慢慢地融化巧克力。攪拌到巧克力變得質地柔滑，約45°C溫度。

2 將裝著巧克力的攪拌盆，移到另一個裝滿冰塊的攪拌盆上。攪拌到巧克力冷卻，溫度下降至25°C。

3 將巧克力放在一鍋熱水上，再度加溫30～60秒，直到巧克力的溫度達到可以作業的32°C。

製作巧克力杯 MAKING CUPS

製作時，糕點師傅會直接將覆蓋著保鮮膜的奶油小圈餅模(dariole moulds)的外側，浸泡在調溫過的巧克力中。以下，為另一種作法。

將調溫過的巧克力，塗抹薄薄的一層在精緻小點心紙殼(petit four cases)的內側。靜置凝固，再小心地剝除紙殼。

塑型 MAKING SHAPES

如果巧克力是要用來切割，進行前置作業時，動作就要迅速，以免巧克力凝固得太快。當巧克力的質地變得柔滑，凝固成均勻的一層後，就可以把另一張烤盤紙覆蓋在巧克力上，然後，翻面，就可以讓新的烤盤紙變成在巧克力底下。這樣做，可以防止巧克力在變乾燥後捲起。要開始切時，撕除上面的烤盤紙。切割好的巧克力片，可以當做擠花甘那許(參照第282頁)的夾心片用，或將巧克力片組合成盒狀，用來填裝新鮮水果。粉飾技巧(dusting technique)，請參照290頁。

1 將調溫過的巧克力舀到鋪了烤盤紙的烘烤薄板(baking sheet)上。

2 用大L型抹刀(angled spatula)，以划槳般的動作，迅速地抹平成2mm厚。放涼，直到表面看起來混濁，但是還未凝固。

3 在巧克力還未凝固變脆之前，將餅乾模浸泡在熱水中，乾燥，用來將巧克力切成圓片。如果是要切成其它的形狀，就用刀子。切好後，將巧克力放在烤盤紙上凝固。

巧克力雙層蛋糕
Gâteau des Deux Pierre

這種豪華的甜點，是巧克力與覆盆子的絕佳美味組合，整個被巧克力緞帶包裹在內。先將各部分依序分開做好，最後再用來組裝在蛋糕上。

6人份

製作海綿蛋糕
(FOR THE SPONGE CAKE)
中筋麵粉 (plain flour) 85g
可可粉 (coca powder) 40g
分蛋 4個
細砂糖 (caster sugar) 125g

製作慕斯 FOR THE MOUSSE
細砂糖 (caster sugar) 50g
水 75 ml
吉力丁片 (已用水泡過，
參照第274頁) 4片
考維曲巧克力 (couverture
chocolate，參照第282頁，
已融化) 250g
濃縮鮮奶油 (稍微打發過) 500 ml

最後裝飾 TO FINISH
覆盆子 (raspberries) 175g
覆盆子酒 (framboise/
raspberry liqueur) 50 ml
糖漿 (sugar syrup，用50g細砂糖
與50 ml水製作，參照第280頁)
烘焙巧克力 (baker's chocolate，
參照第282頁) 350g
糖粉 (icing sugar)

製作海綿蛋糕：麵粉與可可粉過篩。打發蛋白，直到變得柔軟，可以做出角狀。慢慢地加入糖，繼續打發到質地變得柔順，加入蛋黃混合後，再慢慢地加入乾燥的材料混合。然後，裝入已塗抹了油脂，側面鋪了襯紙的瑞士捲烤盤 (Swiss roll tin) 內，用220℃，烤8～10分鐘。烤好後，脫模，硬皮那面朝上，置於網架上，放涼。將蛋糕的硬皮那面朝下，放在烤盤紙上，撒上細砂糖，撕除襯紙，用直徑23cm的金屬蛋糕圓模輔助，切成2塊圓盤狀。用利口酒浸泡覆盆子。

製作慕斯：將糖與水放進平底深鍋 (saucepan) 內，煮滾。

將鍋子從爐火移開，加入吉力丁，攪拌混合後，倒入巧克力內，混合均勻。先將1/3鮮奶油加入巧克力內，攪拌混合，再把剩餘的部分也加入混合。

組裝蛋糕：將直徑23cm的金屬蛋糕圓模，放在一塊蛋糕底盤 (cake card) 上，再把1塊圓盤狀海綿蛋糕放進底部。將慕斯舀到海綿蛋糕上，到圓模一半的高度，把表面整平。將另1塊圓盤狀海綿蛋糕疊在慕斯上，壓入。將浸泡在利口酒內的覆盆子取出，把利口酒加入糖漿內。用毛刷把糖漿刷在海綿蛋糕上，吸收浸潤 (參照第315頁)，再把覆盆子散放成一層，高度要一致。然後，再用剩餘

的慕斯覆蓋，表面抹平。放進冰箱冷藏約1小時，直到慕斯凝固。用噴槍 (blow torch) 或熱布巾 (tea towel)，加溫金屬圓模的外側。小心地抬起圓模，脫模，把蛋糕移到餐盤上。

製作巧克力緞帶 (ribbons)：融化烘焙巧克力，塗抹在烤盤的背面上。靜置冷卻，到幾乎凝固，再開始製作緞帶 (參照下列)。每做好一條，就用來包裹蛋糕，從蛋糕的底部開始。將緞帶盤繞起來，用來裝飾蛋糕的上面，朝著中心點，從最外側開始盤繞。做出1個小扇葉形，擺在正中央。最後，再撒上糖粉做裝飾。

製作緞帶
Making Ribbons

烘焙巧克力 (baker's chocolate/pâte à glacer) 不含可可奶油 (cocoa butter)，所以，不需要調溫 (tempering)。用烘焙巧克力來製作裝飾，可塑性極高，而且容易作業。製作時，使用刮板 (pastry scraper) 或乾淨的壁紙刮刀 (wallpaper scraper)。

用手掌摩擦巧克力的表面，稍微加熱巧克力，讓它變得更容易塑型。

將刮板稍微伸入巧克力下面，由內朝外刮，讓刮起的巧克力末端捲起，同時用手指輕輕地抓起。

將刮板繼續往前推，變成1條長而寬的緞帶。作業的時候，動作要快，而且做好的緞帶要立即使用。

冰淇淋甜點 ICE-CREAM DESSERTS

自製冰淇淋的新鮮滋味,是市售品無法比擬的。冰淇淋的調香方法簡單,又容易塑型。以下所示範的技巧,可以讓製作好的冰淇淋甜點,呈現出專業級的水準。

製作冰淇淋 MAKING ICE CREAM

經典的法式冰淇淋,只要簡單地混合冷凍香草卡士達(vanilla custard/crème anglaise)與打發鮮奶油即可。使用電動冰淇淋機(electric ice-cream maker),可以做出滿意的成果來,因為它可以不斷地攪製,打碎冰晶(ice crystals),做成乳狀的質地。香草是最經典的調香料,不過,也可以加入60g可可粉(cocoa powder)或200～300 ml果泥。由於冷凍會造成風味減損,所以,必須加強添加物的濃度。可以使用濃度高的濃縮果泥,就不會讓卡士達變稀了。

1 將裝著625 ml英式奶油醬(crème anglaise,參照第276頁)的攪拌盆,放在另一個裝了冰塊的攪拌盆上冷卻。冷卻的過程中,要常常攪拌。

2 將已經冷卻的卡士達倒入冰淇淋機內,冷凍30分鐘。然後,加入250 ml打發鮮奶油,冷凍20分鐘,到質地變結實。這樣可以做出1.5公升的冰淇淋。

可可粉 COCOA POWDER

果泥 FRUIT PUREE

香草 VANILIA

製作半軟冰淇淋
MAKING SEMI-SOFT
ICE CREAM

義大利人製作的半凍雪糕
(semifreddo)，字面上之意為「半
冷凍的冰淇淋」，質地呈半軟的狀
態。它是用果泥、壓碎的蛋白餅
(meringue)、鮮奶油，加上利口酒
(liqueur)來減緩冷凍速度，所製成
的冰淇淋。

1 將225g漿果類水果放進果汁
機內，攪拌成泥狀。如覺得
有需要，可再過濾去籽。然
後，加入3大匙利口酒混合。

2 將果泥倒入攪拌盆內。打發
300 ml濃縮鮮奶油 (double
cream)與50g糖粉(icing sugar)後，
加入果泥內，再加入壓碎的蛋
白餅，一起混合。

3 將混合料裝入底部鋪了烤盤
紙的直徑20cm扣環式圓形
活底烤模(Springform Tin)內，冷凍
至少6小時。脫模，剝除烤盤
紙，切片，上菜。

製作芭菲 MAKING PARFAITS

這是經典半球形冰淇淋(bombes)的現代詮釋版。這種令人炫目的甜點，名字是取自於法文的「完美(法parfait/英
perfect)」之意。脫模時，先用熱毛巾圍住圓模的側面，再取出芭菲。以下的芭菲，運用了專業式手法來做裝飾
(參照第290～291頁與第323頁)。

1 加熱100g糖與2大匙水，製
作成軟球狀態的糖漿(soft-ball
stage，參照第280頁)。打發1個
全蛋與5個蛋黃、糖漿，直到濃
稠，冷卻。

2 稍微打發500 ml濃縮鮮奶油
(double cream)後，慢慢地加入
蛋的混合料內，攪拌混合。用烤
盤紙將8個直徑8cm的金屬圓模
圍起來，用膠帶黏貼固定。

3 將金屬圓模排列在鋪了烤盤
紙的烤盤上，再舀入芭菲，
輕拍，排除裡面的空氣。

4 用熱過的抹刀，將表面整
平。冷凍到質地結實，至少
6小時。

冰沙&葛拉尼塔
SORBETS & GRANITAS

沁心的冰涼質感，艷麗的色彩，與清爽的風味，讓冰沙與葛拉尼塔，可以成為用餐時的最後一道提神佳品。以下，為簡單的冰沙與葛拉尼塔的製作技巧，與一些巧妙的裝點呈現方式。

藍莓冰沙
BLUEBERRY SORBET

細砂糖(caster sugar) 175g
水 165 ml
藍莓果泥(已過濾) 500 ml
黑胡椒 1撮
蛋白 50g

用150g糖與150ml水，製作糖漿(參照第280頁)。從爐火移開，加入藍莓果泥與黑胡椒，攪拌混合。放涼，再放進冰箱冷藏2小時。將混合料放進冰沙機內，運作40分鐘，直到部分冷凍。趁這段時間，用蛋白與熱糖漿(用剩餘的糖與水製成)，製作義式蛋白霜(參照第272頁)。然後，加入冰沙內，繼續運作機器，直到冰沙完全冷凍，需時45分鐘。這樣可以做出1公升的冰沙。

冰沙的調香料
FLAVOURINGS FOR SORBETS

建議選擇以下的濃郁風味材料，才能夠在冷凍後，還可以清楚地突顯出風味者。

● 新鮮黑莓(blackberry)、黑醋栗(blackcurrant)、覆盆子(raspberry)或草莓的果泥。
● 水波煮過的新鮮桃子或杏桃(apricot)的果泥。
● 鮮榨的橙汁(orange juice)、檸檬汁、萊姆汁，或這三者的綜合果汁。
● 甜瓜果肉(melon pulp)。其中，以西瓜(watermelon)、加利亞甜瓜(gallia)、夏朗德甜瓜(charentais)、歐根甜瓜(ogen)尤佳。

用機器攪拌冰沙 MAKING A SORBET BY MACHINE

使用電動冰沙機(sorbetière)，可以加速冷凍過程，同時製作出質地既柔細，又滑順的冰來。然而，做出極度柔滑冰沙的真正訣竅，則在於添加入義式蛋白霜(Italian meringue)。

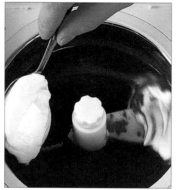

開始冷凍時 AS FREEZING BEGINS
當部分冰沙已冷凍時，加入義式蛋白霜，繼續冷凍。

最後階段 AT THE END
在冰沙機內冷凍了1又1/2小時後，檢查一下冰沙的硬度。此時的質地應該是結實而柔滑，毫無冰晶(ice crystals)。將冰沙舀到碗內，上菜，或裝入硬質容器內，放進冷凍庫存放。

用手攪拌冰沙 MAKING A SORBET BY HAND

冰沙最好是用冰沙機攪拌。不過，只要你準備好，在冷凍的過程中花多點時間攪拌，即使不用機器，也可以得到相當不錯的成果。這是破壞冰晶，做出極為柔細質地冰沙的唯一方法。攪拌得越頻繁，冰沙的質地就會越柔細。一般而言，在用手攪拌的情況下，使用果泥會比果汁的結果還好。這是因為果汁的水分含量較高，所以，製造出的冰晶就會比果泥還多，而影響到質感。

1 混合自選的糖漿與果泥，冷凍約2小時，到半凍的狀態(semi-frozen)。

2 用攪拌器，攪拌混合半凍冰沙。放回冷凍庫。定時地取出攪拌，直到冷凍完全，需時2小時。

製作冰凍水果杯 MAKING FROZEN FRUIT CUPS

這種甜點稱之為「水果冰(fruit givrés)」或「冰凍水果(frosted fruits)」，是將水果挖空後，再裝填同一種水果風味的冰沙而成。以下所示，用的是檸檬，不過，也可以使用萊姆(lime)或橙(orange)。製作時，用果肉製作成冰沙，當做餡料用，每個水果約可以做出3～4大匙冰沙。如果冰沙沒有要隨著杯子在同一天上菜，一旦冰沙的質地已經變硬了，就要裝入冷凍保鮮袋(freezer bags)內保存。

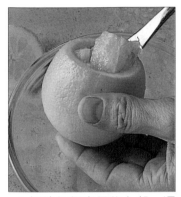

1 切除每個水果的上部，還有薄薄的一塊底部，讓底部變得平坦，可以站立。取出果肉。將水果的外殼放進冰箱冷凍。

2 將冰沙舀入每個水果的內部，堆積到超出水果開口2～4cm的高度。將切下的水果上部蓋回去，放進冷凍庫冷藏，上菜時再取出。

冰沙擠花 PIPING SORBET

質地稍軟的冰沙，比較容易擠花。可使用已經冷凍過後徹底冷藏過的高腳杯(long-stemmed glasses)，當做盛裝的容器，以營造出令人炫目的效果。最後，再用糖漬柑橘皮(candied zest)做表面裝飾，與冰沙的風味相互輝映。

將星形擠花嘴裝在擠花袋上，填裝冰沙後，擠入玻璃杯中，放進冷凍庫冷藏。上菜時，再取出。

葛拉尼塔 GRANITA

葛拉尼塔的特徵，就是它那結晶狀的質地(crystalline texture)，這也是它的名稱「葛拉尼塔(granita)」在義大利文中的原意。以下，為依照右列食譜，還有下列的製作技巧，所做成的咖啡葛拉尼塔(coffee granita)。

加入糖漿 ADDING SUGAR SYRUP
使用過濾器，將糖漿灑入已冷藏過的咖啡混合料內，攪拌混合均勻，以製造出閃亮的冰晶。

用叉子翻鬆 FORKING THROUGH
在冷凍的過程中，用叉子翻鬆數次，分散冰晶，就可以做出葛拉尼塔特色獨具的泥狀質地。然後，用湯匙，將葛拉尼塔從攪拌盆內一點點地舀出，上菜。

咖啡葛拉尼塔 COFFEE GRANITAS

細砂糖(caster sugar) 200g
冷水 450 ml
即溶義式濃縮咖啡粉(instant espresso coffee powder) 50g
滾水(boiling water) 450 ml

用糖與冷水，製作糖漿(參照第280頁)，放涼。將咖啡粉放進滾水中溶解，放涼。將冷卻的糖漿，用過濾器，灑入咖啡混合液中，攪拌到徹底混合均勻。冷凍至少4小時，直到變硬。冷凍的過程中，要儘可能常用叉子攪拌，以翻鬆混合。這樣可以做出6～8人份的咖啡葛拉尼塔。

名稱逸趣 WHAT'S IN A NAME?

冰沙 SORBET：冰沙，是種軟質的冰，用糖漿與調香料，例如：果汁或果泥混合後，再加入義式蛋白霜(Italian meringue)或打發蛋白混合而成。有時，也可以加入酒類，以增添特殊風味。冰沙大都被當做甜點食用，不過，有時也被用來做為各道菜之間的清口味小菜(refresher)。

冰凍果露 SHERBET：這是西方版的「莎芭(sharbat)」，一種源自於波斯(Persia)的冰飲。它是將水果糖漿倒入敲碎的冰內，再加入氣泡水所成。現代的冰凍果露通常是加了牛奶所製成的清淡水果冰，具有乳狀的質地，但是沒有冰淇淋的濃膩感。

思本 SPOOM：這是種將蛋白霜加入以冰凍的葡萄酒或香檳(champagne)為基底的冰凍果露(sherbet)，所製成的冰品，具有泡沫般的質地，味道甜美。由於思本含有酒精成分，所以需要比冰凍果露更長的時間冷凍。另外還有個傳統式版本，稱之為「灌木(shrub)」。

最後修飾 FINISHING TOUCHES

絕妙的裝飾，可以讓簡單的甜點，變得炫目奪人。以下所介紹的的裝飾，最好事先做好，以便有足夠的時間凝固或乾燥。創意造型巧克力，可以讓蛋糕呈現出職業級的外觀。焦糖滴繪鳥巢，與脆餅，可以用來裝飾芭菲(parfaits)，而瓦片籃，可以用來盛裝冰淇淋或水果。糖漬柑橘皮，可以用來均衡濃膩的風味。

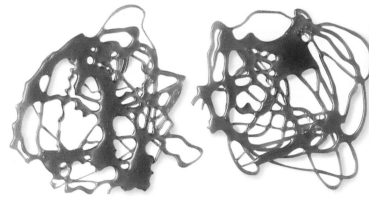

巧克力玫瑰葉片
CHOCOLATE ROSE LEAVES
先用濕布巾，將葉片擦乾淨，再用廚房紙巾拍乾。融化自選的巧克力300g。用手抓著葉柄，再把大量巧克力塗抹在其中一面上，通常下側那面的效果比較好。放進冰箱冷藏到變硬，再小心地將葉片從巧克力上剝除。

焦糖滴繪造型
DRIZZLED CARAMEL SHAPES
先製作濃度糖漿(heavy sugar syrup)，煮成焦糖(參照第281頁)。將刷了油的烤盤紙鋪在烘烤薄板(baking sheet)上。舀1匙焦糖，讓焦糖從匙尖，滴落在烤盤紙上。做好後，放涼，再從烤盤紙上剝下。

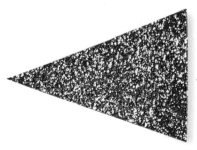

雙粉層巧克力
DOUBLE-DUSTED CHOCOLATE
製作造型巧克力(參照第283頁)。將少許糖粉(icing sugar)放進過濾器內，在巧克力上方，小心輕拍。將少許可可粉(cocoa powder)放進另一個過濾器內，撒在糖粉上。你也可以製造不同的效果，先撒上可可粉，或把可可粉撒在白巧克力上。

巧克力捲片
CHOCOLATE CURLS
用一手抓牢1塊室溫白或黑巧克力，另一手用蔬菜削皮刀，沿著一側的邊緣，刮成捲片。使用可可奶油(cocoa butter)含量低的巧克力，或烘焙巧克力(baker's chocolate，參照第282頁)，效果做好。因為這兩者比較不易斷裂。

瓦片籃 TUILE BASKETS

1 製作模板麵糊（stencil paste，參照第326頁）。將烤盤紙鋪在烘烤薄板（baking sheet）上。將1大匙麵糊，抹成陽光四射的造型。

2 一次烤4個，以180℃，烤5～8分鐘，到邊緣變成金黃色。然後，放進碗內，用1個餅乾模鎮壓。製作16個。

巧克力煙捲 CHOCOLATE CIGARETTES

1 將300g已調溫的考維曲巧克力（couverture chocolate），抹在烘烤薄板（baking sheet）的背面。一旦凝固了，就用手掌摩擦表面，稍微加溫。

2 用手抓牢烘烤薄板，將刮板（pastry scraper）伸入巧克力底下，往前刮，做成煙捲的形狀。製作30個。

糖漬萊姆皮 CANDIED LIME ZEST

1 將汆燙過的長條狀萊姆皮，放進淡度糖漿（light sugar syrup，參照第281頁）裡，煮10分鐘。然後，加入100g糖，慢煮20分鐘。瀝乾，讓萊姆皮冷卻。

2 萊姆皮冷卻後，沾滿細砂糖（caster sugar），放在烤盤紙上，讓它變硬。

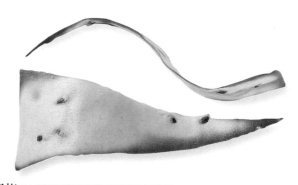

百香果旗 PASSION FRUIT PENNANTS

1 將60g百香果籽加入模板麵糊（stencil paste，參照第326頁）裡混合。然後，抹在烤盤紙上，取下模板麵糊。重複同樣的作業。

2 每次烤6個，以180℃，烤5～8分鐘，直到邊緣變成金黃色。然後，移到刷了油的擀麵棍上。靜置成形。製作12個。

甜味醬 SWEET SAUCES

甜味醬是決定甜點的成敗關鍵。絲綢般質地的薩巴雍(Sabayon，又稱蛋黃醬)，它的製作技巧，常被運用在經典的法式甜點或醬汁的製作上，是必學的技巧之一。以下所介紹的3種醬汁，奶油糖漿(butterscotch)可以用在冰淇淋上，白蘭地奶油(brandy butter)可以用在聖誕布丁(Christmas pudding)上，一整年都可以分別派上用場。

薩巴雍的用法 USES FOR SABAYON

薩巴雍的口味細緻不油膩，卻又很濃郁，可以用來當做芭菲(parfaits)、慕斯(mousses)、奶油霜飾(buttercream icing)的基本製作材料，不過，最普遍的用法還是用來當做醬汁。

● 澆淋在新鮮的軟質水果上，尤其是漿果類水果(berries)，燒烤到變成焦糖化(caramelized，參照第268頁)。
● 用來搭配熱糖煮水果(warm fruit compotes)，或水波煮過的水果(poached fruits)，一起上菜。
● 搭配熱水果塔(warm fruit tarts)或糕點(pastries)，一起上菜。
● 舀到個別上菜的蒸布丁周圍，讓醬汁在盤底分佈成一片。

製作薩巴雍醬 MAKING A SABAYON SAUCE

這種經典的法式甜味醬，是義式莎巴翁(Italian zabaglione)的變化式樣。雖然製作起來並不困難，卻要很小心，切勿加熱過度，以免產生油水分離的現象。

1 將6個蛋黃與90g細砂糖，放進耐熱攪拌盆內，攪拌到起泡，顏色變淡。然後，將攪拌盆放在微滾狀態的水上。

2 邊不斷地攪拌，邊一點點地加入150ml餐後甜點白酒(white dessert wine)或果汁，直到質地開始變濃稠。

3 繼續攪拌，到可以形成緞帶痕跡(ribbon trail)的濃稠度。最後，加入1大匙馬德拉葡萄酒(Madeira)或雪莉酒(sherry)。

製作甜味醬 MAKING SWEET SAUCES

這幾種基本甜味醬，運用方式非常多樣化，而且，都質感高雅。白蘭地奶油可以澆淋在熱甜點上，奶油糖漿可以當做黃褐色的淋醬用，質地輕盈而結實的香堤伊醬，可以用來擠花。

白蘭地奶油(Brandy Butter)；
奶油糖漿(Butterscotch Sauce)；
香堤伊奶油醬(Crème Chantilly)

白蘭地奶油 BRANDY BUTTER
將175g軟化無鹽奶油，與少許糖粉(icing sugar)，打成膨鬆柔軟的乳脂狀。然後，加入4大匙白蘭地，攪拌到質地柔滑。放進冰箱冷藏。

奶油糖漿 BUTTERSCOTCH SAUCE
將85g奶油、175g紅糖(brown sugar)、2大匙金黃糖漿(golden syrup)，放進鍋內，邊用小火加熱，邊攪拌到融化。然後，加入85ml濃縮鮮奶油(double cream)，加熱到剛好沸騰即可。

香堤伊醬 CREME CHANTILLY
打發250ml濃縮鮮奶油(double cream)，直到變稠。然後，加入2大匙細砂糖，還有幾滴香草精(vanilla essence)，打發到可以形成角狀。

糕點
PASTRY

油酥麵糰 SHORTCRUST

泡芙麵糊 CHOUX

使用薄片酥皮 & 果餡捲餅 USING FILO & STRUDEL

起酥皮 PUFF

起酥皮整型 SHAPING PUFF PASTRY

油酥麵糰 SHORTCRUST

油酥麵糰,是種油膩層狀,製作起來最簡單,用途最廣泛的麵糰。法文中稱之為「pâte brisée」,用來製作餡餅(flans)、塔(tarts)、法式鹹派(quiches),或者單皮派或雙皮派(single and double crust pies)。它也很適合用來做迷你塔的外殼(tartlet shells),或花式裝飾(decorative finishes)。如果在油酥麵糰裡加糖,就成了甜酥麵糰(pâte sucrée)。

油酥麵糰與甜酥麵糰 PATE BRISEE AND PATE SUCREE

中筋麵粉(plain flour,過篩) 200g
鹽 1小匙
無鹽奶油(切丁) 100g
蛋 1個
水 約2小匙

混合麵粉與鹽。加入奶油,摩擦混合。再加入蛋與足夠的水,製作成麵糰。包裹好,冷藏30分鐘。這樣可以做出400g的油酥麵糰。

如果是要製作甜酥麵糰,加入鹽時,要同時加入1大匙細砂糖(caster sugar)。

內行人的小訣竅 TRICK OF THE TRADE

使用奶油切刀 USING A PASTRY BLENDER

英式油酥麵糰(shortcrust pastry),與法式油酥麵糰(pâte brisée),有些許不同。傳統上,它是用等量的奶油與豬油(lard),加上兩倍量的麵粉,所製作成的麵糰。此時,可以使用一種特殊的器具「奶油切刀(pastry blender)」,利用連接在握柄前端的銳利鋼條,來切割油脂,同時增加麵糰內部的含氣量。

製作油酥麵糰 MAKING PATE BRISEE

用來製作餐前或餐後開胃點心(savoury dishes)的油酥麵糰(pâte brisée),與用來製作甜點的甜酥麵糰(pâte sucrée),運用的製作技巧是相同的。製作時,要讓器具與材料保持在低溫的狀態,而且儘量不要移動麵糰,才能得到最佳的成果。一旦麵糰做成球狀後,就要放進冰箱冷藏30分鐘,讓麵糰鬆弛。這樣做,可以防止烘焙時麵糰發生收縮的情況。

1 用細孔過濾器,將麵粉過篩到大攪拌盆內。這樣做可以增加麵糰的含氣量,讓烤好後的質地更酥脆。然後,加入鹽,攪拌。

2 用手指,摩擦混合奶油與粉類,直到色澤均勻,質地像細緻的麵包粉。

3 搖晃攪拌盆,讓奶油與粉類徹底混合均勻。然後,在中央做出凹槽。

4 將蛋放進另一個小攪拌盆內,稍微攪開後,倒入中央。

5 用刮板混合,如有需要,就加水進去,一次加入1小匙,直到成糰。

6 用手將麵糰整理成糰後,放在工作台上,塑成球狀。切勿過度揉和麵糰,以免質地變硬。

鋪襯餡餅模
LINING A FLAN TIN

將麵糰擀平時,切勿過度延展。擀好後,鋪在模型內,放進冰箱,至少冷藏30分鐘。確實做好上述幾點,就可以防止麵皮在烤的過程中收縮。

1 將麵糰擀成比模型還大5cm的麵皮,捲在擀麵棍上。然後,移到模型上,鬆開。

2 用多餘的小球形麵糰,將麵皮壓入模底,及模型的摺縫內。

3 將擀麵棍放在模型上,用力往下壓,切除多餘的麵皮。

空烤酥皮 BAKING BLIND

餡餅(flans)、法式鹹派(quiches)、塔(tarts)、迷你塔(tartlets),如果餡料不需要再加熱,或已經被加熱到半熟,只需要再進行短時間加熱,就必須先將它們的外殼烤熟。這種烘烤空殼的技巧,就稱之為「空烤酥皮(baking blind)」。

1 在麵皮的底部打洞,以便烘烤的過程中,裡面的空氣可以排出。然後,鋪上烤盤紙,裝入鎮石(baking beans),以180℃,烤10～15分鐘。

2 烤到麵皮變硬,邊緣變成金黃色後,就取出烤盤紙與鎮石,繼續烤5分鐘,或到變成淡褐色。然後,放在網架上冷卻。

製作迷你塔 MAKING TARTLETS

迷你塔在空烤酥皮(baking blind)時,可以用另一個模型疊放在麵皮上,這樣做比在每一個模型內鋪上烤盤紙與鎮石,還要容易多了。

1 將麵皮鋪在迷你塔模內,切除多餘麵皮。再把另1個迷你塔模疊上去,稍微壓緊。用180℃,烤10分鐘。取出壓在上面的模型,再繼續烤5分鐘,到變成淡褐色。

2 脫模,放在網架上冷卻。然後,先填塞帕堤西耶奶油醬(crème pâtissière,參照第276頁),再擺上新鮮水果,最後刷上果膠(fruit glaze,參照第319頁)。

鎮石
BAKING BEANS

當麵皮在未鑲餡的狀況下空烤酥皮(baking blind)時,一定要用重物鎮壓,以防在烘烤的過程中膨脹或冒泡,還有移位。先將1張比模型稍大的烤盤紙,鋪在底部,再裝入均勻一層的鎮石。鎮石可以使用市售的陶瓷或金屬材質製品,或乾燥豆類、米等,可以重複使用的物品。

派煙囪
PIE FUNNELS

派煙囪,不但可以支撐麵皮,還有助於讓蒸氣排出。你可以使用漂亮造型的陶瓷製品,通常是鳥的造型,或是用鋁箔紙自製。

製作單皮派
MAKING A SINGLE CRUST PIE

用深盤烘烤的甜味或鹹味派,通常都只有油酥麵糰做成的單層派底。為了確保麵皮緊貼在模型上,不會在烤的過程中翻落在餡料內,所以,要將派的邊緣做成兩層。為了讓派皮能夠固定好位置,最好在餡料的正中央擺上派煙囪(參照左列),用來輔助支撐麵皮。

1 將麵糰擀成比盤子大2.5～5cm的圓形。將盤子倒過來,蓋在麵皮正中央上,先沿著盤子邊緣切,再從多餘的麵皮上切下2cm寬的一圈。

2 將冷的餡料舀到派煙囪周圍放。先用毛刷沾水,刷在邊緣上,再把切下來的一圈麵皮貼上去,按壓固定。然後,在麵皮上刷上水。

3 將麵皮捲在擀麵棍上,再小心地蓋在盤子上,按壓邊緣,貼緊。用刀子,沿著盤子的邊緣,切除多餘的麵皮。

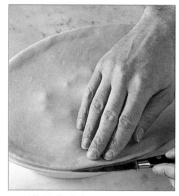

4 進行往上挺(knock-up)的作業,用手指稍微按壓邊緣,同時用刀背沿著麵皮邊緣往上輕拍,做出凸邊。

5 先用大拇指按壓邊緣,再用撒了手粉的刀子,切上1cm長的一道刀痕。重複相同的作業,完成一整圈。在派煙囪上切一個洞,再塗抹上刷蛋水(參照第31頁)。

製作雙皮派
MAKING A DOUBLE CRUST PIE

用淺盤或派盤烘烤的派,通常都用雙皮烘烤,一塊麵皮在餡料底下,一塊蓋在上面。為了防止下層的麵皮變潮濕,製作時,要先在下層的麵皮,刷上少許稍微攪拌過的蛋白,再把餡料裝進去。此外,餡料用水果,請選擇果肉結實,不會太多汁,例如右圖所示的大黃(rhubarb)。

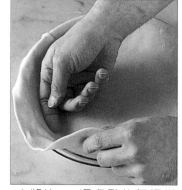

1 將比1/2還多點的麵糰擀平,鋪在盤子上。用手指的背面,將麵皮壓入盤子內,小心不要拉扯到麵皮。切除多餘的麵皮。

2 將冷的餡料舀進去放。將剩餘的麵糰擀成比盤子稍大的麵皮,捲在擀麵棍上。用毛刷在邊緣刷上水,再把麵皮蓋在餡料上。切除多餘的麵皮,用手指稍微按壓邊緣,同時用刀背沿著麵皮邊緣往上輕拍,做出凸邊,成為蒸氣的排氣口。最後,塗上刷蛋水,讓表面顯現光澤(參照以上的步驟5)。

裝飾邊緣
DECORATIVE EDGES

所有的塔與派,只要將邊緣塑成漂亮的花邊,或利用切下來的多餘麵皮或其餘的麵皮做成裝飾,就會呈現出完全不同的風貌。這些裝飾,可以添加在派的外側邊緣,或變成表面的外皮。製作前,手指要先沾上手粉,以方便處理麵糰。做好後,先塗抹上刷蛋水(參照第31頁),再進行烘烤。

凹槽花邊 FLUTES
將一手的食指與拇指放在麵皮邊緣的內側,將麵皮捏成凹凸狀,同時用另一手的食指與拇指放在麵皮邊緣的外側,將突出的部分捏尖。

葉片裝飾 LEAVES
從切下多餘的麵皮上,切下葉片的形狀。用刀尖,在葉片表面輕輕地劃出葉脈。先在邊緣刷上水,再把葉片貼上去,葉片與葉片要稍微重疊。

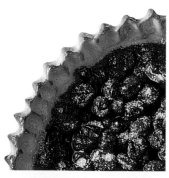

辮子裝飾 PLAIT
從麵皮上切下3條1cm寬,比盤子的周長還長5cm的長條狀。先將這3條並排放好,再開始編成辮子。然後,將水刷在麵皮的邊緣上,把辮子放上去,輕壓固定,末端連接起來。

格子裝飾 LATTICE
先在麵皮上切下1.5cm寬的長條。跨過兩側,擺在塔上,每條間隔2cm。將每間隔1條往回摺,直到距離邊緣2cm處為止,在水平方向擺上1條新的長條,跨在其它的長條上。然後,往回摺與不往回摺的長條,角色互換。每間隔2cm,就重複一次。

玫瑰裝飾 ROSE
製作1個2cm高的圓錐形麵糰。切下5個直徑3cm的圓形麵皮,用來做花瓣。用大拇指將每片花瓣的一部分邊緣壓平。用平坦的邊緣將圓錐形包起來,捏緊固定。重複同樣的作業,讓花瓣稍微相互交疊,圍繞著圓錐形。

塔丁蘋果塔派
TARTE TATIN

這種經典的法式甜點,是覆蓋在麵皮下烤,烤好後,再倒過來盛盤,上菜。

1 將 油酥麵糰(shortcrust dough)擀成比鍋子稍大的圓形。蓋在水果上,切除多餘的麵皮。把麵皮的邊緣塞進鍋內。以230℃,烤20分鐘。

2 烤好後,靜置10分鐘,再把餐盤蓋在鍋子上,翻面,變成上下顛倒。小心地移開鍋子。

泡芙麵糊 CHOUX

這種麵糊，可以做出酥脆而含氣量高的外殼，適用於製作小圓麵包(buns)、閃電泡芙(eclairs)，或像法國泡芙塔(croquembouche，參照第300頁)這樣耀眼的甜點，還有許多開胃菜(hors d'oeuvre)、泡芙(pâte à choux)。它是種特殊的麵糊，需加熱兩次，與其它的麵糊不同。

泡芙麵糊
CHOUX PASTE

這種基本的技巧，就是將麵糊煮到開始膨脹起來時，關火，從爐火上移開後，慢慢地加入蛋攪拌混合，而且攪拌時要儘量把空氣打進去。此時麵糊的溫度，應該足以稍微加熱蛋，但是還不至於過熱，把蛋加熱到凝固。這個份量的麵糊，可以製作40個小圓麵包(buns，參照下列)，或30個閃電泡芙(參照右列)。

1 將100g無鹽奶油與250 ml 水放進鍋內加熱。一煮到滾，就從爐火移開。

2 加入已一起過篩的中筋麵粉(plain flour)、1小匙鹽、1小匙糖，迅速攪拌混合。

3 等到麵糰混合均勻後，再度加熱到變乾燥，可以形成球狀，從鍋子的側面抽離。

4 慢慢地加入4個已攪開的蛋，每加入一次，就要迅速攪拌均勻。此時，一定要將鍋子從爐火上移開，才不會把蛋煮熟。

5 繼續攪拌，直到麵糊變濃稠，有光澤。而且，應該在搖晃木匙時，麵糊會從匙上掉落下來。

小圓泡芙
CHOUX BUNS

這種小球形泡芙麵糊，是用擠花的方式，擠到烘烤薄板(baking sheet)上烤。烤好後，放涼，切成兩半，用來夾餡料，或從下面打洞，再把餡料擠入(參照第299頁)。進行烘烤前，先在烘烤薄板上稍微塗抹奶油，放進冰箱冷藏。這樣做，可以防止麵糊在擠花後到處滑動。然後，以200℃，烤約20分鐘，到變成金黃色。

1 用1cm圓形擠花嘴，將麵糊擠在已塗抹了奶油的烘烤薄板上，間隔距離要大。

2 在每一個小圓糰的頂端，塗上一點刷蛋水(參照第31頁)。

3 用沾上刷蛋水的叉子，稍微將頂端壓平，讓上面變成圓形。

閃電泡芙 ECLAIRS

先在烘烤薄板上稍微塗抹奶油，放進冰箱冷藏。然後，使用1cm的圓形擠花嘴，將泡芙麵糊擠在烘烤薄板(baking sheet)上，成8cm的長條狀，相互間隔要大，製作閃電泡芙。放進烤箱，以200℃，烤約20～25分鐘，到變成黃褐色，放在網架上冷卻。以下所示的閃電泡芙，是先打洞，再擠入帕堤西耶奶油醬(crème pâtissière，參照第276頁)，再用融化的考維曲巧克力(couverture)增添風味。其它的餡料，請參照右列。

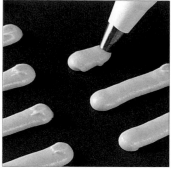

1 直接將麵糊擠到烘烤薄板上，力道要均勻，讓擠出的形狀儘可能一致。

2 先在表面塗抹刷蛋水(參照第31頁)，再用沾了刷蛋水的叉子，在表面上劃切直紋。

3 烤好後，將閃電泡芙放在網架上放涼。冷卻後，用小刀或擠花嘴在每個的兩端上打洞。

4 使用5mm的擠花嘴，將餡料從其中一端擠入，一直擠到餡料開始從另一端冒出為止。

5 讓閃電泡芙沾上軟化的風凍霜飾(fondant icing，參照第338頁)，或調溫過的考維曲巧克力(參照第283頁)，去除多餘的部分。

小圓泡芙上菜 SERVING CHOUX BUNS

將小圓泡芙橫切成兩半，用香堤伊醬(Crème Chantilly)與新鮮水果片當做夾心餡料。最後，將糖粉(icing sugar)撒在表面上。

● 用焦糖當做小圓泡芙的表面餡料。首先，將杏仁薄片放在塗抹了奶油的烘烤薄板(baking sheet)上。製作焦糖(參照第281頁)。然後，讓所有的小圓泡芙上面沾上焦糖，再把沾了焦糖的那面朝下，各放在1片杏仁薄片上。靜置片刻，讓杏仁黏好，固定。

● 用冰淇淋或香堤伊醬(Crème Chantilly)當做餡料，再滴上熱巧克力醬或融化的考維曲巧克力(couverture)，製作巧克力小泡芙(chocolate profiteroles)。

● 將慕司林奶油醬(Crème mousseline)擠進小圓泡芙內，用來製作法國泡芙塔(croquembouche，參照第300頁)。

● 將融化巧克力或糖衣(glacé icing)裝入紙製擠花袋內，再擠到風凍(fondant)與調溫過的巧克力糖衣(tempered chocolate icing)上。

內 行 人 的 小 訣 竅　TRICK OF THE TRADE

油炸泡芙 DEEP-FRYING CHOUX

油炸麵糊或麵糰的例子很多，包括墨西哥吉拿(Mexican churros)、紐奧良多拿滋(New Orleans beignets)、義大利欣吉(Italian cenci)。由於用了同樣的方式，所以，泡芙麵糊在油炸後，結果也差不多。上菜時，撒上糖粉(icing sugar)或細砂糖(caster sugar)，與肉桂粉。

將油放進鍋內，高度約7.5cm，加熱到190℃。將麵糊裝入套上了1.5cm圓形擠花嘴的擠花袋內。在熱油上，擠出約3cm長的麵糊，用主廚刀，從擠花嘴的出口處切斷，就可以讓麵糊直接落入油內。油炸3～5分鐘，直到膨脹起來，變成金黃色。然後，用溝槽鍋匙(slotted spoon)撈起，放在廚房紙巾上瀝乾。以溫熱的溫度上菜。

法國泡芙塔
Croquembouche

這是種法國的傳統婚宴甜點，外觀炫目奪人，是用濃郁帕堤西耶奶油醬
(crème pâtissière)做為餡料，焦糖做裝飾的小圓泡芙(choux buns)
疊在一起，組合而成。法國泡芙塔的作法簡單，
只要先將各部分分別準備好，再組裝起來即可。

20人份
奴軋汀(nougatine，參照第281頁)
2kg
雪糖粒(Nibbed sugar，裝飾用)

蛋白糖霜的材料
FOR THE ROYAL ICING
糖粉(icing sugar) 250g
蛋白 1個
檸檬汁 1大匙

小圓泡芙的材料
FOR THE CHOUX BUNS
水 500 ml
無鹽奶油 200g
鹽 10g
細砂糖(caster sugar) 15g
中筋麵粉(plain flour) 300g
蛋 8～9個

刷蛋水的材料
FOR THE EGG WASH
蛋 1個
蛋黃 1個
鹽 1撮

慕司林奶油醬的材料
FOR THE CREMEM MOUSSELINE
蛋黃 12個
細砂糖(caster sugar) 300g
中筋麵粉(plain flour) 100g
玉米細粉(cornflour) 100g
牛奶(用1個香草莢浸漬過，
參照第331頁) 1.5公升
無鹽奶油(軟化) 200g
自選的利口酒(liqueur) 90 ml

焦糖的材料 FOR THE CARAMEL
細砂糖 1kg
水 200 ml
葡萄糖(glucose) 300g

製作奴軋汀，擀成薄片(參照第281頁的步驟1)。用1塊直徑30cm的蛋糕底盤(cake card)做輔助，切下1大塊圓盤狀的奴軋汀，用來做為法國泡芙塔的底座。切下後，放在蛋糕底盤(cake card)上備用。然後，使用直徑10cm的金屬圓模，先切下2塊圓盤狀的奴軋汀，再切下3塊下弦月形的奴軋汀，用來裝飾頂端。

使用左列的材料，製作蛋白糖霜(royal icing，參照第318頁)，再擠到大圓盤狀的奴軋汀邊緣(參照下列)，還有2塊小圓形奴軋汀的邊緣。

使用左列的材料，製作100個小圓泡芙(參照第298頁)，塗抹上刷蛋水(egg wash)後，再烘烤。烤好後，放涼。

製作慕司林奶油醬。先製作帕堤西耶奶油醬(crème pâtissière，參照第276頁)，最後一點點地加入奶油與利口酒(liqueur)，攪拌混合，放涼。然後，用1個小的圓形擠花嘴，從每個小圓泡芙的洞擠進去。

將糖放進水中溶解，加熱到沸騰，製作焦糖。撈除所有浮渣後，加入葡萄糖，攪拌混合。把火調小，繼續加熱，偶爾以螺旋狀的方式搖晃鍋子，直到變成金黃色的焦糖。然後，把鍋子浸泡在冰水中，稍加冷卻，再讓小圓泡芙的上面沾上焦糖，將有焦糖的那面朝下，放在托盤上凝固。其中幾個，再沾上雪糖粒。

用鋁箔紙包裹住大的圓錐形模型，表面刷滿油。在底座也圍一圈鋁箔紙，用來支撐底層那圈的小圓泡芙。

先在底層排一圈小圓泡芙，兩側要沾上焦糖，讓泡芙可以互相黏貼起來，但是朝向鋁箔紙那面不用沾上焦糖。然後，往上排下一圈(參照下列)。繼續往上一層層疊上去，將沾上雪糖粒的泡芙隨機排列進去。靜置到焦糖變硬。
脫模(參照下列)，擺在奴軋汀做成的底座上，裝飾頂端，用焦糖黏貼固定。

組裝法國泡芙塔
Assembling the Croquembouche

成功的關鍵，就是耐心與細心。法國泡芙塔組裝好後，應放在陰涼的場所，在4～6小時內上菜。切勿存放在冰箱中，因為焦糖會變得黏膩。

用小星形擠花嘴，將蛋白糖霜擠到大奴軋汀底座的邊緣，圍成一圈。

將泡芙圍著圓錐形排列，兩側與下層間的泡芙要黏貼起來，但是不要與鋁箔紙那面黏貼。

先慢慢地將法國泡芙塔從模型中取下，再小心地取出整個鋁箔紙圈。

使用薄片酥皮 & 果餡捲餅
USING FILO & STRUDEL

這兩種麵糰，都可以烤成極薄的層次。製作這兩者時，速度與熟練度，是必須的要件。這也就是爲什麼人們一般都只購買現成的薄片酥皮。依照以下的方法，可以製作出大多數市面上販售的薄片酥皮。此外，還有步驟式解說，爲各位介紹如何自製果餡捲餅。

薄片酥皮疊層
LAYERING FILO

在中東地區，通常薄片酥皮間會以美味的餡料做夾心，層層相疊後，再烘烤。這種製作技巧其實非常簡單，只要記得用濕布覆蓋好薄片酥皮即可，因爲它很容易變乾。以下，是用450g薄片酥皮、100g融化奶油，還有用切碎的堅果(nuts)、糖、肉桂做成的餡料，所做成的拔克拉弗餅(baklava)。用170℃，烤1又1/4小時。然後，趁熱讓表面沾上蜂蜜糖漿(honey syrup)。

1 將1/2量的薄片酥皮鋪在已塗抹了奶油的盤底，每一塊薄片酥皮上都要刷上融化奶油。將餡料放進去後，繼續疊層。

2 覆蓋在餡料上面的每一塊薄片酥皮，一定要先刷滿融化奶油後，再烤。這樣才能烤出香味濃郁，層次緊貼的表層。

3 用銳利的刀子，先在表層上劃切鑽石形狀再烤，這樣比較容易上菜。

薄片酥皮整型 SHAPING FILO

像紙般薄的薄片酥皮，是用來包裹無論是甜味或鹹味餡料的最佳材料。進行疊層時(參照上列)，要用濕布覆蓋薄片酥皮，以防變乾。整型完成後，刷上融化奶油，以180℃，烤約30分鐘。

雪茄煙 CIGAR
將融化奶油，刷在8cm寬的長條狀薄片酥皮上。把1小匙餡料舀到其中一端的中央放。將較長的兩側邊緣摺起來，讓邊緣變整齊。捲成雪茄煙的形狀。

三角形 TRIANGLE
將融化奶油，刷在8cm寬的長條狀薄片酥皮上。把1小匙餡料舀到其中一端的一角上放。將另一角斜向摺疊起來，覆蓋住餡料，做成三角形。重複同樣的作業，摺疊到另一側上。

錢包 PURSE
將融化奶油，刷在邊長8cm的正方形薄片酥皮上。把1小匙餡料舀到正中央上放，再把4個角往中心抓，包住餡料。然後，在餡料的上方，小心地扭一下，封好，不要讓餡料漏出來。

製作果餡捲餅 MAKING STRUDEL

徹底揉麵，可以讓麩質(gluten)更加地發揮作用。讓麵糰有足夠的時間鬆弛，更可以增加其延展性。擀麵時，動作要迅速，因為它很容易就會變乾。以下為蘋果餡捲餅的製作技巧，請參照右下列的食譜來製作。

4 在撒了手粉的白布上，將麵皮延展成薄麵片。進行時，用沾了手粉的手背，從麵皮的中央往外撐開，直到延展成極薄的長方形，可以透視到手的薄度為止。

5 將餡料散放在薄麵皮上，再用白布輔助，從較長的一側開始捲起。

6 小心地將捲好的蘋果餡捲餅，封口處朝下，移到已塗抹了奶油的烘烤薄板(baking sheet)上放。彎曲兩末端，做成馬蹄鐵的形狀。然後，表面刷上融化奶油，再烘烤。蘋果餡捲餅烤好後，可以熱食或冷食上菜。上菜前，要撒上糖粉(icing sugar)，切成厚片。冷藏過的香堤伊奶油醬(crème Chantilly，參照第292頁)，非常適合用來搭配蘋果餡捲餅。

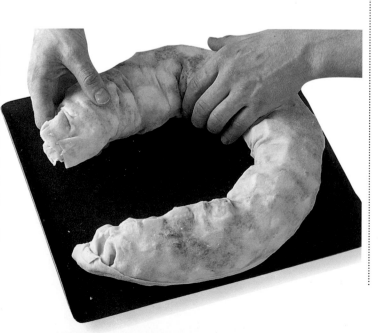

內行人的小訣竅
TRICK OF THE TRADE

靜置鬆弛麵糰
LETTING DOUGH REST

麵糰揉和完成後，放進1個鋪了濕布巾的攪拌盆內。

蘋果果餡捲餅
APPLE STRUDEL

高筋麵粉(strong plain white flour)
  300g

鹽 1小匙

蔬菜油 40 ml

溫水 200 ml

煮熟的蘋果(去皮，去芯，切塊) 500g

融化奶油 約150g

金砂糖(demerara sugar) 150g

葡萄乾(raisins) 100g

核桃(烤過，切碎) 100g

肉桂(研磨) 1小匙

蛋糕屑(cake crumbs)或新鮮麵包粉
  50g

麵粉與鹽過篩後，加入油與水，混合成糰。揉和5～7分鐘，到表面變光滑。覆蓋，靜置鬆弛，最久到2小時。用半量的奶油煎蘋果。然後，加入剩餘的餡料用材料，放涼。用擀麵棍把麵糰擀平，蓋上濕茶巾，靜置至少15分鐘。然後，移到鋪了白布的工作台上，延展成大長方形。刷上融化奶油。將餡料散放在離邊緣3cm之內的薄麵皮上，捲起來，移到烘烤薄板(baking sheet)上。刷上融化奶油，以190℃，烤30～40分鐘。這樣可以做出8～10人份。

起酥皮 PUFF

這種膨鬆有層次的奶油酥皮，製作時有3個主要階段，可以用來製作甜味或鹹味的塔、小肉餡餅(bouchées)、千層酥(feuilletés)。這3個階段，包括製作基本揉和麵糰(détrempe/foundation)，加入奶油，擀平，摺疊與轉向。持續冷藏麵糰，以能做出最佳成果。

起酥皮
PUFF PASTRY

高筋麵粉(strong plain white flour)
　500g

冷水　250 ml

融化無鹽奶油　75g

鹽　2小匙

無鹽奶油　300g

用麵粉、水、融化奶油、鹽，製作麵糰。讓300g奶油稍微軟化，擀成2cm厚的方塊。在撒了一點手粉，冰鎮過的工作台上，將麵糰壓平，擺上奶油塊，包起來。擀平，摺疊，轉向，總共6次，每進行2次轉向後，就放進冰箱，冷藏30分鐘。這樣可以做出1.25kg。

製作基本揉和麵糰 MAKING THE DETREMPE

這是製作麵糰的第一階段(法文為 détrempe)，就是將麵粉、鹽、水、融化奶油，混合成球狀的麵糰。然後，就可以進行包裹奶油，冷藏的作業了。

1 將麵粉過篩到冰鎮過的工作台上，在中央做出凹槽。然後，加入水、融化奶油、鹽，用手指混合。

2 用刮板，混合粉類與奶油，直到變成碎屑狀。如果質地變得乾燥，就再加點水進去。

3 將麵糰塑成球狀。在上面切割出「X」，以防收縮。用撒了手粉的烤盤紙包起來，冷藏30分鐘。

加入奶油 ADDING THE BUTTER

先用擀麵棍，在烤盤紙或保鮮膜上，將奶油擀成2cm厚的方塊，再用來與麵皮混合。

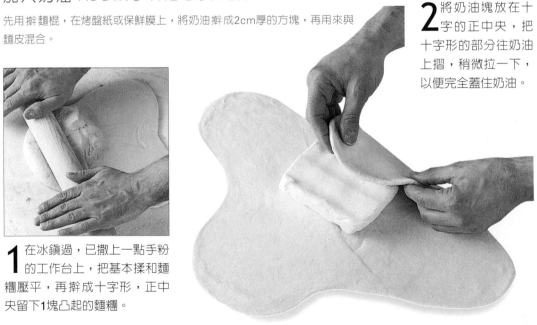

2 將奶油塊放在十字的正中央，把十字形的部分往奶油上摺，稍微拉一下，以便完全蓋住奶油。

1 在冰鎮過，已撒上一點手粉的工作台上，把基本揉和麵糰壓平，再擀成十字形，正中央留下1塊凸起的麵糰。

3 在工作台上撒點手粉，用擀麵棍在上面擀，把收口處封好。然後，把麵糰擀成長方形。

擀平與摺疊 ROLLING AND FOLDING

在這個階段,要將麵糰擀平,再像信一樣折疊起來。邊緣一定要保持整齊,成一直線。擀麵時,將擀麵棍由內往外,力道要大而均勻。

1 將麵糰擀成20cm X 45cm的長方形。把下面的1/3部分,往中間摺。

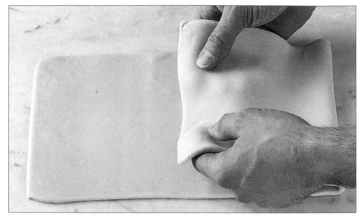

2 將上面的1/3部分,往中間摺,疊在下面的1/3部分上,刷除所有多餘的手粉。

3 此時的麵皮應為正方形,有3層麵皮,邊緣應對齊,成一直線。接下來,就要轉向,繼續擀平。

起酥皮的相關注意事項 QUICK TIPS FOR PUFF PASTRY

製作起酥皮時,一定要在陰涼的空間內,在大理石台上進行,才能得到最佳的結果。

- 只要在可行的狀況下,儘量在使用的前一天製作好起酥皮。增加靜置時間,可以讓麵糰變得更容易整型,以便進行後續的烘焙。

- 完美的麵糰,取決於正確的材料份量比例。有些糕點師傅會在混合好基本揉和麵糰(détrempe)後,量測重量,再與其1/2重量的奶油混合。

- 一旦奶油被基本揉和麵糰(détrempe)包裹起來後,先冷藏30分鐘,讓奶油與麵糰變成相同的溫度(這樣可以混合得更均勻)。

- 每轉向2次後,一定要徹底冷藏,才能讓麵糰均勻膨脹。而且,起酥皮麵糰一定要先切割,再烘烤,才能夠讓層次均勻地膨脹起來。

- 為了保險起見,在分割成想要做成的形狀後,最後一次,再度冷藏起酥皮麵糰30分鐘。

- 使用烤箱溫度計(oven thermometer),以確認麵糰的烘烤溫度正確無誤。如果烤箱的溫度太低,麵糰內的奶油就會融化,而無法膨脹成漂亮的層次。

麵糰轉向 TURNING THE DOUGH

起酥皮(puff pastry),必須進行6次擀平,摺疊,轉向,才能在烤好後,變得膨鬆而多層次。每轉向2次,就要在麵糰上做記號,再放進冰箱冷藏。

1 將方形的麵皮轉90度,讓疊在最上面,露出邊緣的那側朝向你的右邊,看起來像一本書。輕輕地按壓邊緣,封好。

2 將來麵皮擀成20cm X 45cm的長方形。再次摺疊成三摺,封好邊緣。冷藏30分鐘。再重複2次擀平,摺疊,轉向。

在麵糰上做記號
MARKING THE DOUGH
用手指在麵糰上做記號,記錄已轉向幾次。

起酥皮整型 SHAPING PUFF PASTRY

在經典的法國料理中,起酥皮(參照第304～305頁)是被切成各種造型,例如:長方形、圓形、鑽石形、劃切花式紋路,製作成優雅的外皮,或輕薄的金黃色容器,用來填塞甜味或鹹味的餡料。

製作小肉餡餅 MAKING BOUCHEES

這種小盒子會有這樣的名稱,就是因為它的大小,因為「bouchée」在法文中為「一口」之意。它是放在潮濕的烘烤薄板(baking sheet)上,以220℃,烤20～25分鐘。為了讓小肉餡餅可以往上筆直地膨脹,要在烘烤薄板的四個角各放1個金屬切割模(metal cutter),再將另一塊烘烤薄板放在上面。當小肉餡餅膨脹起來時,上面的那塊烘烤薄板,就可以防止頂端因過度上升而塌陷。

1 先將麵糰擀平成2塊3mm厚的麵皮,將2塊疊放在一起。塗抹上刷蛋水(egg wash,參照第31頁)。

2 放進冰箱冷藏,或冷凍,再用直徑7.5cm的圓花邊切割模(fluted pastry cutter)切穿2層麵皮。

3 用刷了油的直徑3.5cm的圓形切割模,切開上層麵皮的正中央。

製作薄片 MAKING A TRANCHE

「tranche」,是取自於法文的「薄片」之意。這種花式的起酥皮容器,在經典法國料理中,是用來當做帕堤西耶奶油醬(crème pâtissière)或塗上果膠的新鮮水果的容器。不過,也可以用來填塞其它的餡料。做好後,塗抹上刷蛋水(egg wash,參照第31頁),放在潮濕的烘烤薄板(baking sheet)上,以220℃,烤8～12分鐘。然後,再以190℃,烤12～15分鐘。烤好後,放在網架上冷卻,再填餡。

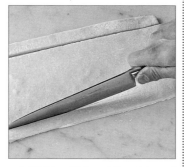

1 切下一塊3mm厚,14cm X 30cm的長方形,邊緣要切整齊。再從長邊上切下2條1cm寬的長條形。

2 在長邊的兩側上塗抹上刷蛋水(參照第31頁),再把2條長條形貼在距離邊緣2mm內的兩側上。用刀背劃切紋路。

製作千層酥 MAKING FEUILLETES

這種鑽石形的麵皮,可以做成漂亮的容器,來盛裝奶油醬類的餡料,或新鮮水果。做好後,放在潮濕的烘烤薄板(baking sheet)上,以220℃,烤8～12分鐘。然後,再以190℃,烤12～15分鐘。烤好後,放在網架上冷卻,再填餡。

1 先將麵糰擀成3mm厚,再切成13cm的方形。將方形以對角線對摺,成為三角形。

2 從距離摺邊1cm的地方,開始沿著開口邊切,最後也要留下1cm不要切斷,讓切開的部分還連接在麵皮上。

3 攤開麵皮,在內部的方形邊緣塗抹上刷蛋水(參照第31頁)。將兩側的長條拉起,交叉,上下交疊,往對角方向拉,讓尖端黏貼在塗抹了刷蛋水的對角上。

蛋糕 & 餅乾
CAKES & BISCUITS

蛋糕製作 CAKE MAKING

基本蛋糕 BASIC CAKES

打發蛋糕 WHISKED CAKES

特殊蛋糕 SPECIAL CAKES

起司蛋糕 CHEESECAKES

蛋糕霜飾 CAKE ICING

法式小點心 PETITS FOURS

餅乾 BISCUITS

蛋糕製作 CAKE MAKING

完美的蛋糕，不是光只有好的食譜與混合技巧，就可以達成。使用正確的模型與正確的前置作業，也是極爲重要的一環。此外，如何判斷蛋糕是否已完全烤好，也是一項必學的技巧。

蛋糕模抹油與撒粉 GREASING AND FLOURING A CAKE TIN

製作簡單的奶油蛋糕，例如：維多利亞夾心蛋糕(Victoria sandwich)、茶點麵包(tea breads)、水果麵包(fruit loaves)時，進行塗油(greasing)與撒粉(flouring)的作業，就可以防止烘烤的過程中，麵糊沾黏在模型上，而且，也比較容易脫模。除非食譜中有特別指定，否則就使用無鹽奶油。

1 將融化奶油刷在蛋糕模的底部、角落、側面，刷上薄薄均勻的一層。

2 將中筋麵粉(plain flour)撒進去，轉動蛋糕模，讓麵粉均勻地沾上。然後，上下顛倒，輕拍中央，抖落多餘的麵粉。

在模型內鋪襯紙 LINING A TIN

部分種類的蛋糕，特別是比較容易沾黏在模型上的打發海綿蛋糕，如果在蛋糕與模型間鋪上紙，就可以減少麻煩了。如果是像薩赫巧克力蛋糕(sachertorte，參照第319頁)這樣的蛋糕，必須讓邊緣整齊平滑，以呈現出漂亮的外觀，鋪襯紙，就成了一道重要的手續。使用不沾黏的烤盤紙，可以達到最佳的效果。同樣的技巧，可以運用在圓形、方形蛋糕模，或瑞士捲模上。

1 將蛋糕模擺在烤盤紙上，用鉛筆沿著邊緣畫，做記號。然後，沿著線的內側切開。

2 先在模型的內側刷上油脂(參照以上的步驟1)，再把烤盤紙放進底部。

在深的模型鋪雙層襯紙 DOUBLE LINING A DEEP TIN

部分較油膩的水果蛋糕，由於烘烤時間很長，所以，要用雙層襯紙保護，以免因為烤箱的熱度而導致水果燒焦，或外皮加熱過度而變硬。完成雙層襯紙後，就在底部也鋪上一層(參照以上)。你可以在模型外圍再綁上一圈折疊起來的報紙，以多一層保護。

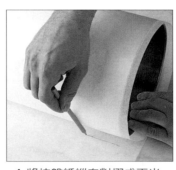

1 將烤盤紙縱向對摺成兩半，圍在模型周圍。在比圓周長2cm的地方做記號。

2 用剪刀，沿著摺邊，每隔3cm的距離，斜剪2cm長的切口。然後，擺進模型內，固定好，有切口的邊緣部分鋪在模型底部，墊在底部襯紙的下面。

3 將另一張烤盤紙縱向對摺，圍在模型的外側，用膠帶黏貼固定。

在吐司模內鋪襯紙
LINING A LOAF TIN

以下所示的鋪襯紙方法，可以運用在深的或淺的長方形吐司模上。由於切開後，位於邊角上的襯紙會相互重疊，所以，請使用比烤盤紙還薄的防油紙(greaseproof paper)，以減少所佔的體積。先切下一張比模型大2倍的紙，再把模型擺在紙的中央，讓紙的長邊與模型的長邊平行。

1 將模型擺在紙的正中央上。在紙的四角上，斜剪一刀，直到模型邊角為止。

2 將防油紙放進模型內，邊角的部分重疊，壓入模型的邊角與側面上。

檢查熟度
TESTING FOR DONENESS

烤好的蛋糕，應該是金黃色，膨脹起來，而且從模型側面稍微往內縮。除此之外，依照烘烤蛋糕種類的不同，還有2種不同的方式可以檢查熟度。

海綿蛋糕 SPONGE CANE
用手指輕壓蛋糕的正中央，蛋糕應該會彈回來。

烘烤前填裝麵糊
ADDING BATTER
BEFORE BAKING

質地柔軟而彭鬆的麵糊，例如：加了奶油的混合料或打發過的海綿蛋糕糊，應該用倒的，或用湯匙舀進模型內，約至模型的1/2或2/3滿。質地較結實而細密的麵糊，例如：用來製作油膩水果蛋糕的麵糊，就必須用湯匙舀入，約至模型的3/4滿。裝完後，再小心地把表面整平，讓麵糊可以均勻地往上膨脹。

水果蛋糕麵糊 FRUIT CAKE BATTER
用金屬湯匙的背面，在麵糊的正中央挖個凹洞，以防中央高聳起來或裂開。

海綿蛋糕糊 SPONGE CAKE BATTER
用金屬湯匙的背面，以漩渦狀的方式整平。麵糊在烘烤的過程中，會自然平衡成平整的表面。

水果蛋糕 FRUIT CAKE
將金屬籤插入蛋糕的正中央，抽出後，應該很乾淨，沒有任何沾黏物。

脫模與放涼 TURNING OUT AND COOLING

烤好後，先讓蛋糕留在模型內一下子，再脫模。如果是海綿蛋糕，需時約5分鐘；水果蛋糕，需要30分鐘。放涼時，擺在網架上，可以讓蛋糕的底部變乾，而不會被自身的熱度繼續蒸煮。

1 先將刀子伸入蛋糕與模型間，沿著側面轉一圈。進行時，力道與角度都要維持一致。如果用不斷插入的方式，可能就會破壞蛋糕的外皮。

2 將網架放在蛋糕上方，用布巾抓著，翻面，讓網架與模型上下顛倒，蛋糕就會落在網架上了。

3 小心地剝除襯紙。將蛋糕翻面，留在網架上冷卻。

基本蛋糕 BASIC CAKES

蛋糕的質地好壞，取決於材料的比例(不同份量的油脂、糖、麵粉、蛋)與混合的方法。學會以下的技巧，可以製作出3種不同密度與油膩度的蛋糕，作法簡單。

維多利亞夾心蛋糕
VICTORIA SANDWICH

自發粉(self-raising flour) 225g

鹽 1撮

軟化奶油 225g

細砂糖(caster sugar) 225g

蛋 4個

草莓果醬(strawberry jam) 4大匙

2個直徑20cm的圓蛋糕模塗油，撒粉(參照第308頁)。麵粉與鹽一起過篩。將奶油與糖放進大攪拌盆內，攪拌成乳狀。用另一個攪拌盆，把蛋稍微攪開後，慢慢地倒入乳狀的奶油與糖內混合。再加入麵粉與鹽，一點點地混合均勻。然後，將混合料舀入已完成前置作業的蛋糕模內，以190℃，烤25分鐘。烤好後，脫模，放在網架上冷卻。最後，用兩塊蛋糕來夾果醬，再把細砂糖撒在蛋糕上面。這樣可以做出6～8人份。

乳化法 THE CREAMING METHOD

運用這種技巧的目的，就是要儘可能讓更多的空氣融入材料內。如果是用手攪拌，就要先將奶油與糖攪拌到幾乎變成白色，再慢慢加入蛋攪拌，再小心地加入麵粉混合。如果是以簡便合一法/全打法(all-in-one method)，即使用下列所示的桌上型攪拌機(tabletop mixer)，就必須使用soft-tub margarine來讓麵糊變得更膨鬆，並加上泡打粉(baking powder)來膨脹。

用手攪拌 BY HAND

1 用木匙，攪拌奶油與糖，直到質地變得輕盈，鬆軟。

2 將蛋一點點地加入攪拌，每加入一次，就要攪拌均勻。如果混合料開始凝結了，就加入1～2大匙麵粉。

3 加入麵粉與鹽，用大金屬湯匙混合。以畫「8」字般的動作攪拌混合，以免裡面所含的空氣被擠出。

維多利亞夾心蛋糕的調香料
FLAVOURINGS FOR VICTORIA SANDWICH

以下的任何一種材料，都可以添加進麵糊裡。如果加入的是乾燥的材料，就要相對減少一點麵粉的用量。如果是液態的材料，就一滴一滴地加入。

- 磨碎的柑橘類水果皮(grated cirtrus zest)。
- 可可粉(cocoa powder)。
- 用一點水溶解即溶咖啡粉。
- 香草或杏仁精(vanilla or almond essence)。
- 橙花水(orange-flower water)。
- 利口酒(liqueurs)，例如：康圖酒(Cointreau)。

用機器攪拌

1 將材料放進桌上型攪拌機內，以soft-tub margarine來代替奶油。加入1又1/2小匙泡打粉。

2 用中速攪拌混合材料2～3分鐘，直到麵糊變成柔滑的乳狀，質地均勻。

內行人的小訣竅
TRICK OF THE TRADE

製作質地較膨鬆的麵糊
MAKING A LIGHTER BATTER

即將把麵糊舀入蛋糕模前，加入1～2大匙溫水混合。

油搓粉法 THE RUBBING-IN METHOD

這種重要的技巧，是將油脂搓揉到麵粉裡，直到分佈均勻。如果混合料看起來像細緻的麵包粉，就可以停止搓揉了。

1 用大姆指與其它手指，將奶油搓揉進麵粉裡。搓揉時，兩手要舉起，位在攪拌盆外。這樣做，可以讓空氣混合進材料裡面。

2 加入糖與綜合乾燥水果，攪拌到材料都混合均勻為止。

3 加入蛋與牛奶後，從側面的粉類開始，慢慢地將所有的材料混合均勻。

防止乾燥水果下沉
PREVENTING FRUITS SINKING

由於乾燥水果比較重，所以，容易沉到蛋糕麵糊的底部。以下簡單而巧妙的技巧，有助於解決這樣的問題。

在開始製作麵糊前，先用少量已量過份量的麵粉，拌乾燥水果。這些麵粉可以在乾燥水果的表面形成一層乾燥的保護膜，讓它們可以懸浮在蛋糕麵糊中，同時防止吸收過多的液體。

綜合水果蛋糕
MIXED FRUIT CAKE

中筋麵粉(plain flour) 450g
綜合辛香料(研磨) 1小匙
薑(研磨) 1小匙
小蘇打(bicarbonate of soda) 1小匙
綜合乾燥水果(mixed dried fruits) 225g
軟化奶油 175g
紅糖(brown sugar) 225g
蛋(攪開) 1個
牛奶 約300 ml

先在直徑23cm，深的圓蛋糕模內抹油，鋪襯紙(參照第308頁)。麵粉、磨碎的辛香料、小蘇打，過篩到攪拌盆內。舀出2大匙，與乾燥水果混合(參照左列)。

將奶油搓揉進麵粉裡，直到質地變得像細麵包粉為止。加入糖與乾燥水果，攪拌混合。

在中央做出一個凹槽，加入蛋與牛奶，混合成舀起後，可以滴落下去的柔軟度。如有需要，就再加點牛奶混合。然後，舀入已完成前置作業的蛋糕模內，將表面整平。以170 °C，烤約1小時40分鐘。烤好後，脫模，放在網架上冷卻。這樣可以做出10～12人份。

融化法 THE MELTING METHOD

這是最簡單的蛋糕製作技巧之一，是以奶油、糖、糖蜜(treacle)的融化混合料，來增加質地的濕潤度，還有小蘇打(bicarbonate of soda)，來增加膨鬆度。糖蜜的使用份量要確實量好，因為如果加太多了，蛋糕就會變得不夠膨鬆。由於小蘇打在材料混合後，就會立即開始發揮作用，所以，作業的速度一定要快。

1 將奶油、糖、糖蜜，放進鍋內，邊以小火加熱，邊用木杓攪拌混合，到剛剛融化為止。然後，稍微靜置冷卻。

2 將稍微冷卻的融化混合料，倒入蛋與牛奶內，混合均勻，再開始將周圍的麵粉撥入，攪拌混合。

3 用木杓攪拌混合，直到質地變得柔滑均勻，舀起時，混合料會滴落的硬度。

薑餅
GINGERBREAD

奶油、黑糖(dark brown sugar)、黑糖蜜(black treacle) 各250g
中筋麵粉(plain flour) 375g
薑(研磨) 1大匙
磨碎的綜合辛香料與荳蔻(nutmeg) 各1小匙
小蘇打(bicarbonate of soda) 2小匙
蛋(攪開) 1個
牛奶 300 ml

先在邊長23cm，的方形蛋糕模內抹油，鋪襯紙(參照第308頁)。融化奶油、糖、糖蜜。稍微靜置冷卻。乾燥材料過篩到攪拌盆內，加入蛋、牛奶、融化的混合料，攪拌均勻。倒入已完成前置作業的蛋糕模內，以170℃，烤約1又1/2小時。脫模，放在網架上冷卻。這樣可以做出10～12人份。

打發蛋糕 WHISKED CAKES

打發製作的海綿蛋糕，它的質地極為膨鬆，為所有蛋糕之冠。它的體積大小，取決於在隔水加熱的狀態下打發蛋與糖時，所融入的空氣量。你可以再加入奶油，以增添濃郁度。

基本打發海綿蛋糕 BASIC WHISKED SPONGE CAKE

蛋 4個
細砂糖(caster sugar) 120g
中筋麵粉(plain flour) 120g
鹽 1撮
(中筋麵粉與鹽一起過篩)

先在直徑20cm的圓蛋糕模內抹油，鋪襯紙(參照第308頁)。將蛋與糖放進耐熱攪拌盆內，把攪拌盆放在一鍋熱水上，打發到變濃稠。將攪拌盆從裝了熱水的鍋子上移開，繼續打發到溫度下降冷卻。麵粉與鹽過篩後，加入混合。倒入準備好的模型內，以170℃，烤約25分鐘。脫模，剝除襯紙，放在網架上冷卻。這樣可以做出6～8人份。

裝飾打發海綿蛋糕 SERVING A WHISKED SPONGE

原味打發海綿蛋糕，可以簡單地用打發鮮奶油(whipped cream)與果醬做為夾心餡料，再撒上細砂糖(caster sugar)或糖粉(icing sugar)，或精心地裝飾後，再上桌。你不妨參考以下的作法。

● 用覆盆子慕斯(raspberry mousse)與整顆覆盆子當做餡料(如瑞士捲(Swiss roll)所示，參照第313頁)。

● 讓海綿蛋糕吸收糖漿與利口酒(liqueur)，再用打發鮮奶油與果泥，做為夾心的餡料與表面的奶油霜飾(參照第315頁)。

● 用香堤伊奶油醬(crème Chantilly)與新鮮水果，當做夾心餡料與裝飾(參照第321頁)。

製作打發海綿蛋糕 MAKING A WHISKED SPONGE

糕點師傅會用大型的攪拌器(balloon whisk)，以儘量融合入更多的空氣。不過，你也可以選擇使用手提式電動攪拌器(hand-held electric whisk)來打發。打發時，要在攪拌盆下隔熱水加熱，以加速變濃的速度。請注意不要讓攪拌盆接觸到熱水，以免攪拌盆內的混合料開始被加熱。

1 將蛋與糖放進大耐熱攪拌盆內，迅速地攪拌數秒，把蛋分解開來，再開始與糖混合。

3 將攪拌盆從鍋上移開，繼續打發3～5分鐘，到溫度已下降冷卻，而且變得很濃稠。

2 將攪拌盆放在一鍋熱水上，打發到舉起攪拌器時，可以在表面上留下「8」字型痕跡的濃度。

4 分批加入麵粉，用橡皮刮刀(rubber spatula)，以切東西般的動作混合，以免裡面的氣泡被壓碎。

5 將完成的麵糊，慢慢地倒入準備好的模型內，同時用橡皮刮刀輔助，輕輕地撥下去。

6 烤好後的海綿蛋糕，為金黃色，質地膨鬆結實，用手指按壓後會彈回。

增添打發海綿蛋糕的濃郁度
ENRICHING A WHISKED SPONGE

將融化奶油加入基本打發海綿蛋糕麵糊內,以增添濃郁度與濕潤度。融化奶油一定要徹底冷卻後,在麵粉已加入麵糊裡混合後,再慢慢地加入混合。混合好後,要盡早烘烤,以免麵糊裡的空氣流失。

1 融化20g無鹽奶油,放涼。慢慢地倒在麵糊的表面上。

2 用橡皮刮刀,小心地以切東西般的方式混合奶油與麵糊,以免壓碎氣泡。混合均勻。

名稱逸趣
WHAT'S IN A NAME?

打發海綿蛋糕(whisked sponge),通常又稱為「Genoese sponge cake」,或法文的「génoise」,被認為是法式蛋糕製作中,最經典的其中一種,不過,它的發源地,其實是北義的熱那亞(Genoa),因而得名。海綿蛋糕有各式各樣不同的食譜,其中,有些是無脂的,有些則加入融化奶油,來增添濃郁度。如果是要用來做成夾心蛋糕,無脂的海綿蛋糕質地比較膨鬆,而添加了奶油的,則比較質地綿密。

製作瑞士捲
MAKING A SWISS ROLL

瑞士捲的海綿蛋糕,是用淺的長方形模型烤好海綿蛋糕後,脫模,放涼,把餡料捲起來而成。請參照第312頁的打發海綿蛋糕(whisked sponge)的製作技巧,使用4個蛋、125g糖、75g中筋麵粉(plain flour)來製作。將麵糊裝入22cm X 33cm的瑞士捲模(Swiss roll tin)內,以190~200℃,烤4~5分鐘。建議使用的餡料,請參照第312頁。

1 將海綿蛋糕連同襯紙一起取出,放在網架上,靜置冷卻。

2 將海綿蛋糕的外皮那面朝下,放在撒了糖的烤盤紙上。撕除襯紙。

4 利用烤盤紙,小心地捲起海綿蛋糕。如果想要捲得緊密一點,請參照右列。捲好後,將瑞士捲的封口處朝下放,在即將上桌前,再撒上糖粉或細砂糖。

內行人的小訣竅
TRICK OF THE TRADE

運用這種廚師的專業技巧,讓瑞士捲更緊繃,外觀看起來更整齊漂亮。

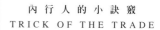

將抹刀伸入海綿蛋糕與烤盤紙之間。將烤盤紙往抹刀的反方向拉。

3 將海綿蛋糕連同烤盤紙一起,移到布巾上放。塗抹上自選的餡料。用烤盤紙輔助,將海綿蛋糕其中一側的長邊摺起2cm。這樣做,可以讓捲起的作業進行得更順利。

特殊蛋糕 SPECIAL CAKES

這類蛋糕，必須仰賴因應材料所需的特殊技巧，還有蛋糕的製作與組裝方法。運用海綿蛋糕體的調香料吸收(imbibing layers)與疊層，來為蛋糕添加趣味性與風味，可以說是最能夠展現出糕點師傅風格的一面。

製作天使蛋糕 MAKING AN ANGEL FOOD CAKE

這種著名的美式蛋糕，它的特點就在於只用蛋白，而不用蛋黃製作，所以，質地非常膨鬆而含氣量十足。製作時，將塔塔粉(cream of tartar)加入蛋白內，一起打發，讓質地變硬，同時增添蛋白霜(meringue)的濃度。蛋糕烤好後，是留在模型內，以上下顛倒的方式冷卻，以防蛋糕收縮，或變形。

1 將麵粉、玉米細粉(cornflour)、香草(vanilla)，加入蛋白霜內，用橡皮刮刀，混合到剛好拌勻。切勿混合過度，以免壓碎了蛋白霜的氣泡。

2 將麵糊倒入天使蛋糕模(angel cake tin)內，模型不需要抹油或撒粉。用刮刀將表面整平，立刻烘烤。

3 烤好後，讓蛋糕留在模內，上下顛倒，以模型上的立腳站立支撐。如果模型上沒有立腳，就讓蛋糕模倒扣在漏斗(funnel)或玻璃瓶頸(bottle neck)上。徹底冷卻後，脫模。

製作巧克力堅果蛋糕 MAKING A CHOCOLATE TORTE

奧地利式堅果蛋糕(Austrian-style tortes)，材料中不含麵粉，所以，質地密實，口味濃郁。這種不含麵粉的蛋糕，是用磨得極細的堅果，來代替麵粉，因為堅果會釋出所含的部分油脂，所以，可以讓蛋糕擁有像糕餅屑般的質地。此外，使用可可奶油(cocoa butter)含量高的高品質巧克力，是絕對必需的製作要點。

1 將磨碎的巧克力與磨碎的堅果，加入已經混合成乳化的材料內攪拌，直到混合均勻。

2 用刮刀，分成3～4次，小心地將蛋白霜拌入堅果與巧克力內，混合均勻。

3 烤好後，用手指按壓蛋糕的正中心，如果感覺有點軟，就是可以了。蛋糕在冷卻的過程中，會變得比較結實。

天使蛋糕
ANGEL FOOD CAKE

蛋白 12個(約350 ml)
塔塔粉(cream of tartar) 1 1/2小匙
細砂糖(caster sugar) 280g
中筋麵粉(過篩) 85g
玉米細粉(cornflour，過篩) 25g
香草精(vanilla essence) 1小匙

打發蛋白，直到產生氣泡，再加入塔塔粉，繼續打發到質地變結實。加入糖，一次只加1大匙，每加入一次就要打發，直到變成結實的蛋白霜。然後，加入麵粉、玉米細粉、香草精混合。倒入未抹油的天使蛋糕模或空心圓模(tube tin)內，以175℃，烤40～45分鐘。烤好後，將蛋糕留在模型內，倒扣，放涼。這樣可以做出10～12人份。

巧克力堅果蛋糕
CHOCOLATE TORTE

無鹽奶油(軟化) 225g
綿褐糖(soft brown sugar) 150g
蛋(分蛋) 4個
無糖巧克力(冷藏，磨碎) 200g
榛果(hazelnuts，研磨) 200g
杏仁(研磨) 25g
細砂糖(caster sugar) 50g

先在直徑23cm的圓蛋糕模內抹油，鋪襯紙(參照第308頁)。先將奶油與糖，攪拌到乳化，再加入蛋黃，攪拌混合。加入磨碎的巧克力與研磨過的堅果，攪拌均勻。將蛋白放進另一個攪拌盆內，打發到質地結實，再加入糖混合。然後，加入巧克力的混合料內混合。倒入模型內，以150℃，烤50分鐘。這樣可以做出10～12人份。

切割與吸收
CUTTING AND IMBIBING

夾心蛋糕若是要呈現出整齊漂亮的外觀,就必須正確地切割好分層。運用以下的切割技巧,可以將蛋糕切成厚度一致的層次,以便組裝時可以完美地接合在一起(參照右列)。讓蛋糕的分層吸收糖漿與利口酒(liqueur),是種為蛋糕增添濕潤度與風味的專業作法。

1 先用小刀的刀片在蛋糕的側面做出垂直的刻痕。

2 用鋸齒刀(serrated knife),以鋸東西般的動作,將蛋糕切割成2或3層。

3 在切開的蛋糕表面,刷上淡度糖漿(light sugar syrup,參照第281頁)與2～3大匙利口酒。

填餡與疊層
FILLING AND LAYERING

蛋糕在完成切割與吸收(參照左列)的作業後,就可以在各層上塗抹自選的餡料,再進行重組。以下所示的餡料為打發鮮奶油(whipped cream)與覆盆子果泥(raspberry purée),其它的餡料,請參照第312頁。將蛋糕切下的底層留著,用來做為組裝後的最上層,因為它的表面最平整。

1 將餡料塗抹在一層蛋糕上,把另一層蛋糕疊放上去,對齊側面的切痕。重複同樣的作業。

2 疊上最後一層蛋糕,切面朝下放,一樣要對齊側面的切痕。

3 用熱過的抹刀,將餡料塗抹在蛋糕的上面與側面。

製作蛋白霜蛋糕 MAKING A MERINGUE CAKE

糕點師傅運用這種專業的疊層技巧(professional layering technique),創造出細緻的蛋糕裝飾。以下,是用蛋白霜圓盤(meringue discs,參照第273頁)與巧克力慕斯(chocolate mousse),來當做巧克力雙層蛋糕(Gâteau des Deux Pierre,參照第284頁)的夾心餡料,不過,你可以運用相同的技巧,來製作夾心海綿蛋糕與以上所示的奶油餡料。製作裝飾用巧克力煙捲(chocolate cigarettes)的技巧,請參照第323頁。

1 先將蛋糕底盤(cake card)放進金屬圓模內,再擺上1塊蛋白霜圓盤。塗抹上一層慕斯,將蛋白霜完全覆蓋起來。再疊上另1塊蛋白霜圓盤,塗抹上一層慕斯,繼續同樣的作業,最上層以慕斯層來當做收尾。放進冰箱冷藏,直到變硬。

2 先用熱的布包圍住金屬圓模1～2分鐘,再小心地抬起圓模,讓蛋糕脫模。

起司蛋糕 CHEESECAKES

起司蛋糕，無論是否要烘烤，或使用餅乾屑(biscuit crumb)或酥皮(pastry crust)，總是人氣十足的起司蛋糕，作法非常簡單。蛋糕的質地有的膨鬆而柔軟，有的華貴而濃郁，依製作方法與使用的起司種類而定。

覆盆子起司蛋糕
RASPBERRY CHEESECAKE

消化餅乾(digestive biscuits，壓碎)
　250g
融化奶油　60g
吉力丁粉(gelatine powder) 15g
水　4大匙
濃縮鮮奶油　125 ml
無糖漿果泥(unsweetened berry purée)
　500 ml
細砂糖(caster sugar) 125g
凝乳狀起司(curd cheese) 250g

將餅乾屑與奶油，鋪在直徑25cm的扣環式圓形活底烤模(springform tin)的底部，冷藏。進行吉力丁的前置作業，用水浸泡(參照第274頁)。打發鮮奶油。混合剩餘的材料，加入已泡過水的吉力丁粉攪拌，再加入打發鮮奶油混合。倒入烤模內，冷藏至少4小時，脫模。這樣可以做出6～8人份。

製作餅乾底 MAKING A CRUMB BASE

餅乾底，是用融化奶油當做黏著劑所製成的，通常要放進冰箱，冷藏到凝固，再用來製作如下所示的冷藏起司蛋糕。不過，也可以用來製作烤起司蛋糕(參照第317頁)。你也可以使用食物料理機(food processor)來攪碎餅乾。

1 將餅乾敲成碎塊。先將餅乾放進耐用的塑膠袋內，用擀麵棍敲打，擀過，把餅乾弄碎。

2 將弄碎的餅乾倒入大攪拌盆內，再倒入融化奶油，用金屬湯匙攪拌，混合均勻。

3 倒入烤模底部，用金屬湯匙的背面按壓，讓餅乾屑成為質地均勻，厚度一致，表面平坦的餅乾底。

製作冷藏起司蛋糕 MAKING A CHILLED CHEESECAKE

以下的作法，是使用水果泥、凝乳狀起司(curd cheese)、打發鮮奶油，加上吉力丁做凝固劑，讓蛋糕質地變得像慕斯，硬度足以用來切片。這種起司蛋糕，英文又稱之為「refrigerator cheesecake」，質地比烤的起司還膨鬆。請參照左上的簡易食譜，運用以下的技巧，製作冷藏起司蛋糕。

側面脫模 REMOVING SIDE OF TIN
將烤模放在比其底部稍小的攪拌盆上，慢慢地讓烤模的側面往下落，讓起司蛋糕留在金屬底座上。

加入吉力丁 ADDING GELATINE
將泡過水，已冷卻的吉力丁，加入漿果泥與起司的混合料內，用刮刀攪拌，混合均勻。

解開扣環 RELEASING CLIP
慢慢地解開烤模側面的扣環，這樣就可以讓邊緣鬆脫，以便取出起司蛋糕。

製作烤起司蛋糕 MAKING A BAKED CHEESECAKE

這種起司蛋糕，傳統上，是使用糕餅皮(pastry case)來烘烤。以下，用的就是添加了奶油起司(cream cheese)，來增添濃郁度的酥脆甜味奧地利式糕餅皮。不過，你也可以依個人喜好，使用原味的油酥麵糰(pâte brisée)或甜味的甜酥麵糰(pâte sucrée)。糕餅皮一定要先在不填餡料的狀況下烘烤過，以防餡料將糕餅皮弄潮濕。

1 製作餡料：用木匙，攪拌奶油起司、鄉村起司(cottage cheese)、糖，直到拌勻，再加入剩餘的餡料用材料，攪拌到麵粉與玉米細粉(cornflour)混合均勻。

2 先將1塊圓形糕餅皮鋪在底部，再用長條形的糕餅皮圍在側面上。檢查所有的邊緣是否都已封好，以防餡料在烘烤的過程中漏出。

3 糕餅皮烤好後，移除鋁薄紙與鎮石，將起司餡料舀進烤成半熟的外皮內，舀到幾乎快與外皮同高為止。

4 起司蛋糕烤好後，外皮應該會從模型的側面，往內縮一點，而且，用細金屬籤插入中央，拔出後很乾淨，無任何沾黏物。

5 裝飾時，可以放一張花邊紙墊(paper doily)在蛋糕的上面。將糖粉(icing sugar)裝進細孔小過濾器內，在起司蛋糕上輕輕搖晃，撒上去。小心地移走花邊紙墊。此外，你也可以擺上塗抹了果膠的漿果類水果，或巧克力捲片(chocolate curls，參照第290頁)，來做裝飾。

奧地利起司蛋糕 AUSTRIAN CHEESECAKE

奶油起司(cream cheese) 375g
鄉村起司(cottage cheese) 350g
細砂糖(caster sugar) 175g
蛋(稍微攪開) 4個
酸奶油(sour cream) 125 ml
中筋麵粉(plain flour) 215g
玉米細粉(cornflour) 1大匙
水 2～3大匙

製作餡料：先攪拌250g奶油起司、鄉村起司、100g糖，再加入蛋、酸奶油、2大匙麵粉、玉米細粉，攪拌混合。

製作糕餅皮：將剩餘的奶油起司，搓揉進剩餘的麵粉裡。再加入剩餘的糖與足夠的水，讓材料能夠黏合成糰。麵糰冷藏30分鐘。然後，擀平，切割，鋪在直徑25cm的扣環式圓形活底烤模(springform tin)的底部與側面。先以空殼的狀態，用180℃，烤10～15分鐘。倒入餡料，烤45～50分鐘，直到凝固。留在模內冷卻後，再脫模。這樣可以做出12人份。

蛋糕霜飾 CAKE ICING

即使是最簡單的蛋糕，只要再加上蛋糕糖霜，無論是單純地塗抹上去，或是需要技術的擠花裝點，都可以將蛋糕轉變成賞心悅目的佳品。其中，糖衣霜飾(glacé)、蛋白糖霜(royal)、巧克力、奶油霜飾(buttercream)，是最容易掌握的基本蛋糕糖霜，而打發香堤伊奶油醬(crème Chantilly)的技巧，則是糕點師傅們的獨門密招之一。

製作紙擠花袋 MAKING A PAPER PIPING BAG

使用烤盤紙來製作。做好後，可以剪開前端，來調整擠出口的尺寸大小。

將邊長25cm正方形的烤盤紙，斜剪成兩半。將三角形的一角往中心捲，做成圓錐形。

將另一角拉過去，包住圓錐形，與另外兩個角會合。

將這三個角一起拉緊，讓前端變尖，再向內摺，以固定好形狀。

製作糖衣霜飾 MAKING GLACE ICING

這種簡單的霜飾，傳統上，是用糖粉(icing sugar)與溫水來製作，但是，很多糕點師傅喜歡利用果汁或利口酒(liqueur)，來降低它的甜度。如果是要用來做直徑20cm蛋糕的上面與側面的霜飾，就用175g糖粉與1～2大匙利口酒來製作。一做好，就要立刻使用。

1 將糖粉過篩到攪拌盆內，用金屬湯匙把結塊的糖粉壓碎，過篩。

2 加入一點自選的調香用熱液體，迅速攪拌混合。

3 繼續攪拌到質地均勻，如有需要，就再加些液體進去。

製作蛋白糖霜 MAKING ROYAL ICING

為了減緩蛋白糖霜凝固的速度，讓塗抹霜飾的作業能夠順利進行，有個妙方，就是加入甘油(glycerine)混合。如果是要用來做直徑24cm蛋糕的上面與側面的霜飾，就用500g糖粉、2個蛋白、2大匙檸檬汁與2小匙甘油來製作。做好後，用保鮮膜覆蓋，靜置一晚，使用前，再攪拌一下。

1 將已過篩的糖粉放進攪拌盆內，中間做一個凹槽。加入稍微攪開的蛋白與檸檬汁。

2 打發到質地結實，有光澤，約10分鐘，然後再加入甘油混合。

製作巧克力霜飾 MAKING CHOCOLATE ICING

只要依照下列的技巧，就可以簡單地做好如下所示的薩赫巧克力蛋糕(sachertorte)般，有光澤而具有職業水準的霜飾。一定要使用優質的無糖巧克力。以下使用的是考維曲巧克力金幣(couverture buttons(pistoles))，因為比較容易融化。製作巧克力霜飾前，要先為蛋糕塗抹上膠汁(參照左下列)。

1 將巧克力加入糖漿內，邊用中火加熱，邊攪拌到質地均勻。

2 先將手指伸入冰水中，再伸入巧克力中，拉開兩手指，檢查拉線狀態(thread stage)。

3 將鍋子放在布巾上，輕敲一下，讓裡面的氣泡跑出來。做好後，要立刻使用(參照下列)。

作巧克力霜飾 CHOCOLATE ICING

細砂糖(caster sugar) 150g

水 150 ml

巧克力金幣(chocolate pistoles) 300g

用糖與水，製作糖漿(參照第280頁)。加入巧克力金幣，攪拌到混合均勻。用小火加熱3〜5分鐘，直到即將變成軟球狀態(soft-ball stage)，也就是已達到拉線狀態(thread stage，110℃)。將鍋子從爐火移開，在工作台上輕敲，以消除裡面的氣泡。做好後，要立刻使用。這樣可以做出一個直徑25cm蛋糕所需的霜飾份量。

內行人的小訣竅 TRICK OF THE TRADE

製作膠汁 MAKING A GLAZE

在淋上霜飾前，先在蛋糕上塗抹果醬做成的膠汁，讓表面變得更平滑，並增添蛋糕的濕潤度。除此之外，還可以塗抹在塔(tarts)或迷你塔(tartlets)的水果上，既可以讓水果保持新鮮，而且看起來閃耀引人。

融化100g果醬(如果是要塗抹在巧克力蛋糕上，就用杏桃(apricot)果醬，若是水果就用紅果醬)。用過濾器過濾熱果醬，以去除水果塊等。倒回鍋內，加入50ml的水，邊攪拌，邊加熱到沸騰。先將蛋糕放在網架上，再用毛刷把溫的膠汁塗抹在整個蛋糕表面。

用巧克力霜飾塗層 COATING WITH CHOCOLATE ICING

動作迅速，手的移動穩定，就可以讓巧克力霜飾完美無暇地覆蓋在蛋糕表面。先將蛋糕放在網架上，下面鋪一張烤盤紙，來接住滴下的巧克力霜飾，並防止其大量聚積在蛋糕下面的周圍。巧克力霜飾一旦凝固了，就會顯現出平滑的光澤。

1 將熱巧克力霜飾(參照右上列)舀到蛋糕的正中央，已經塗抹上杏桃膠汁的表面上(參照左列)。

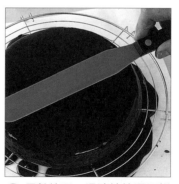

2 用熱抹刀，迅速地抹過蛋糕上面，整平，讓多餘的巧克力霜飾從側面流下去。

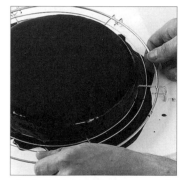

3 抬起網架，輕敲一下工作台，讓巧克力霜飾穩定下來。靜置約5〜10分鐘，讓巧克力霜飾凝固。

最後裝飾 FINISHING

融化巧克力可以輕易地用紙擠花袋(paper piping bag)來擠花，而且擠花的效果非常好。以下為一個經典的範例，就是在奧地利薩赫巧克力蛋糕(Austrian sachertorte)上，寫上蛋糕的名稱，雖然簡單，卻很高雅。

將融化巧克力裝入紙擠花袋內(參照第318頁)。將上端摺起來，封住開口，再剪開尖嘴。邊用手將巧克力擠出去，邊寫上名字。

奶油霜飾
BUTTERCREAM ICING

細砂糖(caster sugar) 160g

水 85 ml

蛋黃 2個

蛋 1個

無鹽奶油(軟化) 250g

用糖與水,製作糖漿,加熱到軟球狀態(soft-ball stage,參照第280頁)。將蛋黃與蛋放進裝了攪拌手(whisk attachment)的桌上型攪拌機內,稍加攪拌。當攪拌機正在運作時,將糖漿以穩定的細流倒在攪拌槽的側面上。繼續攪拌到質地變得像慕斯(mousse),顏色變淡,溫度已冷卻。將奶油切成大角塊,慢慢地加入攪拌槽裡。將攪拌機調成全速(full speed)運行,攪拌3～4分鐘,直到奶油混合均勻。等到顏色變淡,質地變得鬆軟,可依個人喜好,加入調香料。這樣可以做出一個直徑24cm蛋糕所需的奶油霜飾份量。

製作奶油霜飾 MAKING BUTTERCREAM ICING

這種極度柔細而香郁的霜飾,是將奶油加入用蛋與糖漿製成的薩巴雍(sabayon)內,打發而成的。薩巴雍在加入奶油前,應該是處於陰涼室溫的狀態。如果此時薩巴雍的溫度太高,奶油就會融化。如果太低,本身就會凝固起來。奶油霜飾,可以用來當做蛋糕的餡料,或表面的霜飾,可以就這樣以原味使用,或者添加香草精(vanilla essence)、咖啡精(coffee essence)、利口酒(liqueur)、帕林內糊(praline paste),以增添風味。

1 將糖漿加熱到軟球狀態(soft-ball stage,參照第280頁)。檢查糖漿時,如果沒有溫度計可用,就先將手指伸進冰水中,在快速地伸進糖漿內。附著在手指上的糖漿,應該已經可以成形,按壓的時候,感覺柔軟。

2 用中速攪拌,再將熱糖漿以穩定的細流,從攪拌槽的側面倒入,與蛋黃與蛋一起混合。繼續用中速,攪拌成淡色,濃稠而冷的薩巴雍(sabayon,參照第292頁)。

3 在攪拌機以全速運行的狀態下,一點點地加入切成大角塊的軟化奶油混合,每加入一次,就要確定完全混合均勻了,再繼續加入。等到奶油都混合均勻了,就可以加入自選的調香料混合。

製作奶油霜 MAKING BUTTERCREAM

這種簡易的霜狀物,最常被用在兒童的生日蛋糕,或新奇獨特的蛋糕製作上。它是以上所示的專業奶油霜飾的簡化版,由於製作時不需要特別的技巧或器具,所以特別受到偏愛。

用木匙,將125g無鹽奶油,攪拌到變軟,乳化。慢慢地加入250g已過篩的糖粉,攪拌混合到質地均勻,顏色變淡,然後,可依個人喜好,再加入自選的調香料數滴,或色素。繼續攪拌到顏色變得非常淡,質地極鬆軟。如果此時的質地太硬了,就加點溫水進去混合。

4 將攪拌手舉起,刮下附著在上面的奶油霜飾。放進冰箱,冷藏5～10分鐘,讓裡面所含的奶油凝固。完成後,就可以使用了。

用鮮奶油做霜飾
ICING WITH CREAM

使用打發鮮奶油,來當做蛋糕的夾心餡料與霜飾,是最快速、最簡便、效果最好的方式之一。糕點師傅經常會使用香堤伊奶油醬(crème Chantilly,參照第292頁),因為它的香草風味,與原味海綿蛋糕及新鮮水果非常對味,可以讓蛋糕成為令人驚歎的甜點。以下,是將打發海綿蛋糕(參照第312頁)切割成3層,塗抹上糖漿與櫻桃白蘭地酒(kirsch)後,再用打發鮮奶油來做霜飾。如果是一個直徑25cm的蛋糕,就需要500ml的鮮奶油與200g水果。

1 將海綿蛋糕切開,塗抹上糖漿等(參照第315頁)。然後,放在一個蛋糕底盤(cake card)上,將香堤伊奶油醬塗抹在各層的海綿蛋糕上,再擺上切成薄片的新鮮水果,排列成一致的厚度。

2 用抹刀,先將蛋糕側面上的多餘餡料抹勻,再將香堤伊奶油醬塗抹在蛋糕的最上面,厚度要一致,表面要儘量抹得越平整越好。

3 用抹刀的前端,以滑槳般的動作,在蛋糕的側面抹上更多的鮮奶油。可能的話,將蛋糕放在霜飾轉盤(icing turntable)上,邊轉邊抹,比較方便。

4 用平板刮刀,將側面的鮮奶油整平。轉動蛋糕時,讓刮刀保持在45度的角度。然後,用鋸齒狀刮刀(toothed scraper),重複同樣的作業,將側面裝飾成凹凸的脊狀。

5 先將蛋糕移到一塊較小的蛋糕底盤上,再移到下面鋪了紙的轉盤上。然後,將烤過的堅果薄片,輕輕地壓在蛋糕底部的周圍。

內行人的小訣竅
TRICK OF THE TRADE

軟化果醬
SOFTENING JAM

糕點師傅用這種技巧,來防止用果醬塗抹在各層的蛋糕上時,會破壞了蛋糕的表面。

將去籽,過濾過的果醬,放在工作台或乾淨平坦的板子上,用抹刀來回抹,直到質地變得非常柔軟,容易塗抹的硬度。這種技巧,特別適用於不含任何油脂的打發海綿蛋糕上,因為它的質地比較脆弱。海綿蛋糕層較薄的瑞士捲(Swiss roll,參照第313頁),質地特別脆弱,如果塗抹了未經過軟化處理的果醬,就可能會破壞了蛋糕的表面。

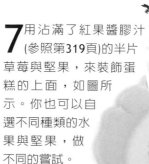

6 先用鋒利刀子的刀尖,在蛋糕的上面劃切出12等份的記號,再用大星形擠花嘴,在每一等份的邊緣,擠上一個玫瑰花飾。

7 用沾滿了紅果醬膠汁(參照第319頁)的半片草莓與堅果,來裝飾蛋糕的上面,如圖所示。你也可以自選不同種類的水果與堅果,做不同的嘗試。

法式小點心 PETITS FOURS

這些饒富趣味的一口點心，集精緻，高雅，華麗輕巧的特點於一身，在所有的甜點中，就像初次在社交界展露頭角的少女般，清新可人。法式小點心，包含了許多種細緻而精美的蛋糕、餅乾、水果、巧克力，即使是最簡化的點心，都需要注意到所有的製作細節，面面俱到。此外，烘烤時，也要特別小心，因為法式小點心很容易烤焦。

花式瓦片餅
LACE TUILES

橙汁(orange juice) 70 ml
磨碎的橙皮 1個的份量
香橙干邑甜酒(Grand Marnier) 50 ml
細砂糖(caster sugar) 250g
無鹽奶油(融化) 100g
杏仁碎片(nibbed almonds) 200g
中筋麵粉(plain flour) 125g

將所有的材料放進攪拌盆內混合。在烘烤薄板(Baking Sheets)上塗抹奶油，再用小湯匙，把混合料舀到上面放，每次舀5湯匙。用叉子將每一份混合料壓平，以180℃，烤5分鐘。烤好後，放到已刷了油的擀麵棍上，讓花式瓦片餅塑成彎曲的形狀，同時趁等待成形的這段時間繼續做另外一批。這樣可以做出25塊。

花式瓦片餅 LACE TUILES
「tuile」，在法文中為「屋頂上的瓦片」之意。這種美味精緻的點心會有這樣的名稱，就是因為它們的形狀很像瓦片。

歐普雷特 OPERETTAS
先製作一塊瑞士捲海綿蛋糕(Swiss roll sponge，參照第313頁)，再切成3等份。將甘那許(ganache，參照第282頁)塗抹在其中一塊上，疊上另一塊，塗抹上咖啡風味糖漿後，塗抹上奶油霜飾(buttercream icing，參照第320頁)，再疊上最後一塊海綿蛋糕。將巧克力風凍(chocolate fondant，參照第337頁)塗抹在上面，靜置凝固。最後，切成正方形，每塊擺上金箔(gold leaf)。製作21個。

費南雪
FINANCIERS

葡萄乾(raisins) 30g
蘭姆酒(rum) 3大匙
無鹽奶油(融化) 60g
蛋白 60g
細砂糖(caster sugar) 60g
中筋麵粉(plain flour) 30g
杏仁(研磨) 30g

在6個小橢圓形迷你塔模(tartlet moulds)內塗抹奶油，放進冰箱冷藏。用蘭姆酒浸泡葡萄乾至少15分鐘。混合所有的材料，直到質地均勻，再加入葡萄乾。將1/4的混合料分別裝入6個模內，以200℃，烤10分鐘。烤好後，從烤箱取出，再用剩餘的混合料，重複3次同樣的作業。最後，塗抹上剩下的蘭姆酒。總共做24塊。

費南雪 FINANCIERS
這是種小海綿蛋糕，可以用各種不同的方式來調香。不妨試試看用水果蒸餾酒(eau de vie)來代替蘭姆酒(rum)，用堅果或其它乾燥水果來代替葡萄乾(raisins)。

焦糖燈籠果 (又名「苦蘵」)
CARAMEL-COATED PHYSALIS
小心地將燈籠果的葉子往後拉(參照第263頁)，在底部扭一下。製作淡度焦糖(light caramel，參照第281頁)。讓每個燈籠果沾上焦糖，葉子不用沾，並且讓多餘的焦糖滴落。然後，筆直地放在防油烤盤紙上，讓焦糖凝固。

冰淇淋球 ICE-CREAM BALLS

用挖球器(melon baller)，將冰淇淋挖成小球狀。進行時，動作要快，才能讓冰淇淋維持好形狀。將冰淇淋球放在烤盤紙上，每一球上各插一枝雞尾酒籤(cocktail stick)。放進冰箱冷凍10分鐘。將冰淇淋球伸進冷卻的融化巧克力內，讓整球均勻地沾滿巧克力，再讓雞尾酒籤成斜角，放到考盤紙上，靜置凝固。

柑橘迷你塔 CITRON TARTLETS

製作半量的甜酥麵糰(pâte sucrée，參照第294頁)。將麵皮鋪在6個迷你塔模內，以180℃，烤7～10分鐘。烤好後，脫模，同樣的作業共重複5次。製作半量的帕堤西耶奶油醬(crème pâtissière，參照第277頁)，加入2個檸檬的鮮榨汁。將卡士達(custard)倒入每一個烤好的迷你塔內，撒上糖粉。用噴槍(blow torch)，讓上面焦糖化。總共製作30個。

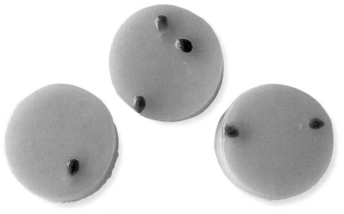

百香果鏡 PASSION FRUIT MIROIRS

1 用百香果製作水果慕斯(參照第275頁)，倒入模型內凝固。然後，在表面塗抹上水果凍(fruit jelly，參照第275頁)。冷藏到凝固。

2 用直徑4cm的金屬切模切割。切下後，放在烤盤紙上，放進冰箱冷藏，上菜時，再取出。

杏仁松露 ALMOND TRUFFLES

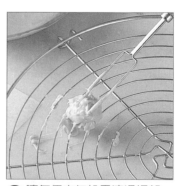

1 用挖球器(melon baller)，將杏仁糊(almond paste)挖成小球狀。再沾滿用白巧克力做成的甘那許(參照第282頁)。

2 讓每個杏仁松露滾過網架，在表面做出像被釘過的效果。讓杏仁松露留在網架上凝固，再裝入小紙杯(petit-four cases)內。

餅乾 BISCUITS

餅乾，從用類似的麵糰所製成的簡單麵糰式、切片式、擠花式餅乾，到複雜型的奶油酥餅(shortbread)、酥脆的白蘭地空心餅(brandy snaps)、經典的法式手指餅乾(sponge fingers)、瓦片餅(tuiles)，種類繁多，有數不盡的各種形狀、質地、風味。以下所示範的技巧，就是其中的部分精選。

麵糰式餅乾 ROLLED BISCUITS

用來製作這種餅乾的麵糰(參照左列)，質地夠結實，可以擀平後，切割，或搓揉後，切片。由於放在烘烤薄板(baking sheet)上烤時，不太會再延展開來，所以，擺上去時，間隔距離不需要留太大。麵糰只要揉和到剛好成糰即可，然後放進冰箱冷藏。切割後所剩的麵糰，只能再擀平一次，只要超過一次，烤好的餅乾就會很硬。

擀平與切割
ROLLING AND CUTTING
先冷藏麵糰，再擀平。用撒了手粉的餅乾模，切割出餅乾的造型。

搓揉與切片 ROLLING AND SLICING
將麵糰搓揉成圓木形，包好，放進冰箱冷藏，到質地變結實。然後，用刀子切成同厚度的切片。

製作奶油酥餅 MAKING SHORTBREAD

這種奶油酥餅是用磨白米(ground rice)製作而成，烤好後質地酥脆。不過，你也可以用謝莫利那粉(semolina)來代替。整型時，可依個人喜好，直接將混合料放在烤盤紙上，塑成圓形，或用更精確的方式，放在金屬圓模內塑。圓形的奶油酥餅，傳統上，會有高起的邊緣。

1 將混合料裝進已塗抹了奶油的模型內，用手指用力壓，讓厚度一致。

2 烤好後，趁熱，撒上細砂糖，再用大的主廚刀，切成長條狀。

3 讓奶油酥餅留在模型內冷卻5分鐘，再移到網架上，讓它徹底冷卻。

滴落式餅乾
DROPPED BISCUITS

這種餅乾,是用不規則形狀的麵糊做成的,而不是像麵糰式餅乾一樣,切割成整齊的形狀(參照第324頁)。它的質地很柔軟,可以用湯匙舀到烘烤薄板(baking sheet)上,或裝入擠花袋內,再擠到烘烤薄板上,並不需要先擀平。製作時,要讓大小保持一致,才能均勻烤熟。此外,間隔距離要大,因為麵糊在烘烤的過程中,很有可能會延展開來。

自由式 FREE-FORM
用小湯匙,將山狀或球狀麵糰舀到烘烤薄板上。

擠花式 PIPED
將麵糰裝入套上了星形擠花嘴的擠花袋內。在烘烤薄板上,將麵糰擠成玫瑰花的造型。

最後裝飾 FINISHING

請參考以下的作法,讓餅乾的外觀、風味、質感,更上一層樓。

撒糖 SPRINKLING SUGAR
先將金砂糖(demerara sugar)撒在餅乾的表面後,再烘烤,烤好的餅乾就會更酥脆。然後,可依個人喜好,在烤好後撒上更多的糖,讓質地變得特別酥脆。

巧克力表層 CHOCOLATE COVERING
烤好後,將融化巧克力塗抹在餅乾的其中一面上,再依個人喜好,用叉子刮上花紋。靜置在網架上,有巧克力的那面朝上。

白蘭地空心餅 BRANDY SNAPS

這種質地酥脆,滿是花紋的餅乾,是在烤過後,趁熱在還有可塑性時,才整型的。如果你的動作夠快,應該不會立刻就變硬。不過,如果真的變硬了,就放回烤箱內約30秒,讓它變軟。

1 用小湯匙,將麵糊舀到烘烤薄板上,間隔距離要大。用手指按壓成直徑3cm的圓形。

2 烤好後,讓餅乾靜置1分鐘,再用抹刀輔助取出。

3 用刷了油的木匙柄,將每一個白蘭地空心餅捲起來,花紋的那面朝外,邊緣處稍微重疊。捲好後,讓餅乾滑下去,放在網架上冷卻。

白蘭地空心餅
BRANDY SNAPS

奶油 115g
金砂糖(demerara sugar) 115g
金黃糖漿(golden syrup) 2大匙
中筋麵粉(plain flour) 115g
薑粉(ground ginger) 1小匙
白蘭地(brandy) 1小匙

融化奶油,溶解糖,與糖漿混合。加入麵粉、薑粉、白蘭地混合。用小湯匙,將混合料舀到已刷了油脂的烘烤薄板上,共舀4匙,間隔要大。放進烤箱,以180℃,烤7～10分鐘。烤好後,趁熱,一個個用刷了油的木匙柄塑型。重複同樣的作業5次,共製作20個。

手指餅乾
SPONGE FINGERS

蛋(分蛋) 3個

細砂糖(caster sugar) 100g

中筋麵粉(過篩) 75g

糖粉(icing sugar，裝飾用)

先在烘烤薄板(baking sheet)抹上油脂，再鋪上烤盤紙。打發蛋白，到可以形成角狀的柔軟度，再慢慢地加入半量的細砂糖，混合到質地變結實，呈現光澤。將蛋黃放進另一個攪拌盆內，與剩餘的細砂糖一起，稍加攪拌後，加入蛋白霜混合，再加入麵粉。然後，裝入擠花袋內，擠到烤盤紙上，再分成2次撒上糖粉。放進烤箱，以180℃，烤10分鐘，到變成黃褐色。烤好後，放在網架上冷卻。這樣可以做10～12個。

模板麵糊
STENCIL PASTE

蛋白 3個

糖粉(icing sugar) 100g

中筋麵粉 100g

無鹽奶油(融化) 60g

香草精(vanilla essence，選擇性加入)

將蛋白與糖粉一起打發到質地均勻。加入麵粉，稍微攪拌到剛混合好。倒入融化奶油，與數滴香草精(選擇性加入)，慢慢地拌勻。蓋好，靜置冰箱冷藏30分鐘。

如果要製作瓦片餅(tuiles)，就先在烘烤薄板(baking sheet)與擀麵棍刷上油脂，再用小湯匙將麵糊舀到烘烤薄板上，共舀6匙。用沾濕的叉子，將麵糊抹開成5cm的圓形。然後，放進烤箱，以200℃，烤5～8分鐘，直到邊緣烤成金黃色。烤好後，趁熱在已刷了油的擀麵棍上整型。用剩餘的麵糊，重複同樣的作業。製作18個。

如果要製作鬱金香餅(tulpes)，烘烤的方式與瓦片餅相同，先用大湯匙將麵糊舀到烘烤薄板上，再抹開成10cm的圓形。烤好後，趁熱用2個模型來整型。製作8～10個。

製作手指餅乾 MAKING SPONGE FINGERS

這種質地蓬鬆的手指餅乾，是用蛋黃來增添蛋白霜混合料的香郁度。混合材料時，要非常小心，才不會破壞了裡面的氣泡。撒兩次糖的技巧，可以充分展現出手指餅乾的特徵，就是上面珍珠般閃耀的糖飾。

1 將手指餅乾的麵糊裝入擠花袋內，用2cm的圓形擠花嘴，擠到鋪了烤盤紙的烘烤薄板(baking sheet)上。擠成10cm的長條狀，間隔5cm。

2 放進烤箱烘烤前，先將半量的糖粉撒在手指餅乾上。靜置片刻，等到糖粉溶解後，再撒一次。

3 連同烤盤紙一起，抬起烘烤薄板的其中一側，抖落多餘的糖粉。

製作瓦片餅
MAKING TUILES

糕點師傅常運用一種經典的法式模板麵糊(stencil paste，參照左列)，來製作這種質地細緻，形狀彎曲的餅乾。「tiles」這個名稱，就是取自於法文中的「屋瓦」之意。烤好後，剛從烤箱取出，就要趁質地還柔軟時，儘快整型。

麵糊整型 SHAPING BATTER
要先將叉子的背面伸進冷水中沾過水，以防進行整型時，麵糊沾黏。

餅乾整型 SHAPING BISCUITS
烤好後，立即用刷了油的擀麵棍整型，做成彎曲的瓦片餅。然後，放在網架上冷卻。

製作鬱金香餅
MAKING TULIPES

這種有皺摺的餅乾，是用與瓦片餅(參照左列)相同的模板麵糊做成的，不過，整型成可以當做容器的形狀，用來盛裝水果或冰淇淋。

剛烤好時，趁餅乾還是熱的時候，先壓入鋸齒邊模型(fluted mould)內，再將另一個小模型小心地壓入，做成鬱金香形狀的容器。然後，小心地脫模，放在網架上，直到冷卻，變硬。

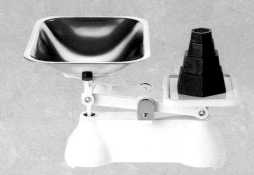

一般相關資訊
GENERAL INFORMATION

東方與西方的調味料 EAST-WEST FLAVOURS

香草植物 & 辛香料 HERBS & SPICES

測量表 MEASUREMENT CHARTS

專業用語 GLOSSARY

東方與西方的調味料
EAST-WEST FLAVOURS

特定的香草植物(herbs)、辛香料(spices)、調味品(condiments)，可以突顯出料理的特徵。例如：香草醬(pesto)是純義大利的代表，薑可以讓人聯想到東方，而薄荷在中東地區非常受到喜愛。現代廚師已經熟知各種材料的使用極限，而能夠加以融合運用東方與西方的特點。

咖哩混合料
CURRY MIXTURES

雖然咖哩這個詞，常被當做單一的辛香料稱謂來使用，事實上，它其實指的是一種由調味料混合而成的材料。咖哩最著名的就是它在印度料理上的重要性。不過，不同種類的咖哩粉與咖哩醬，也常被用在許多其它的亞洲料理上。

印度咖哩粉，稱之為「瑪沙拉(masalas)」，味道極為辛辣，是用當地的辛香料混合而成。傳統上，成分包含了胡椒(pepper)、小荳蔻(cardamom)、肉桂(cinnamon)、小茴香(cumin)、芫荽(參照第329頁)。

泰式菜餚的特色，就是源自於它那火辣的咖哩混合料。最普遍的就是用大蒜、檸檬香茅、辣椒、南薑、蝦醬(shrimp paste)、魚露(fish sauce)、芫荽、磨碎的萊姆皮，調製而成的醬。以下所示的綠咖哩醬(green curry paste)，是用新鮮青辣椒(green chillies)，而紅咖哩醬(red curry paste)，則是用極辣的乾燥紅鳥眼辣椒(bird's eye chillies)調製而成。

中式咖哩粉，則是用肉桂、茴香(fennel)、芫荽籽(coriander seeds)、八角(star anise)、花椒(Sichuan pepper)、薑黃(turmeric)、薑(ginger)調製而成，口味較柔和。有時，還會加入少量的辣椒粉(chilli powder)。

薑的前置作業
PREPARING GINGER

新鮮老薑(root ginger)常被用在許多亞洲料理上，以增添溫和的辛辣風味。選擇外型豐滿，外皮光滑緊實的老薑。老薑的內部為淺黃色，帶點纖維。即將使用前，再去皮，以保新鮮。老薑去皮後，可以切片，切碎，磨碎或拍碎，再使用。

去皮 REMOVING THE SKIN
用刀片鋒利厚重的剁刀(cleaver)，刮除堅韌的外皮。

磨碎薑肉 GRATING THE FLESH
木製的日式磨碎器或日式磨泥器(oroshigane)，用起來非常便利。不過，也可以使用金屬方形磨碎器。

泰國調香料的前置作業
PREPARING THAI FLAVOURINGS

這些材料可以增添強烈的風味，讓泰國料理的特色更加顯著。檸檬香茅(lemon grass)、芫荽(coriander)、南薑(galingal)，在大部分的英國超市都可以購買到新鮮的產品。羅望子(tamarind)，可以買到果莢、果肉或濃縮液。其中，以後者用起來最方便。如果買到的是果莢，就要取出果肉，用水浸泡，做成羅望子汁(sour tamarind water)。

檸檬香茅 LEMON GRASS
將檸檬香茅的莖刮過，讓香味可以釋出，用來煮咖哩，或切碎後，用來快炒。

芫荽莖 CORIANDER STEMS
切除芫荽莖與根後，切碎。用來煮咖哩，以增添辛辣味。

綠咖哩醬 GREEN CURRY PASTE

紅咖哩醬 RED CURRY PASTE

南薑 GALINGAL
與一般的薑類似，但是味道比較辛辣，要先去皮，再切片使用。

羅望子 TAMARIND
先將果肉從果莢中取出，用熱水浸泡30分鐘，過濾，使用浸泡液。

製作印度綜合辛香料 MAKING GARAM MASALA

「Garam Masala」，原義為「熱的混合辛香料」，傳統上用在北印度的菜餚上，有很多不同的混合方式。先將材料乾烤(dry-roasting)後，再研磨，可以加強它的風味。

1 混合荳蔻皮(mace)、肉桂、月桂葉、小荳蔻(cardamom)、茴香(cumin)、胡椒粒(pepper-corns)、芫荽，邊用小火加熱到顏色變深。

2 冷卻後，將烤過的辛香料放進研缽內，用杵研磨成粉。裝入密閉容器內保存。

海帶的前置作業 PREPARING DRIED SEAWEED

營養成分極高的乾燥海藻，在日本料理中使用得相當普遍。烤過的乾燥海苔(nori)，可以弄碎後，撒在菜餚上，或用來包裹其它材料。海帶芽(wakame，又稱為裙帶菜)可以用來煮湯，製作沙拉，或快炒。

海苔 NORI
將海苔片拿在火爐上或放進烤箱內，烤成香甜細緻的風味。

海帶芽 WAKAME
將細條狀的海帶芽放進溫水中泡軟，徹底瀝乾後，再使用。

浸泡番紅花 SOAKING SAFFRON

這種偏金色，價格昂貴的辛香料，是以細絲狀販售。如果是用來調色與調香用，就要先用水浸泡。

將1撮番紅花絲放進碗內，倒入熱水。浸泡10分鐘後，過濾，使用浸泡液來製作醬汁或咖哩。

烤芝麻 TOASTING SESAME SEEDS

芝麻在中國料理中，是種非常普遍的副食材，乾烤過，就會變得更香郁，更具嚼感。以下，使用的器具為中式炒鍋(wok)與筷子，不過，你也可以用平底鍋與木匙代替。

加熱中式炒鍋，到溫度極高，但是未冒煙的程度。將一把芝麻放進鍋內，用小火乾烤，邊不斷地用筷子攪拌，直到變成黃褐色。

亞洲調味品 ASIAN CONDIMENTS

這些風味濃郁的材料，在亞洲料理中的地位，不下於咖哩醬。

中式五香粉 CHINESE FIVE-SPICE POWDER：這是種香味濃郁，混合了八角(star anise)、茴香籽(fennel seeds)、花椒(fagara)、桂皮(cassia)、丁香(cloves)，研磨成細粉所成的香料。在中國與越南極為普遍，通常用在烤肉或家禽，還有製作醃醬上。

日式七味粉 JAPANESE SEVEN-SPICE POWDER：這種日式辛香料，是用山椒(sansho/Japanese pepper)、海帶(seaweed)、辣椒(chilli)、橙皮(orange zest)、罌粟花籽(poppy seeds)、白芝麻(white sesame seeds)、黑芝麻(black sesame seeds)混合而成，最普遍的用法，就是撒在麵或湯上。

山葵 WASABI：這是種辛辣的調香料，通常用來當做壽司(sushi)或生魚片(sashimi)的沾醬，或者與美乃滋類的沙拉醬或醬汁混合。可以用新鮮的辣根(horseradish root)磨泥而成，或用粉末與水混合而成。

精選亞洲辛香料與種籽(A SELECTION OF ASIAN SPICES AND SEEDS)

329

調味香草束
HERB BUNDLES

最聞名的混合調味香草束,就是香草束(bouquet garni,參照第185頁)。這種用百里香(thyme)、月桂葉(bay)、巴西里(parsley)與芹菜(celery)所構成的經典組合,是用韭蔥葉(leek leaf)包裹後,用來為各式各樣的菜餚增添風味。以下,為針對特定食物的香草束之建議組合。

牛肉 BEEF:橙皮(pared orange zest)、迷迭香(rosemary)、百里香、巴西里。

魚與貝類 FISH AND SHELLFISH:茵陳蒿(tarragon)、蒔蘿(dill)、檸檬皮(pared lemon zest)。

小羊肉 LAMB:迷迭香、百里香、香薄荷(savory)、薄荷(mint)、巴西里,以上香草植物的枝葉。

豬肉 PORK:新鮮鼠尾草(sage)、百里香、馬鬱蘭(marjoram),以上香草植物的枝葉。

家禽 POULTRY:芹菜莖(celery stick)1枝,以及巴西里、百里香、馬鬱蘭、茵陳蒿的枝葉各1枝,還有1片月桂葉(bay leaf)。如果是野鳥(game birds),就加上6個杜松子(juniper berries),封在紗布濾袋內。

蔬菜料理與豆類 VEGETABLE DISHES AND PULSES:月桂葉、香薄荷(savory)、鼠尾草、馬鬱蘭、牛至(oregano)、巴西里。

香草混合料 HERB MIXTURES

西方的廚師,習慣用特定種類的香草植物組合,來為特定的菜餚增添風味。法國料理常用普羅旺斯香草(herbs de Provence)與佩西蕾(persillade)來調香,而義大利的名菜,例如:義式米蘭燴小牛肉(osso buco),則是搭配辛辣的格雷摩拉達(gremolada),一起上菜。

切碎格雷摩拉達的檸檬皮
CHOPPING LEMON ZEST FOR GREMOLADA
在切成長條狀的檸檬皮上,來回擺蕩半月形切碎刀(Mezzaluna)的彎曲刀片。

普羅旺斯香草
HERBES DE PROVENCE
這是種由新鮮或乾燥香草植物,包括:百里香、迷迭香、月桂葉、羅勒(basil)、香薄荷,甚至是薰衣草(lavender),所組成的混合香草。用來烹調烤小羊肉與豬肉,香郁美味。

格雷摩拉達
GREMOLADA
這是種源自米蘭(Milan)的調香料,通常是用切成細碎的檸檬皮、大蒜、巴西里製成。在義式米蘭燴小牛肉(osso buco)或其它義式燉肉(stews)料理,烹調的最後才加入。

佩西蕾
PERSILLADE
這是用切碎的巴西里、大蒜,混合而成的調香料,通常在菜餚烹調快接近尾聲時才加入。它還可以與麵包粉混合後,用來做鑲餡用的餡料。

製作青醬 MAKING PESTO

如果要製作足夠250g義大利麵(pasta)使用的青醬,需要60g新鮮羅勒、4大匙特級初榨橄欖油(extra-virgin olive oil)、4大匙剛磨碎的帕瑪森起司(Parmesan cheese)、2～4瓣大蒜、30g松子(pine nuts)。如果是少量,就用手研磨製作。如果是多量,就用機器製作。

用手研磨 BY HAND

用研缽與杵,研磨羅勒、起司、大蒜、松子。然後,慢慢地加入橄欖油混合,做成有顆粒質感的青醬。

用機器研磨 BY MACHINE

先用食物料理機(food processor)攪拌羅勒、松子、起司、大蒜、半量的橄欖油,再慢慢地加入剩餘的橄欖油混合。

製作蕃茄醬 MAKING A TOMATO SAUCE

快煮製成的蕃茄醬，是個非常重要的烹飪材料，不僅因為它可以用在披薩、義大利麵、蔬菜、肉類的烹調上，還是許多經典歐洲料理的基本製作材料。以下所用的是新鮮李子形蕃茄(plum tomatoes)，如果是冬季，就用罐頭義大利李子形蕃茄。

1 先用橄欖油，以中火，炒香切碎的大蒜、洋蔥、紅蘿蔔，約5～7分鐘。

2 加入切塊的成熟蕃茄，少許糖、鹽、胡椒，煮10～15分鐘，直到變軟。

3 加調味料調味。可以就這樣直接使用，或用過濾器，濾除蕃茄皮與籽，做成泥狀(coulis)的質地。

辛香料混合料 SPICE MIXTURES

這些傳統的混合辛香料，在歐洲料理中使用頻率非常高，不只常被用來為肉類或家禽料理增添風味，還常被用來製作蛋糕、餅乾、布丁。古老而傳統的英式醃菜用混合辛香料，常與醋(vinegars)混合，或用來製作各種調味品(condiments)。

研磨辛香料 GRINDING SPICES
使用電動辛香料研磨機(electric spice grinders)，或咖啡研磨機(coffee grinders)，就可以快速地將所有的辛香料一次研磨成細粉。

混合辛香料 MIXED SPICE
別名「布丁辛香料(pudding spice)」。先將1大匙芫荽籽(coriander seeds)、1小匙多香果(allspice berries)、1小匙丁香(cloves)、1支肉桂棒(cinnamon stick)，研磨成細碎的質地，再與1大匙磨碎的荳蔻(nutmeg)與2小匙薑粉(ground ginger)混合。

醃漬辛香料 PICKLING SPICE
先混合2大匙薑粉(ground ginger)、1大匙黑胡椒粒(black peppercorns)、1大匙白芥末籽(white mustard seeds)、1大匙乾燥紅辣椒(dried red chillies)、1大匙多香果、1大匙蒔蘿籽(dill seed)、1大匙搗碎的荳蔻皮(mace)。再加入1支肉桂棒(搗碎)、2片月桂葉(搗碎)、1小匙完整的丁香。

法式四味辛香料 QUATRE-EPICES
就是4種辛香料的混合料。由1大匙黑胡椒粒、2小匙完整的丁香、2小匙磨碎的荳蔻、1小匙薑粉，組合而成。還有其它的組合方式，可能會用到多香果與肉桂。

混合辛香料
MIXED SPICE

醃漬辛香料
PICKLING SPICE

法式四味辛香料
QUATRE-EPICES

香草 VANILLA

香草的豆莢與籽，都可以用來當做調香料。其中，香草籽所散發出的風味，比香草莢還濃郁。

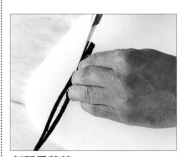

剖開香草莢 SPLITTING THE POD
先縱向剖開香草莢，浸泡在溫牛奶中30分鐘，或掩埋在1罐細砂糖(caster sugar)中。

刮下香草籽 REMOVING THE SEEDS
用刀尖，從剖成兩半的香草莢上，刮下籽。用法比照以上的香草莢。

使用香草植物 & 辛香料
USING HERBS & SPICES

新鮮香草植物與芳香的辛香料,是廚房中不可或缺的寶貴副食材,可以爲菜餚增添特殊口味與獨特的異國風味性格。下表,爲各種不同風味之香草植物與辛香料,最對味,最適合搭配之食物配對表。

保存香草植物 STORING HERBS

由於新鮮香草植物,無法保存太久,所以,採摘後就要立刻使用。以下的方法,有助於保鮮,並延長它們的壽命。這些技巧非常重要,尤其是在夏季,如果你自己就在庭院中栽種香草植物。

- 如果是要短暫保存1～2天,就將剛採摘下的新鮮香草植物,裝進塑膠袋內,放進冰箱冷藏。若是像羅勒(basil)等較嬌弱的種類,就要先用稍微沾濕的廚房紙巾包起來,再放進塑膠袋內。

- 如果是要讓香草植物變乾燥,就在乾燥通風的室內,從它們的莖部吊掛起來。這樣的吊掛姿勢,有助於將香草植物的風味集中在葉片上。乾燥後,將香草植物存放在密閉容器內。

- 新鮮香草植物,可以用冷凍的方式,妥善保存。採摘開花期前的幼嫩香草植物,最能夠得到最佳的風味效果。在清晨,當露水已消失,葉片散發出最濃郁的芳香時,是最適當的採摘時機。先摘下葉片,切碎(如果是月桂葉、迷迭香、鼠尾草、百里香,就不適合切碎,而應剪成小枝)。然後,將切碎的香草植物放進製冰盒內,倒入冰水,放進冷凍庫冷藏。變硬後,將香草冰塊裝入冷凍保鮮袋,以便需要時,可以直接從冷凍庫取出,放進烹調的液體內。而香草植物如果是枝葉的狀態,就要以這樣的狀態裝進密閉容器內冷凍。

香草植物與其用途 HERBS AND THEIR USES

	風味 FLAVOUR	用途 USE WITH
羅勒 BASIL	甜味、柔和、溫和的辛辣味、香郁。	白肉魚(white fish)、小牛肉(veal)、雞肉、海鮮、綠葉沙拉(salad greens)、蛋、蕃茄、香草醬與其它義大利麵醬。
月桂葉 BAY	香郁、刺激辛辣。	湯、高湯(stocks)、燉肉(stews)、砂鍋燒(casseroles)、醬汁(特別是貝夏美醬汁(béchamel sauce))。
山蘿蔔 CHERVIL	細緻、帶點大茴香(anise)的風味。	魚、雞肉、蛋捲(omelettes)、醬汁(sauces)。
細香蔥 CHIVES	清淡、洋蔥味。	魚、蛋、起司、沙拉、奶油濃湯(creamy soups)、馬鈴薯。
芫荽 CORIANDER	香味濃郁、辛辣。	亞洲、中東、墨西哥料理、紅蘿蔔、沙拉、優格(yogurt)。
咖哩葉 CURRY LEAVES	辛辣的咖哩風味。	印度咖哩、砂鍋燒(casseroles)、湯、海鮮、鑲餡用餡料。
蒔蘿 DILL	清淡、帶點大茴香(anise)的風味。	鮭魚(salmon)、醃鯡魚(soused herring)、小牛肉、紅蘿蔔、小黃瓜(cucumbers)、馬鈴薯、美乃滋(mayonnaise)、酸奶油(soured cream)、軟質新鮮起司。
茴香 FENNEL	帶點大茴香(anise)的風味。	魚湯、豬肉、海鮮、蛋。
馬鬱蘭/牛至 MARJORAM / OREGANO	甜味、香郁、刺激辛辣。	燒烤肉類、雞肉、蕃茄醬、蛋、起司、加味油(flavoured oils)、醃醬(marinades)。
薄荷 MINT	濃郁、甜味、清新。	小黃瓜、馬鈴薯、豌豆(peas)、起司、甜瓜(melon)、冷湯(chilled soups)、小羊肉(lamb)、優格(yogurt)。
巴西里 PARSLEY	清爽、稍微辛辣。	蛋、魚、湯、家禽、肉類。
迷迭香 ROSEMARY	刺激辛辣、油膩、香郁。	小羊肉、雞肉、豬肉、麵包、馬鈴薯。
鼠尾草 SAGE	香郁、帶點苦味。	豬肉、小牛肉、鴨肉、鵝肉、火雞肉、豆類(pulses)、蛋、瑞可塔起司(ricotta cheese)、帕瑪森起司(Parmesan cheese)、義大利燴飯(risotto)、義大利麵(pasta)。
夏香薄荷 SUMMER SAVORY	刺激辛辣、檸檬味。	豆類、蠶豆(broad beans)、菜豆(French beans)、蛋、起司、燒烤肉類、蕃茄醬(tomato sauce)。
茵陳蒿 TARRAGON	香郁、帶點大茴香(anise)的風味、清涼。	雞肉、蛋、蕃茄、貝阿奈滋醬汁(béarnaise)。
百里香 THYME	香味濃郁。	家禽、烤肉、砂鍋燒(casseroles)、烤馬鈴薯。

辛香料與其用途 SPICES AND THEIR USES

	風味 FLAVOUR	型態 FORM	用途 USE WITH
多香果 ALLSPICE	帶點丁香與肉桂味。	整顆漿果或磨成粉。	加勒比式燉肉、野味、小羊肉、洋蔥、高麗菜(cabbage)、辛辣醋(spiced vinegar)、水波煮水果(poached fruits)、蛋糕、麵包、派(pies)。
葛縷子 CARAWAY	芳香、濃郁、帶點茴香味。	整顆種子或磨成粉。	燉肉、香腸(sausages)、高麗菜、豬肉、酸泡菜(sauerkraut)、麵包、起司、濃郁水果蛋糕。
小荳蔻 CARDAMOM	刺激辛辣、檸檬味。	豆莢、取下的種子或磨成的粉。	印度與中東的咖哩、燉肉、鹽漬汁(pickling brines)、糕餅(pastries)、蛋糕、水果料理、快速麵包(quick breads)。
卡宴辣椒粉/辣椒粉 CAYENNE / CHILLI POWDER	辛辣味、極辣。	磨成粉。	印度、墨西哥、凱真(Cajun)、加勒比、克利歐(Creole)料理、海鮮、貝阿奈滋醬汁(béarnaise sauce)。
肉桂 CINNAMON	甜味、柔和、香郁。	棒或磨成粉。	中東料理、咖哩、水果甜點、蛋糕與麵包、牛奶與米布丁、巧克力甜點。
丁香 CLOVES	甜味、濃郁。	完整的花蕾或磨成粉。	火腿與豬肉、蕃薯(sweet potatoes)、南瓜(pumpkin)、加了辛香料的蛋糕、蘋果與其它水果、高湯。
芫荽 CORIANDER	芳香、檸檬味。	完整果實或磨成粉。	印度與東方料理、肉類、雞肉、醃漬魚、蘑菇(mushrooms)、麵包、蛋糕、糕餅、卡士達(custards)。
小茴香 CUMIN	刺激辛辣、柔和、土味。	完整種子或磨成粉。	印度與墨西哥料理、豬肉、雞肉、小羊肉、起司、豆子湯(bean soups)、米飯匹拉夫(pilafs)。
茴香籽 FENNEL SEED		甜味、甘草風味 (liquorice-flavoured)。	地中海魚湯與燉肉、燒烤魚。
薑 GINGER	刺激、辛辣味。	新鮮根部或磨成粉。	東方與印度料理、雞肉。蔬菜,特別是南瓜、紅蘿蔔。水果,例如:甜瓜(melon)、大黃(rhubarb)。蛋糕、餅乾。
杜松子 JUNIPER	刺激辛辣、清新、帶點松樹的味道。	果實。	香腸(sausage)、豬肉、野味料理。肝醬(pâtés)與凍派(terrines),特別是(venison)、高麗菜(cabbage)、鑲餡用餡料(stuffings)。
荳蔻皮 MACE	甜味、芳香。	整片或磨成粉。	用途與荳蔻相同。
芥末 MUSTARD	刺激、辛辣。	完整種子或磨成粉。	牛肉與豬肉、雞肉、兔肉、蔬菜、醃菜(pickles)與開胃食品(relishes)、醬汁(sauces)、調味汁(dressings)。
荳蔻 NUTMEG	甜味、芳香。	整顆或磨成粉。	義大利餃(stuffed pastas)、肉類與貝夏美醬汁(béchamel sauce)、焗烤菠菜馬鈴薯、蛋糕與餅乾、牛奶布丁與卡士達(custards)、熱甜酒(mulled wine)。
匈牙利紅椒粉 PAPRIKA	刺激、甜味或辣味。	磨成粉。	肉類與家禽,特別是東歐料理。蛋、蔬菜、奶油起司(cream cheese)。
胡椒 PEPPER	刺激、柔和或辣味。	果實(胡椒粒(peppercorns))或磨成粉。	幾乎所有的小菜(savoury dish)與部分甜點,例如:草莓與冰沙(sorbets)。
罌粟花籽 POPPY SEEDS	堅果味、甜味。	整顆或磨成粉。	麵包、蛋糕、糕點、沙拉、涼拌高麗菜絲沙拉(coleslaw)、雞蛋麵(egg noodles)、肉類或魚的醬汁。
八角 STAR ANISE	溫和、香郁、辛辣的甜味。	整顆、碎塊、種子、磨成粉。	東方風味料理,特別是中式料理、豬肉、鴨肉、雞肉、魚肉與貝類料理、醃醬(marinades)。
薑黃 TURMERIC	溫和、香郁。	整塊或磨成粉。	用來增添微妙的風味與獨特的黃色,可以用在咖哩粉、米飯、豆類料理與酸辣醬(chutneys)上。

測量表 MEASUREMENT CHARTS

正確的測量基準，是所有的料理得以成功的一大關鍵。以下的測量表，為各位提供了迅速簡單的參考資料，用來判斷烤箱溫度與材料與份量之公制(metric)與英制(imperial)換算標準。

烤箱溫度 OVEN TEMPERATURES

攝氏 CELSIUS	華氏 FAHRENHEIT	瓦斯 GAS	說明 DESCRIPTION
110°C	225°F	1/4	冷
120°C	250°F	1/2	冷
140°C	275°F	1	很低
150°C	300°F	2	很低
160°C	325°F	3	低
170°C	325°F	3	中
180°C	350°F	4	中
190°C	375°F	5	中熱
200°C	400°F	6	熱
220°C	425°F	7	熱
230°C	450°F	8	很熱

美式量杯 US CUPS

量杯 CUPS	公制 METRIC
1/4杯	60 ml(毫升)
1/3杯	70 ml
1/2杯	125 ml
2/3杯	150 ml
3/4 杯	175 ml
1杯	250 ml
1又1/2杯	375 ml
2杯	500 ml
3杯	750 ml
4杯	1 litre(公升)
6杯	1.5 litres

量匙 SPOONS

公制 METRIC	英制 IMPERIAL
1.25 ml	1/4小匙
2.5 ml	1/2小匙
5 ml	1小匙
10 ml	2小匙
15 ml	3小匙/1大匙
30 ml	2大匙
45 ml	3大匙
60 ml	4大匙
75 ml	5大匙
90 ml	6大匙

烤箱溫度 OVEN TEMPERATURES

公制 METRIC	英制 IMPERIAL	公制 METRIC	英制 IMPERIAL	公制 METRIC	英制 IMPERIAL
25 ml	1 fl oz(液盎司)	300 ml	10 fl oz/ 1/2 pint	1 litre	1 3/4 pints
50 ml	2 fl oz	350 ml	12 fl oz	1.2 litres	2 pints
75 ml	2又1/2 fl oz	400 ml	14 fl oz	1.3 litres	2 1/4 pints
100 ml	3又1/2 fl oz	425 ml	15 fl oz/ 3/4 pint	1.4 litres	2 1/2 pints
125 ml	4 fl oz	450 ml	16 fl oz	1.5 litres	2 3/4 pints
150 ml	5 fl oz/1/4 pint (品脫)	500 ml	18 fl oz	1.7 litres	3 pints
175 ml	6 fl oz	568 ml	20 fl oz/ 1 pint	2 litres	3 1/2 pint
200 ml	7 fl oz/ 1/3 pint	600 ml	1 pint milk(牛奶)	2.5 litres	4 1/2 pint
225 ml	8 fl oz	700 ml	1又1/4 pints	2.8 litres	5 pint
250 ml	9 fl oz	850 ml	1又1/2 pints	3 litres	5 1/4 pint

重量 WEIGHT

公制METRIC	英制 IMPERIAL	公制METRIC	英制 IMPERIAL
5g(公克)	1/8 oz(盎司)	325g	11又1/2 oz
10g	1/4 oz	350g	12 oz
15g	1/2 oz	375g	13 oz
20g	3/4 oz	400g	14 oz
25g	1 oz	425g	15 oz
35g	1又1/4 oz	450g	1 lb(磅)
40g	1又1/2 oz	500g	1 lb 2 oz
50g	1又3/4 oz	550g	1 lb 4 oz
55g	2 oz	600g	1 lb 5 oz
60g	2又1/4 oz	650g	1 lb 7 oz
70g	2又1/2 oz	700g	1 lb 9 oz
75g	2又3/4 oz	750g	1 lb 10 oz
85g	3 oz	800g	1 lb 12 oz
90g	3又1/4 oz	850g	1 lb 14 oz
100g	3又1/2 oz	900g	2 lb
115g	4 oz	950g	2 lb 2 oz
125g	4又1/2 oz	1 kg	2 lb 4 oz
140g	5 oz	1.25 kg	2 lb 12 oz
150g	5又1/2 oz	1.3 kg	3 lb
175g	6 oz	1.5 kg	3 lb 5 oz
200g	7 oz	1.6 kg	3 lb 8 oz
225g	8 oz	1.8 kg	4 lb
250g	9 oz	2 kg	4 lb 8 oz
275g	9又3/4 oz	2.25 kg	5 lb
280g	10 oz	2.5 kg	5 lb 8 oz
300g	10又1/2 oz	2.7 kg	6 lb
315g	11 oz	3 kg	6 lb 8 oz

線性測量 LINEAR MEASUREMENTS

公制METRIC	英制 IMPERIAL	公制METRIC	英制 IMPERIAL
2 mm(公厘)	1/16 in(英吋)	17 cm	6又1/2 in
3 mm	1/8 in	18 cm	7 in
5 mm	1/4 in	19 cm	7又1/2 in
8 mm	3/8 in	20 cm	8 in
10 mm/1 cm	1/2 in	22 cm	8又1/2 in
1.5 cm	5/8 in	23 cm	9 in
2 cm	3/4 in	24 cm	9又1/2 in
2/5 cm	1 in	25 cm	10 in
3 cm	1又1/4 in	26 cm	10又1/2 in
4 cm	1又1/2 in	27 cm	10又3/4 in
4.5 cm	1又3/4 in	28 cm	11 in
5 cm	2 in	29 cm	11又1/2 in
5.5 cm	2又1/4 in	30 cm	12 in
6 cm	2又1/2 in	31 cm	12又1/2 in
7 cm	2又3/4 in	33 cm	13 in
7.5 cm	3 in	34 cm	13又1/2 in
8 cm	3又1/4 in	35 cm	14 in
9 cm	3又1/2 in	37 cm	14又1/2 in
9.5 cm	3又3/4 in	38 cm	15 in
10 cm	4 in	39 cm	15又1/2 in
11 cm	4又1/4 in	40 cm	16 in
12 cm	4又1/2 in	42 cm	16又1/2 in
12.5 cm	4又3/4 in	43 cm	17 in
13 cm	5 in	44 cm	17又1/2 in
14 cm	5又1/2 in	46 cm	18 in
15 cm	6 in	48 cm	19 in
16 cm	6又1/4 in	50 cm	20 in

專業用語解說 GLOSSARY OF TERMS

AL DENTE 彈牙：義大利文原義為「到牙齒」，用以形容蔬菜或義大利麵，在咬下去時，還感覺得到些許韌性。

ALBUMEN 蛋白：就是指1個蛋裡面，高蛋白質(protein-rich)含量的蛋白，包含了繩狀的卵黃繫帶(chalazae)，將蛋黃連接固定在蛋殼上。

AROMAT 香料：意指所有可以為食物增添風味與芳香的辛香料或香草植物(羅勒、茴香、迷迭香)。

ASPIC 肉凍：用淨化過的高湯(clarified stock)或澄清湯(consommé)與吉力丁所製成的透明魚、家禽、肉類膠凍狀食物，用來當做用模型造型的菜餚或冷食的膠汁。

ATA/ATTA FLOUR 阿塔麵粉：一種用來製作扁麵包(flat breads)的極細全麥麵粉(wholemeal flour)，可以在亞洲商店購買到。

BAIN MARIE 隔水加熱：就是將鍋子或攪拌盆，放進或是放在更大的一鍋滾水上以「熱浴(water bath)」的方式加熱。隔水加熱可以在烤箱中，或火爐上進行。

BAKE 烘烤：將食物放進烤箱內煮之意。建議您最好使用烤箱溫度計(oven thermometer)，以達成最佳的烘烤結果，因為烤箱內的實際溫度，通常會比烤箱上所顯示的溫度讀數還高。

BAKE BLIND 空烤酥皮：就是在尚未填塞餡料的狀態下，先把糕餅的外皮烤熟。烤的時候，通常會先在麵皮上打洞，並鋪上烤盤紙或鋁箔紙，再放上鎮石來鎮壓，以防麵皮在烘烤的過程中變形。

BALLOTINE 肉片捲：肉類、家禽、魚，經過去骨、鑲餡、捲起、綁縛而成的食物，通常是以水波煮(poach)或燜煮(braise)的方式烹調。

BARD 包油片：將成片的脂肪(典型的作法是使用背脂(back fat)或培根)包裹在切割整齊的肉塊上，讓肉塊在烹調的過程中保持濕潤。

BASTE 澆淋或塗抹油脂：在食物烹調的過程中，將湯汁(鍋底或盤底的汁液或油脂)澆淋或塗抹上去，以增添風味及保濕。

BATTER 麵糊：未加熱的可麗餅、煎餅、蛋糕的混合料，有各種不同的濃度。此外，油炸魚等食物所用的沾料，也稱之為麵糊。

BEURRE MANIE芍芙奶油：即原義為「揉捏奶油(kneaded butter)」的法文。就是用等量的麵粉與奶油混合而成糊狀混合料，用來做為醬汁、湯、燉煮食物的稠化劑。

BLANC 白色檸檬高湯：一種成分為水、麵粉、檸檬汁的高湯，用來煮蔬菜，同時維持蔬菜的顏色，最常用來煮朝鮮薊(globe artichokes)。

BLANCH 汆燙：將蔬菜或水果，先浸泡在滾水中，再放進冰水中，以防被餘熱繼續加溫，同時達到鬆弛外皮，加強色澤的鮮豔度，去除澀味的效用之烹飪方式。這樣的作法，也可以運用在培根或其它醃製肉類上，用以降低其所含之鹽分。

BLEND 混合：用湯匙、攪拌器，或電動果汁機(electric blender)，將2種或以上的材料，混合均勻之意。

BOIL煮滾/在滾水或液體中煮：英文「bring to the boil」，指的是將液體加熱到表面冒泡的程度(100℃)。「boil」，還有另外一個意思，就是指在沸騰的液體中煮食物。

BRAISE 燜煮：先用油脂將食物煮到變褐色，再加蓋，用少量味美的湯汁，以小火，長時間加熱。

BROCHETTE串烤：法文中為「串/針」之意，就是用金屬或木籤，將食物串起或造型後，燒烤(grill)或炙烤(barbecue)。

BRUNOISE 蔬菜小丁：將紅蘿蔔、芹菜、韭蔥(leek)或櫛瓜(courgette)，切成小丁，然後，分別或一起用來當做澄清湯(consommé)的材料。

BUTTERFLY蝴蝶形肉片：從食物(小羊腿肉、雞胸肉、蝦肉)的中間剖開，但是不要完全切斷，再把兩側攤平，就成了蝴蝶的形狀。

CANELLE(CANELLER)刨絲：用刨絲器(canelle knife)，在水果或蔬菜的外皮上，所做出的裝飾效果。水果或蔬菜在切片後，就可以呈現出紋狀的花邊。

CARAMELIZE 焦糖化：將糖加熱成液態，成為從金黃色到深褐色等不同色澤的糖漿之過程。此外，也可以將糖撒在食物上，燒烤到糖融化(例如：布蕾奶油醬(crème brûlée)的焦糖化)。這個詞也可以用來指用油脂嫩煎(sautée)洋蔥或韭蔥(leek)的烹調方式。

CAUL 網膜：一種從動物的胃中取出的薄膜，通常是從豬胃取得。在烹調的過程中，用來包裹及滋潤瘦肉(lean meats)或絞肉(minced meat)混合料。

CHARGRILL炭烤：將食物擺在金屬烤架上，再放在熱的煤炭上烤，或把食物擺在爐用燒烤盤(grill pan)上，用火爐烤。

CHIFFONADE 切絲：將葉菜類蔬菜(leafy vegetables)或香草植物，疊放，捲起來後，切成細絲。

CHINOIS圓錐形過濾器：孔徑極細的圓錐形過濾器，使用時，需要用湯杓或湯匙輔助，將過濾的食物按壓過網孔。最常用來過濾醬汁。

CHOP 切碎：用刀子，將食物切成比用絞碎的方式處理過的狀態還粗的大小。切的時候，用一手握住刀尖不動，另一手則握住刀柄，上下移動地切。

CLARIFY淨化/澄清：去除液體中的雜質之意。這樣的過程，通常是指將蛋白(與蛋殼)放進高湯內一起慢煮，藉由蛋白來吸附湯內的雜質。此外，也可以用來指慢慢地加熱奶油後，再去除其中的牛乳固形物(milk solids)之過程。

COAT 塗層：用一層麵粉、蛋液、麵包粉(breadcrumbs)、美奶滋(mayonnaise)或霜飾(icing)，來包覆食物的表面。

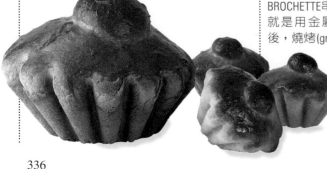

COMPOTE 糖煮水果：慢煮混合種類的水果，通常是浸泡在添加了辛香料(spices)或利口酒(liqueur)的糖漿內煮。

CONCASSEE 蕃茄丁：切碎的混合蔬菜，通常是指蕃茄，在去皮，去籽後，切成的蕃切丁。

CONFIT 油封：一種用肉類本身的油脂，以極緩慢的速度來煮肉類(通常是鴨肉、鵝肉、豬肉)，而且以這些油脂來保存肉類的方法。蔬菜，例如：小洋蔥(baby onions)，也可以用這些油脂來煮。

COULIS 庫利：已被過濾的泥狀材料(purée)或醬汁，通常是用蕃茄或其它水果，加上增甜劑(sweetener)與少量的檸檬汁，製作而成。

CREAM 乳化：將材料一起攪拌成膨鬆，柔軟而均勻的質地。一般最常指指脂肪的乳化，例如：攪拌奶油與糖，到變成乳狀。

CROSS-HATCH 格紋：在食物的表面交錯斜劃成鑽石形狀的紋路。這樣的切法，有利於讓食物吸收醃醬(marinades)，釋出多餘的油脂，或將食物輕易地從它的外皮中取出(例如：芒果(mangoes))。

CURE 加工保藏：以鹽漬、煙燻、酸性浸泡液(acid-based brines)或細菌(bacteria)，來保存食物之意。

CUTLET 肉片：從小羊、豬、小牛的的腿(leg)或的胸側(rib)部分所切下的肉片。

DARNE 圓身魚排：從大型的圓身魚，例如：鮭魚(salmon)或鮪魚(tuna)上切下的厚魚肉片。

DEGLAZE 去漬/稀釋鍋底黏漬：食物嫩煎(sautée)後，取出食物與多餘的油脂，再將少量的液體倒入鍋內攪拌，與留在鍋內的湯汁混合，稀釋成醬汁。

DEGORGE 浸漬/鹽漬：將肉類、家禽、魚類，浸泡在冷鹽水或醋裡，以去除雜質或血。此外，亦指將鹽撒在部分種類的蔬菜上(特別是茄子)，來逼出蔬菜內所含的水分的處理方式。

DEMI-GLACE濃縮醬汁：一種濃稠而風味濃郁的醬汁，或用來製作醬汁的基本湯汁。濃縮醬汁，是用濃縮高湯、葡萄酒，有時還加上肉類的膠汁(meat glaze)，製作而成。

DETREMPE 基本揉和麵糰：一個法文術語，意指用麵粉、鹽、融化奶油、水，為製作成起酥皮(puff pastry)，最先混合而成的麵糰。

DICE 切丁：將食物切成小而大小一致的方塊狀。

DOUGH 麵糰：麵粉與水的混合料，通常還添加了其它材料，混合到質地夠結實，可以整合成糰，但又夠柔軟，可塑性佳，可以用手來塑型。

DRESS 烹調準備工作：家禽或野禽，經過拔毛，清洗，綁縛的前置作業，以進行烹調。這個用語，亦指將調味汁(dressing)，例如：油醋調味汁(vinaigrette)，澆淋在沙拉上，或處理整隻螃蟹或龍蝦，還有在上菜前，將食物裝盤，裝飾的作業。

DROPPING CONSISTENCY 滴落硬度：這個術語，是指混合料，通常是指蛋糕的麵糊，質地既柔軟到可以用湯匙舀起，再讓它滴落到烤盤等上面，但是又夠結實，可以塑型。

DRY-FRY 乾煎/乾炒：不用脂肪或油煎或炒。這種方法，常運用在印度辛香料(Indian spices)、扁麵包(flat breads)、墨西哥餅皮(tortillas)的製作上。

DUXELLES 蘑菇餡料：這是種用切碎的蘑菇，與紅蔥或洋蔥，加了奶油，煮到湯汁幾乎蒸乾的混合料。

EMULSION 乳化：將一種液體，加入另一種液體內混合之意。在烹飪上，指的是將一種液體，慢慢地以穩定的細流狀態，倒入另一種液體內，再迅速攪拌之意。

ENRICH 增添濃郁度：將鮮奶油或蛋黃，加入醬汁或湯裡，還是將奶油加入麵糊或麵糰內，以增添濃郁的質地與風味。此外，亦指麵粉在輾磨的過程中所流失的營養分，又獲得了補充。

ENTRECOTE 肋排肉：法文原義為「肋骨間的部分(between the ribs)」，這塊柔嫩的牛肉塊，通常是用來燒烤(grill)或嫩煎(sauté)。

ESCALOPE薄肉片：薄的肉類切片，例如：小牛肉、雞肉、魚肉的薄切片。

FEUILLETE 千層酥：切成鑽石形，三角形、方形或圓形的起酥皮(puff pastry)盒。

FLAKE 薄片：用叉子，將食物分解成片狀，這也是種檢查魚肉煮熟度的方法。

FLAMBE 澆酒火燒：法文的「用火熖燒(flamed)」之意。直接點燃利口酒(liqueur)，通常是以呈現出華麗的桌邊烹調服務為目的。這也是種將料理中所含的酒精成分燒乾的方式。

FOLD 混合：混合質地較膨鬆，含氣量多的混合料，與質地較厚重的混合料。混合時，將較膨鬆者加入較厚重的混合料裡，用大金屬湯匙或橡皮刮刀，動作輕柔地以劃「8」的方式混合，以防壓擠出裡面所含的空氣。

FONDANT ICING 風凍糖衣：這是一種將水、糖、葡萄糖(glucose)，加熱到軟球狀態(soft ball stage)，再混合成具有可塑性，質地均勻的柔軟混合料，用來裝飾閃電泡芙(éclairs)。請勿與用來做為新式蛋糕的裝飾用霜飾(decorative icing)混淆，因為這種霜飾是用糖、水、塔塔粉(cream of tartar)製成的。

FONDUE 風杜：法文原義為「融化(melt)」，指的是將食物放在單獨的容器(風杜鍋)內，放在桌上加熱。傳統上，它是指將麵包塊放進融化起司內，沾上起司吃的一種吃法。此外，也包括了將肉類沾上熱油(fondue bourguignonne)，或將蛋糕塊沾上融化巧克力等不同型式的吃法。

FORCEMEAT 五香碎肉：這是個歷史悠久的術語，源自於法文的「farce」，意思就是「餡料」。它是用極細的絞肉與麵包粉混合而成的。

FRITTER 餡餅：小塊的水果或肉，表面沾滿麵糊後，油炸而成。此外，亦指油炸過的細長條狀蔬菜(julienne of vegetables)。

FRY 煎炒炸：用熱油加熱食物之意。「油炸(deep-fried)」，是將食物浸泡在油脂裡加熱。「嫩煎 (sauté)」或「油煎(pan-fry)」，是用剛好佈滿鍋底的油量，來加熱食物，以防食物沾鍋。「快炒(stir-fry)」，則是在大火加熱下，翻炒小塊的食物，傳統上是使用中式炒鍋(wok)。

FUMET 魚高湯：一種風味香郁的高湯，通常是用魚骨製成，大都是白色。偶爾指的是用來為味道清淡的液體調香用的野味。在經典法國料理中，使用頻率極高。

GLAZE膠化：讓食物的表面沾上一層薄薄的液體(無論甜或小菜)，等到凝固後，就會變得平滑有光澤。膠汁的種類，包括：濃縮的肉類高湯(肉凍(aspic))、融化果醬、刷蛋水(egg wash)、巧克力。此外，亦指極度濃縮後的肉類或魚高湯。

GLUTEN 麩質：一種麵粉中所含之蛋白質(protein)，可以增強彈性的成分。麩質含量高的麵粉，最適合用來製作需要進行揉和的麵包。麩質含量低的麵粉，例如：低筋麵粉(cake flour)，就適合用來製作質地較柔軟，較不具彈性的食物。

GLYCERINE 甘油：一種糖汁型態的酒精，用來添加在食物中，以增添濕潤度。常被用來添加在蛋白糖霜(royal icing)中，以防結晶(crystallization)。

GOLD/SILVER LEAF(ALSO CALLED VARAK)金箔/銀箔：極薄的可食金片或銀片，用來裝飾甜點。金箔與銀箔，可在烘焙材料專門店或印度商店買到，以脆弱的薄片狀態販售。

GRATIN 焗烤：一種用淺盤盛裝，上面撒上磨碎的起司，擺上小奶油塊，有時還加上麵包粉，燒烤或烘烤，直到表面變脆的料理。

GREASE 刷或抹油脂：在模型內塗抹上油脂(如果是蛋糕模，通常是塗抹上奶油或油)，以防材料在加熱的過程中，沾黏在模型內。

GRIND 研磨：用研缽與杵，或食物料理機(food processor)，將食物變成粉狀或極細碎的狀態。辛香料或咖啡豆，也可以使用專門的研磨機(grinders)。

ICE-BATH 冰水浴：裝了冰塊與水的攪拌盆，用來冷卻混合料，中斷加熱進程。

IMBIBE 吸收：讓蛋糕吸收調味過的糖漿或利口酒，通常是用毛刷塗抹上去。

INFUSE 浸漬：將芳香的材料，例如：辛香料(spices)、柑橘果皮(citrus zest)、香草(vanilla)，浸泡在液體內，為液體增添風味。

JULIENNE 細長條：將食物切成細長條，最常用在蔬菜的切割上，以便讓蔬菜可以快速而均勻地煮熟，並且看起來更美觀。

KNEAD 揉和：一種推壓，摺疊的技巧，讓麵糰的質地變得結實，光滑。藉著揉和，可以讓麵粉裡的麩質(gluten)發揮效用，增加彈性。

KNOCK-UP往上挺：邊用手指壓，邊用刀背敲，將派的邊緣做成凸脊的形狀。

KNOCK BACK 壓平：將膨脹後的酵母麵糰壓平。

LARD 穿油條：將長條狀的脂肪(通常是豬脂肪)，插入瘦肉塊內，讓料理變得更多汁，風味更佳。

LARDON 脂肪丁：將豬脂肪或培根，切成小丁，來為湯、燉煮食物、沙拉增添風味。

LEAVENER 膨脹劑：這是種用來讓麵糰膨脹，以增大烘烤食物體積的物質。麵包最常用到的膨脹劑，就是酵母(yeast)。蛋糕則是常用到泡打粉(baking powder)、小蘇打(bicarbonate of soda)。

LIAISON蛋黃聯結劑：一種蛋黃與鮮奶油的混合料，用來為醬汁、湯、燉煮食物增加濃稠度。一定要在關火的狀態下，即將上菜前再加入，以防凝結。

LINE 模型鋪襯：就是在模型內塗抹上奶油或油，或是再加上麵粉、烤盤紙，以防麵糊或麵糰在烘烤的過程中沾黏。此外，培根(bacon rashers)、菠菜葉、手指餅乾(sponge fingers)，也可以用來當做模型的襯裡。

MACERATE 浸軟：將食物浸泡在液體中，通常是蒸餾酒(spirit)或利口酒(liqueur)，讓食物的質地變軟，並增添風味。

MARBLING 大理石條紋狀/油花：形容用兩種不同的麵糊來混合成蛋糕，通常是不同的顏色。亦指肉塊上的點狀與紋狀脂肪。

MARINATE 醃漬：將食物浸泡在添加了調香料，風味濃郁的液體中。醃醬(marinades)不但可以為食物增添風味，提高濕潤度，通常還可以軟化食物。

MEDALLION小圓肉塊：小而圓的美味肉塊。通常是柔軟的瘦肉，烹飪所需時間很短。

MELANGE 綜合/混合：法文的「混合(mix)」之意，這個術語常用來指一起完成前置作業，用來烹調的2種或更多種水果或蔬菜的混合料。

MEUNIERE 磨坊女主人：法文的烹飪術語，用來指一種用奶油煮成，加鹽、胡椒、檸檬汁調味，再用巴西里(parsley)做裝飾的料理。

MINCE 絞碎/剁碎：將食物的體積變小，通常是指把肉變成很小的塊狀。可以使用刀子剁碎，或用絞肉機(mincing machines)絞碎。

MIREPOIX 調味蔬菜：粗略地切成小丁的混合蔬菜(傳統上，為紅蘿蔔、洋蔥、芹菜、韭蔥)，用來為醬汁、湯、燉煮食物增添風味。

MOUSSE 慕斯：一種打發甜味或鹹味的材料，混合均勻後，所成的膨鬆而含有大量空氣的料理。通常是裝入花式的模型中凝固，而且，無論是做熱食或冷食，大多是要脫模後，再上菜。

MOUSSELINE 慕斯狀：這是個術語，用來形容濃郁而類似慕斯的質地，通常還添加了打發鮮奶油。慕司林奶油醬(Crème mousseline)，就是帕堤西耶奶油醬(crème pâtissière)加了奶油以增添濃郁度所成的。

NOISETTE小塊瘦肉：從小羊的骨架「眼(eye)」上取下的柔軟小肉塊，被薄的帶狀脂肪包裹著，而且通常被用線綁縛著販售。這個名稱源自於法文的「榛果(hazelnut)」，亦被用來形容深褐色奶油(nut-brown butter)，也就是與榛果奶油(beurre noisette)相同的顏色。

OPEN FREEZE 開放式冷凍：以不加蓋，單層排列的方式來冷凍食物，例如：豌豆(peas)或菜豆(beans)。冷凍到變硬後，就可以包裝在一起，而且仍能保持在原本的自然狀態(free-flowing)下。這個術語，也可以用來指將液體倒入製冰盒內冷凍。

PASTE 糊狀物：研磨成極細質地的食物。常用在杏仁上，例如：杏仁糊(almond paste)。

PATE(pâte)麵糰：用來製作成糕點(pastry)的麵糰，例如：油酥麵糰(pâte brisée/shortcrust pastry)，還有甜酥麵糰(pâte sucrée)，即加了糖的油酥麵糰。

PATE(pâté)肝醬等：光滑或粗超質地的混合料，傳統上，是用肉，有時加上肝臟製作而成，但是，也可以是蔬菜，或加了調味料或辛香料，放進模型中塑型的魚肉。

PAYSANNE 鄉村蔬菜：切成小方形、三角形、鑽石形、圓形的混合蔬菜(通常是馬鈴薯、紅蘿蔔、蕪菁(turnips)、高麗菜(cabbage))。傳統上，是用來當做湯、肉類、魚、蛋捲(omelettes)的裝飾配菜。

POACH 水波煮：將食物浸泡在液體(水、糖漿、酒)中，以稍微低於沸點的溫度加熱。

POT ROAST鍋燒：將肉裝在加蓋的容器內，內含少量液體或無液體，放進烤箱內，慢慢地煮。

PRICK 打洞：在食物(水果或蔬菜的外皮)上打洞，讓內部的空氣或水分，可以在烘烤的過程中釋出。鴨皮在加熱前先打洞，就可以讓它的脂肪在烹調時融化流出。

PROVE 養鍋/檢驗酵母：將鍋子的表面處理成不沾黏的性質。先加熱鍋子，再用鹽摩擦。然後，擦乾淨，再重複同樣的作業，但是這次是用油摩擦。此外，這個術語也可以用在先讓酵母繁殖看看(通常是在麵糰裡)，來檢查酵母是否還是活的。

PUREE 泥狀物：用攪拌或過濾的方式，處理成柔細黏糊狀的食物。一般使用的是電動果汁機(electric blender)，不過，使用食物磨碎器(Mouli)或過濾器(sieve)，也可以達到相同的效果。

QUENELLES 梭形肉丸：用2支湯匙塑型而成的橢圓形柔軟混合料，例如：魚慕斯(fish mousse)或冰淇淋。這個術語，也可以用來指相同形狀的餃子等。

REDUCE 濃縮：不加蓋，快速地加熱液體。這樣做，可以蒸發液體，濃縮美味。

REFRESH 復原：汆燙後，將材料(最常見的是綠色蔬菜)放進冰水中冷卻，以防持續處在加熱的狀態下，同時維持鮮明的色彩。

RENDER 提煉：用小火加熱，讓肉裡的脂肪融化，從結締組織(connective tissue)流出。這樣提煉出來的油脂，可以用來煎、炒、炸食物。

RIBBON 緞帶狀態/緞帶蔬菜：這個術語，是用來形容將蛋與糖的混合料，攪拌混合到極為濃稠的硬度。此時，舉起攪拌器，流下的混合料會形成濃稠而光滑的緞帶狀。此外，也可以指蔬菜的削切片，例如：用蔬菜削皮器(vegetable peeler)削下的紅蘿蔔、櫛瓜(courgettes)薄片。

ROAST 爐烤：將食物放進烤箱內，用它本身的汁液或加入油脂來加熱。通常不加蓋，讓表面烤成褐色。

ROUX油糊：混合麵粉與油脂，邊以小火慢慢地加熱，邊不斷地攪拌成的混合料。用來當做許多醬汁或湯的基本製作材料，或稠化劑。3種經典油糊：白油糊(white roux)、金油糊(blond roux)、褐油糊(brown roux)，不同的顏色與風味，取決於烹調時間的長短。

RUBS抹入調香材料：這是個名稱，用來指在烹調前，抹入食物表面之磨碎或絞碎的調香混合材料。

SADDLE鞍狀腰脊肉：從未分開的腰脊肉(loin，從肋骨到腿的部分)上切下的柔軟分切塊(通常是小羊肉、成羊肉(mutton)、小牛肉)。這個部分的分切塊很貴，而它的外觀是得到高評價的原因之一。

SCORE 劃切：烹調前，在食物，例如：肉類、魚或蔬菜的外皮、肉、脂肪上，劃上刀痕。

SEAR炙燙：用大火，將肉類、家禽、魚的切塊外部，快速地燙成褐色，而切塊的內部中心維持在還有點生的狀態。

SHRED 切絲：用主廚刀(chef's knife)、剁刀(cleaver)、磨碎器(grater)，用切或刨的方式，將食物變成細長條形。你也可以使用裝上切割圓盤(shredding disc)的食物料理機(food processor)來切。水波煮雞肉或東方烤鴨，則是用2支叉子來抽成絲狀。

SHUCK 去殼：這是個美國的術語，用來形容將牡蠣(oysters)或蛤蜊(clams)肉，從殼中取出。此外，亦指將玉米的外皮除去，或將豌豆(peas)、菜豆(beans)從豆莢中取出。

SIFT 過篩：讓乾燥材料通過篩網等器具，使較大的結塊等留在網上，分離出細的粉末。製作烘焙食品時常會這樣做，以增高材料的含氣量。

SIMMER 慢煮：讓食物持續在稍微低於沸點的溫度下煮，也就是液體表面呈現顫動，而非冒泡的狀態。

SNIP 剪碎：這個術語，是用來指將香草植物(herbs，最常見的為細香蔥(chives))或葉菜類蔬菜(leafy greens)，切成小碎片。

SKIM 撈除浮渣：用湯匙或長柄杓(ladle)，撈除正在慢煮中的液體表面的殘渣、油脂或其它雜質。

SOUR 調酸：添加酸液，通常是檸檬汁或羅望子汁(tamarind water)，讓味道變酸。

STEEP 浸泡：將乾燥的材料浸泡在熱液體中，再度吸收水分，有時也兼具讓液體吸收材料的風味之功效。

STOCK高湯：將食物放進水中慢煮，所製成的芳香液體。

SWEAT 蒸焗：用油脂或水，慢慢地將蔬菜煮到軟，但是還沒變褐色的程度。

TENDERIZE 軟化：用肉鎚(meat mallet)敲，或用酸性醃醬，來破壞肉上的堅韌纖維，讓肉塊變軟。

TEPID 溫熱：用來形容液體的溫度，處於微溫或血液的溫度(37℃)狀態。

TERRINE 凍派：一種模型，或裝在裡面的食物，通常是混合成糊狀質地的混合料。

TIAN焗烤陶盤/焗烤食物：法文的術語，用來形容一種淺的陶製盤子，還有用這種盤子煮的食物。

TIMBALE鼓形的汀波模：一種小型模型，一般用在卡士達(custards)或米飯混合料的塑型。

TRANCHE 薄片：法文為「薄片」之意，這個術語常用來指塑造成細長方形的起酥皮(puff pastry)。

TRONCON大扁身魚排：法文的術語，用來形容切自大型扁身魚的魚排。

TURN 削圓：一種經典的法式烹飪技巧，就是將蔬菜，例如：紅蘿蔔、蕪菁(turnips)，刮切成整齊的筒形。

WHISK 打發：用攪拌器，在攪拌材料，例如：鮮奶油或蛋時，也同時將空氣打入混合料內。

ZEST：柑橘類水果(citrus fruits)最外面那層顏色鮮豔的外果皮。它的下面那層味道苦澀的白色部分，稱之為中果皮(pith)。

索引 INDEX

—A—

Accompaniments 配菜
　for burgers 漢堡的配菜 152
　for game birds 野禽的配菜 103
　for meat 肉類的配菜 138
Acorn squash 小青南瓜 179
Aduki beans 紅豆
　cooking times 烹調時間 194
Al dente 彈牙 215
Alcohol 酒
　preserving fruits in 保存水果於~ 267
Almonds 杏仁
　extracting the flavour from apricot stone,
　　從杏桃核提煉杏仁風味 254
　truffles 松露 323
American long-grain rice 美國長粒米 196
Anchovies, desalting 鯷魚，去鹽 62
Andouille 燻安杜列香腸 151
Andouillette 新鮮安杜列香腸 151
Apple(s) 蘋果
　baking whole 整顆烘烤 270
　choosing 選擇 248, 250
　chopping 切塊 251
　crescents 新月形切片 251
　preventing discoloration 防止變色 251
　rings 圈 251
　slicing 切片 251
　varieties 品種 250
Apricot(s) 杏桃
　extracting almond flavour 提煉杏仁風味 254
　stoning 去核 254
Arame 黑藻 177
Arborio rice 阿波里歐米 196, 198
Artichoke(s) 朝鮮薊
　baby 幼嫩朝鮮薊 165
　cooking 煮 164
　fillings for 餡料 164
　globe 球狀 164
　hearts, preparing 心，前置作業 165
　　Jerusalem 菊芋 167
　　preparing 前置作業 164
　　stalks 莖 164
Asian 亞洲
　condiments 調味品 329
　equipment 器具 12
　noodles 麵條
　　cooking 烹調 215
　　soaking 浸泡 218
　　varieties 種類 218
Asparagus 蘆筍
　boiling 煮 186
　choosing 選擇 159
　preparing 前置作業 163
　white 白蘆筍 163
Aspic 肉凍 19

Aubergines 茄子 176
　pea 豌豆 176
　preparing 前置作業 178
　roasting times 爐烤時間 188
　salting 鹽漬 178
　Thai 泰國茄子 176
　white and yellow 白茄與黃茄 176
Avocado 酪梨
　peeling 去皮 179
　slicing 切片 179
　stoning 去核 179

—B—

Babaco 洋木瓜 263
Baby 幼嫩/小
　artichokes 朝鮮薊 165
　pineapples 鳳梨 252
Bacalao/bacalhau 鹽漬鱈魚 62
Bacon 培根 (see also Pork；Ham 另參照豬肉、火腿)
　green 未煙燻的培根 151
　types of ~的種類 151
　unsmoked 未煙燻 151
　using in cooking 用來烹調 151
Bacteria, salmonella 細菌，沙門氏桿菌 31
Bagels 貝果 244
Bain marie 隔水加熱 32, 36, 76
Baker's 烘焙
　chocolate 巧克力 282
　knot 花結 235
Bakeware 烘焙器皿 13
Baking 烘烤
　beans 鎮石 295
　eggs 蛋 32
　fish 魚 72
　　en papillote 用烤盤紙包裹 73
　　in a salt crust 用鹽覆蓋 73
　　in leaves 用葉片包裹 73
　fruits 水果 270
　vegetables 蔬菜 188
Baklava 拔克拉弗餅 302
Bamboo steamer 竹蒸籠 70, 187
Barbecuing 炙烤
　beef and veal 牛肉與小牛肉 127
　butterflied leg of lamb 蝴蝶形小羊腿肉 141
　crosshatch steaks 格紋牛排 127
　fruit 水果 268
　lamb 小羊肉
　　cutlets 肉片 140
　　kebabs 烤肉串 140
　tips 訣竅 113
　whole bird 整隻禽鳥 113
　whole fish 全魚 71
Barding 包油片 120
Barley 大麥 201

flour 麵粉 232
Basmati rice 巴斯馬提米 196
Batterie de cuisine 烹調器具 10
Batters 麵糊 38
　deep-frying fish in 沾麵糊炸魚 75
　griddle pancakes 煎爐煎餅 39
　making a smooth batter 製作質地均勻的麵糊 39
　tempura batter 天婦羅麵糊 269
　Yorkshire puddings 約克夏布丁 39
Bavarois 巴伐露 277
Beans 豆子 (see also Dried beans 另參照乾燥豆類)
　broad 蠶豆 172
　French 菜豆 172
　freshness 鮮度 172
　green 青豆 172
　　microwave times 微波爐加熱時間 186
　　steaming times 蒸煮時間 187
　refried 回鍋 194
　runner 花豆 172
　yard-long 豇豆 177
Bearding mussels 去淡菜鬚 51, 82
Béarnaise sauce 貝阿奈滋醬汁 226, 227
Béchamel sauce 貝夏美醬汁 222
Beef & Veal 牛肉 & 小牛肉 118～131
　à point 五分熟 127
　barbecuing 炙烤 127
　barding 包油片 120
　Beef Wellington 酥皮威靈頓牛排 125
　bien cuit 七、八分熟 127
　bleu 一、二分熟 127
　boning breast of veal 小牛胸肉去骨 121
　braising 爛煮 129
　buying 購買 118
　calf's liver 小牛肝 154
　carving 分切
　rib of beef 牛胸側肉 124
　　rolled joint 肉塊捲 124
　chargrilling fillet steak 炭烤菲力牛排 127
　châteaubriand 夏多布里昂 122
　　choosing 選擇 118
　　coating steaks 去骨牛肉排沾料 126
　　cooking 烹調
　　in clay pot 用砂鍋 129
　　methods 方法 119
　　salt beef 鹽漬牛肉 129
　　crosshatch steaks 格紋牛排 127
　cuts 分切塊 119
　cutting meet for stewing 切割燉煮用肉塊 122
　　fajitas 法士達 126
　　flavoured butters for 調味奶油 127
　freezing 冷凍 118
　grilling 燒烤 127
　　times for steaks 牛排的燒烤時間 127

handling 處理保存 118
joints, preparing 帶骨大肉塊，前置作業 120
kneaded butter for 苟芡奶油 128
larding 穿油條 120
meat thermometer 肉類溫度計 124
mincing 絞肉(碎肉) 123
pan-frying 油煎 126
pot roasting 鍋燒 128
preparing 前置作業 120
quick cooking 快煮 124
roasting 爐烤
　beef en croûte 牛菲力裹酥皮 125
　rib of beef 牛胸側肉 124
　times 爐烤時間 124
　whole fillet of beef 整塊牛菲力 125
rolling, stuffing and tying 捲肉、鑲餡、綁縛 121
rolling veal escalopes 捲小牛薄肉片 123
saignant 三、四分熟 127
slicing wafer thin 切割薄片 122
slow cooking 慢煮 128
steak(s) 肉排
　au poivre 胡椒調味 126
　preparing 前置作業 120
　tartare 韃靼 123, 153
stewing 燉煮 128
stuffing 鑲餡
　fillet 牛菲力 125
　veal escalopes 小牛薄肉片 123
tender steaks 軟化去骨牛肉排 122
tournedos 嫩牛肉片 122
trimming and slicing 修切與切片 122
Beetroot, roasting 甜菜根，爐烤 188
Berries 漿果類水果 258 (see also Fruits 另參照水果)
　making a coulis 製作漿果庫利 259
　making a purée 製作漿果泥 259
　uses for purées 漿果泥的用途 259
Beurre 奶油
　blanc 白奶油醬汁 227
　manié 苟芡 128
　noisette 深褐 74
Bhindi 秋葵 173
Bird's-eye chilli 鳥眼辣椒 181
Biryani 香料飯 197
Biscuits 餅乾
　dropped 滴落式 325
　finishing 最後裝飾 325
　rolled 麵糰式 324
　shortbread 奶油酥餅 324
　sponge fingers 手指餅乾 326
　tulipes 鬱金香餅 326
Bisque 法式濃湯 25
Black-eye beans 眉豆
　cooking times 烹調時間 194

Blanching 汆燙
　bones of chicken 雞骨 16
　nuts 堅果 202
Blini pans 布利尼餅鍋 38
Blood orange 血橙 256
Blue cheese 藍黴起司 41
Bockwurst 波克爾司特熟香腸 151
Boiling 煮
　crab 螃蟹 80
　eggs 蛋 32
　vegetables 蔬菜 186
　whelks 蛾螺 85
Bombe 半球形冰淇淋 287
Boning 去骨
　breast of veal 小牛胸肉 121
　large bird 大型禽鳥 96
　loin of pork 豬腰肉 146
　quail 鵪鶉 98
　round fish 圓身魚 54
　shoulder of lamb 小羊肩肉 134
Bonito 柴魚片 18
Bouchées 小肉餡餅 306
Boudin 香腸
　blanc 白香腸 151
　noir 黑香腸 151
Bouquet garni 香草束 185, 330
Braising 燜煮
　beef and veal 牛肉與小牛肉 129
　fish 魚 58
　pork in milk 用牛奶燜煮豬肉 149
　shoulder of lamb 小羊肩肉 137
Bramley's seedling 布瑞姆里 250
Bran wheat 麥麩 232
Brandy 白蘭地
　butter 奶油 292
　snaps 空心餅 325
Brassicas 花菜類蔬菜 160
Bread & Yeast Cookery 麵包 & 酵母的烹飪
　231～246
Bread(s) 麵包(see also Rolls 另參照
　餐包)
　dough 麵糰
　　making by hand 用手揉麵 232
　　making by machine 用機器揉麵 232
　　punching down 壓平 233
　　rising 發酵 233
　　shaping 整型 234
　enriched 加味 242
　finishing loaves 麵包的裝飾 234
　flat 扁麵包 240
　　glazes 膠汁 234
　Indian flat 印度扁麵包 241
　Italian 238 義大利
　Italian flavourings for ～的義式調香料 239
　making 製作 232
　preparations 前置作業 246
　quick 快速麵包 244
　soda 小蘇打 244
　testing for doneness 檢查麵包熟度 234
　toppings 表面餡料 234
　with vegetables 蔬菜混合麵包 245
Breadcrumbs 麵包粉 246
Brill 菱鮃
　baking en papillote 用烤盤紙包裹烘烤 73

filleting 分解魚片 57
Brioche 皮力歐許 243
Broad beans 蠶豆 172
　cooking times(dried) 烹調時間
　　(乾燥豆類) 194
Broccoli 青花椰菜
　choosing 選擇 159
　microwave times 微波爐加熱時間 186
　nutrients in 營養成分 161
　preparing 前置作業 161
　steaming times 蒸煮時間 187
Brochettes 串烤 153
Brown 褐色系
　sauce 醬汁 224
　stock 高湯 16
Brunoise 蔬菜小丁 166
Bruschetta 布其塔 236, 246
Brussels sprouts 抱子甘藍
　microwave times 微波爐加熱時間 186
　preparing 前置作業 161
　steaming times 蒸煮時間 187
Buckwheat 蕎麥 201
　flour 蕎麥粉 232
Bulgar 布格麥粉 201
　wheat 布格麥 232
Burgers 漢堡肉
　accompaniments for 配菜 152
　making 製作 152
Butter beans 白鳳豆
　cooking times 烹調時間 194
Butter, clarifying 奶油，澄清(淨化) 227
Buttercream 奶油霜 320
　icing 霜飾 320
Butterflied leg of lamb 蝴蝶形小羊腿肉
　barbecuing 炙烤 141
　grilling times 燒烤時間 140
Butterflying a leg of lamb 蝴蝶形
　小羊腿肉 134
Buttermilk 白脫牛奶 46
Butternut squash 白核桃南瓜 179
Butterscotch sauce 奶油糖漿 292
Buying 購買
　beef and veal 牛肉與小牛肉 118
　fish 魚 48
　lamb 小羊肉 132
　pork 豬肉 144
　poultry 家禽類 88
　shellfish 貝類 49

—C—
Cabbage 高麗菜
　coring 去芯 160
　red, setting the colour of 紅高麗菜，
　　增艷160
　shredding 切絲 160
　steaming times 蒸煮時間 187
Cajun cooking 凱真風味料理 80
Cajun-style fried fish 凱真風味炸魚 74
Cakes and Biscuits 蛋糕與餅乾 307～326
Cake(s) 蛋糕
　angel food 天使蛋糕 314
　cooling 放涼 309
　cheesecake 起司蛋糕
　　baked 烤起司蛋糕 317

chilled 冷藏起司蛋糕 316
chocolate torte 巧克力堅果蛋糕 314
creaming method 乳化法 310
cutting and imbibing 切割與吸收 315
filling and layering 填餡與疊層 315
fillings for 夾心餡料 312
flavourings for 調香料 310
glazing 膠汁(膠化) 319
icing 霜飾 318
melting method 融化法 311
meringue cake 蛋白蛋糕 315
preparing the tin 模型的前置作業 308
rubbing-in method 油搓粉法 311
Swiss roll 瑞士捲 313
testing for doneness 檢查熟度 309
turning out 脫模 309
whisked sponge 打發海綿蛋糕 312
　enriching 增添濃稠度313
　serving 裝飾 312
Calzone 加納頌尼 238
Camembert 卡蒙貝爾 40, 45
Cannellini beans 加納立豆
　cooking times 烹調時間 194
Cannelloni 義大利圓筒麵 211
Cantaloupe 羅馬甜瓜 260
Cape gooseberry苦蘵/燈籠果 263
Caper flowers續隨子花 68
Capon, roasting times 醃雞，烘烤時間 100
Capsaicin 辣椒素 181
Caramel 焦糖 281
　shapes, drizzled 造型，滴繪290
Carciofi alla giudea 猶太朝鮮薊 165
Cardoon 刺菜薊 163
Caribe chilli 加勒比辣椒 181
Carnaroli rice 卡納羅利米 198
Carré d'agneau 小羊排 135
Carrot(s)紅蘿蔔
　choosing 選擇 158
　flowers紅蘿蔔花 139
　-flower soup紅蘿蔔花湯 21
　microwave times 微波爐加熱時間 186
　roasting times 爐烤時間 188
　steaming times 蒸煮時間 187
Cartouche 蓋子 190
Carving 分切
　duck 鴨 102
　　Chinese method 中式烹飪方法 107
　leg of lamb on the bone 帶骨小羊腿肉 137
　rack of lamb 小羊排 137
　rib of beef 牛胸側肉 124
　roasted bird 烤好的禽鳥 101
　rolled joint 肉塊捲 124
Cassava 樹薯 176
Casseroling 砂鍋燒
　beef and veal 牛肉與小牛肉 128
　chicken in wine 葡萄酒醃漬雞 114
Caul 網膜 153
　making crépinettes 網捲肉腸 153
　pan-frying in 油煎 153
Cauliflower白花椰菜
　microwave times 微波爐加熱時間 186
　preparing 前置作業 161
　preventing discoloration 防止變色 161
　steaming times 蒸煮時間 187

Caviar eggs 魚子蛋 32
Celeriac, preparing 根芹菜，前置作業 167
Celery, preparing 芹菜，前置作業 163
Cellophane noodles 冬粉 218
Ceps 牛肝菌 171
Cervelat 塞爾維拉特香腸 151
Ceviche 生魚 51
Chanterelles 酒杯蘑菇 171
Chapatis 印度薄餅 241
Chargrilling 炭烤(see also Grilling 另參照
　燒烤)
　fillet steak 菲力牛排 127
　lamb 小羊肉 141
　pork chops 豬骨排 150
　poultry escalopes 禽肉薄肉片 109
　vegetables 蔬菜 191
Charlotte 夏綠蒂
　making a hot 製作熱的夏綠蒂 279
　russe 俄羅斯夏綠蒂 279
Châteaubriand 夏多布里昂 122
Chaudfroid 肉凍裝飾 225
　de canard 鴨肉 105
Cheese起司
　blue 藍黴 41
　choosing 選擇 40
　coatings for fresh 新鮮起司的塗層 42
　deep-frying 油炸 45
　feta 羊奶起司 43
　flavourings for fresh 新鮮起司的調味 43
　fondue 風杜 45
　goat and sheep 山羊奶與羊奶起司 41
　goat's 山羊奶起司 43, 45
　grater, rotary 磨碎器，迴轉式 44
　grating 磨碎 44
　grilling 燒烤 45
　holloumi 哈洛米起司 45
　hard 硬質起司 40
　making fresh 製作新鮮起司 42
　melting 融化 44
　Parmesan curls 帕瑪森起司捲片 236
　piping fresh cheese 新鮮起司擠花 43
　soft 軟質起司 40
　soft, testing for ripeness 軟質起司，
　　確認熟成度 41
Cheesecake(s)起司蛋糕
　baked 烤起司蛋糕 317
　chilled 冷藏起司蛋糕 316
　crumb base 餅乾底 316
Cherries 櫻桃
　choosing 選擇 249
　pitting 去核 255
Chervil 山蘿蔔 332
Chestnuts, peeling 栗子，去殼203
Chick peas 鷹嘴豆
　cooking times 烹調時間 194
Chicken 雞(see also Poultry 另參照家禽)
　cooking methods 烹飪方法 89
　dishes 料理 89
　liver pâté 肝醬 116
　roasting times 爐烤時間 100
　stock 高湯 16
Chiffonade 切絲 162
Chilli(es)辣椒 181
　bean sauce 豆瓣醬 58

flowers 辣椒花 139
preparing 前置作業 181
preparing for stuffing 鑲餡的前置作業 182
rehydrating dried 乾辣椒泡水 181
Chinese中國(中式)
bitter melon 苦瓜 177
dish "red, green and yellow" 三色料理 33
dumplings 餃子 219
five-spice power 五香粉 329
flavourings 調香料／風味食材 21
mustard greens 芥菜 162
pancakes 荷葉餅 240
seasoning mix 混合調味料 106
-style fish 四川魚 58
-style soup 中式湯 21
Chipolatas 奇普拉塔香腸 151
Chive(s)細香蔥 332
coated cheese 起司塗層 42
snipping 剪碎 185
Chocolate巧克力282
baker's 烘焙 282, 284
cigarettes 煙捲 291
couverture 考維曲巧克力 282
curls 捲片 290
ganache 甘那許 282
icing 霜飾
coating with 塗層 319
making 製作 319
leaves 葉片 290
making shapes 塑型 283
melting 融化 282
mousse 慕斯 274
ribbons 緞帶 284
shapes 造型
double-dusted 雙粉層巧克力 290
tempering 調溫 283
Choosing 選擇
beef and veal 牛肉與小牛肉 118
cheese 起司 40
fruit 水果 248
lamb 小羊肉 132
pork 豬肉 144
poultry 家禽 88
vegetables 蔬菜 158
Chopping 切割
apples 蘋果 251
herbs 香草植物 185
mushrooms 蘑菇 170
pears 洋梨 251
Choux 泡芙
buns 小圓麵包 298
fillings and icings for 餡料與霜飾 299
pastry 糕點 298
Chowder 巧達 28
Citron 香櫞 256
tartlets 迷你塔 323
Citrus fruits 柑橘類水果256
(see also Fruits另參照水果)
Clams蛤蜊
buying 購買 49, 51
chowder 巧達 28, 51
cooking 烹調 51
opening 打開 84
Clarifying butter 澄清(淨化)奶油 227

Clay pot, cooking beef in a 用砂鍋烹調牛肉 129
Cleaning 清洗
mussels 淡菜 51, 82
truffles 松露 171
Clotted cream 凝塊奶油 46
Coatings(s)塗層／沾料
fish with a herb crust用香草植物做魚的塗層 74
for fried fish 炸魚的塗層 74
fruit in sugar glaze 用糖汁來膠化水果 269
steaks 去骨牛肉排沾料 126
Cobs, sweetcorn 玉米穗軸，甜玉米 173
Cockles烏蛤
buying 購買 49, 51
cooking 烹調 51
Coconut椰子
milk 椰奶 204
preparing 前置作業 204
using and storing 使用與保存 204
Cod, salt 鱈魚，鹽漬 62
Coleslaw 涼拌高麗菜絲沙拉 160
Comice 科米斯 250
Compote 糖煮水果
dried fruit 乾燥水果 267
Concassée of tomatoes 蕃茄丁 178
Conchiglie貝殼麵 215
Conference 康佛倫絲 250
Consommé 澄清湯 19
Conversion charts 換算表 334
Cooking 烹調
artichokes 朝鮮薊 164
Asian noodles 亞洲麵條 215
dried beans and peas 乾燥菜豆與豌豆 194
lamb 小羊肉 133
live lobster 活龍蝦 78
pasta 義大利麵 214
pork 豬肉 145
poultry and game 家禽與野味 89
sausages 香腸 151
times 烹調時間
dried beans and peas 乾燥菜豆與豌豆 194
lentils 扁豆 195
pasta 義大利麵 215
with fresh herbs 與新鮮香草植物 185
Cookware 廚房器具
bakeware 烘焙器皿 13
ovenware 耐熱器皿 13
stovetop 爐上專用器具 12
Coquilles Saint-Jacques 聖雅各扇貝／朝聖者扇貝 85
Coral(scallops)卵巢(扇貝) 85
Corer 削核器 250
Coriander stems 芫荽莖 328
Coring 去芯/去核
cabbage 高麗菜 160
fruit 水果 250
pineapple 鳳梨 253
Corn, popping 爆米花 201
Corn, see Sweetcorn 玉米，參照甜玉米
Cornbread 玉米麵包 245
Cornichons 小醃黃瓜 153
Cornmeal 義大利玉米糕／玉米粗粉 200, 232
Cos lettuce 長葉萵苣 184

Côte d'agneau 從腰脊肉或小羊排切下來的肉塊 135
Cottage cheese 鄉村起司 41, 42
Coulis 庫利
decorative effects with 裝飾效果 259
making a berry 製作莓果庫利 259
Courgette 櫛瓜
boats 小舟 139
fireworks 煙火 139
scales 魚鱗 69
Couronne 皇冠羊排 135
Court bouillon 海鮮料湯 66
Couscous 古司古司 201
Couscousière 古司古司燉鍋 201
Couverture chocolate 考維曲巧克力 282
Cox's orange pippin 寇克斯 250
Crab 螃蟹
boiling 煮 80
buying 購買 49, 51
cooking 烹調 51
dressing 裝飾 80
removing meat from shell 從蟹殼取出蟹肉 80
Crackling, pork 在豬肉上劃切花紋 148
Crayfish 淡水螯蝦 81
Cream 奶油
cheese 起司 41
clotted 凝塊奶油 46
decorating soups with 用奶油做湯的裝飾 27
enriching soups 增添湯的濃郁度 25
sour 酸奶油 46
types of 種類 46
Crème 奶油醬
anglaise 英式奶油醬 268, 276
brûlée 布蕾奶油醬 277
caramel 焦糖奶油醬 277
Chantilly 香堤伊奶油醬 268, 292
fraîche 法式濃鮮奶油46
enriching soups with 增添湯的濃郁度 25
mousseline 慕司林奶油醬 276
pâtissière 帕堤西耶奶油醬 276
Creole cooking 克利歐風味料理 80
Crêpe(s)可麗餅
cigarettes 煙捲可麗餅 38
fans 扇子可麗餅 38
making 製作 38
pannequets 方塊可麗餅 38
pans 可麗餅鍋 38
Crépine 網膜 153
Crépinettes 網捲肉腸 153
Cress 水芹 184
Crostini 垮司堤尼 236, 246
Crottins de Chavignol 夏維諾起司 43
Croûtons and croûtes 麵包丁與麵包塊 246
Crown roast of lamb 皇冠羊排 135
Crushing garlic切碎大蒜 175
Cucumber 小黃瓜
crowns 小黃瓜皇冠 139
preparing 前置作業 179
twirls 小黃瓜螺旋片 69
Cuillère parisienne 巴黎式馬鈴薯 168

Cumberland sausages 坎伯蘭香腸 151
Curly leaf lettuce 散葉捲心萵苣 184
Currants, stripping 醋栗去梗 258
Curry 咖哩
leaves 咖哩葉 332
mixtures 咖哩混合料 328
Curuba 香蕉瓜 263
Custards 卡士達
and creams 與奶油醬 276
baking 烘烤 276
Cutting 切割
bird into eight pieces 將禽鳥切成8塊 93
duck into four pieces 將鴨切成4塊 92
fish 魚類
escalopes 薄魚肉片 60
steaks 魚排 60
leeks 韭蔥 175
pasta 義大利麵 209
poultry for stir-frying 快炒用家禽肉 95
roll method 滾刀塊 166
spring onions 蔥
Asian-style 亞洲式 175
up a rabbit 兔子 93
up a roasted bird 烤好的禽鳥 101

—D—

Dariole mould 奶油小圈餅模 76
Darnes 切自圓身魚的魚排 60
Dasheen 芋頭 176
Dashi 出汁 18
Dates 棗子 262
stoning 去核 263
Dead man's fingers 螃蟹的呼吸器官 81
Deep-fat thermometer 炸油溫度計 75
Deep-frying 油炸
cheese 起司 45
eggs 蛋 33
fish 魚 58
in batter 沾上麵糊 75
potatoes 馬鈴薯 191
safety 安全 191
Dégorgéing 鹽漬 17, 179
Demi-glace 濃縮醬汁 224
Desalting anchovies 鯷魚去鹽 62
Desserts甜點 271～292
Desserts, garnishes for 甜點的裝飾 290
Détrempe 基本揉和麵糰 304
Dhal 辛辣印度扁豆料理或其製作材料的豆類 195
Dicing 切丁
mango 芒果 255
onions 洋蔥 174
peppers 甜椒 180
vegetables 蔬菜 166
Discoloration 變色
fruit, preventing 防止水果變色 251
vegetables, 防止蔬菜變色
preventing 防止變色 161, 179
Doneness, testing for 檢查熟度
beef and veal 牛肉與小羊肉 124
roast poultry 爐烤家禽 101
Dough 麵糰
filo and strudel 薄片酥皮與果餡捲餅 302

forming into rolls 將麵糰整型成餐包 235
making by hand 用手揉麵 232
making by machine 用機器揉麵 233
rising and punching down 發酵與壓平 233
shaping 整型 234
Dover sole 多佛比目魚
fish plaits 魚辮子 61
skinning 去皮 56
Dressing a crab 裝飾螃蟹 80
Dressings 調味汁
cooked 煮過型調味汁 230
vinaigrette 油醋調味汁 230
Dried 乾燥
beans and peas 菜豆與豌豆
cooking times 烹調時間 194
soaking and cooking 浸泡與烹調 194
chillies 辣椒 181
cheese coated with 起司的塗層 42
fish, bonito 鰹魚/柴魚 18
fruit compote 糖煮水果 267
yeast 酵母 232
Drumsticks 棒棒腿
grilling chicken 燒烤雞 112
Dry-frying breast of duck 不加油煎鴨胸肉 108
Drying pasta 乾燥義大利麵 209
Duck 鴨(see also Poultry另參照家禽)
Breast 鴨胸肉
pan-frying 煎 108
preparing whole 整塊鴨胸肉的
事前準備 95
carving, Chinese method 中式鴨子
分切法 107
shaudfroid de canard 肉凍汁鴨肉冷盤 105
cutting into four pieces 將鴨切成4塊 92
Oriental roast 東方烤鴨 106
Peking 北京烤鴨 106
preparing 前置作業
for roasting 爐烤 102
whole breast 整塊鴨胸肉 of 95
roasting 爐烤
and carving 分切 102
times 爐烤時間 102
Dulse 紅藻 177
Dumplings, Chinese 中式餃子 219
Durian 榴槤 265
Durum wheat flour 杜蘭粉 206
Duxelles 香煎蘑菇餡料 170

—E—

East Indian arrowroot 東印度竹芋 177
Easy- blend yeast 速溶酵母 232
Easy-cook rice易炊米 196
Eclairs 閃電泡芙
fillings and icings for 餡料與霜飾 299
making 製作閃電泡芙 299
Eddo 青芋 177
Eggah 波斯蛋捲 35
Eggs, Cheese & Creams 蛋、
起司 & 奶油 29~46
Egg(s)蛋
baking 烘烤 32
batters 麵糊 38
Benedict 班尼迪克蛋 226

blending albumen strands 混合蛋白繫帶 31
boiling 水煮蛋 32
crêpes 可麗餅 38
deep-frying 油炸蛋 33
egg wash 刷蛋水 31
eggah 波斯蛋捲 35
flavourings for omelettes 蛋捲的調香料 34
folded omelette 疊式蛋捲 34
free-range 放牧蛋 30
freshness, testing for 分辨蛋的新鮮度 30
frittata 義大利蛋捲 35
griddle pancakes 煎爐煎餅 39
hard-boiled 全熟蛋 32
Japanese omelette 日式蛋捲 34
noodles 麵條 218
nutritional value of 蛋的營養價值 31
omelette shreds 錦絲蛋 35
omelettes 蛋捲 34
pasta 義大利麵 206
poaching 水波煮 32
safety 安全 31
scrambling 炒蛋 33
separating yolk and white 分開蛋黃與
蛋白 30
shallow-frying 淺煎蛋 33
shell colours 蛋殼的顏色 30
soufflé omelette 舒芙雷蛋捲 35
Spanish tortillas 西班牙式蛋捲 35
storing 保存蛋 31
testing for freshness 分辨蛋的新鮮度 30
whisking egg whites 打發蛋白 31
yolk liaison蛋黃聯結劑
enriching soups with 增添湯的濃郁度 25
Yorkshire puddings 約克夏布丁 39
Emmenthal 艾摩塔 40
Emperor fish 錦紋棘蝶魚 49
En bellevue 美景 78
En crapaudine 去脊骨壓平處理 92
En papillote 用烤盤紙包裹 73
barbecued fruit 炙烤水果 268
Enriched breads 加味麵包 242
Enriching soups 增添湯的濃郁度 25
Equipment 器具(see also Cookware另參照廚
房器具)
Asian 亞洲(的) 12
general 一般器具 10
measuring 計量器具 10
pasta 義大利麵 214
ravioli making 製作枕形義大利餃 210
mixing, rolling and decorating 混合、
擀薄與裝飾 14
sieves, strainers and sifters 過濾器、
網篩、粉篩 14
Escalopes, poultry 薄肉片,家禽 94
Espagnole sauce 西班牙醬汁 225
Exotic fruits 外來水果 262

—F—

Fajitas 法士達 119
making 製作 126
Falafel 豆泥球 195
Farfalle 蝴蝶麵 215
Feijoa 費約果 / 斐濟果 263

Fennel球莖茴香
preparing 前置作業 163
steaming times 蒸煮時間 187
Feta 希臘羊奶起司 41
cheese 起司 43
Feuillettés 千層酥 306
Figs 無花果 262
making a fig flower 製作無花果花 263
Filet de boeuf en croûte 酥皮威靈頓牛排 125
Fillet of beef, see Beef and veal 牛菲力,
參照牛肉與小牛肉
Filleting 分解(肉塊)
flat fish 扁身魚 57
round fish 圓身魚 55
Fillings 餡料
for cakes 蛋糕 312
for choux buns and éclairs小圓泡芙與
閃電泡芙 299
for stuffed fish 鑲餡魚 61
Filo pastry 薄片酥皮 302
Financiers 費南雪 322
Fines herbes 細碎香草植物 185
Finishing loaves 麵包的裝飾 234
Fish & Shellfish 魚類 & 貝類 47~86
Fish 魚
baking 烘烤 72
en papillote 用烤盤紙包裹 73
in a salt crust 用鹽覆蓋 73
in foil 用鋁箔紙包裹 72
in leaves 用葉片包裹 73
barbecuing 炙烤 71
batters for 麵糊 75
braising 燜煮 58
buying 購買 48
cakes 蛋糕 77
coating(s)塗層/沾粉
with a herb crust 用香草植物做塗層 74
for fried 油炸 74
cutting切割
escalopes 薄魚肉片 60
steaks 魚排 60
deep-frying 油炸 58
in batter 沾麵糊 75
en papillote 用烤盤紙包裹 73
escalopes 薄魚肉片 60
fillets 魚片 60
flat扁身魚
cooking methods 烹飪方法 50
filleting 分解魚肉片 57
scaling 去鱗 56
flavouring(s)調香料
steamed 蒸煮 70
for open baking 敞開式烘烤 72
frying 煎、炒、炸 74
Cajun-style 凱真風味 74
with nut-brown butter 用深褐奶油 74
garnishes 裝飾 68
goujons 魚柳 75
gravadlax 鹽漬生鮭魚 63
grilling 燒烤 71
handling 處理保存 48
kettle 煮魚鍋 66
microwave cooking times 微波爐加熱時間 66
mixtures 混合魚肉 76

mousse 魚慕斯 76
open baking 敞開式烘烤 72
packages 魚肉盒 60
paupiettes 魚肉捲 61
pillows 魚肉枕 61
plaited monkfish 編辮鱇魚 73
plaits 魚辮子 61
poached 水波煮 66
preparing for serving 上菜的事前準備 67
presenting a whole fish 裝飾全魚 68
quenelles 梭形肉丸 76
racks 魚烤架 71
roe 魚子 62
preparing smoked 煙燻加工 62
round 圓身魚
boning 去骨 54
cooking methods 烹飪方法 50
filleting 分解魚片 55
gutting 取出魚內臟 53
scaling 去鱗 52
scoring 劃切 53
slipperiness 滑溜的魚類 52
trimming 修切 52
vandyking 范戴克鋸齒邊 52
salsa 莎莎醬 71
salt cod, preparing 鹽漬鱈魚的前置作業 62
salted 鹽漬 62
shallow pan-frying 淺煎 74
shallow poaching 淺式水波煮 66
smoked 煙燻 62
poaching 水波煮 67
salmon, slicing 鮭魚,切片63
steaks, cutting 魚排,切割 60
steaming 蒸煮 70
stock 高湯 17
stuffing 鑲餡 72
terrine, making a layered 製作夾層
魚肉凍派 77
timbales 鼓形的汀波模或汀波模做成的
食物 76
unusual 稀有魚類 49
Flambéing fruits 澆酒火燒/火焰水果 268
Flat breads 扁麵包 240
Indian 印度 241
Flavourings 調香料
Chinese 中國(的)/中式 21
for baking fish 烤魚用 72
for fresh cheese 新鮮起司用 43
for Italian breads 義式麵包用 239
for omelettes 蛋捲用 34
for poaching fruits 水波煮魚用 266
for sponge cakes 海綿蛋糕用 310
fresh cheeses 新鮮起司 43
lamb joints 小羊大肉塊 136
steamed fish 蒸魚 70
Fleurons, pastry 糕點花飾 68
Flour for pasta 製作義大利麵的麵粉 206
Focaccia 佛卡夏
making 製作 239
ring 麵包圈 239
Foil, baking fish in 用鋁箔紙包裹烘烤魚 72
Fondue 風杜 36
Swiss cheese 瑞士起司 45
Fontina 方汀那起司 44

Frankfurter 法蘭克福香腸 151
Freezing stock 冷凍高湯 17
French 法國(的)/法式
　beans 菜豆 172
　dandelion 法國蒲公英 162
　meringues 蛋白霜 272
Fresh cheese 新鮮起司 41
　flavourings for ~的調香料 43
　making 製作 42
　marinades for ~的醃醬 43
　piping 擠花 43
Fresh 新鮮
　herbs, preparing 香草植物，前置作業 185
　yeast 酵母 232
Frisée 綠捲鬚萵苣 184
Frittata 義大利蛋捲 35
Fritters 餡餅
　Asian-style fruit 亞洲式水果餡餅 269
　vegetable 蔬菜餡餅 190
Fromage frais 新鮮白起司 41
　enriching soups 增添湯的濃稠度 25
Frozen fruit cups 冰凍水果杯 289
Fruits 水果 247～270
Fruits(s) 水果
　baking en papillote 包裹烘烤 270
　baking halved 烤半個水果 270
　barbecuing 炙烤 268
　choosing 選擇 248
　citrus 柑橘類水果 256
　　extracting juice 搾汁 257
　　julienne 細長條 257
　　peeling 去皮 256
　　segmenting 分瓣 256
　　slicing 切片 256
　　unusual 特殊品種 256
　　zesting 削磨外果皮 257
　coating in sugar glaze 用糖汁來膠化 269
　coring 去核 250
　cups, frozen 水果杯，冰凍 289
　dried fruit compote 糖煮乾燥水果 267
　exotic 外來的 262
　flambéing 澆酒火燒/火焰水果 268
　fritters, Asian-style 餡餅，亞洲式水果 269
　frosted 冰凍水果 289
　frying 煎炸 268
　grilling en sabayon 用薩巴雍燒烤 268
　jelly 果凍 275
　kebabs 水果串 268
　mousse 慕斯 274
　peeling 去皮 250
　poaching 水波煮 266
　preserving 保存 266
　　in alcohol 酒漬 267
　skinning 去皮 254
　soufflé 舒芙雷 275
　soups 湯 24
　star fruit 楊桃 264, 265
　stoning 去核 254
Frying 煎炒炸(see also Deep-frying；Pan-frying；Shallow-frying；Stir-frying另參照油炸；油煎；淺煎；快炒)
　chicken breast 雞胸肉 108
　fish 魚 74
　　Cajun-style 凱真風味 74

　　coating with a herb 用香草植物做塗層
　　crust 塗層 74
　　with nut-brown butter 用深褐奶油 74
　fruit 水果 268
　poultry 家禽 108
Frying vegetables 煎炒炸蔬菜 190
Fusilli 螺旋麵 215

—G—

Galingal 南薑 328
Game 野味
　cooking methods 烹飪方法 89
　cutting up a rabbit 切割兔子 93
　garnishes for 裝飾配菜 104
　rabbit terrine 兔肉凍派 116
　stock 高湯 18
Game birds 野禽
　accompaniments for ~的配菜 103
　pot-roasting 鍋燒 115
　preparing 前置作業 103
　roasting 爐烤 103
Game birds see also Poultry 野禽，另參照家禽
Ganache 甘那許 282
Garam masala 印度綜合辛香料 329
Garde d'honneur 羊排拱門 135
Garlic 大蒜
　bruschetta 布其塔 246
　crushing 切碎大蒜 175
　flavouring roast vegetables 為爐烤蔬菜調香 189
　flowers, roasting 烤大蒜花 188
　inserting in lamb joints 鑲嵌大蒜 136
Garnishes 裝飾配菜 26
　for desserts 甜點用 290
　for fish 魚類用 68
　for game 野味用 104
　for meat 肉類用 138
　for soups 湯用 26, 68
　Oriental 東方的/亞洲的 69, 139
Gelatine 吉力丁 19
　Dissolving 溶解 274
General Information 一般相關資訊 327～339
Genoese sponge 打發海綿蛋糕 313
Ghee 印度酥油 227
Giblets 禽鳥內臟、殘餘物 90
Gigot d'agneau 羔羊腿 133
Ginger root 老薑
　deep-fried 油炸 69
　preparing fresh 新鮮老薑的前置作業 328
Ginger rose, pickled 醃薑玫瑰 69
Glaze(s) 膠汁/膠化
　coating fruit in a sugar 用糖汁來膠化 269
　for loaves and rolls 麵包與餐包的~ 234
　for spareribs 豬肋排的~ 149
　making 製作 319
Glazing vegetables 蔬菜膠化 190
Globe artichokes 球狀朝鮮薊 164
Gnocchi 義大利麵疙瘩
　making 製作 212
　potato 馬鈴薯 213
　semolina 謝莫利那粉 212
Goat's cheese 山羊奶起司 41, 43, 44

Golden Delicious 金冠 250
Goose 鵝(see also Poultry另參照家禽)
　preparing for roasting 爐烤的前置作業 102
　roasting times 爐烤時間 102
Goujons 魚柳 75
Goulash 匈牙利燉牛肉 119
Grains 穀物 200
Granita 葛拉尼塔 289
Granny Smith's 史密斯奶奶 250
Grape(s) 葡萄
　leaves 葉 162
　peeling 去皮 258
　pipping 去籽 258
Gratin 焗烤
　dauphinois 法國傳統焗烤馬鈴薯 189
　topping 表面餡料 44
Grating cheese 焗烤起司 44
Gravy, making poultry 製作家禽的調味肉汁 101
Green bacon 未煙燻的培根 151
Green beans 青豆 172
　microwave times 微波爐加熱時間 186
　steaming times 蒸煮時間 187
Green lollo biondo 綠羅羅畢昂度萵苣 184
Green vegetables, boiling 水煮綠色蔬菜 186
Greens see Leafy green vegetables；individual names 參照各種葉菜類蔬菜
Gremolada 格雷摩拉達 330
Grenadillo 格瑞那迪羅 264
Grey mullet 烏魚 58
Griddle pancakes 煎爐煎餅 39
Grilling 燒烤(see also Chargrilling另參照炭烤)
　beef and veal 牛肉與小牛肉 127
　cheese 起司 45
　chicken drumsticks 雞棒棒腿 112
　fish 魚 71
　fruits en sabayon 水果用薩巴雍燒烤 268
　lamb 小羊肉
　　cutlets 肉片 140
　　times for 燒烤時間 140
　pork shops 豬骨排 150
　sausages 香腸 151
　small birds 小型禽鳥 113
　steaks, times for 牛排的燒烤時間 127
　stovetop 爐用 141, 150
Grinding nuts 磨碎堅果 203
Groats 蕎麥 201
Grouse 松雞 90(see also Game birds；Poultry, small birds 另參照野禽；小型禽鳥)
　pot roasting 鍋燒 115
　roasting times 爐烤時間 102
Gruyère 格律耶爾起司 44
Guard of honour 羊排拱門 135
Guava 番石榴 263
Guinea fowl 珠雞(see also Game birds；Poultry, small birds 另參照野禽；家禽, 小型禽鳥)
　roasting times 爐烤時間 100
Gumbo 秋葵濃湯 28
Gurnard 魴魚 49
Gutting round fish 取出魚內臟 53

—H—

Habañero chilli 燈籠辣椒 181
Halloumi 希臘哈洛米起司 45

Ham 火腿 151(see also Bacon；Pork另參照培根；豬肉)
　preparing and presenting 前置作業與外觀加工 152
Handling 處理保存
　beef and veal 牛肉與小牛肉 118
　lamb 小羊肉 132
　pork 豬肉 144
　poultry 家禽 88
Hangtown fry 煎牡蠣蛋捲 33
Hard cheese 硬質起司 40
Hard-boiled eggs 全熟蛋 32
Haricot beans 四季豆
　cooking times 烹調時間 194
Harvest roll 豐年餐包 235
Hasselback potatoes 哈索貝克型馬鈴薯 168
Heart 心臟
　preparing for pan-frying 油煎的前置作業 155
　stuffing 鑲餡 155
Herb(s) 香草植物
　bouquet 香草束 69
　bundles 香草束 330
　chopping 切碎 185
　cooking with fresh 用新鮮香草植物烹調 185
　deep-fried 油炸 69
　mixtures 香草混合料 330
　preparing fresh 新鮮香草植物的前置作業 185
　shredding 切絲 185
　storing 保存 332
　using 使用 332
Herbes de Provence 普羅旺斯香草 330
Hollandaise sauce 荷蘭醬汁 226
Homemade pasta 自製義大利麵 206
Hominy 玉米渣 201
Huevos rancheros 墨西哥式荷包蛋 32
Hummus 鷹嘴豆泥沾醬 195

—I—

Ice cream 冰淇淋
　balls 冰淇淋球 323
　making 製作 286
　semi-soft 半軟冰淇淋 287
　shaping 塑型 286
Iceberg lettuce 捲心萵苣/冰山萵苣 184
Icicle radish 冰凌蘿蔔 177
Icing(s) 霜飾
　buttercream 奶油霜飾 320
　chocolate 巧克力霜飾 319
　crème Chantilly 香堤伊奶油醬 321
　for choux buns and éclairs 小圓泡芙與閃電泡芙的霜飾 299
　glace 糖衣霜飾 318
　piping bag 擠花袋 318
　royal 蛋白糖霜 318
　with cream 用鮮奶油做霜飾 321
Indian flat breads 印度扁麵包 241
Ink, squid 墨魚汁 86
Italian 義大利的/義式
　breads 麵包 238
　　focaccia 佛卡夏 239
　flavourings for bread 麵包的調香料 239
　meringues 蛋白霜 272

—J—

Jalapeño chilli 墨西哥綠色小辣椒 181
Japanese 日本的/日式
　horseradish 辣根 64
　ingredients 材料
　　bonito 鰹魚/柴魚 18
　　dashi 出汁 18
　　kombu 昆布 18
　　nori 海苔 64, 329
　　wakame 海帶芽/裙帶菜 177, 329
　　wasabi 山葵 64, 329
　medlar 枇杷 262
　omelette 蛋捲 34
　rice 米 196
　seven-spice powder 七味粉 329
　soups 湯 21
　sushi 壽司 64, 86
　vinegared rice 壽司飯 197
Jelly, fruit 水果凍 275
Jerusalem artichokes 菊芋 167
Jointing and cutting up poultry 分割與切割
　家禽 92
Julienne 細長條 166
　citrus fruits 柑橘類水果 257
　truffle 松露 19

—K—

Kalamari 炸墨魚捲 51
Kasha 蕎麥 201
Kebabs 串烤
　fruit 水果串 268
　lamb 小羊肉串 140
　preparing thigh meat for 準備腿肉來做
　　烤肉串 95
Kedgeree 印度燴飯 67, 197
Kernels, sweetcorn 玉米粒，甜玉米 173
Kettle, barbecue 烤肉爐 113
Kibbeh 碎肉麵餅 201
Kidneys 腎臟
　and suet 與板油 155
　preparing 前置作業 155
Kilner jar 基爾諾罐 43, 267
Kiwano 角胡瓜 265
Kiwi fruit 奇異果 262
Knackwurst 德國蒜腸 145, 151
Knife(knives)刀 11
　smoked salmon 醃燻鮭魚 63
Kohlrabi 球莖甘藍/大頭菜 167, 177
Kombu 昆布 18, 177
Kugelhopf 可可洛夫 242
Kumquat 金柑 257
　cups 金柑杯 68

—L—

Lace tuiles花式瓦片餅 322
Ladies' fingers 秋葵 173
Lamb 小羊肉 132-143
　barbecuing cutlets 炙烤肉片 140
　boning a shoulder 肩肉去骨 134
　braising 燜煮 136

shoulder of lamb 小羊肩肉 137
butterflying a leg 腿肉的蝴蝶形肉片
　切法 134
buying 購買 132
carving 分切
　leg on the bone 帶骨小羊腿肉 137
　rack of lamb 小羊排 137
chargrilling 炭烤 141
choosing 選擇 132
chops, grilling times 骨排，燒烤時間 140
cooking 烹調
　butterflied leg 蝴蝶形小羊腿肉 141
　methods 方法 133
crown roast 皇冠羊排 135
cutlets, grilling times 肉片，燒烤時間 140
cuts 分切塊 133
dishes 料理 133
flavouring joints 帶骨大肉塊的調香 136
freezing 冷凍 132
grilling 燒烤
　cutlets 肉片 140
　times 時間 140
guard of honour 羊排拱門 135
handling 處理保存 132
kebabs 烤肉串 140
　grilling times 燒烤時間 140
liver 肝臟 154
marinating 醃漬 140
noisettes 小塊瘦肉
　cutting 切割 142
　grilling times 燒烤時間 140
pan-frying in caul 網膜包裹油煎 141
preparing 前置作業
　for cooking 烹調的~ 134
　rack 羊排 135
quick cooking 快煮 140
rack of 羊排的~ 135, 137
roasting 爐烤 136
sautéing 嫩煎 141
stuffing 鑲餡 136
　shoulder of lamb 小羊肩肉 137
tagine 小羊肉塔吉 133
tunnel boning a leg 腿肉的削掘去骨 134
wrapping a joint 包裹大肉塊 136
Lamb's lettuce 玉米萵苣 184
Larding 穿油條 120
Lardons 培根丁 151
Lasagne 千層麵 209
Leafy green vegetables 葉菜類蔬菜 162
　choosing 選擇 159
Leaves, 葉片
　baking fish in 用葉片包裹烘烤 73
　salad 沙拉 184
Leeks 韭蔥
　crispy 香脆韭蔥 138
　cutting 切割韭蔥 175
Lemon(s)檸檬
　choosing 選擇 248
　garnishes for fish 魚的裝飾配菜 68
　zest, chopping 檸檬皮，切碎 330
　rose 檸檬皮玫瑰 69
Lemon grass 檸檬香茅 328
Lentils 扁豆
　cooking times 烹調時間 195

dhal 扁豆湯 195
Lettuce, preparing 萵苣，前置作業 184
Lime 萊姆
　butterflies 萊姆蝴蝶 68
　zest, candied 糖漬萊姆皮 291
Lincolnshire sausages 林肯郡香腸 151
Little Gem lettuce 小寶石萵苣 184
Livarot 麗瓦侯起司 40
Liver(s)肝臟
　pâté, chicken 雞肝醬 116
　pig's, soaking 浸泡豬肝 154
　poultry 家禽 94
　preparing 前置作業 154
　types of 肝臟的種類 154
Loaves, finishing 麵包的裝飾 234
Lobster 龍蝦
　buying 購買 49, 51
　cooking 烹調 51, 78
　crackers 龍蝦鉗 79
　humane killing 人道屠宰 78
　parts of 龍蝦的各部位 79
　removing from half-shell 從殼內取出龍蝦肉 79
　removing tail meat 取出龍蝦尾殼內的肉 78
Lollo rosso 紅捲鬚萵苣 184
Long-grain rice 長粒米 196
Loofah 稜角絲瓜 177
Loquat 枇杷 262
Lotus root 蓮藕 176
Louisiana crab boil 路易斯安那螃蟹煮法 80
Lychees 荔枝 265

—M—

Magret(duck breast)鴨胸肉 95
Maltose 麥芽 107
Mandolin 蔬菜處理器 167, 169
Mangetouts 糖莢豌豆 172
　microwave times 微波爐加熱時間 186
Mango(es)芒果 265
　dicing 切丁 255
　salsa 莎莎醬 255
　slicing 切片 255
　uses for 用途 255
Mangosteen 山竺 264
Manhattan chowder曼哈頓巧達湯 28
Marinades 醃醬
　for fresh cheeses 新鮮起司的~ 43
　for poultry 家禽的~ 112
　for tough birds 硬肉野禽的~ 115
Marinating 醃漬
　chicken in wine 葡萄酒醃漬雞肉 114
　lamb 小羊肉 140
　poultry for kebabs ~用來做烤肉串的
　　家禽肉 95
Mascarpone 瑪斯卡邦 41, 42
Mashed 搗成糊或泥狀
　potatoes 馬鈴薯 192
　vegetables 蔬菜 192
Mayonnaise 美乃滋
　flavoured 加味美乃滋 229
　making by hand 用手攪拌 228
　making by machine 用機器攪拌 229
Measurement charts 測量表 334
Measuring equipment 計量器具 10

Meat 肉類 117～156
Meat 肉類(see also Bacon；Beef and Veal；
　Burgers；Ham；Lamb；Minced Meat；
　Offal；Pork；Sausages另參照培根；牛肉與
　小牛肉；漢堡肉；火腿；小羊肉；絞肉
　(碎肉)；內臟；豬肉；香腸)
　accompaniments 配菜 138
　garnishes 裝飾 138
　thermometer 溫度計 124, 136
Meatballs 肉丸 153
Medallions of lobster 龍蝦尾肉 78
Melba toast 梅爾巴吐司 246
Melon(s)甜瓜
　baller 挖球器 250
　cantaloupe 羅馬甜瓜 260
　Chinese bitter 苦瓜 177
　choosing 選擇 248
　preparing 前置作業 260
　sorbet 冰沙 260
Melting 融化
　cheese 起司 44
　chocolate 巧克力 282
Meringues 蛋白霜
　making 製作 272
　making shapes 塑型 273
　serving 吃法 273
　types of 種類 272
Mexican tortillas 墨西哥餅皮 240
Microwave times 微波爐加熱時間
　for fish 魚的~ 66
　for vegetables 蔬菜的~ 186
Millet 粟/小米 201
Minced meat 絞肉(碎肉)
　Brochettes 串烤 153
　burgers 漢堡肉 152
　meatballs 肉丸 153
　meatloaf 烘肉捲 153
　using 使用 152
Mincing beef and veal 牛絞(碎)肉與小牛絞
　(碎)肉 123
Mineola 明尼歐拉 256
Mirepoix 調味蔬菜 166
Miroirs, passion fruit 百香果鏡 323
Mixed spice 混合辛香料 331
Mixing, rolling and decorating tools 混合、擀薄
　與裝飾器具 14
Monkfish 鱇魚
　boning 鱇魚去骨 55
　plaited 編辮鱇魚73
Mooli 白蘿蔔 177
　julienne 白蘿蔔條 69
Morel 羊肚菌 171
Mouli 食物磨碎器 259
　grater迴轉式磨碎器 44
　-légumes食物磨碎器 10
Mousse 慕斯
　chocolate 巧克力慕斯 274
　fish 魚慕斯 76
　fruit 水果慕斯 274
Mung beans綠豆
　cooking times 烹調時間 194
Mushrooms 蘑菇 170
　choosing 選擇 158
　chopping 切割 170

dried, reconstituting 乾蘑菇復原 171
preparing 前置作業 170
slicing 切片 170
wild 野生蘑菇
safety 安全 170
varieties 種類 170
Mussels淡菜
buying 購買 49, 51
cleaning 清洗 82
cooking 烹調 51
removing rubbery ring 去除淡菜肉上的
圈形韌肉 83
serving on the half-shell 單殼上菜 83
steaming 蒸煮 83

—N—

Nectarines 油桃
choosing 選擇 249
stoning 去核 254
New England chowder 新英格蘭巧達湯 28
Noisettes小塊瘦肉
lamb 小羊肉 135
cutting lamb 切割自小羊肉 142
making pork 切割自豬肉 147
Nori 海苔 64, 329
Nougatine 奴軋汀 281
Nut butter 堅果奶油 203
Nut-brown butter 深褐奶油 74
Nutrients in broccoli 青花椰菜的營養成分 161
Nutritional value of eggs 蛋的營養價值 31
Nuts 堅果 202
blanching 汆燙 202
chopping 切碎 203
flaking 切片 203
grinding 磨碎 203
shredding 長條狀 203
skinning 去皮 202
storing 保存 203
toasting 烘烤 202, 203

—O—

Oats 燕麥 201, 232
Octopus章魚
buying 購買 51
cooking 烹調 51
Oeufs en cocotte 法式小盅蛋 32
Offal 雜碎 154(see also Heart；Kidneys；
Livers；Oxtail；Pig's Trotters；Sweetbreads；
Tongue；Tripe 另參照 心臟；腎臟；肝臟；
牛尾；豬蹄；胸腺；舌肉；牛肚)
freshness 鮮度 154
Okra 秋葵 173
Olive oil crostini 橄欖油垮司堤尼 246
Omelette(s)蛋捲 34
flavourings for ～的調香料 34
folded 疊式蛋捲 34
Japanese 日式蛋捲 34
shreds, making 製作錦絲蛋 35
soufflé 舒芙雷 35
Onion(s)洋蔥
choosing 選擇 158
dicing 切丁 174

family 家庭 174
pearl, preparing 珍珠小洋蔥的前製作業 175
peeling 去皮 174
slicing 切片 174
spring 蔥
cutting Asian-style 亞洲式切蔥法 175
tassel 青蔥流蘇 69
Opening and preparing scallops 打開與準備
扇貝 85
clams 蛤蜊 84
Operettas 歐普雷特 322
Oriental 東方的(式)/亞洲的(式)
garnishes 裝飾 69, 139
greens 東方綠色蔬菜 160
roast duck 烤鴨 106
Ortanique 歐塔尼克 256
Osso buco 義式米蘭燴小牛肉 119, 129
Oven temperatures 烤箱溫度 334
Ovenware 耐熱器皿 13
Oxtail 牛尾
preparing and cooking 前置作業與烹調 156
Oyster mushrooms 蠔菇 171
Oysters 牡蠣
buying 購買 49, 51
cooking 烹調 51
shucking 去殼 84

—P—

Packages, fish 魚肉盒 60
Packham's 佩克漢 250
Paella 西班牙海鮮飯 51, 197
Paglia e fieno 菠菜蛋義大利麵 207
Paiolo 義大利玉米糕專用銅鍋 200
Pak choi 白菜 160
Palmier 棕櫚餐包 235
Palourdes 綴錦蛤 84
Pan-frying 油煎
breast of duck 鴨胸肉 108
fish 魚 74
lamb in caul 網膜包裹油煎小羊肉 141
preparing heart for 油煎用心臟的
前置作業 155
veal 小牛肉 126
Pancakes 煎餅(see also Batters；Crêpes；
Griddle pancakes另參照麵糊；可麗餅；
煎爐煎餅)
Chinese 中式荷葉餅 240
Pancetta 義大利培根 151
Papaya 木瓜 263
Parathas 印度抓餅 241
Parfaits 芭菲 287
Parker House 波士頓派 235
Parmesan 帕瑪森起司 40
curls 捲片 236
grating 磨碎 44
Parsnips, roasting times 防風草根，
爐烤時間 188
Partridge(s)鷓鴣 90(see also Game birds；
Poultry, small birds另參照野禽；家禽；小型
禽鳥)
roasting times 爐烤時間 102
Passion fruit 百香果 262
miroirs 百香果鏡323

pennants 百香果旗 291
Pasta 義大利麵 205～220
all'uovo 義大利雞蛋麵 206, 207
cannelloni 義大利圓筒麵 211
cooking 烹調 214
times 時間 215
cutting 切麵 209
drying 乾燥 209
egg 義大利雞蛋麵 206
equipment 器具 214
flour 麵粉 206
fresh stuffed 新鮮義大利餃 210
homemade 自製義大利麵 206
in brodo 清雞湯義大利餃 20
machine 義大利麵製麵機 208
making by hand 用手製作 206
making by machine 用機器製作 207
nera 墨魚義大利麵 207
ravioli 枕形義大利餃
cutting 切割 216
making 製作 210
rolling 擀麵 208
rossa 紅義大利麵 207
silhouette 剪影義大利麵 208
spinach 菠菜 207
testing for doneness 檢查熟度 215
tomato 蕃茄 207
tortellini 半月形義大利餃 211
verde 綠義大利麵 207
Pastry 糕點 293～306
baking blind 空烤酥皮 295
blender, using 使用果汁機(混合機) 294
choux 泡芙 298
decorative edges 裝飾邊緣 297
double crust 雙皮派 296
filo 薄片酥皮 302
fleurons 糕點花飾 68
lattice 格子裝飾 297
lining with 鋪襯 295
puff 起酥皮 304
shaping 整型 306
shortcrust 油酥麵糰 294
single crust 單皮派 296
strudel 果餡捲餅 303
tartlets 迷你塔 295
wrapping a lamb joint in 包裹小羊大肉塊 136
Pâte 麵糰
à glacer 烘焙巧克力 282, 284
brisée 油酥麵糰 294
sucrée 甜酥麵糰 294
Pâtés, poultry and game 肝醬，家禽與野味 116
Paupiettes 魚肉捲
fish 魚類 61
veal 小牛肉 123
Pavlova 帕芙洛娃 272
Pawpaw 木瓜 263
Pea aubergines 豌豆茄子 176
Peaches, stoning 桃子，去核 254
Pearl onions, see Onions 珍珠小洋蔥，
另參照洋蔥
Pears 洋梨
choosing 選擇 250
chopping 切塊 251
fans 洋梨螺旋片 251

slicing 切片 251
varieties 品種 250
Peas 豌豆 172(see also Dried peas另參照 乾
燥豌豆)
choosing 選擇 159
mangetouts 糖莢豌豆 172
microwave times 微波爐加熱時間 186
shelling 去莢 172
steaming times 蒸煮時間 187
stringing 去老筋 172
sugar snap 甜脆豌豆 172
Pecorino 佩科里諾 40, 41
Peeling 去皮(去殼)
avocado 鱷梨 179
chestnuts 栗子 203
citrus fruits 柑橘類水果 256
fruits 水果 250
grapes 葡萄 258
onions 洋蔥 174
pineapple 鳳梨 253
Peking duck 北京烤鴨 106
Pen(of squid) 墨魚的角質內殼 86
Pepino 香瓜茄/香瓜梨/人果梨 263
Peppers 番椒 180
colours 顏色 180
dicing 切丁 180
preparing 前置作業 180
roasting 爐烤 189
slicing 切片 180
Périgueux sauce 佩里格醬汁 225
Persillade 佩西蕾 330
Persimmon 柿子 263
Pesto 香草醬 330
Petit sale 醃小培根 151
Petits fours 法式小點心 322
Pheasants 雉雞 90(see also Game birds；
Poultry, small birds另參照 野禽；家禽；小
型禽鳥)
keeping moist 保持濕潤度 100
preparing and roasting 前置作業與爐烤 103
roasting times 爐烤時間 102
Physalis 苦蘵／燈籠果 263
Caramel-coated 焦糖燈籠果 322
Pickling spice 醃漬辛香料 331
Pie funnels 派煙囪 296
Pied bleu 藍斑蘑菇 171
Pied de mouton 卷緣齒菌 171
Pig's trotters 豬蹄 156
Pilaf 匹拉夫 197
Pilgrim scallops 朝聖者扇貝 85
Pineapples 鳳梨 252
baby 小鳳梨 252
coring 去芯 253
making wedges 切割三角塊 253
removing skin 去皮 253
shell container, making 製作鳳梨殼碗 252
Pinto beans, cooking times 斑豆，烹調時間 194
Pinwheels 風車肉捲(poultry家禽) 94
Pipérade 風味炒蛋 33
Piping bag 擠花袋
Filling 填裝擠花袋 273
paper 紙擠花袋 318
Piping fresh cheese 新鮮起司擠花 43
Pipping grapes 葡萄去皮 258

Pistachios, shelling 開心果去殼 202
Pitting cherries 櫻桃去核 255
Pizza 披薩 238
Plums, stoning 李子，去核 254
Poached fish, preparing for serving 水波煮全魚上菜的事前準備 67
Poaching 水波煮
　ballotine 鑲餡肉捲 97
　chicken(Asian style)雞肉(亞洲式) 111
　eggs 蛋 32
　fish 魚 66
　fruits 水果 266
　pinwheels 風車肉捲(poultry家禽) 111
　sausages 香腸 151
　smoked fish 煙燻魚 67
　whole bird 整隻禽鳥 110
Pod vegetables豆莢類蔬菜 172
Polenta 義大利玉米糕 200
Pomegranates 石榴 264
Pomelo 柚子 256
Pommes 馬鈴薯
　allumettes 火柴薯條 169
　châteaus 城堡馬鈴薯 168, 189
　frites 法式薯條 169
　gaufrettes 波浪薯片 169
　parisiennes 挖球器 168
　pont neuf 新橋薯條 169
　soufflés 舒芙雷薯片 169
Pont l' Evêque 龐雷維克 40
Pooris 全麥炸餅 241
Popping corn 爆米花 201
Porcini 牛肝菌 171
Pork 豬肉 144～150
　boning a loin 豬腰肉去骨 146
　braising in milk 用牛奶燜煮 149
　buying 購買 144
　choosing 選擇 144
　chops 豬骨排
　　chargrilling 炭烤 150
　　grilling 燒烤 150
　　stuffing 鑲餡 147
　cooking methods 烹飪方法 145
　crackling 烤脆的外皮 148
　cuts 分切塊 145
　dishes 料理 145
　fillet, preparing 里脊肉，前置作業 147
　freezing 冷凍 144
　handling 處理保存 144
　joint, roasting 帶骨大豬肉塊，爐烤 148
　noisettes 小塊瘦肉 147
　pig's liver 豬肝 154
　preparing 前置作業 146
　　pork fillet 豬里脊 147
　　tenderloin 腰內肉 147
　quick cooking 快煮 150
　roasting 爐烤
　　a joint of 帶骨大豬肉塊 148
　　pork chops 豬骨排 149
　　spareribs 豬肋排 149
　　tenderloin 腰內肉 148
　　times 時間 148
　sparerib chops 肋排 149

spareribs 豬肋排
　glazes for 肋排的膠汁 149
　roasting 爐烤 149
stir-frying 快炒 150
stuffing(s)餡料
　for boned loin 去骨豬腰肉 146
　pork chops 豬肉骨排 147
　tenderloins 腰內肉 147
　tunnel 通道 146
tenderloin 腰內肉
　preparing a 前置作業 147
　roasting 爐烤 148
　stir-frying 快炒 150
　stuffing 鑲餡 147
tunnel stuffing 削掘鑲餡 146
Port Salut 波特撒魯 40
Pot roasting game birds 鍋燒野禽 115
Potato gnocchi 馬鈴薯義大利麵疙瘩 213
Potato(es)馬鈴薯 168, see also Pommes另參照Pommes(馬鈴薯)
　baking 烘烤 168
　basket 馬鈴薯籃 191
　choosing 選擇 158
　deep-frying 油炸 191
　gratin 焗烤 189
　hasselback 哈索貝克型 168
　mashed 馬鈴薯泥 192
　new, steaming times 新馬鈴薯，蒸煮時間 187
　piped 薯泥擠花 138
　preparing 前置作業
　　for deep-frying 油炸的～ 169
　　for roasting 爐烤的～ 168
　pricking for baking 打洞烘烤 168
　roasting 爐烤 188
　　in olive oil 用橄欖油爐烤 189
　scrubbing 用力擦洗 168
　varieties 品種 169
Poule au pot 鍋煲雞 110
Poulette sauce 布列醬汁 223
Poultry & Game 家禽 & 野味 87～116
Poultry 家禽
　ballotine 鑲餡肉捲 96
　barbecuing a whole bird 炙烤整隻禽鳥 113
　boning a large bird 大型禽鳥去骨 96
　breasts 胸肉 94～95, 108～112
　buying 購買 88
　carving 分切
　　a roasted bird 烤好的禽鳥 101
　　duck(Chinese)鴨(中式)107
　　duck 鴨 102
　chargrilling escalopes 炭烤薄肉片 109
　chicken livers 雞肝 154
　choosing 選擇 88
　cooking methods 烹飪方法 89
　cutting 切割
　　bird into eight pieces 將禽鳥切成8塊 93
　　against the grain 逆紋切 95
　　up a roasted bird 分切烤好的禽鳥 101
　drumsticks, grilling 棒棒腿，燒烤 112
　duck 鴨
　　carving(Chinese style)分切(中式)107

　　cutting into four pieces 將鴨切成4塊 92
　Oriental roast 東方烤鴨 106
　Peking 北京烤鴨 106
　preparing 前置作業 106
　roasting 爐烤 106
　whole breast of 整塊鴨胸肉 95
escalopes 薄肉片 94
fatty bird 多脂禽鳥
　preparing for roasting 爐烤的事前準備 102
frozen 冷凍 88
frying 煎、炒、炸 108
game bird 野禽
　preparing 前置作業 103
　roasting 爐烤 103
giblets 禽鳥的內臟、殘餘物 90
gravy 調味肉汁 101
grilling 燒烤
　drumsticks 棒棒腿 112
　small bird 小型禽鳥 113
handling 處理保存 88
jointing and cutting 分割與切割 92
kebabs, preparing 烤肉串，前置作業 95
keeping moist 保持濕潤度 100
large birds 大型禽鳥
　boning 去骨 96
　carving 分切 101
　stuffing and rolling 鑲餡與捲包 97
　trussing 綁縛 91
livers 肝臟 94, 154
marinades 醃醬 112
　for tough birds 硬肉野禽 115
marinating 醃漬 95
　casseroling in wine 葡萄酒醃漬砂鍋燒 114
pan-fried liver pâté 煎肝醬 116
poaching 水波煮
　and slicing a ballotine 鑲餡肉捲切片 97
　pinwheels 風車肉捲 111
　whole bird 整隻禽鳥 110
pot roasting game birds 鍋燒野禽 115
preparing 前置作業
　fatty bird for roasting 爐烤多脂禽鳥 102
　pieces 肉塊 94
　thigh meat for kebabs 烤肉串用的腿排肉 95
　whole birds 整隻禽鳥 90
　whole breast of duck 整塊鴨胸肉 95
removing 去除
　tendons 肌腱 94
　wishbone 叉骨 90
roasting 爐烤
　duck 鴨 102
　fatty bird 多脂禽鳥 102
　game bird 野禽 103
　testing for doneness 檢查熟度 101
　times 時間 100, 101
　whole bird 整隻禽鳥 100
saté 沙嗲 112
sautéing pieces 嫩煎肉塊 109
schnitzels 煎肉排 108
shears 家禽剪 93
shredded, using 使用禽肉絲 110
small birds 小型禽鳥

cutting up 切割 101
grilling 燒烤 113
pot-roasting 鍋燒 115
spatchcocking 去脊骨壓平處理 92
trussing 綁縛 90
spatchcocking a bird 去脊骨壓平處理禽鳥 92
stir-frying strips of 快炒禽肉絲 109
stuffing(s)餡料 100
　chicken breast 雞胸肉 108
　and rolling 捲包 97
suprêmes 無骨胸肉 94
tendons, removing the 去除肌腱 94
terrines and pâtés 凍派與肝醬 116
thighs 腿排肉 95
trussing 綁縛
　large birds 大型禽鳥 91
　needle 綁縛針 91
　quick 快速綁縛法 91
　small birds 90
using shredded 使用禽肉絲 110
whole birds, preparing 整隻禽鳥，前置作業 90
Pounding steaks 拍肉排 122
Poussin(s)春雞 90, 92, 113 (see also Poultry, small birds另參照 家禽；小型禽鳥)
　roasting times 爐烤時間 100
Praline 帕林內 281
Prawns 蝦
　buying 購買 49, 51
　cooking 烹調 51
　preparing 前置作業 81
　soup 湯 21
Presenting 裝飾呈現外觀
　a ham 火腿 152
　a whole fish 全魚 68
Preserving fruits 保存水果 266
　in alcohol 酒漬 267
Pricking sausage skins 香腸外皮打洞 151
Prickly pear 仙人果 264
Proving a pan 養鍋 38
Pudding 布丁
　hot 熱布丁 278
　rice 米布丁 196, 278
　steaming a 蒸布丁 279
Puff pastry 起酥皮 304
　shaping 整型 306
Pulses, Grains & Nuts 豆類、穀物 & 堅果類 193～204
Pulses 豆類 194
　patties 小餡餅 195
　purées of 豆泥 195
Pumpkin 南瓜 179
Purée(d)做成泥狀
　berry 漿果 259
　fish mixtures 混合魚肉 76
　fish soup 魚湯 25
　pulses 豆類 195
　vegetable soups 蔬菜湯 24
　vegetables 蔬菜 192
Puréeing 泥化
　making soup 製作湯 24
　methods of(for soups)泥化方式(製作湯) 24

—Q—

Quahogs 圓蛤 84

Quail(s)鵪鶉 90(see also Game birds；Poultry, small birds另參照野禽；家禽；小型禽鳥)

　boning a 去骨 98

　pot roasting 鍋燒 115

　roasting times 爐烤時間 102

Quatre-épices 法式四味辛香料 331

Quenelles 梭形魚丸 76

Quick breads 快速麵包 244

Quinoa 昆諾阿藜 201

—R—

Rabbit 兔子

　cutting up 切割 93

　terrine 肉凍 116

Rack of lamb 小羊排 135

　carving 分切 137

Radicchio 義大利紫菊苣 184

Radish 蘿蔔

　icicle 冰凌蘿蔔 177

　roses 櫻桃蘿蔔玫瑰 139

Rambutan 紅毛丹 265

Ratatouille 蔬菜雜燴 189

Ravioli 枕形義大利餃 215

　cutting 切割 216

　making 製作 210

Reamer 果汁壓搾器 257

Reblochon 瑞布羅森 40

Reconstituting mushrooms 乾蘑菇復原 171

Red Bartlett 紅巴特利 250

Red cabbage, see Cabbage 紅高麗菜，參照 高麗菜

Red kidney beans 大紅豆

　cooking times 烹調時間 194

Red snapper 紅鯛 58

　baking 烘烤 72

　fish plaits 魚辮子 61

　steaming 蒸煮 70

Refried beans 回鍋豆泥 194

Rehydrating 泡水

　dried chillies 乾辣椒 181

Removing 去除(取出)～

　crabmeat from the shell 從蟹殼取出蟹肉 80

　lobster from the half-shell 從半邊的殼內取出龍蝦肉 79

　tail meat(lobster)尾肉(龍蝦) 78

　tendons(poultry)肌腱(家禽) 94

　wishbone(poultry)叉骨(家禽) 90

Rhubarb 大黃 251

Rib of beef, see Beef & Veal 牛胸側肉，參照 牛肉 & 小牛肉

Ribbons, vegetable 緞帶，蔬菜 167

Rice 米(see also Risotto另參照 燴飯)

　arborio 阿波里歐米 198

　carnaroli 卡納羅利米 198

　cooking 炊米 196

　Japanese vinegared 日本壽司飯 197

　moulds 造型彩飯 138

　noodles 麵條 218

　paddle 飯匙 197

pilaf 匹拉夫 197

pudding, baked 烤米布丁 278

pudding, stovetop 布丁，火爐 278

sticks 河粉 218

types of 種類 196

Ricotta 瑞可塔起司 41, 42

Risi bisi 青豆燉飯 197

Rising and punching down(bread dough)發酵與壓平(麵包麵糰) 233

Risotto 義大利燴飯 198

Roast pork 烤豬肉 145

Roasting 爐烤

　beetroot 甜菜根 188

　duck 鴨 102

　　Peking duck 北京烤鴨 106

　game bird 野禽 103

　garlic flowers 烤大蒜花 188

　joint of port 帶骨大豬肉塊 148

　leg of lamb 小羊腿肉 136

　peppers 甜椒 189

　pork 豬肉 146

　　chops 豬骨排 149

　　tenderloin 豬腰內肉 148

　　potatoes 馬鈴薯 188

　　preparing a fatty bird for 多脂禽鳥的前置作業 102

　　rib of beef 牛胸側肉 124

　　spareribs 肋排 149

　　times 時間

　　beef and veal 牛肉與小牛肉 124

　　lamb 小羊肉 136

　　pork 豬肉 148

　　poultry 家禽 100, 102

　　vegetables 蔬菜 188

　　vegetables 蔬菜 188

　　in olive oil 用橄欖油爐烤 189

　　whole fillet of beef 整塊牛菲力 125

　　en croûte 裹酥皮 125

Roe, preparing smoked 煙燻魚子的前置作業 62

Roll cutting vegetables 滾刀塊蔬菜 166

Rolling 捲、擀

　boneless joints 去骨大肉塊 121

　pasta 擀麵 208

　veal escalopes 小牛薄肉片 123

Rolls, forming dough into 將麵糰整型成餐包 235

Root vegetables, boiling 根菜類蔬菜，煮 186

Roots and tubers 肉質根菜與塊根菜 166

Roquefort 洛克福起司 41

Rösti 馬鈴薯煎餅 190

Rouille 蒜味辣椒蛋黃醬 22

Roux 油糊 28

　types of 種類 222

Rumtopf 蘭托夫 267

Runner beans 花豆 172

Rye 黑麥/裸麥 201

　flour 麵粉 232

—S—

Sabayon sauce 薩巴雍醬 268

　making 製作 292

Sachertorte 薩赫巧克力蛋糕 319

Saffron, soaking 浸泡番紅花 329

Salad(s)沙拉(see also Vegetables and Salads另參照蔬菜與沙拉)

　leaves 沙拉葉 184

　choosing 選擇 159

　making a tossed 製作油拌沙拉 184

　spinner 沙拉脫水器 184

Salade tiède 堤耶德沙拉 130

Salsify 婆羅門參 176

Salmon 鮭魚

　boning 去骨 54

　escalopes 薄魚肉片 60

　filleting 分解 55

　gravadlax 鹽漬生鮭魚 63

　knife 煙燻鮭魚刀 63

　packages 魚肉盒 60

　pillows 肉枕 61

　slicing smoked 煙燻鮭魚切片 63

Salmonella bacteria 沙門氏桿菌 31

Salsa 莎莎醬

　for fish 搭配魚 71

　mango 搭配芒果 255

Salt 鹽

　beef, cooking 牛肉，烹調 129

　cod, preparing 鱈魚，前置作業 62

　crust, baking fish in 用鹽覆蓋烘烤 73

Salted fish 鹽漬魚 62

　Gravadlax 鹽漬生鮭魚 63

Saltimbocca 薩魯提波卡 123, 126

Salting aubergines 鹽漬茄子 178

Samphire 海蓬子 84

Sapodilla 人心果 262

Sardines 沙丁魚

　boning 去骨 54

　grilling 燒烤 71

Sashimi 生魚片 64

Saté, chicken 沙嗲，雞肉 112

Satsuma 蜜橘 257

Sauces & Dressings 醬汁 & 調味汁 221～230

Sauce(s)醬汁(see also Sweet Sauces另參照甜味醬)

　allemande 阿勒曼德醬汁 223

　aurora 歐荷依醬汁 223

　béarnaise 貝阿奈滋醬汁 226, 227

　béchamel 貝夏美醬汁 222

　beurre blanc 白奶油醬汁 227

　bretonne 不列塔尼醬汁 225

　brown 褐色系醬汁

　　flavouring 調香料 224

　　making 製作 224

　cardinale 卡丁那醬汁 223

　charcutière 夏爾居蒂埃醬汁 225

　chasseur 獵人醬汁 225

　chilli bean 豆瓣醬 58

　diable 魔鬼醬汁 225

　espagnole 西班牙醬汁 225

　hollandaise 荷蘭醬汁 226

　mounting 奶油勾芡 227

　nantua 南托醬汁 223

　périgueux 佩里格醬汁 225

　poivrade 胡椒油醋醬汁 225

　poulette 布列醬汁 223

　robert 羅伯爾醬汁 225

　sabayon 薩巴雍醬 268, 292

tomato 蕃茄醬 331

veloute 天鵝絨醬汁 223

　flavouring 調香 223

white 白色系醬汁 222

Sausages 香腸

　bacon and ham 培根與火腿 151

　casings and fillings 腸衣與餡料 154

　cooking 烹調 151

　grilling 燒烤 151

　making 製作 154

　poaching 水波煮 151

　pricking the skins 外皮打洞 151

　varieties 種類 151

Sautéing 嫩煎

　poultry pieces 家禽肉塊 109

　tender cuts of lamb 柔軟的小羊肉 141

Scaling去鱗

　flat fish 扁身魚 56

　round fish 圓身魚 52

Scallops扇貝

　buying 購買 49, 51

　cooking 烹調 51

　opening and preparing 打開與準備 85

Schnitzels(poultry)煎炸肉排 108

Scoring round fish 劃切圓身魚 53

Scotch 蘇格蘭的

　bonnet chilli 蘇格蘭呢帽辣椒 181

　pancakes 蘇格蘭鬆餅 39

Scrambled eggs 炒蛋 33

　additions to 配料 33

Sea bass 海鱸 58

　cutting steaks 切割魚排 60

Sea bream 鯛魚 49(see also Fish另參照魚類)

Seafood, choosing fresh 選擇新鮮的海鮮 48(see also Fish & Shellfish；individual names of fish and shellfish另參照魚類 &甲殼類海鮮；各種魚類與甲殼類海鮮)

Seaweed 海帶

　crispy 香酥海帶 191

　kombu 昆布 18

　nori 海苔 64, 329

　preparing 前置作業 329

　stock 高湯 18

　wakame 海帶芽 / 裙帶菜 329

Segmenting citrus fruits 柑橘類水果分瓣 256

Semifreddo 半凍雪糕 287

Semolina 謝莫利那粉

　flour 麵粉 206

　gnocchi 義大利麵疙瘩 212

Separating 分蛋

　egg yolk from white 將蛋黃與蛋白分開 30

Serrano chilli 索藍諾辣椒 181

Serving 上菜

　mussels on the half shell 淡菜單殼上菜 83

　whole poached fish 水波煮全魚 67

Sesame seeds, toasting 烤芝麻 329

Shallots 紅蔥

　confit 油封紅蔥 138

　roast 香烤紅蔥 138

Shallow poaching fish 淺式水波煮 66

Shallow-frying eggs 淺煎蛋 33

Shaping bread dough 麵包麵糰整型 234

Shark 鯊魚 49
Sheep cheese 羊奶起司 41
Shellfish 甲殼類海鮮 78～86
　buying 購買 49
　cooking methods 烹飪方法 51
　handling 處理保存 48
　what to look for 選擇標準 51
Shelling 去莢(去殼)
　peas 豌豆 172
　pistachios 開心果 202
Sherbet 冰凍果露 289
Shiitake mushrooms 椎茸 171
Shortcrust pastry 油酥麵糰 294
Shredding 切絲(刨絲)
　cabbage 高麗菜 160
　celeriac 根芹菜 167
　herbs 香草植物 185
　poached poultry 水波煮家禽 110
Shucker(shellfish)脫殼器(甲殼類海鮮) 84, 85
Shucking oysters 牡蠣去殼 84
Sieves, strainers and sifters 過濾器、網篩、粉篩 14
Silhouette pasta 剪影義大利麵 208
Silver dollar pancakes 銀幣煎餅 39
Skate wings 鰩魚翅 74
Skimming stock 高湯去油脂 17
Skinning 去皮
　fish fillet 魚片 57
　flat fish 扁身魚 56
　fruits 水果 254
　nuts 堅果 202
Slicing 切片
　apples 蘋果 251
　avocado 鱷梨 179
　ballotine 鑲餡肉捲 97
　beef, wafer thin 牛肉薄片 122
　citrus fruits 柑橘類水果 256
　kohlrabi 球莖甘藍/大頭菜 167
　mango 芒果 255
　mushrooms 蘑菇 170
　onions 洋蔥 174
　pears 洋梨 251
　peppers 番椒 180
　truffles 松露 171
Smoked 煙燻
　cod, poaching 水波煮鱈魚 67
　fish 魚 62
　　roe 魚子 62
　　using poached 使用水波煮煙燻魚 67
　haddock, poaching 水波煮黑線鱈 67
　salmon, slicing 切片鮭魚 63
Snail(bread roll)蝸牛餐包 235
Snails 蝸牛 216
Snipping chives 剪碎細香蔥 185
Soaking 浸泡
　dried beans and peas 乾燥菜豆與豌豆 194
　liver 肝臟 154
　mushrooms 蘑菇 171
　wakame 海帶芽 329
Soba noodles 蕎麥麵 218
Soda bread 蘇打麵包 244
Soft cheese 軟質起司 40
　testing for ripeness 確認熟成度 41

Sole paupiettes 比目魚肉捲 61
Sorbet(s)冰沙 289
　flavourings for 冰沙的調香料 288
　making by hand 用手攪拌冰沙 288
　making by machine 用機器攪拌冰沙 288
　piping 冰沙擠花 289
Sorbetière 冰沙機 288
Sorrel 酸模 162
Soufflé 舒芙雷 36
　fruit 水果舒芙雷 275
　hot 熱舒芙雷 278
　omelette 舒芙雷蛋捲 35
Soupe de poissons 法式魚湯 25
Soups 湯
　carrot-flower 紅蘿蔔花湯 21
　clear 清湯
　　Chinese-style 中式湯 21
　　Japanese 日式湯 21
　　variations 變化樣式 20
　consommé 澄清湯 19
　decorating with cream 用奶油做裝飾 27
　enriching 增添濃郁度 25
　French onion soup 法式洋蔥湯 20
　fruit 水果 24
　garnishes for 裝飾配菜 26, 68
　prawn 蝦 21
　puréed 做成泥狀
　　fish 魚 25
　　vegetable 蔬菜 24
　simple additions to stock 高湯的簡易副食材 20
Sour cream 酸奶油 46
Soy 黃豆
　beans, cooking times 黃豆，烹調時間 194
　flour 黃豆粉 232
Spaghetti alle vongole 小蜆義大利麵 51
Spaghetti squash 義麵瓜 179
Spanish tortillas 西班牙式蛋捲 35
Spareribs 豬肋排
　glazes for 豬肋排的膠汁 149
　roasting 爐烤 149
Spatchcocking a bird 去脊骨壓平處理禽鳥 92
Spelt flour 斯佩特小麥粉 232
Spices 辛香料
　grinding 研磨 331
　mixtures 混合料 331
　using 使用 332
Spinach 菠菜
　choosing 選擇 159
　cooking 烹調 192
　pasta 義大利麵 207
　preparing 前置作業 162
Sponge 海綿蛋糕
　fingers 手指餅乾 326
　whisked 打發海綿蛋糕 312
Spoom 思本 289
Spring onion, see Onions 蔥，參照洋蔥
Spring roll(s)春捲
　fillings 餡料 220
　making 製作 220
　mini 迷你 220
　wrappers 春捲皮 218
Squash 南瓜

acorn 小青南瓜 179
butternut 白核桃南瓜 179
preparing 前置作業 179
spaghetti 義麵瓜 179
steaming times 蒸煮時間 187
winter, roasting times 冬南瓜，爐烤時間 188
Squid 墨魚
　buying 購買 51
　calamares en su tinta 魚汁燴墨魚 86
　cooking 烹調 51
　ink 墨汁 86
　kalamari 炸墨魚捲 51
　preparing 前置作業 86
　stuffing 鑲餡 86
Stalks 莖菜類/梗/莖
　and shoots(vegetables)芽菜類蔬菜 163
　artichokes 朝鮮薊 164
Star fruit 楊桃 264
　preparing 前置作業 265
Steak 肉排(see also Beef and Veal另參照牛肉與小牛肉)
　au poivre 胡椒牛排 126
　barbecueing 炙烤 127
　cross-hatch 格紋牛排 127
　grilling 燒烤 127
　tartare 韃靼牛排 123, 153
　tenderizing 軟化去骨牛肉排 122
Steaming 蒸煮
　fish 魚 70
　mussels 淡菜 83
　pudding 布丁 279
　vegetables 蔬菜 187
Stewing 燉煮
　beef and veal 牛肉與小牛肉 128
　cutting beef or veal for 切割燉煮用牛肉或小牛肉 122
　cutting poultry for 切割燉煮用家禽 95
　pork 豬肉 150
Stir-frying 快炒
　strips of poultry 禽肉絲 109
　vegetables 蔬菜 190
Stocks & Soups 高湯＆湯 15～28
Stock(s)高湯
　basic 基本高湯 16
　brown 褐色高湯 16
　chicken 雞高湯 16
　cubes 高湯塊 17
　fish 魚高湯 17
　freezing 冷凍 17
　game 野味 18
　quick skimming 快速去油脂法 17
　seaweed 海帶 18
　simple additions to 簡易副食材 20
　special 特調經典高湯 18
　vegetable 蔬菜 18
Stoning 去核
　avocado 鱷梨 179
　dates 棗子 263
　fruits 水果 254
Storing 保存
　eggs 蛋 31
　herbs 香草植物 232
　nuts 堅果 203

Stovetop grill 爐用燒烤盤 141
Strawberries 草莓(see also Berries另參照漿果類)
　choosing 選擇 249
　preparing 前置作業 258
Strigging currants 醋栗去梗 258
Stringing peas 豌豆去老筋 172
Strudel 果餡捲餅 303
Stuffing(s)鑲餡(餡料)
　and rolling a bird 與捲包禽鳥 97
　boneless joints 去骨大肉塊 121
　chicken breast 雞胸肉 108
　fillet of beef 牛菲力 125
　fish 魚 72
　fish through the back 從魚背鑲餡 72
　for boned loin of pork 去骨豬腰肉的～ 146
　for heart 心臟的～ 155
　for pork chops 豬肉骨排的～ 147
　for poultry 家禽的～ 100
　for veal escalopes 小牛薄肉片的～ 123
　heart 心臟 155
　leg of lamb 小羊腿肉 136
　pork chops 豬肉骨排 147
　pork tenderloins 豬腰內肉 147
　shoulder of lamb 小羊肩肉 137
　squid 墨魚 86
Suet 板油 155
Sugar snap peas 甜脆豌豆 172
Sugar 糖
　syrups 糖漿 280, 281
　thermometer 煮糖用溫度計 280
Summer savory 夏香薄荷 332
Sprêmes 無骨胸肉 94
Sushi 壽司 64, 197
Sweating vegetables 蒸焗蔬菜 190
Sweetbreads 胸腺 156
Sweetcorn 甜玉米 173
　using corn husks 使用玉米皮 173
Sweet potatoes蕃薯
　roasting times 爐烤時間 188
Swiss 瑞士
　chard 瑞士甜菜 162, 163
　cheese fondue 瑞士起司風杜 45
　meringues 瑞士蛋白霜 272
　roll 瑞士捲 313
Syrups, sugar 糖漿 280, 281

ㅜ

Tabbouleh 塔博勒沙拉 201
Tadka 塔達卡 195
Tagine 塔吉 129
Tagliatelle 寬麵 209, 215
Tamales 墨西哥玉米粽 173
Tamarillo 樹蕃茄 263
Tamarind 羅望子 328
Tandoori chicken 坦都里烤雞 89
Taramasalata 塔拉瑪撒拉塔 62
Taro 水芋 177
Tarte Tatin 塔丁蘋果塔派 297
Tartlets 迷你塔 295
Tempering chocolate調溫巧克力 283
Tempura batter 天婦羅麵糊 269

Tenderizing steaks 軟化去骨肉排 122
Terrine(s)凍派
  making a layered fish 夾層魚肉凍派 77
  poultry and game 家禽與野味 116
Testing 檢查
  eggs for freshness 蛋的新鮮度 30
  for doneness 煮熟度
    bread 麵包 234
    cake 蛋糕 309
    pasta 義大利麵 215
    roast poultry 爐烤家禽 101
Thai 泰國(泰式)
  aubergine 茄子 176
  flavourings, preparing 調香料的前置作業 328
  rice 米 196
Thermometer 溫度計
  deep-fat 炸油溫度計 75
  meat 肉類溫度計 124
  sugar 煮糖用溫度計 280
Tian 焗烤蔬菜 142
Tilapia 吳郭魚 49
Timbales 魚汀波/汀波 76, 192
Toasting nuts 烘烤堅果 202, 203
Tomalley 龍蝦肝 79
Tomato(es)蕃茄
  choosing 選擇 158
  concassée of 蕃茄丁 178
  pasta 義大利麵 207
  preparing 前置作業 178
  sauce 蕃茄醬 331
Tongue 舌肉
  preparing and cooking 前置作業與烹調 156
Toppings for bread 麵包的表面餡料 234
Tortellini 半月形義大利餃 215
  making 製作 211
Tortilla(s)墨西哥餅皮
  flour 麵粉 240
  Spanish 西班牙式蛋捲 35
Tossed salad 油拌沙拉 184
Tourelle 塔樓餐包 235
Tournedos 嫩牛肉片 122
Tranches 薄片 306
Tricolore 三色義大利麵 207
Trimming and slicing 修切與切片
  (beef fillet牛菲力) 122
  round fish 圓身魚 52
Tripe 牛肚 156
Tronçons 切自大型扁身魚的魚排 60
Trout 鱒魚(see also Fish另參照魚)
  barbecuing 炙烤 71
  boning 去骨 55
Truffles 松露(fungi 菌類植物) 171
Truffles, almond 杏仁松露 323
Trussing 綁縛
  large birds 大型禽鳥 91
  needle 綁縛針 91
  poultry, quick 快速綁縛法 91
  small birds 小型禽鳥 90
Tuile(s)瓦片餅 326
  baskets 瓦片籃 291
Tulipes 鬱金香餅 326
Tuna, sushi rolls 鮪魚，壽司捲 64
Tunnel 削掘/通道

boning a leg of lamb 小羊腿肉去骨 134
  stuffing pork 豬肉鑲餡 146
Turkey 火雞(see also Poultry另參照家禽)
  roasting times 爐烤時間 100
Turning vegetables 蔬菜削圓 167
Turnips 蕪菁
  roasting times 爐烤時間 188
  stuffed baby 鑲餡小蕪菁 139
Tying boneless joints 綁縛去骨大肉塊
  beef and veal 牛肉與小牛肉 121

—U—
Ugli fruit 橘柚 256
Unsmoked bacon 未煙燻的培根 151
Unusual 特殊(特殊品種)
  citrus fruits 柑橘類水果 256
  vegetables 蔬菜 176

—V—
Vandyking 范戴克鋸齒邊 52
Vanilla 香草 331
Veal, see Beef & Veal 小牛肉，參照牛肉 & 小牛肉
Vegetables & Salads 蔬菜 & 沙拉 157～192
Vegetable(s)蔬菜(see also individual names另參照各種蔬菜)
  baby 小蔬菜 138
  baking 烘烤 188
  boiling 水煮 186
  bread with 蔬菜混合麵包 245
  bundles 蔬菜束 138
  chargrilling 炭烤 191
  choosing 選擇 158
  dicing 切丁 166
  fritters 蔬菜餡餅 190
  fruits 水果 178
  frying 煎、炒、炸 190
  glazing 膠化 190
  julienne 細長條 166
  knobbly, preparing 有疙瘩的，前置作業 167
  mandolin 蔬菜處理器 167, 169
  mashed 做成泥狀 192
  microwave times 微波爐加熱時間 185
  peeler 蔬菜削皮器 250
  potatoes 馬鈴薯 168
  purées 泥 192
  ribbons 緞帶 167
  roasting 爐烤 188
    in olive oil 用橄欖油爐烤 189
    flavouring with garlic 用大蒜調香 189
    times 爐烤時間 188
  roll cutting 滾刀切 166
  roots and tubers 肉質根菜與塊根菜 166
  spirals 螺旋蔬菜 139
  steaming 蒸煮 187
  stir-frying 快炒 190
  stock 高湯 18
  sweating 蒸焗 190
  timbales 汀波 192
  turning 削圓 167
  unusual 特殊 176

Velouté sauce 天鵝絨醬汁 223
Vinaigrette 油醋調味汁 230
Vongole 小蜆 84

—W—
Wakame 海帶芽/裙帶菜 177, 329
Wasabi 山葵 64, 329
Watercress 西洋菜 184
Wheat berry 麥仁 201
Whelks 蛾螺 85
  buying 購買 51
  cooking 烹調 51
Whisked sponge 打發海綿蛋糕 312
Whisking egg whites 打發蛋白 31
White 白
  asparagus 白蘆筍 163
  sauce 白色系醬汁 222
Wild mushrooms, see Mushrooms 野生蘑菇，參照 蘑菇
Wild rice 野米 196
Williams 威廉 250
Winkles 田螺
  buying 購買 51
  cooking 烹調 51
Winter squash, roasting times 冬南瓜，爐烤時間 188
Wok 中式炒鍋 58, 70
Wonton wrappers 餛飩皮 218
Wood ears 木耳 171
Wrapping 包裹
  chicken in banana leaves 用香蕉葉包裹雞肉 270
  fish, en papillote 魚，用烤盤紙包裹 73
  fruit in banana leaves 用香蕉葉包裹水果 270
  lamb joint in pastry 用起酥皮包裹小羊大肉塊 136

—Y—
Yard-long beans 豇豆 177
Yeast 酵母
  dried 乾燥 232
  easy-blend 速溶酵母 232
  fresh 新鮮 232
  preparing 前置作業 232
Yogurt 優格 46
  enriching soups 增添湯的濃郁度 25
Yorkshire puddings 約克夏布丁 39

—Z—
Zest 柑橘皮
  candied 糖漬 291
  chopping 切碎 330
Zesting citrus fruits 削磨柑橘類水果的外果皮 257

專業用品供應商
SPECIALITY SUPPLIERS

THE GROVE BAKERY
28-30 Southbourne Grove
Bournemouth BH6 3RA
Phone：01202 422 653
Speciality：cake decorating
Supplies(fondant icing)

KEYLINK LTD．
Blackburn Road
Rotherham S61 2DR
South Yorkshire
Phone：01790 550 206
Speciality：chocolate(ingredients, equipment, moulds)

PAGES
121 Shaftesbury Avenue
London WC2H 8AD
Phone：0171 379 6334
Speciality：equipment

PETER NISBET
Sheene Road
Bedminister
Bristol BS3 4EG
Phone：0117 966 9131
Speciality：mail order source, equipment

DIVERTIMENTI
(MAIL ORDER)LTD．
P．O．Box 6611
London SW6 6XU
Phone：0171 386 9911
Speciality：equipment and ingredients

食譜索引 RECIPE INDEX

Aïoli 蒜泥蛋黃醬 229
Almond truffles 杏仁松露 323
Angel food cake 天使蛋糕 314
Apple charlotte 蘋果夏綠蒂 279
Apple strudel 蘋果餡捲餅 303
Asian fritters 亞洲式餡餅 269
Austrian cheesecake 奧地利起司蛋糕 317

Bagels 貝果 244
Baked fruits 烤水果 270
Baked rice pudding 烤米布丁 278
Baked vanilla soufflés 烤香草舒芙雷 278
Baklava 拔克拉弗餅 302
Barbecued fruits 炙烤水果 268
Bavarois 巴伐露 277
Béarnaise sauce 貝阿奈滋醬汁 227
Beef carpaccio 義大利式生牛肉片 122
Blueberry sorbet 藍莓冰沙 288
Braised lamb with herb stuffing 燜煮香草餡
小羊肉 137
Brandy butter 白蘭地奶油 292
Brandy snaps 白蘭地空心餅 325
Brioche à tête 凸頂皮力歐許 243
Brown sauce 褐色系醬汁 224
Brown stock 褐色高湯 16
Bruschetta and crostini 布其塔 & 垮司堤尼 236
Burgers 漢堡肉 152
Buttercream 奶油霜 320
Buttercream icing 奶油霜飾 320
Butterflied leg of lamb 蝴蝶形小羊腿肉 141
Butterscotch sauce 奶油糖漿 292

Cailles rôties farcies Madame Brassart
布拉薩鑲餡烤鵪鶉 98
Cajun fish 凱真風味炸魚 74
Cannelloni 義大利圓筒麵 211
Cantaloupe surprise 羅馬甜瓜驚喜 260
Chapatis 印度薄餅 241
Chargrilled chicken escalopes 炭烤薄雞肉片 109
Chaudfroid de canard 肉凍汁鴨肉冷盤 105
Cheese fondue 起司風杜 45
Cheese soufflés 起司舒芙雷 36
Chicken and sage filling 雞肉鼠尾草餡料 211
Chicken ballotine 鑲餡雞肉捲 96
Chicken liver pâté 雞肝醬 116
Chicken saté 雞肉沙嗲 112
Chicken stock 雞高湯 16
Chiles rellenos 瑞耶諾辣椒 182
Chinese dumplings 中式餃子 219
Chinese pancakes 中式荷葉餅 240
Chocolate icing 巧克力霜飾 319
Chocolate mousse 巧克力慕斯 274
Chocolate torte 巧克力堅果蛋糕 314
Choux buns 小圓泡芙 298
Choux pastry 泡芙麵糊 298
Citron tartlets 柑橘迷你塔 323
Coconut rice 椰奶煮白飯 130
Coffee granite 咖啡葛拉尼塔 289
Consommé 澄清湯 19
Cooked dressing 煮過型調味汁 230
Coq au vin 法式紅酒燴雞 114
Cornbread 玉米麵包 245

Courgette bread 櫛瓜麵包 245
Court bouillon 海鮮料湯 66
Couscous 古司古司 201
Cranberry sauce 蔓越莓醬汁 148
Crème anglaise 英式奶油醬 276
Crème caramel 焦糖奶油醬 277
Crème Chantilly 香堤伊奶油醬 292
Crème d'ail 大蒜奶油 98
Crème pâtissière 帕堤西耶奶油醬 276
Creole Bouillabaisse 克利歐風味海鮮湯 22
Creole gumbo 克利歐風味秋葵濃湯 28
Crêpes 可麗餅 38
Crispy seaweed 香酥海帶 191
Croquembouche 法國泡芙塔 300

Dashi 出汁 18
Deep-fried eggs Escoffier style 艾斯考菲爾式
油炸蛋 33
Deep-fried fish 炸魚 75
Dhal 扁豆湯 195
Dim sum 港式點心 218
Dropped biscuits 滴落式餅乾 324

Eclairs 閃電泡芙 299
Eggah 波斯蛋捲 35
English baked custard 傳統英式烤卡士達 276
Espagnole sauce 西班牙醬汁 225

Fajitas 法士達 126
Falafel 豆泥球 195
Fillet of beef en croûte 牛菲力裹酥皮 125
Financiers 費南雪 322
Fish cakes 魚餅 77
Fish goujons 炸魚柳 75
Fish mousse 魚慕斯 76
Fish quenelles 梭形魚肉丸 76
Fish stock 魚高湯 17
Fish terrine 魚肉凍派 77
Fish timbales 魚汀波 76
Flambéed fruits 火焰水果 269
Focaccia ring 佛卡夏圈 239
Forcemeat stuffing 五香碎肉餡料 96
French onion soup 法式洋蔥湯 20
French petits pots 法式小壺 276
Fresh cheese 新鮮起司 42
Fresh rosemary focaccia 新鮮迷迭香佛卡夏 239
Frittata 義大利蛋捲 35
Frozen fruit cups 冰凍水果杯 289
Fruit jelly 水果凍 275
Fruit soufflé 水果舒芙雷 275
Fruit tartlets 水果迷你塔 295
Fruits in alcohol 酒漬水果 267

Game stock 野味高湯 18
Ganache 甘那許 282
Gâteau des deux Pierre 巧克力雙層蛋糕 284
Gingerbread 薑餅 311
Glacé icing 糖衣霜飾 318
Glazed ham 膠化火腿 152
Gratin dauphinois 焗烤馬鈴薯 189
Gravadlax 鹽漬生鮭魚 63
Griddle pancakes 煎爐煎餅 39

Grilled chicken drumsticks 燒烤棒棒腿 112
Grilled fruits en sabayon 用薩巴雍燒烤水果 268

Herb-crusted fish 香草脆皮煎魚 74
Hollandaise sauce 荷蘭醬汁 226
Hummus 鷹嘴豆泥沾醬 195

Ice cream 冰淇淋 286

Japanese vinegared rice 日本壽司飯 197

Kugelhopf 可可洛夫 242

Lace tuiles 花式瓦片餅 322
Lamb kebabs 烤小羊肉串 140

Mayonnaise 美乃滋 228
Melon sorbet 甜瓜冰沙 260
Meringue cake 蛋白霜蛋糕 315
Mexican tortillas 墨西哥餅皮 240
Mixed fruit cake 綜合水果蛋糕 311
Moules à la marinière 漁夫式淡菜 82
Mussels on the half-shell 淡菜單殼上菜 83

Noisettes d'agneau au thym, tian provençale
普羅旺斯焗蔬菜百里香小羊肉 142
Nougatine 奴軋汀 281

Operettas 歐普雷特 322
Oriental roast duck 東方烤鴨 106
Osso buco 義式米蘭燴小牛肉 129

Pan-fried breast of duck 煎鴨胸肉 108
Pan-fried lamb in caul 油煎網膜裹小羊肉 141
Parathas 印度抓餅 241
Parfaits 芭菲 287
Passion fruit miroirs 百香果鏡 323
Pasta 義大利麵 206
Pâte brisée 油酥麵糰 294
Pâte sucrée 甜酥麵糰 294
Pavlova 帕芙洛娃 272
Pesto 香草醬 330
Petits tians 焗烤小蔬菜 142
Pilaf 匹拉夫 197
Pizza 披薩 238
Poached chicken pinwheels 水波煮
風車雞肉捲 111
Polenta 義大利玉米糕 200
Pooris 全麥炸餅 241
Pork in milk 牛奶燜煮豬肉 149
Port sauce 波特醬汁 98
Potato gnocchi 馬鈴薯義大利麵疙瘩 213
Pot-roasted game birds 鍋燒野禽 115
Poule au pot 鍋煲雞 110
Puff pastry 起酥皮 304
Puréed fish soup 魚漿湯 25

Rabbit terrine 兔肉凍派 116
Raspberry cheesecake 覆盆子起司蛋糕 316
Ravioles d'escargots 蝸牛餡枕形義大利餃 216
Ravioli 枕形義大利餃 210
Refried beans 回鍋豆泥 194

Roast chicken 烤雞 100
Roast duck 烤鴨 102
Roast fillet of beef 烤牛菲力 125
Roast leg of lamb 烤小羊腿 136
Roast pheasant with wine gravy 烤雉雞佐
紅酒調味肉汁 103
Roast pork 烤豬肉 148
Roast pork spareribs 烤豬肋排 149
Roast pork tenderloin 烤豬腰內肉 148
Roast rib of beef 烤牛胸側肉 124
Rolled biscuits 麵糰式餅乾 324
Rouille 蒜味辣椒蛋黃醬 22
Royal icing 蛋白糖霜 318
Rumtopf 蘭姆朵夫 267

Sabayon sauce 薩巴雍醬 292
Saltimbocca 薩魯提波卡 126
Sashimi 生魚片 64
Sautéed lamb 嫩煎小羊肉 141
Schnitzels 煎肉排 108
Seafood risotto 義大利海鮮燴飯 198
Semifreddo 半凍雪糕 287
Semolina gnocchi 謝莫利那義大利麵疙瘩 212
Shortbread 奶油酥餅 324
Sichuan fish 四川魚 58
Simple fruit mousse 簡易水果慕斯 274
Soda bread 蘇打麵包 244
Spinach timbales 菠菜汀波 192
Sponge fingers 手指餅乾 326
Spring rolls 春捲 220
Steak tartare 韃靼牛排 153
Stencil paste 模板麵糊 326
Stir-fried pork 快炒豬肉 150
Stovetop rice pudding 火爐加熱米布丁 278
Strawberry and cream g teau 草莓鮮奶油
蛋糕 321
Stuffed fried chicken breasts 油煎鑲餡
雞胸肉 108
Sugar-glazed fruits 糖汁膠化水果 269
Sushi rolls 壽司捲 64
Swiss roll 瑞士捲 313

Tagine 塔吉 129
Tamales 墨西哥玉米粽 173
Taramasalata 塔拉瑪撒拉塔 62
Tempura batter 天婦羅麵糊 269
Thai beef 泰式牛肉 130
Tomato sauce 蕃茄醬 331
Tortellini 半月形義大利餃 211

Vegetable stock 蔬菜高湯 18
Velouté sauce 天鵝絨醬汁 223
Victoria sandwich 維多利亞夾心蛋糕 310
Vinaigrette 油醋調味汁 230

Whisked sponge cake 打發海綿蛋糕 312
White loaf 白吐司 233
White sauce 白色系醬汁 222

Yorkshire puddings 約克夏布丁 39

法國藍帶糕點運用

法國藍帶巧克力

法國藍帶基礎糕點課

法國料理基礎中的基礎

法國糕點基礎篇 I

法國糕點基礎篇 II

法國麵包基礎篇

法國料理基礎篇 I

法國料理基礎篇 II